庆祝河南大学建校110周年

内容提要

本卷从《河南大学学报(社会科学版)》2010至2021年所刊发的历史类论文中择选20篇论文,或论述宏阔的中华文明与史地问题,或从具体的视角切入宋代研究,或关注社会、经济、民生,或聚焦于逝去的国际风云等等,虽"五味杂陈",却"滋味丰美",产生了较好的学术影响力。

总 主 编　李伟昉
副总主编　赵建吉　张先飞

上下求索的文明考辨
历史学卷

主编　李麦产

静斋行云书系

河南大学出版社
HENAN UNIVERSITY PRESS
·郑州·

图书在版编目(CIP)数据

上下求索的文明考辨：历史学卷 / 李麦产主编. --郑州：河南大学出版社，2022.12
（静斋行云书系；2）
ISBN 978-7-5649-5394-2

Ⅰ.①上… Ⅱ.①李… Ⅲ.①史学-中国-文集 Ⅳ.①K092-53

中国版本图书馆 CIP 数据核字（2022）第 256248 号

责任编辑	马	博
责任校对	展文婕	
封面设计	陈盛杰	
封面摄影	郭	林

出版发行　河南大学出版社
　　　　　地址：郑州市郑东新区商务外环中华大厦 2401 号　邮编：450046
　　　　　电话：0371-86059701（营销部）
　　　　　　　　0371-22860116（人文社科分公司）
　　　　　网址：hupress.henu.edu.cn
排　　版　郑州市今日文教印制有限公司
印　　刷　广东虎彩云印刷有限公司
版　　次　2022 年 12 月第 1 版　　　印　次　2022 年 12 月第 1 次印刷
开　　本　787 mm×1092 mm　1/16　　印　张　23.75
字　　数　417 千字　　　　　　　　　定　价　698.00 元（全 8 册）

（本书如有印装质量问题，请与河南大学出版社营销部联系调换）

序

从1912年到2022年,河南大学走过了110年不平凡的发展历程,《河南大学学报》伴随着河南大学的发展也度过了88个春秋,并将迎来90周年刊庆。值此之际,河南大学学报编辑部编选的"静斋行云书系"也将面世。这既是对学校110周年庆典的献礼,又是对新世纪第二个十年学报编辑工作的回顾和小结。

"静斋行云书系"共分8卷,分别是《新时代、新理论、新思维(哲学、政治与社会学卷)》《城乡经济发展与转型(经济学管理学卷)》《法律的理论之思与制度之辨(法学卷)》《上下求索的文明考辨(历史学卷)》《品风骚之美　鉴思辨之光(文学艺术学卷)》《教育转型与教育创新(教育学卷)》《编辑学理与出版史论(教育部学报名栏编辑学研究卷1)》《媒体变革与编辑创新(教育部学报名栏编辑学研究卷2)》,其中所编选的论文均刊发于2010年至2021年的《河南大学学报(社会科学版)》。这些论文对近年来相关学科领域所关注的理论问题、学术热点多有反映和探讨,具有一定的代表性。我们之所以取新世纪第二个十年这个节点来编选该套书系,主要是因为中国在这十年里,方方面面都发生了有目共睹的巨大变化,特别是进入了习近平中国特色社会主义新时代,我们正面临的这个百年未有之大变局的动荡变革期,为中华民族伟大复兴的战略全局提供了难得的历史机遇。中国所倡导的和平发展、积极构建人类命运共同体的价值理念,因顺应当今人类社会的大趋势和总主题而不可逆转。在这一现实环境下,《河南大学学报(社会科学版)》在原有基础上迎来了新的发展与突破,获得了良好的学术品牌和学术影响,先后入选中文社会科学引文索引来源期刊(CSSCI)、教育部高校哲学社会科学学报名栏建设期刊、"中国人文社会科学综合评价 AMI"核心期刊、中国人民大学《复印报刊资料》重要转载来源期刊、河南省哲学社会科学基金资助期刊，荣获了"全国高校文科名刊""致敬创刊七十年"（社会科学版与自然科学版）等荣誉称号。

这套书系按学报设置栏目为类别分别编辑，论文收录每卷控制在 20 篇上下。这些论文既有来自著名学者的力作，也有出于年轻学者的新构，都体现了鲜明的问题意识和创新意识，某种程度上代表着各自相关学术领域创新的思考，其中多篇被各种相关转载机构的期刊所转载。而且，透过这些学术文字，可以感知社会的发展，时代的进步，变化的焦点等等。虽然说这是对学报目前已有成绩的阶段性展示，不过，成绩面前，我们丝毫不敢懈怠自满，我们清醒地认识到，在不少方面尚有待继续改进和提升。"坚守初心、引领创新，展示高水平研究成果"，这是习近平总书记给《文史哲》编辑部的回信中对编辑工作者的殷切期望，他明确指出了期刊引领创新的重要价值和意义，为办好哲学社会科学期刊指明了方向。我们当牢记这一嘱托，提高政治站位，坚持高质量办刊，让期刊发挥支持培养学术人才成长、展现文化思想价值、促进文明交流互鉴的功能与作用。

这里有必要交代一下该套书系为何取名"静斋行云"。从河南大学南门进入右转，前行十余米，即可看到一条向北延伸的林荫小路。这条小路叫"静斋路"，路边由南向北依次排列着十幢三层斋楼，古朴典雅，别有韵味，东临明清城墙，北望千年铁塔。这十幢斋楼和周边的大礼堂、6 号楼、7 号楼等构成全国重点文物保护的"近代建筑群"。其中的东二斋就是编辑部的办公地址。"行云"寓意时间如空中流动的云烟，喻指过去的十年时光与绵延的思绪。常年工作在东二斋的编辑们，和这所大学里的老师们一样，有着自己的职业追求，有着编辑的智慧和情怀，同样有"又得书窗一夜明"的辛勤付出。他们怀着一颗虔诚之心，默默耕耘，敬畏学术的神圣，呵护学人的平台，坚守学报的初心，守望可期的未来。他们持之以恒地每天都做着同样单调的事情：审文稿，纠错字，改标点，核注释，通语句，润文笔，他们不人云亦云，随波逐流，却常常在文中与作者对话，在深思熟虑中帮助作者提升文章的高度与深度，带着宽阔的学术视野与前瞻眼光，用追求完美的工匠精神甘为他人作嫁衣裳。这是一种状态,一种生活,一种修炼,一种境界。"静斋"默默地矗立在"行云"般流动的岁月里,或无语沉思,或静默遐想,"静斋""行云"相看两不厌,唯有执着情。自然,这套小书凝结着编辑们的辛勤汗水,见证着他们的认真严谨。愿这套小书成为他们精神世界的折射和内心追求的表征。

明天适逢教师节、中秋节并至,借此机会,向编辑部全体同仁道一声:双节快乐!

书系编选过程中,分管学报工作的孙君健副校长很关心这项工作,多次问询进展情况,并给予出版经费鼎力支持,在此表示由衷的感谢!

是为序。

李伟昉

2022 年 9 月 9 日

目 录

文明之光　幽幽来照

地图上的中国与历史上的中国疆域
　　——读《中国历史地图集·前言》《历史上的中国和中国
　　历代疆域》感言 …………………………………… 葛剑雄（ 3 ）
"中国"、"中华民族"语义的历史生成 ………………… 冯天瑜（ 20 ）
中华农业文明的早熟、融合发展与再生性 …… 陈绵水　冷树青（ 33 ）
世界现代公共卫生史的兴起与近代中国相关问题的研究
　　………………………………………………………… 杜丽红（ 48 ）
城市考古研究中空间分析的理论与实践
　　——基于遥感与地理信息系统 ……………… 任　冠　魏　坚（ 71 ）
《史学月刊》与新中国"十七年"史学典范之构建 ……… 孙卫国（ 84 ）

声香绘画　宋风宋韵

《清明上河图》及其世界影响的奇迹 …………………… 程民生（105）
南北宋社会变动与山水画风格之演变 …………………… 李华瑞（126）
宋代雅乐研究综论 ………………………………………… 陈宗花（144）
宋代以来四川的人群变迁与辛味调料的改变 ………… 吴松弟（161）

鸡鸣不已　风雨如晦

改元升旗：南京临时政府新国家外观的确立与反响 …… 赵立彬（171）
"革命"与"反革命"：1920 年代中国商会存废纷争 ……… 朱　英（184）
战时特殊利益空间中的国家、基层与民众
　　　——从抗日战争时期兵役推行侧面切入 ………… 陈廷湘（208）
"哀鸣四野痛灾黎"：1942—1943 年河南旱灾述论 ……… 江　沛（230）
马歇尔计划声援委员会对马歇尔计划的历史贡献 …… 王新谦（258）

文韬武略　古今竞辉

曹操《孙子略解》的兵学成就 ……………………… 龚留柱　谭慧存（275）
官渡之战与赤壁之战双方胜败原因试探 ……………… 朱绍侯（288）
春秋时期楚国的政治统治方式与疆域变化略论 ……… 赵炳清（308）
建国初期《人民日报》的制度构建与内部纷争 ………… 叶青青（327）
建国初期中部地区承接工厂内迁问题的解决机制 …… 孙建国（353）

文明之光　幽幽来照

地图上的中国与历史上的中国疆域
——读《中国历史地图集·前言》《历史上的中国和中国历代疆域》感言

葛剑雄①

【导语】 谭其骧先生是我国杰出的历史地理学家,是历史地理学科主要奠基人和开拓者之一。他从20世纪50年代开始倾注30余年心血主持编绘的《中国历史地图集》,以其内容之完备、考订之精审、绘制之准确赢得了国内外学术界的高度评价。在处理历史上的民族关系、中外关系和疆域边界等问题上,他始终坚持在尊重历史事实的前提下,努力做到有利于国家统一和民族团结。他所确定的关于历史中国、中原王朝、边疆政权、非汉族政权、地方政权、自治地区之间关系的原则,对于中国史、民族史、中外关系史、中国历史政区地理等学科的研究具有重要的指导意义。

先师谭其骧先生在主编和修订《中国历史地图集》的30年间,始终无法回避一些重要的问题——这套地图集所呈现的从原始社会至清朝末年的"中国",究竟有多大的范围?应当以什么标准为依据?如何在地图编制上表现出来?在当时,这不仅是一项前所未有的学术难题,更是面临和承担着巨大的政治风险,特别是在"文革"期间和"乍暖还寒"的年代。1982年1月《中国历史地图集》开始分册修订、即将公开出版之时,谭先生在《总编例》中确定了原则:

十八世纪五十年代清朝完成统一之后,十九世纪四十年代帝国主义入侵以前的中国版图,是几千年来历史发展所形成的中国的范围。

---

① 复旦大学中国历史地理研究所教授。

历史时期所有在这个范围之内活动的民族，都是中国史上的民族，他们所建立的政权，都是历史上中国的一部分。这套图集力求把这个范围内历史上各个民族、各个政权的疆域全部画清楚。有些政权的辖境可能在有些时期一部分在这个范围之内，一部分在这个范围以外，那就以它的政治中心为转移，中心在范围内则作为中国政权处理，在范围外则作邻国处理。①

在此前的1981年5月下旬，谭先生在北京出席"中国民族关系史研究学术座谈会"，应翁独健先生的邀请，在大会上作了一个题为《历史上的中国和中国历代疆域》的讲话，比较详细地谈了他编绘《中国历史地图集》时确定这一原则的根据和想法。但据他的报告整理出来的文章却迟迟未能问世，直到10年后才发表，后收入《长水集续编》，在先生去世后的1994年出版。②众所周知，《中国历史地图集》在正式出版时由谭其骧先生作为主编署名，但一直是由中国社会科学院及其前身中国科学院哲学社会科学部主办，由一个专门设立的"重编改绘杨守敬《历代舆地图》委员会"（简称"杨图委员会"）指导，由中央主管部门审定的。《图集》所依据的原则、观念和处理办法，必须与官方立场一致，作为一位历史学家和历史地理学家，谭先生所能做的，就是如何在官方划定的空间内最大限度地尊重历史事实，使这些政策化的原则找到恰当的史料根据，得到合理的解释。实际上，谭先生有时连自己确定的、经主管部门批准的原则也无法完全遵守。例如，在唐朝安南都护府的南界、隋唐时期的北界等问题上，只能放弃根据史料得出的判断，根据领导的裁决意见最终定稿。直到1982年，他坚持增加一幅公元820年吐蕃分幅图以显示其最大疆域的主张，有幸"上达天听"，由胡耀邦同志批

---

① 《中国历史地图集·总编例》，谭其骧主编：《中国历史地图集》第1册，中国地图出版社，1982年。

② 谭其骧：《历史上的中国和中国历代疆域》，《中国边疆史地研究》，1991年第1期。

示同意,才得以实现。①

谭先生的认识与观念也离不开他所处的时代,特别是《图集》编绘、修订的阶段,即1955—1988年的中国,这一阶段发生的肃清胡风反革命集团、整风"反右"、大跃进、反右倾、拔白旗、社会主义教育运动、中苏论战、无产阶级文化大革命、批林批孔、反苏修(苏联修正主义)、拨乱反正、解放思想等政治运动,都会直接或间接影响甚至左右着《图集》的某一条线、某一个点的确定、移动、增加或删除。当时对"严格尊重历史事实"的理解,是尽可能找到"政治上"有利的史料,或者对史料尽可能作对我方有利的解释。而对重大的"政治原则",无法越雷池一步。如,对台湾的画法,尽管谭先生的主张最终被接受,但《图集》的出版因此推迟了五六年,经过中国社会科学院院长胡绳、中共中央政治局委员胡乔木同志的努力,并获得三位中央书记处书记(包括国务院总理、外交部长)圈阅方能实现,而作为主编的他也不得不同意作某些变通。否则,就像他曾经悲观地预测的,在他的有生之年可能看不到《图集》的出版。谭先生在晚年,曾经不止一次与我谈及编绘《图集》的往事,也提到他提出"历史时期的中国"与"中国疆域"处理原则的艰难与无奈。我曾告诉他,质疑和反对他的意见的人两方面都有。有人认为《图集》所画的"历史时期的中国"超出了实际因而太大了,也有人指责这个"中国"的范围太小了,例如6世纪后的高句丽、高丽应该包括在内。他叹息道:"我是没有办法了,今后看谁能解决吧!"

一、地图上的"中国"

有关地图测绘的记载,最早可以追溯到夏代。相传东周时珍藏在

---

① 详见拙著:《悠悠长水——谭其骧后传》,第二章《编绘〈中国历史地图集〉》(下,续《前传》),华东师范大学出版社,2000年出版。"文革"后半期,国务院总理周恩来指定外交部副部长余湛主持审定《中国历史地图集》编绘,条约法律司人员具体联系。以下有关《中国历史地图集》的叙述并见此章及《悠悠长水——谭其骧前传》,第十二章《编绘〈中国历史地图集〉》(上),华东师范大学出版社,1997年。以下不再一一注明。

周天子宫中象征九州的九鼎,已经将各州主要的地理要素铸在鼎上,具有原始地图的功能。现存最早的地图实物,是1986年在天水放马滩一号墓中出土的7幅绘在松木板上的地图,大约绘制于战国秦惠王后期(公元前4世纪初)。显示范围更大的地图,则是1973年在湖南长沙马王堆三号汉墓中发现的一幅绘在帛上的地图,其主区包括了今天湘江上游潇水流域、南岭、九嶷山及附近地区。这些区域性的地图,无论是传世的,还是仅见于记载的,都比较精确具体,因为它们都有具体的功能和直接的用途,甚至事关国计民生。例如,刘邦抢先占据秦朝首都咸阳后,萧何深谋远虑,立即接管秦朝的地图与档案,使刘邦了解"天下厄塞,户口多少,强弱之处",①其中大部分信息显然来自地图及其附录。这一传统为后世的同类地图所继承,所以,在采用现代制图技术之前,无论是以"计里画方"绘成的地图,还是山水画式的写意地图,制图者的主观意图总是希望显示实际的地形地貌、人文景观以及它们之间的关系,至多对其中某些要素作些夸大或缩小。②

如果画一张全国地图或"天下"地图,就必须服从"天下"的观念——"溥(普)天之下,莫非王土","中国"居于"天下之中"。本朝或前朝的疆域政区都要一一画出,但"天下"的边界是画不到的,本朝或"中国"以外的属国、蛮夷、化外之地、要荒之地就可以随意处理了。既然非声教所及,不画无所谓。如果画了也无不妥,总不出"天下"的范围,恰好可以说明王朝的影响无远弗届。例如,汉武帝听取使者张骞的汇报后,获悉黄河发源于于阗(误以今塔里木河为黄河上游),即"案古图书"(查考古代地图及附录文字),将源头的山脉命名为昆仑。当时今塔里木河流域还不在汉朝的管辖之下。又如,唐贾耽绘《海内华夷图》,"中国以《禹贡》为首,外夷以《班史》(《汉书》)发源",包括"左衽"(非华夏诸族)地区。按其比例尺计算,该图的范围东西有三万里,南北则在三万里以上,都已超出了当时唐朝的疆域。再如,《混一疆理历代国都之图》(现藏日本龙谷大学)于明建文四年(1402年)以李泽民《声教广被图》

---

① 《史记》卷53《萧相国世家》,中华书局,1982年,第2014页。
② 有关中国古代地图的叙述,参见拙著:《中国古代的地图测绘》,商务印书馆,1998年。

(1330年前后)和元末明初僧清濬的《混一疆理图》为底本绘制,《大明混一图》(现藏于北京故宫博物院)也属同一系统。《混一图》不仅几乎包括整个亚洲,而且也画出了非洲。① "混一疆理"不过是"天下"的同义词。此图的绘制在郑和航海之前,所反映的地理知识显然来自元朝与蒙古汗国时代,也包括阿拉伯人地理发现,但画入"大明混一"之图显然被认为是理所当然。直到清乾隆二十五年至二十七年间画成的《乾隆内府舆图》还是如此,该图西面画到了波罗的海、地中海,北面画到了俄罗斯北海。尽管在清朝疆域以外没有标出多少地名,却依然体现了乾隆皇帝与臣民的天下观念。

正因为如此,这类地图被历代统治者视为重要的"政治符号",被赋予"皇帝受命于天,奄有四海"的象征意义。这些官方绘制的地图,被当成国家重宝、皇室珍秘收藏于金匮石室,其内容也被蒙上神秘色彩。如果说,"春秋笔法"是历代官修正史的传统逻辑,那么,在全国性的或天下的地图编制过程中,"春秋绘法"的事例更加不胜枚举。如果说,中国古代的这类官方地图完全可以自娱自乐,秘而不宣,以至外界既没有看到的机会,更不可能也不敢加以评论的话,《图集》却从一开始就被赋予难以承受的政治使命。由于这是北京市副市长吴晗在国家主席毛泽东询问时建议实施、并得到毛泽东批准的一项任务,《图集》无疑必须在政治上绝对符合中共的政治路线和国家政策,在学术上必须体现国家水平和主流共识,而在名义上却是实际上并不存在的"中华地图学社"、虽存在而不能署名的"编绘组"以及署名为"主编"而并无全权的谭其骧的成果。

吴晗最初的建议是"重编改绘杨守敬《历代舆地图》","杨图委员会"设在中国科学院哲学社会科学部,编绘工作由复旦大学负责,制图工作由地图出版社负责。但是,很快就发现政治上的巨大障碍——杨守敬《历代舆地图》只画历代中原王朝的直辖地区,甚至连中原王朝都没有画全,没有包括各边疆民族的分布地及其所建立的政权版图。若按照这样的地图作为底图改绘,岂不显示中国疆域直到清朝乾隆后期

---

① [日]海野一隆著,王妙发译:《地图的文化史》,中华书局(香港)有限公司,2002年,第50页。

才形成的？如何证明辽阔的边疆地区"自古以来"就是属于中国的呢？甚至连中国自古以来就是"统一的多民族国家"都会受到质疑和挑战。

于是"重编改绘"的名称虽然沿用，实际却成了新编一部包括中国历史上全部少数民族政权和分布区域在内的中国历史疆域政区的地图集。但由此产生的困难是前所未有、难以想象的。此前虽有包括"华夷"的地图，对"夷"至多写上一个名称，根本不必顾虑其准确性，更不会置于与"华"同等地位，现在则必须体现民族平等和共同缔造中国疆域。也就是说，对中原王朝以外的政权，特别是非汉族（华夏）的政权，必须以同中原王朝同样的规模画出它们的疆域政区图。但是，可以作为根据的史料却相差悬殊，或者根本找不到直接记载的材料。例如，有关古代西藏的汉文史料相当有限，有的朝代只是重复抄录前朝的记载。近代的英文资料倒有不少，却因政治原因无法全部运用。由于藏文中也难觅确切可靠的记录，精通藏文的藏学专家也束手无策。为此，谭先生曾经专门向阿沛·阿旺晋美请教，也没有获得什么线索。

在"溥（普）天之下，莫非王土"的年代，中原王朝的边界爱画到哪里就画到哪里，甚至可以根本不画界线，以表示天朝大国的疆域"无远弗届"。到 20 世纪 50 年代就没有那样自由了。尽管中国与大多数邻国的边界形成于近代，尽管不少边界都标为"未定"，却都可以追根溯源，因而从一开始就得小心谨慎。这不仅是因为邻国都成了主权国家，不像当初有的还是藩属国，有的尚未建立政权，有的还是未开发或不宜开发的无人区。更麻烦的是，这些邻国已分属不同的政治阵营，或为友，或为敌，或亦友亦敌，或由友而敌而头号敌，亦或由敌而友而好友。学术上的障碍固然不易克服，但还有路可退，实在画不了可以保留空白，或只画出少量地名，或不画界线；政治上的障碍却只能服从大局，稍不谨慎就会招致批判，在"文革"中甚至会因此被打成"牛鬼蛇神"，成为"反革命"。

最典型的例子是外蒙古。《图集》中外蒙古与其北地区是由南京大学历史系编绘的，两汉图幅将坚昆、丁令（零）的北界作为历史时期中国的北界，有一段画在苏联（今俄罗斯）境内的安加拉河以南，即所谓南线；隋唐图幅以契骨、黠戛斯的北界为中国北界，有一段画在安加拉河一线，即所谓北线。当时两图都已获得外交部审查通过。谭先生在汇总时，觉得前后并不统一，画在北线并无可靠的根据，所以，将隋唐图也改成画南线，而从元图开始仍画北线。《图集》第五册（隋唐五代时期）出版后，一部分已经发行，地图出版社发现这一册与元明图的画法不同，认为是严重问题，就于1977年4月8日通知新华书店上海发行所，第五册暂停发行，听候处理。5月5日又通知已发行的全部收回，未发行的待修改后重新印刷。并于16日报告外交部，要求对北界的处理作出决定。谭先生反复查阅史料后，更加确定这些部族的北界画在安加拉河并无确凿证据。因为这些部族都是游牧民族，他们占有地区或活动范围本来就没有明确的界线，所以，不能因为元朝吉利吉斯的北界画在这一线，就一定要将隋、唐时期的北界也定在那里。他与同人去南京大学历史系协商，讨论一天，双方仍然无法达成一致意见，最后决定提交外交部审定。自8月2日起，外交部召集双方与中国地图出版社、民族研究所、中央民族学院、历史研究所、近代史研究所、地理研究所、历史博物馆等单位相关人员，先后召开多次不同范围的会议，并于8月20日作出最终决定，隋唐图也采用北线。时至今日，我完全可以肯定，当时外交部之所以采纳北线，并非因为持此主张的人最多，或者余湛副部长能够作出学术判断，而是因为这条界线是画在当时苏联境内，而"苏修"（苏联修正主义）正是比"美帝"（美帝国主义）更危险的头号敌人。这时将历史时期中国的疆界尽量北推，自然是政治正确，并符合"国家利益"。

另一个例子是朝鲜。历史与现实因素的纠缠，无疑是《图集》最难处理的关系之一。对此，谭先生专门作过说明：

> 历史上的高丽最早全在鸭绿江以北，有相当长一个时期是在鸭绿江、图们江南北的，后来又发展为全在鸭绿江以南。当它在鸭绿江以北的时候，我们把它作为中国境内一个少数民族所建立的国家的，这就是始建于西汉末年，到东汉时强盛起来的高句丽，等于我们看待匈奴、突厥、南诏、大理、渤海一样。当它建都鸭绿江北岸今天的集安县境内，疆域跨有鸭绿江两岸时，我们把它的全境都作为当时中国的疆域处理。但是等到五世纪时它把首都搬到了平壤以后，就不能再把它看作中国境内的少数民族政权了，就得把它作为邻国处理。不仅它鸭绿江以南

的领土,就是它的鸭绿江以北辽水以东的领土,也得作为邻国的领土。①

当时确定这一原则是经过反复讨论的,最终也得到了外交部的批准。高句丽的主体由今中国境内扩展到朝鲜半岛全境,而在此后相当长一段时间内继续拥有今中国境内辽河以东的一大片土地,高句丽及其后的高丽与中原王朝的关系也并非一成不变,这些过程都相当复杂。但地图上必须描绘为清晰的点、线和颜色(如中国与外国的不同基色),高句丽由中国的基色变为外国的基色必须有明确的界线。即使能分为若干阶段,每一阶段之间还是要有明确的界线及不同的性质。因此,这一原则虽然不是无懈可击,却是权衡利弊后不得不采取的适当办法。

我们不妨假设,如果20世纪70年代中国与朝鲜不是一种特殊的友好关系,如果朝鲜不属于社会主义国家阵营,中国外交部会批准这样一种处理方法吗?果然,到了上世纪90年代,有人认为《图集》从5世纪起将高句丽画成外国是严重的政治错误,损害了国家利益,随之实施的一项耗费巨资的"工程"据说具有重要战略意义。对《图集》中高句丽的处理办法本来就有不同意见,重新进行研究或作出结论完全是正常的学术活动,就是观点偏激也无可厚非。但是,一定要与政治联系起来并等同于国家利益就属耸人听闻,因为即使在5世纪后的地图上继续将高句丽画成中国境内的政权,将隋朝与唐初对高丽的征服解释为国内镇压叛乱,也改变不了此后朝鲜半岛最终脱离中国的历史,更不会对今天的中朝、中韩关系产生任何积极影响。反之,保持《图集》的画法绝不会引起或加剧中朝、中韩间的冲突,更不会对中国的实际利益带来丝毫影响。可是,直到今天,总还有人出于种种原因,或者纯粹是无知,会千方百计夸大历史地图的作用,《图集》一再被曲解或不恰当地利用,即使谭先生还在世,肯定也只能徒唤奈何。

作为一套由8册、20个图组、304幅地图(不计不占篇幅的插图)、549页、约7万个地名构成的地图集,是"中国历史地图史上的空前巨著",但仍然是一种传统的纸本印刷的普通地图集。加上《图集》采用

---

① 《历史上的中国和中国历代疆域》,谭其骧著:《长水集续编》,人民出版社,1994年,第8—9页。

"标准年代"的编绘原则——在同一幅图中的地理要素都存在于同一年代或大致相同的年代,所以,每一幅地图所显示的"历史中国"只能是某一年或某几年至多十余年这样一个阶段内的"中国"的范围。例如,唐朝画了三幅总图,分别显示总章二年(669年)、开元二十九年(741年)和元和十五年(820年)的疆域和形势。如果再多画几幅,当然能提供更多的史实,使读者能更全面地了解唐朝疆域的变化。可惜在纸本印刷地图的年代,这在技术上是不可行的。即使进入数字化、信息化的当代,还是会受到原始史料的制约,不可能将古代疆域的变化过程完全复原。

采用标准年代的编绘原则后,《图集》的科学性得到提高,基本保证了历史地图的本质,即在同一图幅所显示的是同一时间存在的地理要素及其分布,却产生了一个新的矛盾——未必能显示某一朝代理想的"极盛疆域",这不仅是传统史学家所追求的,也是当代的政治需要。实际上,即使是在一个强盛的朝代也很难找到一个十全十美的标准年代,其四至八道都正好处于最大的范围。还是以唐朝为例,龙朔元年(661年)它控制了咸海以东的马浒河(今阿姆河)和药杀水(今锡尔河)流域,但到麟德二年(665年)就撤回到葱岭,前后仅仅维持了3年时间。那时

唐朝尚未灭高丽,东部边界仍在辽河一线。开元三年(751年),唐朝势力再次扩展到葱岭以西,但灭朝鲜后,在当地设置的安东都护府已退至辽西。天宝十年(751年),唐将高仙芝的军队在怛罗斯(今哈萨克斯坦东南江布尔城)被黑衣大食(阿拉伯阿拔斯王朝)击败,唐朝疆域又后退至葱岭一线。北方自贞观二十一年(647年)灭薛延陀,置燕然都护府,辖有今内蒙古河套以北、蒙古国、叶尼塞河上游及贝加尔湖周围地区。但到仪凤四年(679年)突厥再起就撤至阴山以南,也只维持了32年。① 如果一定要画出一幅东、西、南、北都达到极点的唐朝地图,除了将不同年代的疆域混杂一起外别无良策。"文革"期间定稿出版的"内部本"上的中国总图正是这样编制出来的,以往的正史和传统的史

---

① 本文有关历代疆域变迁的叙述,参见拙著:《中国历代疆域的变迁》,商务印书馆,1997年。

书也是这样写的,并且长期为人们所津津乐道,在历史教科书中沿用。

一些重大的疆域变化,因为不在标准年代而无法显示,由于《图集》的巨大影响,客观上也使这类史料越来越鲜为人知。例如,明朝初年平息安南(今越南)的内乱后,于永乐五年(1407年)在其全境设置交趾布政使司,下辖17府47州157县;同时,设置都指挥司,下辖11卫3所。至宣德二年(1427年),交趾布政使司、都指挥司全部撤销,重新恢复安南的属国地位。《图集》第7册刊载的明时期的两幅《明时期全图》分别选了宣德八年(1455年)和万历十年(1582年),第一幅图选用宣德八年,自然不可能出现宣德二年(6年前)已经撤销的交趾布政使司和都指挥司。至于为什么不选用宣德二年之前若干年,为什么不能另附一幅交趾布政使司辖地的插图,我没有询问过谭先生,他也未主动谈及。但是我可以肯定,正是因为那时中、越之间存在着"同志加兄弟"的关系,既然对方讳言这段历史,或者是作为本民族抵抗"北方侵略"的光荣历史加以宣扬,中国方面还是不提为宜,以免引起双方的尴尬。

历史学界与民间学者对这样的处理方式并不完全认同。谭先生的老友张秀民先生以研究"中国印刷史"著称,对这段历史的研究情有独钟,并对永乐四年(1406年)统兵平定安南的张辅极其推崇,视之为"民族英雄"。因此,张先生对《图集》不画明交趾布政使司及其他有关越南的画法深为不满,多次与谭先生有所争论。20世纪70年代末,中、越两国交恶,张先生再次提出改图的建议,谭先生表示:"既然当初这样定了,这样的画法也不违反历史事实,就不能因为现在两国关系变了就再改变,否则还要历史地图干什么。"

二、历史上的"中国"

为什么要在《图集》中确定"历史上的中国"的范围,谭先生有过详细的说明:

首先,我们是现代的中国人,我们不能拿古人心目中的"中国"作为中国的范围。我们知道,唐朝人心目中的中国,宋朝人心目中的中国,是不是这个范围?不是的。这是很清楚的。但是我们不是唐朝人,不是宋朝人,我们不能以唐朝人心目中的中国为中国,宋朝人心目中的中国为中国,所以我们要拿这个范围作为中国。这不是说我们学习了马列主义才这样的,而是自古以来就是这样的,后一时期就不能拿前一时期的"中国"为中国。举几个例子:春秋时候,黄河中下游的周王朝、晋、郑、齐、鲁、宋、卫等,这些国家他们自认为是中国,他们把秦、楚、吴、越看成夷狄,不是中国。这就是春秋时期的所谓"中国"。但是这个概念到秦汉时候就推翻了,秦汉时候人所谓"中国",就不再是这样,他们是把秦楚之地也看作【做】中国的一部分。这就是后一个时期推翻了前一个时期的看法。到了晋室南渡,东晋人把十六国看作【做】夷狄,看成外国。到了南北朝,南朝把北朝骂成索虏,北朝把南朝骂成岛夷,双方都以中国自居。这都是事实。但唐朝人已经不是这样了,唐朝人把他们看成南北朝,李延寿修南北史,一视同仁,双方都是中国的一部分。①

谭先生的个人意见阐释得非常清楚,他所确定的"历史上的中国"是一个"今人"的概念,并非历史时期各个阶段或者同一阶段的不同人都一致认同的概念。既然要使用这样一个概念来确定《图集》必须显示的范围,就一定要有一个前后一致、基本稳定的空间,因此才有了"十八世纪五十年代清朝完成统一之后,十九世纪四十年代帝国主义入侵以前的中国版图"这样明确的规定。现在有人并不了解谭先生这样做的目的和原因,从不同角度批评"历史上的中国"这样的规定,基本上都是文不对题。例如,有学者撰文指出历史上"中国"的概念是不确定的,这种观点当然不错。但是,如果《图集》的主编和编绘者也"不确定",这些地图怎么画呢?

其实,所谓"中国"概念在其产生和发展变化的过程中,本来就是客观性与主观性并存的。就客观性而言,至少存在着政治性、民族性、文化性、地域性等四个不同范畴的概念界定:

第一,政治性的中国,主要是指政权和国家。最初的中国是指众多的国中处于中心、中央、中间区域的国,即国君所居之国,商朝和周朝的首都、国君直接统治的地方。但东周时天子权威丧失,形同虚设,诸侯相互兼并,强者称霸,主要的诸侯国渐渐以中国自居,并从黄河流域扩

---

① 《历史上的中国和中国历代疆域》,谭其骧著:《长水集续编》,人民出版社,1994年,第2—3页。

大到长江流域和相邻区域。到秦始皇灭六国建秦朝，秦朝的首都和中心区域固然是中国，这时候秦朝的疆域也可以称为中国了。此后，从西汉直到清末，各个朝代的疆域都可称为中国，只是随着该政权统一和开发范围的扩大而扩大。但是中国还不是各朝代的正式国名国号，如清朝的正式名称是大清、大清国。正因为如此，"中国"还没有一个统一的、被一致接受的政治概念，具有不确定性。一方面，清朝人使用"中国"时，既可以包括满洲、内外蒙古、新疆、西藏在内的全部疆域，也可以只指内地十八省，甚至连云南、贵州等边疆省分也可以不在其内；另一方面，明清时的朝鲜、越南等藩属国也以中国自居，以属于中国的一部分而自豪。鸦片战争后国门渐开，在与外国的交往中，中国作为一个国家的概念逐渐巩固，到清末基本形成。1912年"中华民国"建立，中华、中国成为"中华民国"的简称，中国最终正式成为我国的名称。

第二，民族性的中国，指汉族及其前身诸夏、华夏诸族，以及受汉族影响深而基本被同化的其他民族。按照这个概念，非汉族的聚居区属夷狄、蛮夷、四裔或外国，不属于中国。随着汉族由聚居的黄河中下游地区扩大到南方和边疆，包括在此过程中大量非汉族被融合，作为民族概念的中国也随之扩展。由于古代区别华夏和夷狄的标准一向是文化，是礼，而不是血统，夷狄一旦接受了华夏文化，就能"由夷变夏"。当然，就局部地区或特殊时段而言，也可能存在着"由夏变夷"的过程，从原来的"中国"变成非"中国"。但是，从总的历史趋势上看，民族概念的"中国"涵盖的范围越来越大，覆盖的人口越来越多。

第三，文化性的中国，是指汉族或者华夏文化区，特别是汉字文化圈。文化概念的中国与政治概念的中国有时并不一致。例如，在相当长的历史时期中，汉字是朝鲜、越南、琉球等藩属邦国的官方文字，甚至是当地唯一的通行文字。但是，在中国疆域内部，蒙古、西藏、新疆等地的通行文字却往往不是汉字。这说明，文化概念的中国不一定与疆域的扩展同步。例如，西南的大部分虽从秦汉以来就纳入版图，但大多要到改土归流、设置府县、开设学校、开科举后，才获得文化上的认同。

第四，地域性的中国，等同于"中原"。早期二者完全通用。如，司马迁《史记·货殖列传》中所称的"中国人民"，即是"中原人"的同义词。所谓"中原"，自然是以一个朝代的疆域和首都为坐标的，一般是指首都或政治中心一带。但由于没有行政区划的代名词,所以,往往没有明确的范围。今天的河南固然是无可争议的中原,陕西、山西、河北、山东等地也未尝不能统称为中原地区。在分裂时期,主要的政权都将自己首都一带称为"中原"。不过,由于主要朝代的首都大多不出黄河中下游的范围,"中原"的概念一般也就在其中。

但是,就主观意识而言,中国的概念显然存在着时间、空间的差异。即使是在同一时、空范围内,不同的群体、个体完全可以有不同的理解或解释。正因为如此,论者可以不认同谭先生所确定的"历史上的中国"的概念,但如要运用或讨论《图集》,就必须以这个"历史上的中国"为范围、为标准。

三、历史上的中国疆域问题

针对《图集》中所绘制出的中国历代疆域是否准确无误,是否符合史料记载,是否符合客观事实,在学术上存在不同意见是完全正常的,也需要时间的检验。特别是其中不少图幅编绘、定稿于"文革"期间,工宣队(工人毛泽东思想宣传队)、造反派、红卫兵当家作主,谭先生被剥夺了主编的职权,是"一批二用"的"资产阶级反动学术权威",协作单位的教授、专家也都处于同样的境地,形成了一些荒唐离奇的错误——为了突出政治、"反帝反修"、"国家利益"的需要,完全不顾历史事实,违背实事求是的精神,故意制造了一些"新发现"、"新突破"。在"文革"结束后的修订中,大多数错误已经纠正。但由于工作量太大,修订的时间有限,还有遗漏的一些错处。加之,当时多数作者心有余悸,思想不够解放,有些处理原则和办法囿于陈规旧说,并未完全做到实事求是。"文革中被无理删除的唐大中时期图组、首都城市图和一些首都近郊插图,被简化为只画州郡不画县治的东晋十六国、南朝宋梁陈、北朝东西魏北齐周、五代十国等图,以及各图幅中被删除的民族注记和一些县级以下地名,若要 恢复,制图工作量太大,只得暂不改动"[①]。而对如此巨

---

① 《中国历史地图集·前言》,谭其骧主编:《中国历史地图集》第 1 册,中国地图出版社,1982 年。

大的工作量，年过七旬的谭先生和一支经历十年浩劫青黄不接的团队，对此也只能徒唤奈何。

但在重大原则问题上，谭先生对中国疆域的处理是经过深思熟虑，始终坚持的。长期以来，出于政治目的，史学界对今天中国境内的疆域一直强调"自古以来"，似乎中国从夏、商、周三代以来一直是这么大，似乎不找到一点"自古以来"的证据，一个地方归属于中国就失去了合法性。其中最敏感的地方就是台湾，由于谭先生坚持实事求是原则，以史料史实为根据，因此，"文革"期间这成为一条重要的"反革命"罪状，他受到了严厉的批判斗争。在修订过程中，他对台湾的处理方案多次被主管部门否决，《图集》的正式出版因此推迟了好几年，直到中央领导亲自过问并签阅批准，才涉险过关。但是，谭先生坚持认为：

台湾在明朝以前，既没有设过羁縻府州，也没有设过羁縻卫所，岛上的部落首领没有向大陆王朝进过贡，称过臣，中原王朝更没有在台湾岛上设官置守。过去我们历史学界也受了"左"的影响，把"台湾自古以来是中国的一部分"这句话曲解了。台湾自古以来是中国的一部分，这是一点没有错的，但是你不能把这句话解释为台湾自古以来是中原王朝的一部分，这是完全违反历史事实，明以前历代中原王朝都管不到台湾。有人要把台湾纳入中国从三国时算起，理由是三国时候孙权曾经派军队到过台湾，但历史事实是"军士万人征夷州（即台湾），军行经岁，士众疾疫死者十有八九"，只俘虏了几千人回来，"得不偿失"。我们根据这条史料，就说台湾从三国时候起就是大陆王朝的领土，不是笑话吗？派了一支军队去，俘虏了几千人回来，这块土地就是孙吴的了？孙吴之后两晋隋唐五代两宋都继承了所有权？有人也感到这样实在说不过去，于是又提出了所谓台澎一体论，这也是绝对讲不通的。我们知道，南宋时澎湖在福建泉州同安县辖境之内，元朝在岛上设立了巡检司，这是大陆王朝在澎湖岛上设立政权之始，这是靠得住的。有些同志主张"台澎一体"论，说是既然在澎湖设立了巡检司，可见元朝已管到了台湾，这怎么说得通？在那么小的澎湖列岛上设了巡检司，就会管到那么大的台湾？宋元明清时，一个县可以设立几个巡检司，这等于现在的公安分局或者是派出所。设在澎湖岛上的巡检司，它就能管辖整个台湾了？有什么证据呢？相反，我们有好多证据证明是管不到的。（台湾)为什么自古以来是中国的？因为历史演变的结果,到了清朝台湾是清帝国疆域的一部分。所以台湾岛上的土著民族——高山族是我们中华民族的一个组成部分,是我们中国的一个少数民族。对台湾我们应该这样理解,在明朝以前,台湾岛是由我们中华民族的成员之一高山族居住着的,他们自己管理自己,中原王朝管不到。到了明朝后期。才有大陆上的汉人跑到台湾岛的西海岸建立了汉人的政权。……一直到1683年(康熙二十二年),清朝平定台湾,台湾才开始同大陆属于一个政权。①

上述谭先生批评的这种机械的、教条的观念根深蒂固,无处不在,以至在解释任何一个地方"自古以来"就属于中国时,总是采取"实用"甚至"歪曲"的态度,只讲一部分被认为是有利的事实,却完全不提相反的事实,使绝大多数人误以为自古以来都是如此。

例如新疆,只说公元前60年汉宣帝设立西域都护府,却不提及王莽时已经撤销,东汉时"三通三绝",以后多数年代名存实亡,或者仅是部分恢复;只说唐朝打败突厥,控制整个西域地区,却不提及安史之乱后唐朝再未重返西域;只说蒙古征服西辽,却不提及元朝从未完全统治西域地区。事实上,中原王朝对西域的统治直到乾隆二十四年(1759年)才重新实现。对于清朝来说,西域的确是新纳的疆域,因此,才有"新疆"的命名。

此外,以云南为例,虽然汉、晋时代是由中原王朝统治,但是,在南朝后期就脱离了中原王朝。隋唐时期,云南是中原王朝的羁縻地区,不是直辖地区。8世纪中叶以后,南诏依附吐蕃反唐,根本就脱离了唐朝。南诏以后成为大理。总之,从6世纪脱离中原王朝,经过了差不多700年,到13世纪才由元朝征服大理,云南地区又被中原王朝统治。

不过,谭先生特别强调:"我们认为18世纪中叶以后,1840年以前的中国范围是我们几千年来历史发展所自然形成的中国,这就是我们历史上的中国。至于现在的中国疆域,已经不是历史上自然形成的那个范围了,而是这一百多年来资本主义列强、帝国主义侵略宰割了我们

---

① 《历史上的中国和中国历代疆域》,谭其骧著:《长水集续编》,人民出版社,1994年,第10—11页。

的部分领土的结果,所以不能代表我们历史上的中国的疆域了","为什么说清朝的版图是历史发展自然形成的呢?而不是说清帝国扩张侵略的结果?因为历史事实的确是这样。……清朝以前,我们中原地区跟各个边疆地区关系长期以来就很密切了,不但经济、文化方面很密切,并且在政治上曾经几度和中原地区在一个政权统治之下。"

我作为谭先生的学生与助手,深切理解他无法突破政治底线的苦衷。他的上述说法在理论上存在着局限性,在实际上也存在着无法调和的矛盾:一方面,从秦朝最多300多万平方公里的疆域发展到清朝极盛时期1300多万平方公里的疆域,并不能一概称之为"自然形成"。我们不能因为中国最终形成了一个疆域辽阔的国家,就将历史上那些扩张行为视为促进王朝统一、社会进步的必要手段。秦始皇征服岭南,汉武帝用兵西域,唐朝灭高丽、突厥,蒙古人建立元朝,清朝灭明、平定准噶尔,客观上促成国家统一,为中国疆域最终形成奠定了有利条件。但是,这种扩张行为本身,未必就有"自然"的正义性可言;另一方面,在尚未形成现代国际法和国际关系、不同国家民族平等观念之前,世界上能够生存和发展下来的国家,特别是葡、西、荷、英、法、美、德、日、意等近代大国强国,无一不是侵略扩张的产物,中国岂能例外?1840年以前,中国疆域之所以保持稳定,一个重要的有利因素是地理环境的封闭性,以致在工业化以前的外部世界尚缺乏这种突破地理障碍的能力。尽管如此,唐朝军队在中亚受挫于阿拉伯军队,伊斯兰教后来在新疆地区取代佛教,葡萄牙人长期占据澳门,西班牙人、葡萄牙人、荷兰人相继占据台湾和澎湖,沙俄依靠侵略手段掠夺中国大片领土,这也不能不说是国家竞争"自然"的结果。中俄雅克萨之战并导致《尼布楚条约》签订后,清朝应该了解俄国人的真实意图,而且有足够的时间和能力移民实边,却继续实施对东北的封禁,以致俄国人进入黑龙江以北和乌苏里江以东如入无人之境。一些俄国史学家至今还声称,俄国人是这些"新土地的开发者",而非中国领土的掠夺者。但在清朝对东北开禁,鼓励移民,设置府州县,建立东三省后,俄国与日本尽管仍然处心积虑要占据东北,却始终未能得逞。这岂不也是此进彼退"自然"的结果吗?至于一定要强调边疆或少数民族地区与中原王朝的联系,有些事例不仅显得牵强,并且也与前面对台湾与大陆关系的论述自相矛盾。

从谭其骧先生一生求索经历和学术思想的发展看,他的研究始终是与时俱进的,总是在追求超越前人旧说,并寄望我们这些学生能够超越他的局限。我们相信,如果他尚在世的话,他早已自行突破这些局限。所以,我的放胆狂言一定也会得到他的宽容、理解和鼓励。

原载于《河南大学学报(社会科学版)》2012年第5期

"中国"、"中华民族"语义的历史生成

冯天瑜①

【导读】 "中国"、"中华民族"是当代两个普遍使用、耳熟能详的词语,它们的语义是在长期的历史发展中萌蘖而生、曲折流变、逐渐成形并最终确定。"中国"较早见于周代,初义为"中央之城",指代周天子所居京师,而与"四方"对称,后又衍化出诸夏列邦、国境之内、中等之国、中央之国等多种引申之义。"中国"作为与"外国"对等的国家概念,萌发于宋代。国体意义上的"中国"概念,是在与近代欧洲国家建立条约关系时正式出现。辛亥革命以后,"中国"先后作为"中华民国"和"中华人民共和国"的简称,以正式国名被国人共用,并为国际社会普遍承认。古汉语的"族"、"族类",是区分"内华夏、外夷狄"的旧式民族主义概念,而双音节的"民族"一词,乃是近代民族主义概念,以往多认为是从日本输入的。由"民族"与"中华"组合而成的复合词"中华民族"出于晚清,曾与"中国民族"同位并用。中华民族呈现的多元一体格局,它所包括的五十多个民族单位是多元,中华民族是一体。今天的"中华民族"是中国境内56个民族的总称,在多样性中保持强劲的凝聚力。

一、"中国":古今演绎

作为我们伟大祖国国名的"中国",迄今已是一个国人耳熟能详的词语。然而,"中国"的语义生成在漫长的历史中经历了一个曲折流变

---

① 武汉大学历史学院教授。

的过程：语义从古代的"城中"到"天下中心"，进而衍化为近代的与世界列邦并存的民族国家之名。中国之"中"，甲骨文、金文像"有旒之斾"（有飘饰的旗帜），士众围绕"中"（旗帜）以听命，故"中"又引义为空间上的中央，谓左右之间，或四方之内核；又申发为文化或政治上的枢机、轴心地带，所谓"当轴处中"，有"以己为中"的意味，与"以人为外"相对应。中国之"国"，繁体作"國"，殷墟甲骨文尚无此字，周初金文出现"或"及"國"字，指城邑。《说文》："邑，國也，从囗"，原指城邑。古代的城，首先是军事堡垒，囗（音围）示城垣，其内的"戈"为兵器，表示武装，含武装保卫的天子之都义，以及诸侯辖区、城中、郊内等义。综论之，"中"指居中集众之旗，引申为中心、中央；"国"指执戈捍卫之城，进而指称军事、政治中心地。

由"中"与"国"组成"中国"，以整词出现，较早见于周初，如青铜器《何尊》铭辞曰："余其宅兹中国（周成王在洛邑建成周，宣称：我要住在天下的中央）"。① 最早的传世文献《尚书·周书》亦有"皇天既付中国民"的用例，《诗经》《左传》《孟子》等先秦典籍也多用此词。② "中国"初义是"中央之城"，即周天子所居京师（首都），与"四方"对称。如《诗经·大雅·民劳》云："民亦劳止，汔可小康，惠此中国，以绥四方。"毛传释曰："中国，京师也。"《孟子·万章》讲到舜深得民心、天意，"夫然后之中国，践天子位"。这些用例的"中国"，均指居天下之中的都城京师，诚如刘熙为《孟子》作注所说："帝王所都为中，故曰中国。"

初义京师的"中国"又有多种引申：（一）指诸夏列邦，即黄河中下游这一文明早慧、国家早成的中原地带，居"四夷"之中，③西周时主要包括宋、卫、晋、齐等中原诸侯国，此义的"中国"后来在地域上不断有所拓

---

① 《何尊》铭文记周武王克商，廷告于天曰："余其宅兹中国，自之辟民。"参见于省吾：《释中国》，《中华学术论文集》，北京：中华书局，1981年，第1页。
② 《尚书·周书·梓材》追述周成王说："皇天既付中国民，越厥疆土于先王。"
③ 《诗·小雅·六月》序云："四夷交侵，中国微矣。"

展;(二)指国境之内;①(三)指中等之国;②(四)指中央之国。③ 以上多种含义之"中国",使用频率最高的是与"四夷"对称的"诸夏"义的"中国",如《诗经·小雅·六月》序云:《小雅》尽废,则"四夷交侵,中国微矣。"南朝宋刘庆义《世说新语·言语》云:"江左地促,不如中国。"唐人韩愈《上佛骨表》云:"夫佛者,夷狄之一法耳,自后汉时传入中国,上古未尝有也。"这些"中国",皆指四夷万邦环绕的中原核心地带。其近义词则有"中土"、"中原"、"中州"、"中夏"、"中华"等。

中华先民心目中的世界形态为"天圆地方",所谓"中国",是以王城(或称王畿)为核心,以五服(甸、侯、宾、要、荒)或九服(侯、男、甸、采、卫、蛮、夷、镇、藩)为外缘的方形领域,作"回"字状向外逐层延展,中心明确而边缘模糊。④ 在西周及春秋早期,约含黄河中下游及淮河流域,秦、楚、吴、越等地尚不在其内,但这些原称"蛮夷"的边裔诸侯强大起来,便要"问鼎中原",试图主宰"中国"事务。至战国晚期,七国都纳入"中国"范围,《荀子》《战国策》诸书所论"中国",已包含秦、楚、吴、越等地。秦朝一统天下后,"中国"范围更扩展至长城以南、临洮(今甘肃)以东的广大区间。

《汉书·西域传》云:"及秦始皇攘却戎狄,筑长城界中国,然西不过临洮。"汉唐以降,"中国"的涵盖范围在空间上又有所伸缩,诸正史多有描述,略言之,包括东南至于海、西北达于流沙的朝廷管辖的广阔区间。清乾隆二十四年(1759)大体奠定中国疆域范围:北起萨彦岭,南至南海诸岛,西起帕米尔高原,东极库页岛,约1260万平方公里。19世纪中叶以后,西东列强攫取中国大片领土,由于中国人民的英勇抵抗,使领土避免更大损失。今日中国面积960万平方公里,仅次于俄罗斯、加拿大,居世界第三位。

需要强调的是,"中国"原指华夏族活动的地理中心与政治中心,自

---

① 《诗·大雅》云:"文王曰咨,咨女殷商,女炰烋于中国,敛怨以为德。"《谷梁传·昭公三十年》注:"'中国',犹国中也。"
② 《管子》按大小排列,将国家分为王国、敌国、中国、小国。
③ 《列子》按方位排列,将国家分为南国、北国、中国。
④ "五服"见《国语·周语》,"九服"见《周礼·夏官·职方氏》。

晚周以降，"中国"一词还从地理中心、政治中心派生出文化中心含义。战国赵公子成的论述颇有代表性："中国者，盖聪明徇智之所居也，万物财用之所聚也，贤圣之所教也，仁义之所施也，诗书礼乐之所用也，异敏技能之所试也，远方之所观赴也，蛮夷之所义行也。"①与叔父公子成论战的赵武灵王（？—前295）则指出，夷狄也拥有可资学习的文化长处，如"胡服骑射"便利于作战，中原人应当借取，从而壮大"中国"的文化力。发生在赵国王室的这场辩论，给"中国"的含义赋予了文化中心的内蕴。古人还意识到文化中心是可以转移的，故"中国"与"夷狄"往往发生互换，所谓"诸侯用夷礼则夷之，进于中国则中国之"②。明清之际哲人王夫之（1619—1692）在《读通鉴论》《思问录》等著作中，对"中国"与"夷狄"之间文野地位的更替作过深刻论述，用唐以来先进的中原渐趋衰落，蛮荒的南方迎头赶上的事实，证明华夷可以变易，"中国"地位的取得与保有并非天造地设，而是依文化先进区不断流变而有所迁衍，诚如《思问录·外篇》所说："天地之气，衰旺彼此迭相易也。"

古代中原人常在"居天下之中"意义上称自国为"中国"，但也有见识卓异者发现，"中国"并非我国的专称，异域也有自视"中国"的例子。曾西行印度的东晋高僧法显（约342—约423）说，印度人以为恒河中游一带居于大地中央，称之为"中国"。③ 明末来华的耶稣会士利玛窦（152—1610）、艾儒略（1582—1649）等带来世界地图和五洲四洋观念，改变了部分士人（如瞿式谷）的中央意识，使之省悟到："按图而论，中国居亚细亚十之一，亚细亚又居天下五之一，……而戋戋持此一方，胥天下而尽斥为蛮貉，得无纷井蛙之诮乎！"④清人魏源（1794—1857）接触到更翔实的世界地理知识，认识到列邦皆有自己的"中国"观："释氏皆以印度为中国，他方为边地。……天主教则以如德亚为中国，而回教以

---

① 司马迁：《史记》卷43《赵世家》，甘肃人民出版社，1997年，第379页。
② 韩愈：《原道》，钱佰城：《韩愈文集导读》，中国国际广播出版社，2009年，第55页。
③ 释法显：《佛国记》，中华书局，1991年。
④ 瞿式谷：《职方外纪小言》，[意]艾儒略著，谢方校释：《职方外纪校释》，中华书局，1996年，第9页。

天方国为中国。"①近代学人皮锡瑞撰文说:"若把地图来参详,中国并不在中央,地球本是浑圆物,谁是中央谁四旁?"②这都是对传统的"中国者,天下之中也"观念的理性反思与修正。

"中国"衍化为国名,也经历了一个复杂的历史过程。我国古代多以朝代作国名(如汉代称"汉""大汉",唐代称"唐国""大唐",清代称"清国""大清"),外人也往往以我国历史上强盛的王朝(如秦、汉、唐)或当时的王朝相称,如日本长期称中国人为"秦人",称中国为"汉土""唐土",江户时称中国人为"明人""清人"。此外,印度称中国为"支那",意谓"文物之国";希腊、罗马称中国为"赛里丝",意谓"丝国"。

以"中国"为非正式的国名,与异域外邦相对称,首见于《史记·大宛传》,该传载汉武帝(前156—前87)派张骞(前195—前114)出使西域:"天子既闻大宛及大夏、安息之属,皆大国,多奇物、土著,颇与中国同业,……乃令骞因蜀犍为发间使,四道并出。"这种以"中国"为世界诸国中并列一员的用法,汉唐间还有例证,如《后汉书·西域传》以"中国"与"天竺"(印度)并称;《唐会要·大秦寺》以"中国"与"波斯""大秦"(罗马)并称。但这种用例以后并不多见。

"中国"作为与"外国"对等的国家概念,萌发于宋代。北宋不同于汉唐的是,汉唐时中原王朝与周边维持着宗主对藩属的册封关系和贡赍关系,中原王朝并未以对等观念处理周边问题;赵宋则不然,北疆出现了与之对峙的契丹及党项羌族建立的王朝——辽与西夏,这已是两个典章制度完备、自创文字,并且称帝的国家,又与赵宋长期处于战争状态,宋朝还一再吃败仗,以致每岁纳币,只得放下天朝上国的架子,以对等的国与国关系处理与辽、西夏事务,故宋人所用"中国"一词,便具有较清晰的国家意味。在这种历史条件下,北宋理学家石介(1005—1045)著《中国论》,此为首次出现的以"中国"作题的文章,该文称:"居天地之中者曰中国,居天地之偏者曰四夷。"这已经有了国家疆界的分野,没有继续陶醉于"普天之下,莫非王土"的虚幻情景之中,此后,"中国"便逐渐从文化主义的词语,变为接近国家意义的词语。一个朝代自

---

① 魏源:《海国图志》卷74,长沙:岳麓书社,1998年,第1849页。
② 皮锡瑞撰:《醒世歌》,《湘报》,1898年第27号。

称"中国",始于元朝。元世祖忽必烈(1215—1294)派往日本的使臣所持国书,称自国为"中国",将日本、高丽、安南、缅甸等邻邦列名"外夷"。明清沿袭此种"内中外夷"的华夷世界观,有时也在这一意义上使用"中国"一词,但仍未以之作为正式国名。

国体意义上的"中国"概念,是在与近代欧洲国家建立条约关系时正式出现的。欧洲自17世纪开始形成"民族国家"(nation—state),并以其为单位建立近代意义上的国际秩序。清政府虽然对此并无自觉认识,却因在客观上与这种全然不同于周边藩属的西方民族国家打交道,因而需要以一正式国名与之相对,"中国"便为首选。这种国际关系最先发生在清—俄之间。俄国沙皇彼得一世(1676—1721)遣哥萨克铁骑东扩,在黑龙江上游与康熙皇帝(1654—1722)时的清朝遭遇,争战后双方于1689年签订《尼布楚条约》,条约开首以满文书写清朝使臣职衔,译成汉文是:"中国大皇帝钦差分界大臣领侍卫大臣议政大臣索额图",与后文的"翰罗斯(即俄罗斯)御前大臣戈洛文"相对应。康熙朝敕修《平定罗刹方略界碑文》,言及边界,有"将流入黑龙江之额尔古纳河为界:河之南岸属于中国,河之北岸属于鄂罗斯"等语,"中国"是与"鄂罗斯"(俄罗斯)相对应的国名。

如果说,17世纪末叶与俄罗斯建立条约关系还是个别事例,此后清政府仍在"华夷秩序"框架内处理外务,那么,至19世纪中叶,西方殖民主义列强打开清朝封闭的国门,古典的"华夷秩序"被近代的"世界国家秩序"所取代,"中国"愈益普遍地作为与外国对等的国名使用,其"居四夷之中"的含义逐渐淡化。第一次鸦片战争期间,中英两国来往照会公文,言及中方,有"大清""中华""中国"等多种提法,而"中国"用例较多,如林则徐(1785—1850)《拟谕英吉利国王檄》说:"中国所行于外国者,无一非利人之物。"以"中国"与"外国"对举。与英方谈判的清朝全权大臣伊里布(1772—1843)《致英帅书》,称自国为"中国",与"大英""贵国"对应,文中有"贵国所愿者通商,中国所愿者收税"之类句式;英国钦奉全权公使璞鼎查(1789—1856)发布的告示中,将"极东之中国"与"自极西边来"的"英吉利国"相对应,文中多次出现"中国皇帝""中国官宪""中国大臣"等名目。① 而汉文"中国"正式写进外交文书,首见于道光二十二年七月二十四日(1842年8月29日)签署的中英《江宁条约》(通称《南京条约》),该条约既有"大清"与"大英"的对称,又有"中国"与"英国"的对称,并多次出现"中国官方""中国商人"的提法。② 此后,清朝多以"中国"名义与外国签订条约,如中美《望厦条约》以"中国"对应"合众国",以"中国民人"对应"合众国民人"。

近代中国面临欧美列强侵略的威胁,经济及社会生活又日益纳入世界统一市场,那种在封闭环境中形成的虚骄的"中国者,天下之中"观念已日显其弊,具有近代意义的"民族国家"意识应运而生,以争取平等的国家关系和公正的国际秩序。而一个国家要自立于世界民族之林,拥有一个恰当的国名至关重要,"中国"作为流传久远、妇孺皆知的简练称号,当然被朝野所袭用。梁启超(1873－1929)、汪康年(1860－1911)等力主扬弃"中国者,天下之中也"的妄见,但"中国"这个自古相沿的名称可以继续使用,以遵从传统习惯,激发国民精神。他们指出,以约定俗成的专词作国名,是世界通则,西洋、东洋皆不乏其例。近代兴起的反殖民主义、反帝国主义运动,更赋予"中国"以爱国主义内涵,"中国者,中国人之中国,非外人所得而干涉也",③便是在近代民族国家意义上呼唤"中国",这已经成为国民共识。

如果说,"大清"和"中国"在清末曾并列国名,交替使用,那么,辛亥革命以后,"中国"先后作为中华民国和中华人民共和国的简称,以正式国名被国人共用,并为国际社会普遍肯认。本文在全面观照"中国"的古典义和现代义及二者的因革转化的基础上,使用"中国"一词。中国文化的发展史正是在作为历史范畴的"中国"这一逐步扩展的空间,得以生发、演绎的。

---

① 中国史学会编:《中国近代史资料丛刊·鸦片战争》,神州国光社,1954年,第445、450页。
② 王铁崖:《中外旧约章汇编》第1册,三联书店,1957年,第30—33页。
③ 《论中国之前途及国民应尽之责任》,《湖北学生界》第1年第3期,1903年4月。

二、"中华民族":从自在到自觉

自古以来,在中国这片广袤、丰腴的大地上生活劳作的各族人民,近百年来统称"中华民族",他们是中国文化的创造主体。

(一) 释"民族"

民族,泛指历史上形成的、处于不同社会发展阶段的各种人群共同体。从时序划分,有原始民族、古代民族、现代民族。中国古籍表述这一概念的有"民""族""种""部""类"等单字词,也有"族类""族部""民群""民种"等双字词。其核心单字词"族",原义"矢锋"(箭头),引申为众。《说文》曰:"族,矢锋也,束之族族也。……众矢之所集。"徐笺:"矢所丛集谓之族。"集合意的"族",演为具有相似属性的人群集合的专称。中国自古注重族群文化心理的同一性,《左传·成公四年》称"非我族类,其心必异",即此之谓。

古汉语的"族""族类",是区分"内华夏、外夷狄"的旧式民族主义概念,而双音节的"民族"一词,乃是近代民族主义概念,以往多认为是从日本输入的。作为单一族群的日本人,在前近代已完整地具备民族诸要素(共同地域、共同经济生活、共同语文、共同心理),故西方近代民族主义传入日本,迅速得以风行。明治时期日本学者将"民"与"族"组合成"民族"一词,对译英语 nation。19 世纪末 20 世纪初,经中国留日学生和政治流亡者将这一术语传入中国。故清末使用"民族"一词的学人,多有游日经历。然而,考索词源,"民族"作为汉字整词出现,并非始于日本,早在 19 世纪上半叶,入华西方新教传教士、日耳曼人郭实腊(1803—1851)等编辑的《东西洋考每月统记传》道光十七年(1837)九月号载《约书亚降迦南国》,已创译"以色列民族"一语,此为汉字整词"民族"的较早出现。咸丰、同治间文士王韬(1828—1889)1874 年所著《洋务在用其所长》也出现"民族"一词。上述两例均在日制汉字词"民族"之前,但属于零星个案,并未产生大的影响。

至清代末叶,伴随着近代"民族国家"观念的勃兴,日制"民族"一词传入中国,逐渐为人使用,如 1895 年第 2 号《强学报》、1896 年《时务报》皆有例证。1898年6月,康有为(1858—1927)给光绪皇帝上《请君民合治满汉不分揭》,有"民族之治"一语。1900年,章太炎(1869—1936)《序种性》有"自帝系世本推迹民族"的论说。① 此后,梁启超《东籍月旦》(1902)、吴汝纶(1840—1903)《东游丛录》(1902)都使用"民族"一词,梁启超在《新民说·论自由》中更强调:"今日吾中国最急者……民族建国问题而已。"提出建立近代意义上的"民族国家"的任务,其内容有"完备政府""谋公益""御他族"等。多民族的中国较之单一民族的日本,建立近代民族国家的情况复杂得多。就清末而言,首先面临满洲贵族对数量巨大的汉族的民族压迫问题,孙中山(1866—1925)1904年在《中国问题的真解决》中便是以此为症结议论"民族"的。1905年,他在《〈民报〉发刊词》中对"民族"和"民族主义"又作系统阐发,虽有"排满"之议,却又有更宽阔的视野,并与西方近代民族主义对接。辛亥革命后,民族主义超越"排满",成为争取全中国诸民族共同权益,以自立于世界民族之林的新思想,旧式民族主义正式向近代民族主义过渡,"民族"一词自此广泛使用,成为常用汉字词。

(二) 释"中华"

"中华"是"中国"与"华夏"的复合词之简称,较早出现于华夷混融的魏晋南北朝,《魏书》《晋书》多有用例。② "华"通"花",意谓文化灿烂,所谓中国"有服章之美,故谓之华"。③ 华夏先民建国黄河中游,自认中央,且又文化发达,故称"中华"。《唐律名例疏议释义》说:"中华者,中国也。亲被王教,自属中国,衣冠威仪,习俗孝悌,居身礼义,故谓之中华。"此处所论"中华",已淡化地理方位的中心性,突出文化属性。1367年,朱元璋(1328—1398)命徐达(1332—1385)北伐讨元,其檄文有"驱逐胡虏,恢复中华"的著名口号,这种与"胡虏"对称的"中华",指

---

① 章炳麟著,徐復注:《訄书详注》,上海古籍出版社,2000年,第215—276页。
② 《魏书·礼志》:"下迄魏晋,赵秦二燕,虽地处中华,德祚微浅。"《魏书·宕昌传》也有用例。《晋书·刘乔传》:"今边陲无备豫之储,中华有杼轴之困。"
③ 《左传·定公十年》:"裔不谋夏,夷不乱华。"孔颖达疏:"中国有礼义之大,故称夏,有服章之美,故谓之华。"

汉族及汉文化传统。至近代,"中华"则逐渐成为指认全中国的一种文化符号。

由"民族"与"中华"组合而成的复合词"中华民族"出于晚清,曾与"中国民族"同位并用。梁启超在《中国史叙论》(1901年)中出现"中国民族""四万万同胞",①指历来生息于中国的诸族总称。在《论中国学术思想变迁之大势》(1902年)中,多次将"我中华"与"国人"连用,联系上下文,是指在中国土地上的诸族之总称。同文还有如下句式:

立于五洲中之最大洲而为洲中之最大国者谁乎？我中华也。人口居全地球三分之一者谁乎？我中华也。四千余年之历史未尝一中断者谁乎？我中华也。……

盖大地今日只有两文明：一泰西文明,欧美是也；二泰东文明,中华是也。②

这是在中国文化的连续一贯性上指认"中华"的,同文还出现"中华民族"一词："上古时代,我中华民族之有海思想者厥为齐。"不过,梁启超并未对"中华民族"作具体诠释,从语境分析约指华夏—汉族。1905年,孙中山组建中国同盟会,入会誓词中有"驱除鞑虏,恢复中华"一语,是对14世纪朱元璋讨元檄文口号的袭用。此间所说"中华"指汉族,这与革命派推翻满清统治的政治目标相关。反对"排满革命"的立宪派杨度(1874—1931),1907年在《金铁主义说》中则从中国诸族文化共同性出发,论述"中华"和"中华民族":

则中华之名词,不仅非一地域之国名,亦且非一血统之种名,乃为一文化之族名。……华之所以为华,以文化言,不以血统言,可决知也。故欲知中华民族为何等民族,则于其民族命名之顷,而已含定义于其中。以西人学说拟之,实采合于文化说,而背于血统说。华为花之原字,以花为名,其以形容文化之美,而非以之状态血统之奇。③

此论扬弃民族的体质人类学标准,选取文化人类学标准,超越肤色、形貌等血统、种族属性,从创造共同文化、形成类似心理这一关节点

---

① 梁启超:《饮冰室合集》(1),《饮冰室文集》之6,中华书局,1989年,第12页。
② 梁启超:《饮冰室合集》(1),《饮冰室文集》之7,中华书局,1989年,第1页。
③ 刘晴波主编:《杨度集》,湖南人民出版社,1986年,第374页。

上阐明"中华民族"含义。杨度文章发表后,章太炎作《中华民国解》,将"中华民族"解为汉族,意在强调排满革命。

辛亥革命以后,满汉矛盾消解,孙中山等的民族主义重点转为中国各民族的协和团结,倡言"合汉、满、蒙、回、藏诸族为一人,是曰民族之统一"①。此即"五族共和"说。1912 年 3 月 19 日,黄兴、刘揆一等成立"中华民国民族大同会",②孙中山盛赞该会"提携五族共跻文明之域,使先贤大同世界之想象,实现于廿世纪,用意实属可敬"。③ 同年 3 月 23 日,该会改称"中华民族大同会",④发起电文称:"凡我同胞,何必歧视。因特发起中华民族大同会。"黄兴被举为总理,刘揆一为协理,满人恒钧等为此会重要发起人。该会成立消息,在《民立报》《申报》等重要报刊登载,影响波及海内外。中华民族大同会是以"中华民族"之名组建的第一个社团组织。此后,多人著文阐发"中华民族"的内涵及外延。李大钊著《新中华民族主义》(1917 年),主张对古老的中华民族"更生再造",在中国诸族融合的基础上形成"新中华民族"。孙中山著《三民主义》(1919 年),阐述新的民族主义:汉族"与满、蒙、回、藏之人民相见于诚,合为一炉而冶之,以成一中华民族之新主义。"孙氏晚年力主中国民族自求解放,中国境内各民族一律平等。⑤ 总之,经过近代以来历史进步的长期熏染,"中华民族"的含义确定为中国诸族之总称,对内强调民族平等,对外力争民族解放、国家独立。现在人们普遍在这一意义上使用"中华民族"一词。

---

① 中国社会科学院近代史研究所中华民国史研究室、中山大学历史系孙中山研究室、广东省社会科学院历史研究室合编:《孙中山全集》第 2 卷,中华书局,1982 年,第 2 页。

② 黄兴:《与刘揆一等发起组织中华民国民族大同会启》,湖南省社会科学院编:《黄兴集》,中华书局,1981 年,第 147—148 页。

③ 中国第二历史档案馆编:《临时政府公报》,江苏人民出版社,1981 年。

④ 黄兴:《与刘揆一等致各都督等电》,湖南省社会科学院编:《黄兴集》,中华书局,1981 年,第 149 页。

⑤ 中国社会科学院近代史研究所中华民国史研究室、中山大学历史系孙中山研究室、广东省社会科学院历史研究室合编:《孙中山全集》第 9 卷,中华书局,1986 年,第 118 页。

"中华民族"既有悠远深邃的历史渊源,又在近代民族国家竞存的世界环境中得以正式熔铸。费孝通指出:"中华民族作为一个自觉的民族实体,是近百年来中国和西方列强对抗中出现的,但作为一个自在的民族实体则是在几千年的历史过程所形成的"①。在近代,逐步走出封闭状态的国人,面对西方列强进逼的世界格局,民族国家观念觉醒,这种观念既受启迪于世界新思潮,又深植于中国诸族在数千年历史进程中形成的共同命运和近似文化心理,诚如梁启超所说:"凡遇一他族而立刻有'我中国人'之一观念浮于其脑际者,此人即中华民族一员也"②。中国历来是多民族国家,自古居于中原的华夏—汉族与周边少数民族长期共存互动。历史上影响较大的少数民族,东北有乌桓、鲜卑、高丽、室韦、契丹、女真等,北方有匈奴、乌孙、突厥、回纥、蒙古等,西南有氐羌、吐谷浑、吐蕃、西南夷,南方有武陵蛮、僚、瑶、苗、黎等。经长期的民族融合、民族迁徙,形成中国境内今之诸族,合为中华民族。中华民族呈"多元一体格局","它所包括的五十多个民族单位是多元,中华民族是一体"③。多元中的统一,统一中的多元,使得中华民族的历史进程和现实格局色彩缤纷、生机勃勃,在多样性中保持强劲的凝聚力。

民族作为一个历史范畴,自有其发生、发展、消亡的过程。汉族由在夏、商、周三代形成的华夏族与周边诸族融合而成,汉代以后渐称"汉人""汉族",并继续与诸族融合。其它诸族也是如此,如人口最多的少数民族壮族,是古代百越各支经长期演化而来,史称"西瓯""骆越""乌浒""僚"等,与汉族交流频繁,后总称"僮",1965年改称壮族。满族的先世为东北的肃慎、挹娄、勿吉、靺鞨等古族,10世纪改称"女真",17世纪定族名"满洲",简称满族,入主中原前后,深受汉文化影响。

今天的"中华民族"是中国境内56个民族的总称,其中汉族占总人口的94%,构成中华民族的主体,多聚居于黄河、长江、珠江流域和松

---

① 费孝通:《中华民族多元一体格局》,中央民族学院出版社,1989年,第1页。
② 梁启超:《饮冰室合集》(6),专集之11,中华书局,1989年,第100页。
③ 费孝通:《中华民族多元一体格局》(修订本),中央民族大学出版社,1999年,第1页。

辽平原，使用汉藏语系的汉语、形意文字的汉字。其它民族多生活在东北、北、西北、西南地区，分布区域约占全国总面积的50%－60%，主要分属汉藏语系和阿尔泰语系，人口百万以上的13个：壮族、回族、维吾尔族、彝族、苗族、藏族、满族、蒙古族、布依族、朝鲜族、瑶族、侗族、白族；人口百万以下，十万以上的14个：土家族、哈尼族、哈萨克族、傣族、黎族、傈僳族、佤族、畲族、高山族、拉祜族、水族、纳西族、土族、珞巴族；人口十万以下，一万以上的18个：景颇族、柯尔克孜族、达斡尔族、仫佬族、羌族、布朗族、撒拉族、毛南族、仡佬族、锡伯族、阿昌族、普米族、塔吉克族、怒族、鄂温克族、崩龙族、门巴族、基诺族；人口万人以下的9个：乌孜别克族、俄罗斯族、保安族、裕固族、京族、塔塔尔族、独龙族、鄂伦春族、赫哲族。

原载于《河南大学学报（社会科学版）》2012年第6期，《北京大学学报》2013年第2期"学报概览"转载

中华农业文明的早熟、融合发展与再生性

陈绵水　冷树青①

【导读】 地理环境是决定中华农业文明源远流长而又缓慢发展和长期延续的重要因素。得天独厚的农业资源决定了中华农业文明的早熟性,封闭博大的地理环境有利于早熟的中华农业文明的独立与融合发展,由此进一步产生了地主制经济、儒家思想和宗法郡县制,三者间又高度互补,并在此基础上形成了具有特殊自我调节功能的周期性再生结构。

中华农业文明是人类历史上源远流长而又唯一延续下来的文明。它以华夏族为主体不断同化、融合周边少数民族,形成了以儒家文化为主体的东亚华夏文明圈,创造了人类文明的奇迹。学术界对中华农业文明的产生、特点和发展规律的研究成果丰硕。自20世纪20年代末开始,有关中国文明起源的研究经历了1928—1976年的准备期、1977—1985年的初步探索期,1986—2000年的全面展开期。2001年以后,以"中华文明探源工程预研究"的开展为标志,中国文明起源的研究又进入了一个新的发展时期,其主要成果是在学术界形成了对中华文明原生性与多元一体性的基本共识。② 关于中华农业文明的一般特点和发展规律问题的探讨,主要围绕它是如何长期延续的问题展开的。这一研究自20世纪30年代起为学术界高度关注和重视,有强调经济、政治、文化或地理环境一个方面的单因说,也有综合以上各种因素的多因

---

① 九江学院社会系统学研究所教授。
② 朱乃诚:《中国文明起源研究》,福建人民出版社,2006年,第2页。

说,后者又进一步发展并逐步形成共识,即肯定以物质生产为基础的经济、政治、文化、地理环境和外部社会条件对中华农业文明的发展具有共同作用。① 但物质生产的基础和决定作用是一个历史的过程,在它发展的进程中的不同阶段亦有区别,而地理条件则是物质生产的基础和决定作用形成的重要因素。笔者考察的着力点即是立足中华农业文明赖以产生的地理条件,进一步具体深入地探讨中华农业文明的早熟性、融合性与再生性特点,把握其缓慢发展和长期延续的内在规律。这无疑将有利于深化我们对这一古老文明的特点和演变规律的认识,并使我们能够更好地把握它的未来发展。

一、中华农业文明的早熟与融合发展

中华文明是土生土长独立发展起来的文明,中国是四大文明古国之一。苏秉琦认为,在距今 1 万年的中国六个主要区域,大致都经历了古文化、古城、古国的发展里程,后又从古国发展至方国,最后汇入到中华一统的帝国的三个国家发展阶段。其中燕山南北地区的发展最早,在距今约 8000 年之时开始了由氏族向国家发展的转折;在距今 5000 年之时进入古国阶段,即传说中的黄帝时期;在距今 4000 年之时进入方国阶段;在距今 2000 年之时进入帝国时期。中原地区在距今约 6000 年之时开始了由氏族向国家发展的转折;到距今四五千年之时,吸收北方、东方、东南方等多方面的文化因素,在治理洪水的过程中进入古国阶段;在距今 4000 年前进入方国阶段,即夏、商、周三代,在距今 2000 年前秦统一六国进入帝国阶段。总之,中华文明具有超百万年的文化传统根系,上万年的文明起步之开端,国家起源与发展的模式涵盖了中华民族多元一体格局形成的历史。其中,古国阶段是中华民族多元一体格局形成的基础,中华民族多元一体格局发展到距今四五千年之时它的这一特点最为明显,方国阶段是夷夏关系互为消长的时期,而最后终于形成多元一体格局相对稳定的共处关系,中华一统(即帝国)

---

① 庞卓恒:《唯物史观与历史科学》,高等教育出版社,2004 年,第 145—169 页。

阶段把前段格局在政治上固定下来,并不断得到加强。①

大体说来,中原地区在春秋战国时期,以铁制农具和牛耕为主要生产手段,并注意选育良种、兴修农田水利、施用粪肥,产生了精耕细作的集中化程度较高的定耕农业,特别是以这种生产方式为基础而形成的男耕女织的家庭农业自然经济体制已经产生;而秦帝国的建立,完成了以领主制封建经济为基础的宗法封建制社会向宗法郡县制社会的过渡。地主制小农经济是农业文明高度发达的根本标志,它使中华文明长期处于人类文明发展的先进行列。在此基础上,中华农业文明以华夏族为主体不断同化、融合周边少数民族,逐步形成了以儒家文化为主体的东亚华夏文明圈,成为人类历史上源远流长而又唯一延续下来的文明,它创造了人类文明的奇迹。

使中华农业文明出现独立、早熟而又融合发展现象的关键,是它所具有的优越的特殊的地理条件。马克思指出,考察原始文化的产生与发展要"依种种外界的(气候的、地理的、物理的等等)条件,以及他们的特殊的自然习性(他们的部落性质)等等"为转移,②恩格斯进一步解释了世界不同地区原始文化的发展对自然条件的依赖性:"随着野蛮时代的到来,我们达到了这样一个阶段,这时两大陆的自然条件上的差异,就有了意义。野蛮时代的特有的标志,是动物的驯养、繁殖和植物的种植。东大陆,即所谓旧大陆,差不多有着一切适于驯养的动物和除一种以外一切适于种植的谷物;而西大陆,即美洲,在一切适于驯养的哺乳动物中,只有羊驼一种,并且只是在南部某些地方才有;而在一切可种植的谷物中,也只有一种,但却是最好的一种,即玉蜀黍。由于自然条件的这种差异,两个半球上的居民,从此以后,便各自循着自己独特的道路发展,而表示各个阶段的界标在两个半球也就各不相同了。"③自然环境对中华农业文明产生和发展的重要作用主要表现在以下三方面。

---

① 朱乃诚:《中国文明起源研究》,福建人民出版社,2006年,第163—164页。
② 《马克思恩格斯全集》(第46卷上),人民出版社,1979年,第472页。
③ 《马克思恩格斯全集》(第21卷),人民出版社,1965年,第34—35页。

(一) 得天独厚的农业资源

丰富充沛的农业资源孕育出早熟、发达的农耕文明。中华文明的农业资源十分丰富,可谓得天独厚,尤其是在文明的核心区——黄河流域。在距今5000年前,地球气候的最适期结束,从地中海到印度的广大地区由湿润到干燥而导致的沙漠化使人们集中到大河流域,这是诞生农业文明的重要原因;而当时生产力发展受到了制约,这则成了世界农业文明最早产生并发展于能够开发的温带河谷平原地区的根源。大约在距今4000年左右,地球又在自然环境方面发生了重大变化,气候日趋干燥而寒冷,几大古代文明都出现了明显的衰退情况。但黄河文明并不存在类似其他文明的衰退现象,实际上在距今4000年之时正是黄河流域从新石器时代过渡到青铜文明时代,是从"满天星斗"的新石器文化开始逐步发展为多元一体格局的中华文明时期。①

黄河文明是由特殊的气候、土壤和地貌条件所孕育而产生的。公元前3000年,虽然全球气候转向干燥,但东亚大陆当时的气候湿润度还是比现在高的。就黄河中下游地区而言,森林分布比现在多,特别是基岩山地和薄层黄土地区以林木为主。中国黄河流域大陆泽、大野泽、菏泽、雷夏泽、孟诸泽、荥泽、昭余祁、杨纡、焦获、逄泽等一大批湖泊的存在,使当时的气候普遍比现在湿润。竺可桢的研究表明,在距今5000年至3000年间,即从仰韶文化到安阳殷墟时期,大部分时间的年均气温高于现在2℃左右,1月温度大约比现在高3℃—5℃,气候温和、降水充沛。② 湿润的气候为农作物更好地生长创造了有利条件。

同时,黄河中下游地区是黄河高原冲积平原,这片高原冲积平原的黄壤、壤土和下土坟垆粘着性不强,土质疏松。在黄土高原的原始植被还保存较好的条件下,冲积土中的养分含量较高,当时的人们在铁器农具出现前就开始了开垦耕种,农作物产量较高,这种情况在泾渭水和伊洛河及汾水、沁水等流域以及以仰韶文化为中心的地区最为典型。这一切都为黄河中下游农业的发展奠定了稳定的基础。经济的发展使人

---

① 蓝勇:《中国历史地理学》,高等教育教出版社,2003年,第40页。
② 竺可桢:《中国近五千年气候变迁的初步研究》,《中国科学》,1973年第2期。

们有更多的时间去求得精神的寄托,文化随之产生;而共同生活在一条大河边的文化群体,需要共同承担对大河的治理,因而要求有一个共同的管理形式和组织,国家由此产生。而南方气候温热,湖沼过于广阔,加上涂泥粘着性强,肥力不高,不易耕作,青黎色土柔和,但熟化程度不强。当时的生产力条件低下对生产的制约性很强,故农业文明不可能在此首先发展。因此,中华文明首次出现在中原地区,它是以仰韶文化—龙山文化传统为主体,以东西两大部落文化(仰韶文化—大汶口文化)传统的联盟为基础而形成的。黄河流域文明发端时间之早,规模之大,影响之远,延续历史之悠久都是中国其他地区的文明不能比拟的。

(二)封闭博大的地理环境

中华农业文明形成了与世界其他文明古国不同的发展逻辑和命运的决定性因素,即幅员辽阔的空间使得这种农耕文明能调节、可持续发展,而它独有的封闭地理条件则为中华农业文明独立而自由的融合发展提供了可能。

一方面,封闭的地理环境使中华农业文明独立而自由地发展成为可能。中国东南面有大海、长白山和鸭绿江等;北面有大兴安岭、小兴安岭、黑龙江、阿尔泰山及沙漠等;西面和西南面则为天山、昆仑山、喜马拉雅山与横断山等;正南面也是大海等。因而与欧亚大陆大河流域的其他古代文明不同,中华农业文明在历史上并未受到一次次游牧民族大规模迁徙及其与农耕民族发生冲突的影响,也未导致文明发展被迫中断的悲剧的发生。另一方面,在这个封闭的空间中,由于幅员辽阔、地大物博,其农业资源丰厚、条件优越,即使存在周边少数民族和游牧民族的冲突或冲击,其文明也能够自我调节和持续发展,乃至不断融合扩散,走向成熟。

从历史进程看,在秦汉时期地主制经济主要还只是在中原地区产生和发展。由于东晋南北朝时期一些游牧少数民族军队进入中原,迫使地主和农民大量南迁,地主制生产关系因而拓展到长江以南,入据北方的游牧少数民族也很快接受了更为先进的地主制生产关系。因此,北方的经济虽因战乱暂时衰退,但不久就恢复了活力,获得了较快的发展,其统治地区也因入侵民族本身的农耕化而融合;而在南方,由于地主制生产关系的拓展,既扩大了它的支配地区,又使它增加了一定的活力。经过四五百年的发展,中国地主制生产关系达到了完全成熟的形态。还未等它转入下坡路,又出现了北宋末年的第二次民族大迁徙,从而在空间上获得了更大的融合。此外,地主阶级利用政治权力为周边经济落后地区逐渐融合为一体所开展的一系列活动也从未停止。

因此,在这个幅员广袤、地理条件复杂的国度中,早熟的中华先进农业文明自身的规模得到了不断发展。在繁荣上升期,处于支配地位的生产关系在整个政治地域内仍有一定的扩展条件,在这一时期发达地区的高水平农耕文化向周边地区辐射;而在动乱衰落阶段,则出现了人口向偏僻地区的流亡、扩散的现象,在这一时期农耕文化同样拓展着自身生存的空间,延长衰落的过程,从而在农耕文明与游牧文明的互动融合中形成了中华农业文明不断推进融合发展的长期性特点。这样,早熟的中华先进农业文明从黄河流域向北扩展到草原、大漠;向南扩展到海上;向东跨越黑龙江;向西北、西南越过巴蜀覆盖到青藏高原;并且这一文明还覆盖到朝鲜、越南、日本及东南亚等,从而像滚雪球一般,成为以多元一体、连续不断为宏观特征的具有世界意义的文明,形成了人类历史上最大规模的华夏文明圈。

(三) 地理条件与外部文明的影响

地理条件的突出作用还表现在中华农业文明与外部文明的关系上。源于地理条件的封闭性融合发展是相对于中华农业文明的早熟而言的。所谓早熟,即中华地主制生产关系的发展水平属于农业文明的高级阶段,这在当时世界其他地区是远远未能达到的,因而它在人类农业文明的发展阶段能够长期处于主导地位。外部社会条件对它的促进作用十分有限,不可能决定其发展方向的变化,恰恰相反的是夏变夷而非变于夷,在不同文明的互动中它对其他文明具有显著的同化作用。但是,这个在人类文明发展的早期特定阶段产生的高度发达的东方农业文明,正是由于缺乏外部更先进文明的竞争互动,特别是中华农业文明自身封闭性缓慢发展的内在局限性,延缓了中华工业社会层次演进的发展进程,最终导致中国近代以来自身生存的严重危机。

典型的反证是,由于地理条件的差异,相对于大河流域农业文明后来居上的西欧农业文明却具有迥然不同的发展逻辑。西欧农业文明的发展程度远低于一些东方的农业文明国家,尤其逊色于中国农业社会的发展水平。如西欧领主制封建经济发达,并且存在时间也较长,而地主制经济发展起来后,资本主义生产关系已处于主导地位。在经济上,中国是地主制,是十分发达的集约化农业生产,而西欧则是封建领主制,仍处于粗放性农业生产阶段。前者的粮食单位面积产量数倍于后者。中国的工商业和城市也很发达。如11世纪末中国铁的年产量已达到17世纪整个欧洲的年产量,人均产量更是比欧洲高出20%;13世纪中国福建西部的城市居民已占全国总人口数量的28%,这是18世纪末西欧尚未达到的水平。在政治和文化方面,中国农业文明领先于西欧更无疑义。西欧的封建政治体制及封主与封臣的关系同中国西周时期封邦建国的政治体制和人身主从关系颇有相似之处。在中国出现的中央集权制、官僚制和科举取士的文官制,在西方乃是近代出现的事,而且18世纪西方的启蒙思想家甚至极力推崇儒学,以此作为批判基督教会的思想武器之一。①

因此,"如果说西欧封建制度与资本主义发展有某种关联的话,那只是西欧封建制度的落后,发展的不充分,为瓦解封建制度、导向资本主义的新的因素的发展留下空间。"②这种封建制或农业文明发展的不成熟,从社会系统哲学的角度看,具有一种典型的多元开放系统的特征,如西欧封建制政治是以分权和多元化为特征的。③它有利于新的经济、政治力量的发展和崛起,有利于建立在古希腊、古罗马文明基础上的自由城市文明的复兴,资本主义的发展甚至曾得到封建政权的扶持。而与中国农业经济的单一粮食种植结构不同的西欧农业与畜牧业混合的经济结构,特别是其特殊的地理条件,同样也容纳了更多的商品经济成分,这有利于西欧从农本经济向重商经济、市场经济的过渡,等

---

① 丁建弘:《发达国家的现代化道路》,北京大学出版社,1999年,第69—70页。
② 丁建弘:《发达国家的现代化道路》,北京大学出版社,1999年,第67页。
③ 冷树青,夏莉芳:《试论后发文明系统跳跃转型的基本特征》,《求索》,2009年第4期。

等。① 也就是说，西欧封建制使其政治、经济和文化相互之间缺乏稳定的协调与整合，因而易于解体，从而被新的社会结构或资本主义所取代。

　　同时，毋庸置疑，西欧封建社会所具有的外部条件对它的促进作用或西欧封建社会对其他地区更高层次农业文明发展成果（即以中华地主制农业文明为主要代表的东方文明）的积极借鉴，则使其跳跃发展成为现实。众所周知，阿拉伯文明在中世纪西欧封建社会的发展中起了承先启后、继往开来的作用。一方面，阿拉伯文明本身就是对古代埃及、两河流域、印度和波斯等的农业文明的综合并加以发扬而发展起来的，已经站在农业文明的较高阶段。另一方面，西欧特殊的地理位置也十分有利于向西欧自身传播先进的东方文明，如古希腊文明的传播，这使西欧的基督教文明从落后中逐渐苏醒过来；②还有中国四大发明在西方的传播。马克思说："火药、指南针、印刷术——这是预告资产阶级社会到来的三大发明。火药把骑士阶层炸得粉碎，指南针打开了世界市场并建立了殖民地，而印刷术则变成新教的工具，总的来说变成科学复兴的手段，变成对精神发展创造必要前提的最强大的杠杆。"③而新航路的开辟、新世界的发现以及由此导致的世界不同文明之间的碰撞和交流，使西欧人开阔了眼界、解放了思想，推动了近代科学技术的发展和理性文化的形成和发展，这种能使西方文明产生跳跃转型的促进作用对后世的影响是深刻而深远的。正是因为以上内外部条件的相互作用，使西欧封建制中断了向地主制社会的渐进转变，借助后发优势，即经过文艺复兴、宗教改革、商业革命、科技革命、工业革命和政治革命等一系列嬗变，最终实现了对农业社会地主制的跳跃发展，率先跨入了工业社会。

---

① 丁建弘：《发达国家的现代化道路》，北京大学出版社，1999年，第50页。
② 马克垚：《世界文明史》（第1卷），北京大学出版社，2004年，第385—387页。
③ 《马克思恩格斯全集》（第47卷），人民出版社，1995年，第427页。

二、再生性结构

通过进一步探讨发现,中华农业文明早熟发达、融合拓展、缓慢推进和长期延续的内在逻辑是,它凭借优越的地理条件,形成了由地主制经济、儒家思想和宗法郡县制三者的高度互补,在此基础上产生了具有很强自我调节功能的"三位一体"超稳定的周期性再生结构。

(一) 地主制经济

尽管中国的商品经济产生早,并且一度有较好的发展,如距今5000年的"龙山文化中的黑陶达到了很高的工艺水平,并且采用陶轮进行批量制作。至公元前两千余年的齐家文化时期,以红铜制品的出现为标志的金属冶炼加工业开始兴起。商代的青铜器冶铸更发展到相当的规模和水平,无论是殷墟出土的钟鼎等器皿还是四川三星堆出土的各种面具都无不令人叹为观止。到周代的冶铁业也蓬勃地开展起来,战国末期便创造了可锻铸铁和炼钢的技术,其生产规模和水平都大大超过了当时的欧洲。在纺织方面,中国是世界上最早养蚕缫丝的国家,商代已出现了麻布及丝织品,包括毛织的绢、提花的菱纹绮和刺绣,表现出高度发达的纺织技艺。此外,木器、漆器制作及制盐业等也都十分繁荣。"①商代末期,专业化商人已经出现。在商代的文物中,已有从最初的以物易物,发展到了以后的以海贝及计量铜块作为交换的媒介,而周代即开始出现了金属钱币。在交通发达、经济繁荣的三晋、周、鲁、齐等地,形成了一些工商业十分繁荣的通都大邑等。然而,一方面,须知秦统一以前,尤其是春秋战国时期,中国农业社会尚处于封建制时期,是一个多元结构社会如政治上的周天子与封建诸侯,文化上的百家争鸣等,地主制经济、儒家思想和宗法郡县制的"三位一体"结构尚未形成。另一方面,更重要的是,在特殊的地理环境下,早熟的农业文明决定了自足、封闭、稳定以及再生性极强的地主制小农经济必然成为物质生产的主导,多元的封建社会结构必然向大一统的一元宗法郡县制社

---

① 徐行言:《中西文化比较》,大学出版社,2004年,第44页。

会过渡。①

　　物质生产上的地主制小农经济在春秋战国时期即已逐步形成。这种基于家庭成员简单协作的自给自足的生产单位和生活方式具有高度的封闭性。它"把农业与手工业、生产劳动与生活劳动、户外劳动与户内劳动、主要劳动与辅助劳动等密切结合在一起,以便最大限度地发挥不同年龄、不同性别劳动力的功能,最大限度地利用时间、节省原材料和降低成本等。人的日常所需的最基本生活资料,如食物和衣物等都可以在家中生产,只有一些特殊物品如铁器、盐等要通过交换取得。家庭成为中国传统社会自给自足的微观社会经济结构细胞。"②同时,这种小家庭经济尽管很脆弱,一旦发生天灾人祸往往难以生存,但正因其简单所以才极易重构,其结构和功能都易于维持,再生性很强。因此,只要这个构成传统社会经济细胞的微观结构及其功能不变,整个社会的性质也就决不会改变。

　　由特定地理环境决定的自足性、封闭性、稳定性以及再生性极强的地主制小农经济,是中国传统农业社会系统周期性停滞发展的根本原因。因为,小农家庭内部的生产和分工强烈排斥社会分工,所以它是限制科技发明和应用、阻碍生产力和商品经济发展的枷锁;其高度的自给自足性和脆弱的经济力量——因为广大的自耕农等还得承受各种徭役赋税,难以扩大再生产,更不可能开辟新的生产领域,这使占社会人口绝大多数的广大农民的商品需求与购买力极低,商品生产和交换只能作为自然经济的副产品和补充形式而存在。商品经济没有独立地位,资本主义因素的萌芽只能在自然经济的缝隙中挣扎。正如毛泽东深刻指出的:"自给自足的自然经济占主要地位。农民不但生产自己需要的农产品,而且生产自己需要的大部分手工业品。地主和贵族对于从农民剥削来的地租,也主要地是自己享用,而不是用于交换。那时虽有交换的发展,但是在整个经济中不起决定的作用。"③

---

　　① 李苏琴,冷树青,邹菊如:《论中国封建社会结构》,《经济与社会发展》,2006年第1期。
　　② 张琢,马福云:《发展社会学》,中国社会科学出版社,2001年,第250页。
　　③ 《毛泽东选集》(第2卷),人民出版社,1991年,第623—624页。

（二）儒家思想

如果说早在汉武帝"罢黜百家、独尊儒术"以前的春秋战国时期，基于家庭成员简单协作的自给自足的生产生活方式的地主制小农经济就已经确立，那么儒家思想在创造百家争鸣轴心文明的春秋战国时期并不占主导地位，在群雄争霸中，甚至可以说它还是一个失意者。可是，百家争鸣为什么只有儒、墨、法和道成为中国文化的主干，尤其是儒家更是其核心？这取决于中华农业文明的小农经济的特点。

中国当时的状况是，工商业的兴起在一定程度上引起了血缘关系、宗法关系和城市居民结构的变化，但工商业者在经济上一直处于社会的最下层，虽然他们在经济上能成为富有者，但他们并没有能够形成独立的市民阶级，政治地位较低，始终属于被排斥的阶层。因此，他们不可能成为社会文化选择的主体力量。而作为百家争鸣的直接参与者的士，原本也是贵族出身，他们从贵族、卿士或者平民中分化出来，在社会大动荡、"社稷无常奉"的贵贱移位中，代表的仍然是农本社会的思想意识。如儒家讲君主民之父母，法家亦言"权者，君之所独制也"；① 儒家说"工商众则国贫"，② 法家则谈"商贾技巧之人"，"为国者，边利尽归于兵，市利尽归于农"；③ 等等。先秦各家没有走向古希腊思想家闲暇从容的抽象思辨之路，也未踏入印度思想家们厌弃人世、追求解脱之途，而是执著地进行着人间实用的世道探索。中国长期积累的农业小生产的经验是中国实用理性的哲学与科学文化能够顽强生存下来并得到很好保存的重要原因。④ 因此，百家争鸣，百川归海，先秦各家汇成了为地主制中央集权社会提供理论和思想文化保障的儒学。

同时，从人类文明发展的一般进程看，也不可能有足以改变中华农业文明发展自身逻辑的其他外部社会的思想文化。非但如此，以儒家思想为主导的中华农业文明，还由此开始了它巩固发展、融合扩散的新

---

① 张觉：《商君书校注》，岳麓书社，2006 年，第 110 页。
② 王先谦：《荀子集解》，中华书局，1988 年，第 194 页。
③ 张觉：《商君书校注》，岳麓书社，2006 年，第 169 页。
④ 李泽厚：《中国古代思想史论》，人民出版社，1985 年，第 302 页。

时期。这样,儒家思想经过先后吸收、融合名法、谶纬和道佛等,始终处于独尊地位。它上可以成为地主统治阶级"替天行道"的理论依据,中可以成为教化万民、维系社会的治国术,下还可成为修身养性的伦理手段。它强调"天人合一"、"体用不二",这实际上是一种伦理—政治哲学。"三纲五常",从表面上看,其中除了君臣是政治关系外,其他都是家庭伦理关系。其实不然,因为中国的特点是伦理政治,国和家是相通的。"国家"乃是"家国","国"与"家"是融合的。故"身修而家齐,家齐而国治,国治而天下平"。一张由亲缘关系为纽结而构成的等级化的庞大网络渗透到社会的每一个角落,甚至每一个人的每一根神经。一切社会关系都具有一种连带责任,整体淹没了个体,道统专制扼杀了自由创造,等级体系泯灭了民主意识。儒家思想在"三位一体"封闭结构中发挥着自身特定的文化调节作用。

(三) 宗法郡县制

中国传统农业社会政治的主要特点是宗法郡县制。这种政治制度同样是建立在封闭性和再生性极强的小农经济基础之上的。自给自足的小家庭不仅是物质生活资料再生产的基本单位,而且也是人口再生产的基本单位,同时还发挥着文化教育和政治统治等功能,以父权、夫权为中心的家长制,与君权至上的宗法郡县制具有内在的联系。"父权"上升为"君权",将"孝"移为"忠",这就形成家天下的绝对君权主义的政治统治。

宗法郡县制是在秦以前的宗法封建制基础上发展起来的。如周公"兼制天下,立七十一国,姬姓独居五十三人",①其他异姓诸侯也多是与王族有亲戚关系之国。这样,家族内部大宗与小宗的血缘关系同国家的天子与诸侯的君臣关系相互交织,形成了以宗法关系为基础的国家政治结构;同时,类似的宗法关系也在各诸侯国内建立起来。秦统一后,宗法封建制逐渐为中央集权的郡县制所取代。系统的官僚组织在地方政治结构中建立起来。但一方面,仍是家国一体,皇室仍为一己私有,官僚组织自然也是奉行严格的等级体制,并遵循事君如事父的忠孝

---

① 王先谦:《荀子集解》,中华书局,1988年,第114页。

原则。另一方面，由于自身的脆弱性，小农经济是安土重迁、聚族而居的。由家而形成的宗族亦具有重要的教化及社会控制与管理职能。在这个组织中，家族有权用家法族规约束宗室成员的行为，有的巨族大家甚至与地方乡官、乡绅相互结合，从而建立更加强固的宗法统治体制。家族宗法成为地主阶级统治的重要基础。

这种宗法专制对维护小农经济和儒家思想的长久发展具有高度的社会调节作用。就其维护小农经济、抑制工商业的发展而言，其作用之一是特殊的政治制度的制约。在浩瀚博达的中华文明中，各地区经济的差异及其发展的不平衡是十分突出的，商品交换和市场经济的发展是客观存在的，但由于它的转化的媒介主要是赋税和地租，这就使商业和官吏、地方权势结为一体，加之受官本位思想的束缚和抑商政策的限制，因而入仕成为社会升迁的唯一途径。这样本来可以积累起来的商业资本多半转化为人们官场贿赂和购置地产的资金，交通、市场、税制和货币等商业手段就都首先成为了政治手段，从而中断了小农经济走向农商结合的通道。其作用之二是抑商政策的限制。如周制规定国君、夫人、世子、公卿、命妇皆不得往市场游观；商鞅提出了一整套"事本而抑末"的思想政策；秦国灭亡不久，便下令"上农除末"。汉代对商人采取"重租税"、"子孙不得为官"等措施；特别是汉代对老百姓除了采取一般税收和种种额外勒索的手段外，同时还实行为历朝统治者不断"发扬光大"的、由国家垄断的禁榷制（即盐铁专营）、官工制（即官办作坊和手工业工场，专门生产皇室用品，政府公用物品和军需品等）和土贡制度（即各地无偿贡献土特产）等，这更是极大地限制了工商业的发展。

（四）周期性再生性

不言而喻，由地主制经济、儒家思想和宗法郡县制形成的"三位一体"的结构，由于它的封闭性或内部阶级矛盾的不可调和性必然使其瓦解，但其高度的"自我调节功能"却又使它具有一种特殊的超稳定性。这种特殊的超稳定性能够使它通过王朝的周期性兴衰得以再生和不断延续，即由自然地理条件所导致的地主制小农经济的再生性决定了一元地主制社会的长期周期性延续，亦如西欧自然地理条件导致商品经济的再生性决定其多元文明结构的跳跃性发展。①

关于中华农业文明的周期性发展和长期延续,有关学者提出的"内周期"与"外周期"说对此给予了较好的概括。② 所谓"内周期",是指尽管统治者采取种种政策、措施来维护自身的稳定,如抑制工商业和打击豪强等,但由于小农经济具有不可克服的脆弱性,特别是大土地所有者对土地的不断兼并以及专制集权的不断加强,造成了自耕农递减和税收大量短缺,这种状况不仅难以避免而且逐渐加速,从而促使专制王朝走向衰落。当改良行不通的时候,历史便以暴力来为自己开辟道路,农民起义和农民战争便充当了改革家的遗嘱执行人和改朝换代的工具。这样又开始了新一轮的王朝循环,产生重新拥有土地的无数自耕农和一个拥有无限权力的专制皇帝。当然,工商业也开始了新一轮的寄生性发展。这就是由中国传统农业社会系统的生产力与土地占有方式的内在矛盾所决定的社会运行的"内周期"。

"外周期",则是指在中华文明的进程中农耕民族与游牧民族的互动融合。它也体现出地理条件的特殊作用。中华农耕文明的发祥地是黄河、长江流域的广大平原地带,这里是农耕民族传统的聚居区和农业文明的发达地区。而在这一地区的北面,从东西伯利亚横跨亚欧大陆直到欧洲,连绵的森林草原和沙漠地带,为狩猎和游牧民族提供了广阔的牧场和狩猎场,其活动中心即是紧临中国北面的蒙古高原和中亚细亚地区。游牧民族骁勇善战,经常越过中国北部山区南下中原进行掠夺,对农耕民族构成很大威胁,特别是在其专制王朝由盛转衰的发展时期,更会加速其周期性发展。其中突出的有西晋末年南北朝时期、五代十国时期、两宋夏金辽时期、元灭金宋时期和明末时期游牧民族的入侵等,每一次大规模入侵,都导致一次经济社会文化的大滑坡,包括工商业的发展也会遭受挫折。而每一次下滑之后,经济又重新得到了恢复和发展,农业人口、农耕地带和农业文明也就又得到新的扩张,并不同

---

① 冷树青,夏莉芳:《试论后发文明系统跳跃转型的基本特征》,《求索》,2009年第4期。

② 张琢,马福云:《发展社会学》,中国社会科学出版社,2001年,第246—249页。

程度地在农业、手工业和商业等方面有所发展。这种由边缘地带游牧民族或外域游牧民族内迁和农业民族外迁形成的农耕区域不断扩大而产生的周期性运行,即为中国传统农业社会系统运行的"外周期"。

由宗法专制社会的内在矛盾造成的社会运行的内周期与外部游牧民族对定居农耕民族的间隔性入侵造成的外周期叠加,就形成了中国农业社会运行的周期性波动,这种波动与自然灾害的周期性循环相辅相成,体现为整个传统社会的治乱循环和王朝更替。概言之,得天独厚的地理环境不但促进了中华农业文明的早熟和独立融合发展,而且也为地主制经济、儒家思想和宗法郡县制"三位一体"结构的周期性再生提供了前提条件。

中华农业文明的缓慢发展和长期延续,即是在特殊的地理环境下,以物质生产为基础的经济、政治、文化和外部社会条件共同作用的产物。

原载于《河南大学学报(社会科学版)》2010年第2期;《新华文摘》2010年第11期转载,《高等学校文科学术文摘》2010年第3期转载

世界现代公共卫生史的兴起与近代中国相关问题的研究

杜丽红[①]

【导语】 始自19世纪的现代公共卫生,是西方国家运用权力在患者和健康者之间建立起某种形式的边界干预疾病的传播,从而达到预防疾病和社会失序之目的。20世纪,世界各国先后接受公共卫生,中国亦在其列。本文试图在回顾世界范围内公共卫生史研究状况基础上,厘清目前国际学界在该领域的一些基本认识,进而提出近代中国公共卫生研究可以围绕制度化、职业化和日常生活化趋势展开,处理好现代公共卫生全球化过程中的在地化问题。

自1990年代以来,中国医疗史研究方兴未艾,在研究成果不断涌现的同时,越来越多学者的关注点转向该领域。作为近代中国社会随处可见的新兴事物,公共卫生日益成为颇受青睐的研究主题。[②] 目前,

---

[①] 中国社会科学院近代史研究所副研究员。

[②] 进入21世纪,以近代中国公共卫生为主题的研究不断涌现。因其数量过多,笔者仅列举杨念群:《再造"病人":中西医冲突下的空间政治(1832—1985)》,中国人民大学出版社,2006年;张泰山:《民国时期的传染病与社会:以传染病防治与公共卫生建设为中心》,社科文献出版社,2008年;杜丽红:《制度与日常生活:近代北京的公共卫生》,中国社会科学出版社,2015年;余新忠:《清代防疫机制及其近代演变》,北京师范大学出版社,2016年;MacPherson K L, A Wilderness of Marshes: The Origins of Public Health in Shanghai, 1843—1893, Hongkong: Oxford University Press, 1987; Yip K C, Health and National Reconstruction In Nationalist China: the Development of Modern Health Services, 1928—1937, Cambridge: Association for Asian Studies, 1995.

已有研究多侧重于公共卫生在中国社会的观念演变和实践状况,较少注意到其与19世纪以来世界现代公共卫生发展之间的关联。若我们立足于世界现代公共卫生的起源与发展,对近代中国公共卫生展开研究,更能揭示出当代中国公共卫生制度从何而来,及其所具有的世界性和本土性特征。此外,人们往往将公共卫生史与医疗史视为一体,事实上无论从概念上,还是从研究对象和关注点来看,两者有着较大的区别。本文尝试在回顾世界范围内现代公共卫生史研究的基础上,厘清目前国际学界对该领域的一些基本认识,进而就如何沿着这一学术脉络展开近代中国公共卫生研究谈一些个人浅见。[①] 因个人学识的限制和未能进行充分广泛的研究,文中所论及的近代中国公共卫生的发展趋势仅为阐释一种可能性,以建设性为初衷,借以抛砖引玉。

一、现代公共卫生的起源与发展

作为日常生活中耳熟能详的词汇,大家对"公共卫生"似已有共识,但细究起来,就会发现它是一个非常抽象的概念,很难用简单的几句话说清楚。在现实社会中,对公共卫生的确切含义众说纷纭,学界观点各异,普通百姓也有不同的理解。

从历史的角度来看,不同时代的公共卫生有着不同的含义,公共卫生概念内涵处于不断演变过程中。本文讨论的公共卫生是19世纪以来由国家建构出来的,政府运用权力,在患者和健康者之间建立起某种形式的边界干预疾病的传播路径,[②]改变被视作恶化健康的社会环境或行为,从而达到预防疾病和社会失序之目的。概而言之,现代公共卫

[①] 目前,已有若干回顾中外公共卫生史或卫生史学术史的论文发表。余新忠:《卫生何为——中国近世的卫生史研究》,《史学理论研究》,2011年第3期;李晶:《"新史学"视域下的美国公共卫生史研究述评》,《史学月刊》,2015年第1期。

[②] 戴维·阿姆斯特朗认为公共卫生就是运用权力划出界线,从而将人们分割在不同空间中。他将公共卫生分为四种形式:一是隔离,通过设立防疫封锁线将各地分开;一是卫生科学,将身体与其所处环境分开;三是社会医学,将每个人的身体分开;四是新公共卫生,通过卫生监控将所有空间分开。参见 Armstrong D, "Public Health Spaces and the Fabrication of Identity", Sociology, 27 (1993).

生从一开始就打上了国家的烙印,国家是创造健康社会的唯一机构,较之以病患关系为核心的医疗,更具政治意蕴。① 对近代中国而言,这样的公共卫生完全是外来之物,很难在社会中找到印记,时人不得不回到传统文献中找寻对应之词。②

目前学术界一般认为公共卫生是1830—1840年代英国工业革命的产物。在面对工业化和都市化带来的垃圾、下水道、供水以及居住等问题时,英国人埃德温·查德威克(Edwin Chadwick)提出办理公共卫生。基于当时瘴气和接触传染的医学观念,这时的公共卫生面对的是因营养不良和恶劣居住条件引发的天花、伤寒和慢性病,关注的核心问题是污秽、臭气和疾病的关系。③ 因此,一些官僚将法国的统计学和医学地志传统与德国的医学警察传统结合起来,创建了一套通过改善环境应对疾病的方式。④

到19世纪中叶,公共卫生改革者的注意力开始转向工人阶级的生活条件,他们声称不良的健康状况和过早死亡减损了工人的劳动能力,进而降低了社会效率,故而提倡利用政府资金提升公共卫生水平,从而减少国家为孤儿寡母提供的救济。当时的公共卫生学者相信,绝大多数疾病是通过污秽、贫穷或风土环境传播的,采取的应对策略是清扫环境、改善卫生条件以及减轻贫困。因此,瘟疫被视作穷人的疏忽,削弱

---

① Sears A, "'To Teach Them how to live': The Politics of Public Health from Tuberculosis to AIDS", Journal of Historical Sociology, 1(1992).

② 近代中国"卫生"观念的历史已受到学者们的高度关注;美国学者罗芙芸在其著作中专门讨论了近代中国"卫生"一词的源起和翻译传播;余新忠阐释了清末卫生观念的演变;刘士永对日治时期台湾社会公共卫生观念的转变进行了研究。参见Rogaski. Ruth, Hygienic Modernity: Meanings of Health and Disease in Treaty-Port China, Berkeley, University of California Press, 2004;余新忠:《清末における「衞生」概念の展開》,东京,《東洋史研究》第64卷第3号,2005年12月;刘士永:《"清洁"、"卫生"与"保健"——日治时期台湾社会公共卫生观念之转变》,《台湾史研究》,2000年第1期。

③ Lupton D, The Imperative of Health: Public Health and the Regulated Body, London: SAGE Publications, 1995, 26.

④ Hamlin C, Public Health and Social Justice in the Age of Chadwick, Britain, 1800—1854, Cambridge: Cambridge University Press, 1998, 2.

了社会其他领域的进步,公共卫生以一种道德圣战的方式存在。穷人成为公共卫生干涉的主要对象,"贫穷不单是道德败坏的源泉,也是疾病的原因和后果"。工人阶级和移民团体被视为卫生问题本身,他们的居所成为疾病的温床,威胁着社会上其他"干净"团体。① 从这个意义上来讲,公共卫生在当时被视为穷人被文明化、纪律化、驯化为理性经济角色过程的一部分。② 公共卫生官员的责任就是对人类从个人清洁到政治层面的所有活动都施加影响,从而"文明化"穷人和工人阶级,保证他们的物质生活和精神修养都得到提高。③

19世纪后半期,早期公共卫生被一种新的公共卫生所取代,成为非常专业化的职业。这一变化发生在理论和实践两个层面:理论上,公共卫生最终接受疾病传播的细菌理论,从而建立在科学医学基础之上;实践上,公共卫生干涉的领域从环境卫生转向家庭卫生。④ 由于公共卫生深受"自由主义"和"国家主义"两大思想影响,在各国呈现出不同的形态。"自由主义者"相信变革最好在个人层面进行,国家只需进行有限干涉,代表性国家有英国和美国。"国家主义者"的信条是,公共卫生不能交给个人负责,国家应当从立法和行政两方面在公共卫生事务中扮演主要角色,代表性国家是德国、法国和日本。⑤

公共卫生运动最初的领导者是社会改革者,医生并未参与领导。当公共卫生职业化之后,医生开始扮演更重要的角色。在英格兰,医生职业最终与公共卫生合并为"预防医学"。在美国,公共卫生与医学保持着独立性。医生收费服务,对公共卫生职位兴趣甚微,因此公共卫生

---

① Lupton D, The Imperative of Health: Public Health and the Regulated Body, London: SAGE Publications, 1995, 29—35.

② Johns G, Social Hygiene in Twentieth Century Britain, Beckenham: Croom Helm, 1986, 11.

③ Lupton D, The Imperative of Health: Public Health and the Regulated Body, London, SAGE Publications, 1995, 33—35.

④ Sears A, "'To Teach Them how to live': The Politics of Public Health from Tuberculosis to AIDS", Journal of Historical Sociology, 1(1992).

⑤ La Berge A F, Mission and Method: the Early Nineteenth-century French Public Health Movement, Cambridge: Cambridge University Press, 1992, 1.

成为生物学家、统计学家、工程师和其他接受过特殊训练的人从事的专门职业,远离了公共卫生最初改善穷人生活状态的初衷。在德国,公共卫生运动的主要倡导者、细胞病理学的创始人鲁道夫·菲尔肖(Rudolf Virchow)坚持主张医学应成为转向民主福利社会的政治过程的一部分,强调公共卫生的医学性和政治性。①

与早期公共卫生理念相比较,新公共卫生发生了很大改变,不再强调工人阶级居高不下的患病率是由于极端的贫穷或可怕的生活条件造成的,转而归因于工人自己的疏忽,认为卫生工程师解决好空气流通较之改善尖锐的贫穷问题更为重要。公共卫生官员采取更为实用主义的态度,致力于"可控制的影响",倾向于将改善"可控的"因素视为职责所在,不再将贫困与疾病结合起来思考。观念的转变带来了公共卫生形式的重大变化:早期的公共卫生官员通过改善工人阶级的生活环境来提高健康水平;19、20世纪之交,公共卫生的工作中心从工人阶级生存环境转向人们在这些环境中的生活方式,教育人们获取如何保持维护家庭健康的知识和技能成为公共卫生最重要的形式。② 新公共卫生强调通过家庭健康生活方式来预防疾病的传播。这一策略旨在通过对家庭妇女进行卫生教育,使她们掌握健康和疾病的知识,在每个家庭之间建立起"防疫带",消除疾病在健康者与患病者之间的传播,强化家庭在公共卫生中的核心位置。③

20世纪20年代,美国公共卫生学者温司劳(Charles Edward A. Winslow)将"公共卫生"定义为:"为预防疾病之科学与技术,延长人民

---

① Fee E, Porter D, "Public Health, Preventive Medicine and Professionalization: England and America in the Nineteenth Century", in Wear A, Medicine in Society: Historical Essays, Cambridge, Cambridge University Press, 1992, 249.

② Sears A, 'To Teach Them how to live': The Politics of Public Health from Tuberculosis to AIDS, Journal of Historical Sociology, 1(1992).

③ 南茜·托姆斯(Nancy Tomes)采用"家庭卫生员"(domestic sanitarians)一词来指代1870年代的公共卫生改革者和1880年代从事公共教育和家庭卫生的人们。Tomes N, "The Private Side of Public Health: Sanitary Science, Domestic Hygiene, and the Germ Theory, 1870-1900", Bulletin of The History of Medicine, 4(1990).

寿命,增进身体健康,由有组织之社会,制止社会上之传染病,灌输个人卫生常识,组织医士及看护机关,早期诊断疾病,及预防设施,并定有正常之标准生活,使个人可得适宜之生活,以保持个体健康也"①。这一定义在1952年被世界卫生组织采纳,并沿用至今。时至今日,随着医学和社会发展,"公共卫生"又有了新的含义。有学者认为应更强调个人健康,主张为个人提供直接医疗照顾,或通过社区为个人提供间接的医疗照顾。② 还有学者认为,新公共卫生是保护和提升个人和社会健康水平的综合途径,基于清洁、环境和健康的提升,以个人和社会为导向的预防服务,以及一系列医疗、康复和长期照顾的服务。③

从公共卫生发展及其概念内涵演变的历史来看,在19、20世纪之际,其大致经历了两大发展阶段,每一个阶段有着不同特征,我们不难从中总结出公共卫生的一些基本特点。首先,公共卫生的基本对象是"人口"的健康状况,而非个体公民的健康,这是现代公共卫生进入国家治理结构,成为"行政配置"(administrative apparatus)的前提。在现代国家的谱系上,我们看到公共卫生对于人口健康的意义本身是现代民族国家保全自身的必要条件。④

其次,公共卫生强调科学与组织的原则。现代公共卫生是建立在医学科学、社会科学(人口学、社会学等)和政治科学(政治学和行政学

---

① 姜文熙:《公共卫生概要》,《北平晨报》,1931年2月10日。
② Gostin L O, Public Health Law: Power, Duty, Restraint, Berkeley, Los Angels, London: University of California Press, 2000, 2.
③ Tulchinsky T H, Varavikova E A, The New Public Health: an Introduction for the 21st Century, San Diego, New York: Academic Press, 2000, 109.
④ 福柯关于此问题曾论述道:"惩戒试图支配人的群体,以使这个人群可以而且应当分解为个体,被监视、被训练、被利用,并有可能被惩罚的个体。而这个新建立起来的技术也针对人的群体,但不是使他们归结为肉体,而是相反,使人群组成整体的大众,这个大众受到生命特有的整体过程,如出生、死亡、生产、疾病等的影响。因此,在第一种对肉体的权力形式(以个人化的模式)以后,有了第二种权力形式,不是个人化,而是大众化。"这里所指的"人的群体"即是"人口"。参见米歇尔·福柯著,钱翰译:《必须保卫社会》,上海:上海人民出版社,1999年,第229—232页。

等)等基础之上,而且越来越倾向于成为"常规科学"(normal science)的一部分,这个趋势主要是因为公共卫生的实践者既包括专业的医学研究人员(传染病学家、细菌学家等),也包括职业的社会科学家(经济学家、社会学家、医学史家等)。因此,公共卫生作为具有鲜明专业化特征的国家职能,事实上隐含着马克斯·韦伯讲到的理性化和官僚制的问题。

再次,公共卫生是一个有众多参与者的政治过程或者政策过程。政府机构是主要行动者,此外还有大量非政府组织和社会团体参与其中,如医院、学校、教育系统、大众传媒、商业机构、基金会和社会团体等,很难单纯按照国家视角去解释。公共卫生诞生于社会改革者对工人糟糕的健康状况的关注,科学医学发展和基金会的资助推动着公共卫生学科的发展,改变着公共卫生的内涵。这种知识的转变,被政府逐步接受,并嵌入既有制度,从而推动着公共卫生的演变。

二、世界公共卫生史研究的基本问题

在了解"什么是公共卫生"的基础上,我们将进一步回顾已有研究成果,概括学界对公共卫生历史的基本认识。公共卫生是医疗活动中属于政府的一个领域,[①]作为医学历史中不可分割的部分,在几乎所有医学史通史著作中均占有一席之地。公共卫生史是从医学史发展出来的,最初的研究实际是"通史"(general history)意义上的公共卫生史,与医学史紧密关联在一起,往往从希波克拉底时代的古典医学讲起,直到现代意义上的公共卫生史。著名的医学史学家和公共卫生史家亨利·西格瑞斯特(Henry E. Sigerist)和乔治·罗森(George Rosen)师徒的研究,均带有将公共卫生史与更为宏大的西方医学史甚至是西方文

[①] 约翰·伯纳姆著,颜宜葳译:《什么是医学史》,北京大学出版社,2010年,第122页。

明史结合起来的特点。① 罗森 1958 年首版的《公共卫生史》采用这种写法,将公共卫生的历史从古典时代一直延续到细菌理论的发现。

此后的研究者逐步认识到:"公共卫生的实践和话语并非价值自由或价值中立,而是随时间和空间的变化而具有政治化和社会化的内容"②。因此,公共卫生研究逐步从医学史中脱离出来,关注的主线集中于"公共卫生"在欧洲与北美的兴起与转变,侧重对公共卫生每一个重要时期的历史分析,即在什么样的社会背景当中,公共卫生的观念和实践发生了什么样的变化。伊丽莎白·菲盖尔曾专门讲述了公共卫生史研究的这种发展趋势:

人民如何经历健康与疾病?社会、经济和政治制度如何建构健康或不健康的生活的可能?社会如何创造疾病产生和传播的前提条件?个体和社会团体如何试图提高他们的健康或避免疾病?当公共卫生史被归纳为上述问题的时候,我们就会发现它的研究并不仅仅限于官僚机构和学校,而是遍及社会和文化生活的所有方面。因为这些问题直接涉及到权力、意识形态、社会控制和公开抵抗等主题,可以表达为国家干涉对抗个人自由,为经济权力者的利益控制没有权力者,或主张社会权利者对抗不负责任者。这些历史关注涉及到政治哲学、意识形态、伦理学和文化信仰等内容,深化着我们对当代卫生政策和政治的理解。③

---

① Sigerist H E, A History of Medicine (Oxford: Oxford University Press, 1987; Rosen G, A History Public Health, Baltimore: the Johns Hopkins University Press, 1993.

② Lupton D, The Imperative of Health: Public Health and the Regulated Body, London: SAGE Publications, 1995, 2.

③ Rosen G, A History of Public Health, Baltimore: the Johns Hopkins University Press 1993, 38.

经过几十年的发展,公共卫生史研究已形成叙事方式和研究方法。① 早期的公共卫生史学者倾向于进步叙事。对这些历史学者来讲,19世纪的公共卫生或清洁运动的出现,源于英国和欧洲大陆社会改革家的活动。他们以"现代"理性方式维护公共卫生。这种历史的叙事标准模式是:首先讨论19世纪之前的污秽、肮脏、愚昧和迷信,接着详细阐述公共卫生学者的进步观念所倡导的卫生之道,最后描述与普遍的无动于衷、漠然和污秽的持久斗争。进入20世纪70年代以来,受新社会史和新文化史视角的影响,公共卫生史研究对19世纪和20世纪早期的公共卫生运动持一种更具批判性的态度,尤其是在对待妇女、移民、非白人、工人阶级和穷人等问题上。② 有的研究者采用社会建构的理论方法,在更广阔的社会文化关系中寻找公共卫生实践的象征性和思想性的维度。③ 此外,受后现代史学的影响,有研究成果揭示出公共卫生运动的出现和发展不是从原始的、"无知"的思想到现代观念和实践的进步,而是一个被贴上"退化"和"政治争斗"标签的过程。"旧"公共卫生与"新"公共卫生虽然有着非常不同内涵,但"旧"公共卫生的许多话语和实践仍能在"新"公共卫生中看到。④

因其丰富内涵,公共卫生深受国际历史学界的关注,相关研究成果可谓汗牛充栋。在具体研究基础上,学者们对公共卫生史的研究对象是什么展开了讨论。克里斯托弗·哈姆林认为,历史学者可以从三个

---

① 欧美公共卫生史研究已取得了丰硕成果,此处仅列举代表性的著作。Baldwin P, Contagion and the State in Europe, 1830—1930, Cambridge: University of Cambridge Press, 1999; Lupton D, The Imperative of Health, Public Health and the Regulated Body, London and California: Sage, 1995; Hays J N, The Burdens of Disease, Epidemics and Human Response in Western History, New Brunswick, New Jersey and London: Rutgers University Press, 1998;Porters D, ed., The History of Public Health and the Modern State, Amsterdam: Rodopi, 1994.

② Rogers, N, Dirt and Disease: Polio Before FDR, New Brunswick, NJ: Rutgers University Press, 1992.

③ Duffy J, The Sanitarians: A History of American Public Health, Urbana, IL: University of Illinois Press,1990.

④ Lupton D, The Imperative of Health: Public Health and the Regulated Body, London, SAGE Publications, 1995, 17.

方面研究公共卫生：一是公共卫生的实际状况；二是公共卫生制度；三是理想的公共卫生。①

德国学者阿尔方斯·拉比斯齐则将公共卫生历史研究分为内史（history in public health）和外史（history of public health）两种研究取向。他指出，公共卫生学科常常利用历史获取合法性地位，为其职业、地位、思想、目标和希望增加传统的砝码。历史方法是公共卫生科学的主要研究方法之一：利用历史定义学科内的问题；通过对领导者的历史分析，澄清相关研究领域与它们之间的联系；通过历史研究获取流行病学知识和公共卫生理论。②

公共卫生内史的任务是对公共卫生的发展变化进行背景分析，在公共卫生制度、实践、教育和研究等领域有着特殊的科学目的，即生产历史知识作为一种医学决策。在这种意义上来讲，内史是一门应用科学。内史学者对结果的科学性负责，通过其明确或不明确的建议对医学决策产生影响。③

公共卫生内史的研究对象包括组织、制度、教育和疾病防治等，大致可分为以下三种类型：

第一类是对地区性、全国性和国际性公共卫生组织和机构历史的研究。公共卫生具有治理的特性，依靠知识生产系统的专家和他们的专业知识，由国家机构或其他社会机构为了战略性目标施行管制和规范活动。研究者们已经对作为公共卫生行动者的美国公共卫生署、疾控中心、国家医学研究所、洛克菲勒基金会和各大学公共卫生学院进行

---

① Hamlin C, Public Health and Social Justice in the Age of Chadwick, Britain, 1800－1854, Cambridge: Cambridge University Press, 1998, 2.

② Labisch A, "History of Public Health - History in Public Health", The Society for the Social History of Medicine, 1(1998).

③ Labisch A, "History of Public Health - History in Public Health", The Society for the Social History of Medicine, 1998, 12.

了深入研究,描述出公共卫生组织发展的历史。①

　　第二类是对公共卫生专门领域历史的研究,如水的卫生、垃圾处理、大众卫生教育、公共卫生服务、职业卫生以及妇女运动对公共卫生的影响等。有的研究着眼点在于当下对公共卫生政策的讨论,有的将讨论的问题置于社会史、劳工史、妇女史和医疗史脉络中进行解释。总体而言,此类研究有着不同程度的现实关怀,不仅对人口问题、社会福利和健康政策多有讨论,②而且随着环保意识增加,开始关注诸如水供应、卫生工程和污水处理等问题。③ 此外,研究者们对公共卫生中的种族主义倾向展开研究,涌现出对纳粹德国种族灭绝、美国少数族裔歧视

---

① Mullan F, Plagues and Politics: The Story of the United States Public Health Service, New York: Basic Books, 1989; Etheridge E W, Sentinel for Health: A History of the Centers for Disease Control, Berkeley: University of California Press, 1992; Brown E R, Rockefeller Medicine Men: Medicine and Capitalism in America, Berkeley: University of California Press, 1979; Ettling J, The Germ Laziness: Rockefeller Philanthropy and Public Health in the New South, Cambridge: Harvard University Press, 1981; Fee E, Disease and Discovery. A History of the Johns Hopkins School of Hygiene and Public Health 1916−1939, Baltimore/London: The Johns Hopkins University Press, 1987; WeindlingP, International Health Organisations and Movements, 1918−1939, Cambridge: Cambridge University Press, 1995.

② Apple R, Women, Health, and Medicine in America: A History Handbook, New York: Garland, 1990; Leavitt J W, Women and Health in America: Historical Readings, Madison: University of Wisconsin Press, 1984; Gordon L, Women, the State, and Welfare, Madison: University of Wisconsin Press, 1990; Tomes N, The Gospel of Germs: Men, Women, and the Microbe in American Life, Cambridge: Harvard University Press, 1999.

③ Goubert J P, the Conquest of Water: The Advent of Health in the Industrial Age, Princeton: Princeton University Press, 1989; Hamlin C, A science of Impurity: Water Analysis in Nineteenth Century in Britain, Berkeley: University of California Press, 1990; Vigarello G, Concepts of Cleanliness: Changing Attitudes in France since the Middle Ages, Cambridge: University of Cambridge Press, 1988; Martin M, Garbage In The Cities: Refuse, Reform, And The Environment, 1880−1980, College Station: Texas A&M University Press, 1981.

和南非种族隔离的讨论。①

　　第三类是对疾病防治的研究,这是最多产的领域。对一些在历史上造成深远影响的传染病(鼠疫、白喉、脊髓灰质炎、天花、霍乱等)而言,疾病防治史也是一项文明史研究。公共卫生应有之义就是运用预防医学对抗传染病的传播,已有疾病防治史研究将关注的目光投向人类对疾病的认知和实践,国家和社会面对瘟疫时的态度和反应,以及各种疾病防治方式的形成和演变,涌现出大量的研究著作。②

　　公共卫生外史基本上是一种确定范围的文化、社会和政治的历史。虽然公共卫生知识模型建立在生物科学基础之上,但要全面理解公共卫生的内涵,还需将其所处的政治、经济、社会和文化环境纳入研究视野。③ 公共卫生往往依赖于社会发展、政治形态和生命哲学,更重要的是,它不得不面对现实的政治和问题,因为公共卫生措施往往依据的不是"疾病的逻辑"或"科学的逻辑",而是深受权力、统治、多元文化和道德规范的影响。已有公共卫生外史的研究,主要集中于城市公共卫生、公共卫生政治和殖民地公共卫生三个领域。

---

　　① Gamble V, The Black Community Hospital: An Historical Perspective, New York: Garland, 1989; McBride D, Integrating the City of Medicine: Blacks in Philadelphia Health Care, 1910－1965, Philadelphia: Temple University Press, 1989; Packard R M, White Plague, Black Labor: Tuberculosis and the Political Economy of Health and Disease in South Africa, Berkeley: University of California Press, 1989; Adams M B, Health, Race, and German Politics Between National Unification and Nazism, 1870－1945, Toronto: McClelland & Stewart, 1990.

　　② Rosenberg C, The Cholera Years: The Unite States in 1832, 1849 and 1866, Chicago: University of Chicago Press, 1962; Brandt A, No Magic Bullet: A social History of Venereal Disease in the United State since 1880, New York: Oxford University Press, 1985; Evans R, Death in Hamburg: Society and Politics in the Cholera Years, 1830－1910, Oxford: Oxford University Press, 1987; Hardy A, The Epidemic Streets: Infectious Disease and the Rise of Preventive Medicine, 1856－1900, Oxford: Clarendon Press, 1993.

　　③ Fee E, Porter D, "Public Health, Preventive Medicine and Professionalization: England and America in the Nineteenth Century", in Wear A, Medicine in Society: Historical Essays, Cambridge, Cambridge University Press, 1992, 269.

第一类是特定国家、城市和地区的公共卫生史的研究。已有研究将公共卫生领域的进步放在特定的社会政治语境中考察，从而将卫生问题与城市政治环境或区域经济联系起来。例如，19 世纪城市革命无论在城市规模还是城市人居模式（空间分布）上，都对公共卫生产生了非常重要的影响。①

第二类是公共卫生政治研究，不仅包括对公共卫生原动力——政府和政策过程进行研究，而且包括身体政治的研究。② 朱迪丝·沃尔泽·莱维特以发生在纽约的一个伤寒病例为研究对象，讨论了 20 世纪初以细菌学为基础的现代公共卫生是如何在纽约形成的。无论在理论上还是在实践中，实验室已经成为 20 世纪初公共卫生工作的支柱，但是 20 世纪早期的细菌学支持者还不能将疾病从它的环境和社会语境中孤立出来，尤其是那些遵从瘴气理论的前辈仍发挥着巨大影响力，采取旧有的方式控制疾病。③ 一本描述 19 世纪早期法国的公共卫生改革者如何信奉和推行公共卫生的专著，揭示出预防疾病和发展公共卫生的目的是，维护社会秩序和国家安全，将所有生命领域医学化和道德化。④.

---

① Sheard S, Power H J, Body and City: Histories of Urban Public Health, Farnham: Ashgate Pub Ltd, 2001; Martin M, The Sanitary City: Urban Infrastructure in America from Colonial Times to the Present, Baltimore, MD: Johns Hopkins University Press, 2000; Lewis M J, The People's Health: Public Health in Australia, 1788－1950, Santa Barbara: Praeger Publishers, 2002; Duffy J, The Sanitarians: A History of American Public Health, Urbana: IL University of Illinois Press, 1992.

② Usborne C, The Politics of the Body in Weimar Germany: Women's Reproductive Rights and Duties, Michigan: University of Michigan Press,1992.

③ Leavitt J W, Typhoid Mary: Captive to the Public's Health , Boston:Beacon Press, 1996.

④ LA Berge A F, Mission and Method: The early nineteenth－century French public health movement, Cambridge: Cambridge University Press, 1992.

第三类是殖民地公共卫生研究。① 公共卫生是欧美各国殖民扩张的利器,在亚非拉各国都留下了鲜明的印记,丰富的资料和话题性吸引着历史研究者的关注。印度公共卫生史研究发展尤为突出,已有不少研究成果发表。无论研究方法,还是问题意识,印度的公共卫生研究都是后殖民史学的重要试验地。在马可·哈瑞森的专著中,不仅描述了英占印度殖民地公共卫生的发展,而且研究了其中的社会和政治意义。他认为,印度公共卫生进步缓慢的原因在于殖民政府欧洲优先的态度;印度显然是"卫生的殖民模式",表现为隔离居住和忽视本地人健康。② 就其特点而言,印度公共卫生史研究强调对问题展开综合分析,凸显政治力量、官僚机构、社会经济状况以及医学革新的不同影响,以及他们在殖民地公共卫生进步中所扮演的不同角色。一本全面讨论英属印度殖民政府天花防疫的专著,将天花防疫演变的整个过程放在殖民地与母国关系中进行考察,揭示出印度天花控制与英国公共卫生之间的互动关系。该书在考察不同地域的注射疫苗政策和技术变化过程中,不仅注意到政治、经济和技术因素的影响,而且就其文化和宗教面向展开讨论。最重要的是,书中深入分析官方和一般民众对危险可见的疾病如天花的多方应对,从而对殖民政府、官方或私人医学,以及印度殖民社会的不同层面之间的复杂关系有更全面的揭示。③

身体被认为是阶级、种族、国家、经济、文化的载体,可将微观个人与宏观历史联系起来,后殖民史学研究者巧妙地将存在于非西方世界的身体与世界发展历史联系起来。英国人大卫·阿诺德(David Arnold)的《身体的殖民化》一书,以身体为媒介,研究西方医学在殖民印

---

① Jeffery R, The Politics of Health in India, Berkley: University of California Press, 1988; Ray K, History of Public Health: Colonial Bengal, 1921—1947, Calcutta: K. P. Bagchi and Co. , 1998; Ramanna M, Western Medicine and Public Health in Colonial Bombay, 1845—1895, London: Sangam books, 2002.

② Harrison M, Public Health in British India: Anglo—India preventive medicine 1859—1914, Cambridge: Cambridge University Press, 1994, 227—228.

③ Bhattacharya S, Harrison M, Worboys M, Fractured States: Smallpox, Public Health and Vaccination Policy in British India, 1800—1947, New Delhi: Orient Longman Private Limited, 2005.

度的过程中所扮演的角色。作者指出,国家是医学和公共卫生行动中的关键角色,不仅强调了身体作为殖民权力,以及殖民者和被殖民者辩论的场域的重要性,而且指出了印度是身体殖民主义,而非原来强调的心理殖民主义。①

综上所述,已有大量学术积淀的世界公共卫生史研究,形成了一些具有专业特色的核心讨论话题,实际隐含着科学与权力、理论与实践、文化与权力以及西方与非西方等学术前沿论题。研究者们将跨学科研究方法、史学前沿理论、新研究视野和现实关怀带入到公共卫生史研究中,呈现出公共卫生丰富多彩的世间景象,不但描绘出科学的进步与野蛮,也反映出科学现代性在世界各国的不同映像。公共卫生虽然只是医学领域中的一个分支,且有着严格技术规范的职业,却因其与权力和文化之间密不可分的关系,实际是理解19、20世纪国家、社会和文化发展的极佳场域。

三、探寻近代中国公共卫生的轨迹

公共卫生是近代西方社会工业化和城市化发展的产物,是西方各国为解决国家发展问题而创设一项政府职能。19世纪初的工业化与城市化给西方的工人阶级带来居住条件恶劣、健康状况糟糕和死亡率增加等后果,引起社会人士注意,并将之与贫穷问题联系起来。因此,公共卫生最初与医学并无紧密关系,甚至可以说是对医学的某种反动。伴随着19世纪后半期科学医学的发展,公共卫生建立在细菌学为基础的科学医学知识体系之上,逐步为掌握了话语权的专业群体所控制,成为一项与疾病控制相关的职业,形成一套自成体系的制度。

作为人类对抗疾病、维护健康的制度,公共卫生既有民族国家特性,也有全球治理特性。公共卫生是现代国家的基本行政职能之一,具有行政管理的国别特性。西方各国公共卫生大概可以分为两种类型:一是英美模式,公共卫生事务被当作是纯粹的医学事务,由专业医生掌

---

① Arnold D, Colonizing the Body: State Medicine and Epidemics Disease in Nineteenth-Century India, Berkeley: University of California Press, 1993, 7-8.

控,垄断整个社会的公共卫生资源;一是法国、德国、日本所采取的国家医学形式,将公共卫生作为国家公共领域的政治问题,以国家主义方式,即行政的方式加以解决。两种公共卫生虽形式不同,但都以应用预防医学保护国民生命为己任。

与此同时,科学医学在全球快速发展,各国实验室的专家们逐步采用一样的术语和标准化的研究程序,在预防和治疗各类疫病领域日渐达成共识,分享研究成果,共同应对疫病的威胁。科学医学的标准化发展使公共卫生领域的全球合作成为可能,具体体现在传染病防治领域。1903年通过的《国际公共卫生条例》开启了国际公共卫生领域的合作,为全球治理提供法理依据。① 此后,公共卫生领域出现两类国际组织,即非政府组织和政府间组织积,二者均极推动着卫生治理的全球化发展。作为非政府组织的代表,美国的洛克菲勒基金会积极资助美国国内公共卫生学科的发展,并在全球资助公共卫生项目的推广,成为公共卫生全球治理的积极推动者。② 1923年成立的国际联盟卫生组织是政府间组织,致力于收集和分析关于非工业化国家的疾病信息,同时也为成员国提供一些卫生技术方面的援助。

世界公共卫生历史发展的基本脉络,正是近代中国公共卫生产生和发展的时代背景。因此,从近代中西交会历史脉络中研究中国公共卫生,既要注意世界范围内公共卫生发展潮流的影响,也要从近代中国国家建构和社会变迁层面厘清公共卫生的发展脉络。事实上,这种研究思路已被学者们应用于拉美公共卫生史研究中,有学者指出,"公共卫生政策的发展包含外力影响和国家建构两方面内容,这是拉丁美洲疾病史研究中最具想象力和成效的题目"③。另如,关于源于欧美国家的公共卫生项目如何被带到拉美的研究表明,这些项目并非简单引入,

---

① 马克·扎克、塔尼亚·科菲著,晋继勇译:《因病相连:卫生治理与全球政治》,浙江大学出版社,2011年,第7—9页。

② Brown E R, "Public Health in Imperialism: Early Rockefeller Programs at Home and Abroad", American Journal of Public Health, 9(1976).

③ Armus D, "Disease in the Historiography of Modern Latin America", in Armus D, Disease in the History of Modern Latin America: From Malaria to AIDS, Durham, N C: Duke University Press, 2003, 3.

而是经受地方人士的挑战,并由当地医生根据地方制度环境进行调适和改进。① 拉美公共卫生史研究所揭示出的历史境况,对同样被动接受公共卫生的中国而言,极具参照性。若我们能从中学习和借鉴其研究方法,并尝试对中国和拉美各国进行比较研究,势必将极大拓展公共卫生史研究的广度和深度。

从世界公共卫生历史来看,西方各国在发展自身公共卫生的同时,以一种殖民的方式强迫非西方国家进行类似建设,并逐步全球化、标准化。若从这样的研究视角思考问题的话,近代中国公共卫生的产生和发展大致呈现出制度化、职业化和日常生活化三种趋势,可作为我们从宏观视角展开研究的切入点。第一种趋势是公共卫生的制度化,即公共卫生如何成为国家行政建制中的一种制度性权力,也就是在国家建构过程中如何解决行政建制问题的。对制度化的研究可以秉持一种"结构过程"(structuring)的研究视角,②揭示出近代以来公共卫生制度在社会结构中处于流变而非静止的状态,深受国内外政治、社会、外交和文化等多种因素的影响,是一种经历具有地域性特征的多元的变迁过程。

近代中国社会发展的多样性决定了公共卫生制度化的复杂性,需要中央和地方两个层面深入考量。

首先,公共卫生逐步在近代中国国家行政架构中占有一席之地,且随着政局的变动而演变。清末新政所进行的官制改革,建立起模仿西方国家职能的新式行政机构。正是在这一过程中,公共卫生成为新建警察制度的职能之一。从日本学习而来的警察卫生行政建制,一直延续至北洋时期。随着美国在中国公共卫生教育领域的崛起,加之警察

---

① Espinosa M, "Globalizing the History of Disease, Medicine, and Public Health in Latin America", ISIS, 4(2013).

② 萧凤霞提出"结构过程"一词,意指"个人透过他们有目的的行动,织造了关系和意义(结构)的网络,这网络有进一步帮助或限制他们做出某些行动,这是一个永无止境的过程"。笔者在此借用这一概念表明公共卫生制度社会结构,不断受到权力影响从而具有不同的文化意涵,因此它并非是静止不动的,而是处于复杂的历史变迁过程中。萧凤霞:《廿载华南研究之旅》,华南研究会编:《学步与超越:华南研究会论文集》,香港:香港文化创造出版社,2004年,第34页。

卫生制度的低效无用，中国公共卫生的领导权日渐落入接受美国教育的专家手中，并开始将公共卫生从警察制度中独立出来，成为一个非常专业的职能部门。近代卫生行政从警察制度独立出来的历史，不仅隐含着官僚结构日渐专业化的趋势，而且包含着日美两国在中国公共卫生领域的竞争。对这些问题的深入研究，通过探究行政制度演变，不仅可以揭示出其具有的政治史价值，且能通过人们在相关事务中认知的变化，反映出社会思想的转变。

其次，公共卫生如何在地方层面成为政府的行政职能。清末公共卫生虽以官制改革形式在全国推行，但其实现并非一纸公文所能达成，而是在地方政府与民间组织之间互动、中外势力之间的交涉中产生的。历史上，地方上诸如公共卫生等事务基本由社会组织办理，政府较少介入。卫生警察的出现表面上将卫生事务纳入国家管理的范畴，但由于财政和人员等制约因素，地方政府不得不与社会组织在观念和实践层面互动，推动着公共卫生制度的调适和落实。更关键的是，由于近代中国的半殖民地半封建社会属性，帝国主义势力散布各地，影响着公共卫生的地方实践形态。为保护外国人免受疫情威胁，列强在租界凭借治外法权开办殖民地模式的公共卫生，在开放口岸通过中外交涉迫使地方政府采纳公共卫生措施。例如，1899 年 11 月，营口在各国武力威胁下，不得不建立起卫生局，以应对鼠疫的威胁。① 从公共卫生制度化的地方实践，可以帮助我们认识到该过程实际反映的是外力压迫下国家与社会之间关系的转变。

第二种趋势是公共卫生的职业化。职业化是全球公共卫生发展的趋势，尤其是进入 20 世纪后，各国逐步形成一套涵盖教育、知识生产、从业资历和研究机构等内容的职业规范。近代中国面临的问题是如何接受国际标准，并进而建立起基于科学医学知识的教育、医疗和治理体系，培养合格人才，对公共卫生事务进行治理。公共卫生职业化的基础是科学医学教育。科学医学教育是建立在各科学学科、临床医学和实验医学基础之上的，其在中国的发展不是单线条的，而是权力、资本和文化等多重因素竞争的结果。虽然基督教团体将西方医学传入中国，

---

① 《设局卫生》，《申报》，1899 年 11 月 11 日。

日渐形成博医学会，指导如何改善和扩充医学教育，但是他们并未与政府合作，一直在政府之外进行活动。中国政府在决定发展医学教育的时候，无论是基础教育还是实验科学教育几乎一片空白，因为欧美国家师资费用过于昂贵，只好聘请日本教习，日本成为中国科学医学教育的来源地。自1914年洛克菲勒基金会开始参与中国医学教育，一种强大的科学力量伴随着资本介入到中国科学医学教育，以科学为武器审判中国的医学教育和医疗体制。他们按照美国的标准，批评政府官办、民办的医学院和医院，批评日本模式的医学教育存在的问题，仅对传教团体的医学教育加以部分肯定。此后，科学医学教育在中国取得权威性地位，并在其知识体系范围内建立起公共卫生学科，培养出专业人才，采用标准模式进行公共卫生治理。公共卫生成为一门具有专门领域的职业，具有韦伯所说的官僚制行政管理特性。这就意味着公共卫生是通过知识进行统治，强调技术能力，因此它在人才选拔和任用方面重视教育程度和专业资格。近代公共卫生职业化趋势在某种程度上折射出中国国家治理的转型，专业领域出现了与西方相似的趋势，但受制于制度环境和人才机制，出现很多问题，值得我们深入思考和挖掘。

　　第三种趋势是公共卫生的日常生活化，也就是公共卫生的具体观念是如何从实验室研究者的发现成为社会坚信不疑的共识，又如何为人们所利用，构成一套权力话语通过既有制度渗透到人们的日常生活中，成为大家共同遵循的常识性知识。① 这种日常生活化趋势可以从以下三个层面深化理解：第一层面的问题是科学研究如何与日常生活联系起来，为人们提供健康生活方式的指导。这种趋向深受项目制的影响，也就是国家或非政府组织选择日常生活中的常见健康问题，通过设立课题的形式，资助研究者展开专项研究，研制出特效药，并进而提出一整套预防方案。还有一种可能是，研究者将实验室的发现运用到卫生实践领域，为人们提供一种新的选择。不过，近代中国科学研究尚

---

① 常识性知识是知识的最基本部分，被认为是参加正常的集体生活所必不可少的部分，必定为所有人所共有；一个不具备这一起码知识的人，除非是一个孩子或一个陌生人，否则就是愚人，在任何情况下都不适于参加集体生活。弗·兹纳涅茨基著，郑斌祥译：《知识人的社会角色》，南京：译林出版社，2000年，第44页。

未发达,很多知识都是从外国传入的,可能最需要解释的是科学知识的引进问题。第二个层面的问题是,医学领域发现的公共卫生知识如何被制造成社会常识性知识。这实际是知识传播者的职能,他们通过普及推广,唤醒那些具有一定社会地位和权力者的兴趣,促使他们接受技术专家所得出的实用知识。在此基础上,得到认可的知识进入教育体系,尤其是普通教育体系,作为常识性知识传授给年轻人。① 第三个层面的问题是,公共卫生知识通过什么样的机制成为日常生活规范。公共卫生知识被国家纳入一套规范人们生老病死的规则体系中,国家遵照这套体系通过各级官僚管辖着人们日常生活的方方面面,督促着公共卫生从法规形式的存在转变为日常生活的存在,但由于文化传统和生活习惯的影响,这些规范事实上受到了不同程度的抵制,制约着日常生活化的水平。若对以上三个方面展开研究,可能会帮助我们深入了解公共卫生观念形成、知识制造和传播以及规范日常生活等一系列历史过程,从而更好地解释公共卫生日常生活化的历史过程。

需要指出的是,制度化、职业化和日常生活化的趋势,仅仅是笔者对近代中国公共卫生发展历史过程的一些思考,并非是对近代中国公共卫生历史全貌的概括。经历过史学研究的社会史和文化史转向之后,我们在强调国家和精英建构公共卫生的同时,还应注意当时的普通百姓是如何思考相关问题的,注重传统医学文化的价值和作用。20世纪50年代,最早的一批医学人类学者已经指出了公共卫生项目的典型谬误所在,"公共卫生项目所针对的那些社会的成员,并不是等着被卫生教育者正在倡导的任何卫生知识填满的'空罐子'。他们的'习惯与信仰'是一套精致的'文化系统'的构成要素,是公共卫生专家们在倡导新的习惯和理念之前应该尽力去理解的"②。因此,在研究中,应特别关注公共卫生与中国医学文化之间的矛盾与冲突,进而挖掘出西方医学意识形态和卫生保健制度的缺陷所在。若能揭示出一个诞生于工业

---

① 弗·兹纳涅茨基著,郏斌祥译:《知识人的社会角色》,译林出版社,2000年,第103—105页。
② 拜伦·古德著,吕文江,余晓燕,余成普译:《医学、理性与经验:一个人类学的视角》,北京大学出版社,2010年,第37页。

社会的制度如何移植到以农耕经济为主的中国社会,如何与历史悠久的中医文化传统竞生共存,将提升我们对于公共卫生历史认识的深度,并为中西文明交流互动的研究提供经验性知识。

公共卫生史以特定领域为研究对象,有着专门史的局限性。因而,在近代中国公共卫生的研究中,为挖掘出其所具有的时代价值和意义,必须面对如何与当时社会整体关联起来的问题。史学理论家海登·怀特和柯林伍德对此已有成熟的看法,可资借鉴,那就是,研究者的问题意识将有助于我们在研究中处理好这一难题。鲜明的问题意识是所有历史叙事话语赖以形成和发展的基础,历史学者除了思考个别事件之间所可能具有的在时间顺序和因果关系上的关联的问题外,还要考虑更为宏观的、与历史叙事作为一个整体的特性相联系的另外一个性质的问题。解决这些问题的关键则在于:勘定史实、重演历史行动者的思想、通过想象和逻辑推论重建各种事件之间内在和外在的关联。[①] 基于此,为提升近代中国公共卫生研究的质感,似可从两方面努力。

第一,注重"人"的因素。公共卫生是具体人的活动的结果,既有政治人物、社会精英有意识的活动,也有一般平民的活动。在已有研究中,往往看不到人的活动,历史过程被局限于诸如规章条文和官方报告这样的历史文本话语中,不仅失去了史实本身的复杂性和生动性,更难以触及各种现象背后的权力结构和运作机制。若加强对公共卫生发展过程中的关键人物的研究,如伍连德(曾任中华医学会会长、中央防疫处处长)、刘瑞恒(曾任南京国民政府卫生部部长)、兰安生(曾任协和医学院公共卫生系主任)、金宝善(曾任南京国民政府中央卫生实验处处长)、黄子方(曾任国际联盟卫生组委员)、胡鸿基(曾任上海市卫生局局长)、方擎(曾任中央防疫处处长)和方颐积(曾任北平市卫生局局长)等,以他们的行为逻辑为出发点,揭示出其背后错综复杂的社会关系、不同的文化理念,以及不同的利益取向,从而构建出精英们刻意创造的结构过程,也就是从人的能动性去解释历史活动和历史过程。与此同时,还应注意从"例外"中挖掘局外人的看法,从而帮助我们注意到精英

---

① 彭刚:《叙事的转向:当代西方史学理论的考察》,北京大学出版社,2009年,第9页。

叙事所隐蔽的历史。

第二,如何以"讲故事"的方式将公共卫生史写得更富层次感和时代感。在近代中国公共卫生发展过程中,出现一系列历史事件,大量人物参与其中,涉及中外交涉、政治变动、社会变迁、文化转型等领域。我们可以将这些历史事件依据初始动机、过渡动机和终结动机编排出故事,构成一个可以为人们理解的过程。这样的故事框架旨在解释和说明,公共卫生的发展过程中究竟发生了什么,其"全部意义"何在。此外,对过程中各个事件的分析,可采用人类学者所提倡的深厚描述方法,展开微观分析,将事件置于其所发生的"情境"中,通过解释它们与同一情境下发生的其他事件的具体关系,从而解释该事件为何如此发生。

结　语

在谈及公共卫生史研究的作用时,伊丽莎白·费和西奥多·布朗指出:"公共卫生历史的重要角色在于,不必帮助我们避免重复历史错误,但可以从历史中提炼出经验教训,让我们明白曾经所处的位置,从而更好地认识作为后果的今日身在何处"[1]。这种看法揭示出公共卫生史研究的基本问题,即今天的公共卫生从何而来? 这虽然有"倒放电影"之嫌,但并不妨碍其成为研究的问题。若循此问题意识,近代中国公共卫生史研究的主要问题可能是:具有强烈科学性和政治性特征的西方制度如何进入中国? 如何逐渐成为中国政治体制中自成体系的一环? 如何与中国文化结合进而影响到日常生活方式? 在近代中国公共卫生日渐制度化、职业化和日常生活化的历史过程中,并非仅外来精英会主动地发挥作用,中国社会各种力量也在积极地展现出自己的能动性,在各种合力之下公共卫生日渐渗入到政治、社会和日常生活中,成为社会基本机能之一。与此同时,公共卫生在中国的实践经验被推介到世界各地,也对世界公共卫生的发展产生了积极作用。简而言之,从

---

[1] Brown T M, Elizabeth Fee, "A Role for Public Health History", American Journal of Public Health, 11(2004).

国际公共卫生史学术脉络来看,近代中国公共卫生研究的关键可能是现代公共卫生的全球化与在地化问题。

原载于《河南大学学报(社会科学版)》2017 年第 6 期

城市考古研究中空间分析的理论与实践
——基于遥感与地理信息系统

任 冠 魏 坚[①]

【导语】 空间分析是城市考古研究的重要环节,遥感与地理信息系统在其中的作用主要体现在城市复原研究和区域性城市研究两方面。城市复原研究方面,利用遥感和地理信息系统,首先可以对城址开展地图测量,准确掌握城址的基本数据;其次可以对城址进行地形地貌分析,考察城址所处的自然环境;最终,可以为还原城址的形制结构提供线索,提高田野考古工作的效率和精度。区域性城市研究方面,通过"城市圈"的研究视角,将城址与周边遗址和自然环境纳入同一空间集合进行考察,利用遥感和地理信息系统对大数据量的遗址信息进行空间分析,能够有效地剖析城市圈的自然环境和遗址的空间关系,从而考察城市空间属性所蕴含的社会历史信息。

城市考古是围绕古代城市开展的考古学研究。我国古代城市按时代可分为"先秦、秦汉、魏晋南北朝隋唐和宋元明清"四个阶段,[②]各阶段城市考古研究聚焦的问题存在一定差异,但相同的是,工作中都需要剖析古代城市的形制结构、环境位置等空间信息。

随着考古学的发展,越来越多新的理论方法和技术手段被运用到研究之中,其中遥感与地理信息系统,为我们考察遗存的空间信息提供

[①] 任冠系北京师范大学史学研究中心博士后;魏坚系中国人民大学历史学院教授。
[②] 徐苹芳:《中国古代城市考古与古史研究》,《中国城市考古学论集》,上海古籍出版社,2015年,第1页。

了新的视角和切入点。

目前,遥感和地理信息系统已是考古研究中较成熟的技术手段,本文不想过多地局限于遥感和地理信息系统本身,而试图结合笔者在历史时期北方地区城市考古研究中的实践,重点从方法论的角度探讨遥感和地理信息系统在城市考古研究中的运用。

一、遥感与地理信息系统概述

遥感是指不接触物体本身,用传感器收集目标物的电磁波信息,经处理、分析后,识别目标物,揭示其几何、物理性质和相互关系及其变化规律的科学技术。①

在城市考古研究中,运用遥感技术能够获取城址与相关遗址的影像数据,通过处理和分析,可以进而识别遗址的位置、形状、尺寸以及所处地形地貌等信息。近年来电法、磁法、探地雷达等遥感物探技术也常用于考古勘探工作之中。

地理信息系统,是指以地理空间数据库为基础,使用计算机软件和硬件,采集、存储、管理、分析、模拟和输出全部或部分地球表面与空间地理分布有关的数据的空间信息系统。

在城市考古研究中,地理信息系统的作用主要集中在三个方面:一、对地图数据、影像数据、地形数据、属性数据、元数据等各类数据资料进行输入和存储;二、利用数学模型和算法,针对不同的研究对象和研究目标,选择不同的空间分析方式,多角度考察古代城市的空间属性;三、以图形、文字、表格等多种形式,对存储的数据信息和空间分析的结果予以输出和展示。换言之,地理信息系统既是开展空间分析的工具,也是管理研究资料的平台。

遥感侧重于空间信息的提取,地理信息系统侧重于空间信息的分析,两者综合应用于城市考古之中,主要体现在微观和宏观两个层面。微观层面是针对单个城市的复原,包括还原城址自身的形制结构和所

---

① 全国科学技术名词审定委员会:《测绘学名词》,北京:科学出版社,2010年,第2页。

处的自然环境;宏观层面是围绕城市的区域性研究,着重于考察城市的空间位置和分布特征。

二、城市复原研究

城址是古代城市的物质载体,也是城市考古研究的直接考察对象,复原古代城市,在考古学层面主要指还原城址的形制结构和所处的自然环境。利用遥感和地理信息系统,通过遗迹辨识、地图测量、地形地貌分析等步骤,能够有效地促进城市复原研究的开展。

(一)遗迹辨识:明晰研究对象

城址由城墙、城壕、城门、道路和各类建筑等要素构成,辨识遥感影像中记录的城址及其构成要素,是利用遥感和地理信息系统开展城市复原研究的前提。这一过程主要通过解析遥感影像中的阴影标志、土壤标志和植被标志来实现。

阴影标志是地上遗迹在光线照射下形成的阴影状态,可以直观反映出遗迹的规模和形状,多用于识别暴露于地表之上的城墙、城壕、建筑基址等遗迹单位。

土壤标志是遗迹土质土色差异在遥感影像中的呈现。由于成分、密度、湿度等方面的不同,遗迹单位会与周边土壤存在土质土色的差别,特别是对于占地面积较大、埋藏深度较浅的道路、城壕、建筑基址等遗迹单位而言,土质土色的差异在遥感影像中会较实地工作中更易于辨认。

植被标志是地下遗迹导致的地表植被生长状态的不同。地下为城墙、道路、建筑基址等遗迹时,由于土质紧密板结,地表植被往往生长情况较差,与之相反,地下为城壕等凹陷的遗迹单位时,由于蓄水性较强,地表植被往往生长情况较好。

在实际工作中利用上述三种标志辨识遗迹单位,可以结合对遗迹"遗痕"的分析。例如,已坍塌的城墙,由于墙基土质紧密,在原墙体位置常会修建道路;被开垦为农田的城址,原城内街道路网可能会被沿用,形成田间小路或田垄。此外,房屋街道的布局、修建的水渠堤坝或是其他遥感影像中呈现的异常情况,都可能成为识别城址各类构成要素的线索。

需要注意的是,部分现代围墙、沟渠、道路或房屋等单位在遥感影像中呈现出的标志特征可能与古代城址各构成要素较为相似,在辨识过程中不仅要对各单位自身的标志特征进行分析,更要着重考察不同单位间的组合关系。例如,仅凭遥感影像无法确认单独的一道墙体或一条沟渠的性质,但如果墙体呈现出闭合的状态,并且外围存在与之对应的沟渠,这种组合为城墙与城壕的可能性就会较高。因此,结合城址各构成要素间的组合关系分析阴影、土壤和植被标志,能够使对遥感影像的辨识更为准确。

(二)地图测量:厘清基础数据

测量城址及相关遗迹的周长、面积、距离、角度等数据,是城市复原研究的基础工作,借助遥感影像和地理信息系统,能够提升地图测量的精度和效率。

Google Earth 是目前进行地图测量最便捷的软件之一,[1]通过遗址的坐标或方位搜索到对应的卫星影像后,就可以利用软件自带的工具测量遗址周长、面积、距离、角度等数据。此外,由于农田开垦、城镇建设等方面的原因,部分 20 世纪考古工作中发现的城址如今可能已被破坏,针对此类当前卫星影像中已无保留的城址,可以查询 Corona 卫星影像,[2]对影像进行校正比对测量。

我国古代城市,多以政治和军事功能为主,城市的营建往往具有较强的规划性。笔者曾利用遥感影像和地理信息系统对辽中京道范围内的 75 处城址进行测量分析。这批城址多为辽代设立中京道后统一规划营建,在规模方面也呈现出了明显的等级差异:中京城周长约 15400

---

[1] Google Earth 是 Google 公司推出的虚拟地球仪软件,该软件提供的最新卫星影像主要来源于陆地卫星 8 号(Landsat8),影像分辨率从 1 米至 15 米不等。

[2] Corona 卫星影像是美国 20 世纪 60—70 年代利用战略侦察卫星拍摄的一系列卫星影像,图像分辨率从 1.8 米—140 米不等,以 7.5 米分辨率的影像为主,于 1995 年被解密公开。

米；节度、观察州城周长多在4000米左右，刺史州城与县城规模基本一致，周长为1000米－3000米；头下州城、驿馆和关隘堡垒等城址规模普遍较小，周长在1000米以下。① 整体而言，辽中京道的城址在规模方面基本继承了唐代的营建传统，反映出了唐辽之间制度的传承与沿袭性。

从上述研究例证可以看出，厘清城址的规模尺寸等基础数据，可以为讨论城址营建年代和行政级别等问题提供参考依据，进而可以考察由此折射出的政治制度等层面的历史问题。

但是由于技术条件的制约，早年文物普查和考古调查工作中记载的城址数据可能存在较大的偏差。此类城址基础数据上的偏差，会对研究结论造成一定程度的影响，这种影响在开展城市比较研究时尤为明显。因此，在使用普查资料或调查资料前，应首先对资料中记载的数据进行核准与校对。考虑到并非每处城址均有条件开展实地测绘，故通过遥感影像和地理信息系统进行地图测量，能够在保证数据准确性的前提下，最大限度地提升研究的效率，具有较强的实用性与可行性。

（三）地形地貌分析：剖析自然环境

剖析古代城市所处的自然环境是城市复原研究中的重要一环，利用地理信息系统处理遥感高程数据，是开展地形地貌分析最主要的手段之一。

目前地形地貌分析中较常用的遥感高程数据是 ASTER GDEM,② 该数据的空间分辨率为30米，能够满足宏观区域性研究的需求。但是，若从微观层面对单个城址进行地形地貌还原，还需要借助空间分辨率更高的遥感数据。近年来，得益于无人机技术的进步，利用无人机航拍获取高分辨率的高程数据已较为便捷，这为更精细地考察城址的地形地貌创造了条件。

---

① 任冠:《辽代中京道的城市聚落系统》，《河南师范大学学报（哲学社会科学版）》，2018年第3期。

② ASTER GDEM,全称 Advanced Spaceborne Thermal Emission and Reflection Radiometer,即先进星载热发射和反射辐射仪全球数字高程模型，是美国 NASA 和日本经济产业省共同推出的免费电子地形数据。

古代城址选址时往往会综合考量地形、水文、交通等条件，不同类别的城址在选址策略方面各有侧重。一般而言，城址等级越高，承载的功能越丰富，选址时所需考量的因素就越多；反之，等级较低的城址，由于承载的功能较为单一，选址时所需考量的因素也就较为简单。分析地形地貌，还原城址所处的自然环境，不仅有助于考察城址自身的性质和职能，还能够加深对城址所处时空背景的理解。

以唐代庭州为例，该范围内共发现相关城址33处，利用ASTER GDEM数据制作地形图（图1），可用于分析各类城址所处的自然环境。

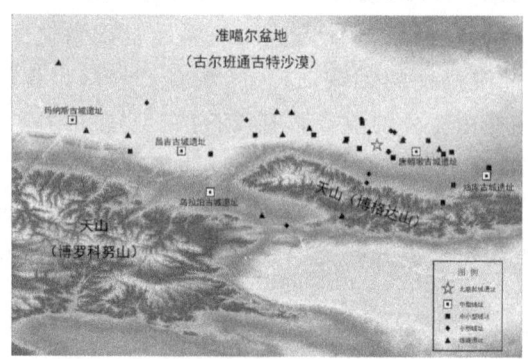

图1 唐代庭州城址及烽燧分布示意图

庭州按地形地貌由南向北分为三个区域。南部为天山山脉及山前地带，地势起伏较大，位于该区域的城址主要为军事戍堡类小型城址，扼守各处山谷通道。中部为冲积平原，地势平坦开阔，水源充足，位于该区域的城址数量最多，是庭州主要的人口聚居区和农业生产区。北部为准噶尔盆地，地势平坦低洼，位于该区域的城址主要为军事戍堡类小型城址，沿沙漠边缘分布，构成庭州北部的军事防线。结合地形地貌分析能够更清晰归纳出庭州各类城址的职能和性质，并从整体上勾勒出庭州军政体系的空间架构。

此外，古代城址营建时，在城墙走向、城门位置、城内街道布局、衙署等重要建筑选址等方面，除依照各个时代基本的建造方式外，往往会根据地形环境因地制宜展开规划。还原城址的地形地貌，可以更好地剖析城址的布局结构，同时也能够为田野工作中探查相关遗迹的位置提供线索。

例如,在2018—2019年新疆奇台县唐朝墩古城遗址的考古发掘工作中,我们利用无人机对城址所在区域进行了大范围的航拍,制作了地形高程渲染图(图2)。从图中能够能看到沿城址东侧台地边缘地表存在断续的隆起,疑似为东墙所在,另城址南北两侧外沿均有明显的凹陷,呈东西向与河道相连,疑似为护城河。结合地形地貌分析得到的线索,我们在实际工作中围绕上述区域进行了重点勘探和发掘,最终确认了城址东墙、东门以及护城河的位置。

图2　唐朝墩古城遗址航拍图及高程渲染图

遥感和地理信息系统的应用极大地提高了所能获得的地形地貌信息的精度,简化了信息提取生成的过程。在城市复原研究中利用遥感和地理信息系统分析城址及其所在区域的地形地貌,有助于考察城址所反映出的人地关系等问题,同时也能辅助考古勘探、发掘等田野工作的开展。

(四)形制结构还原:城市考古的核心内容

城市考古研究的核心内容即还原城址的形制结构,并厘清城址在不同历史时期的沿革变化。为实现这一目标,需要综合运用各类文献史料和图像资料,结合遗痕分析和田野考古,最终从复原单个遗迹的点扩展至整个城址的面。

还原城址形制结构基本遵循由外到内、由主到次的顺序,首先需要探明城址的轮廓和范围,其次需要考察城址的街道布局和功能分区,最后需要摸清城址各类遗迹单位的位置和形制。遥感和地理信息系统在其中的功能主要体现在两个方面：一、辨识城址的构成要素，协助分析各类遗迹单位的位置和形制，提升田野考古工作的效率和精度；二、对田野考古工作中发现和清理的遗迹单位进行全方位的记录，促进后续多学科综合研究的开展。

这里结合 2016－2017 年惠远老城遗址的考古工作，①举例说明遥感和地理信息系统在还原城址的形制结构方面的作用。

惠远老城遗址位于新疆维吾尔自治区伊犁州霍城县，地处伊犁河北岸的台地之上，始建于清乾隆二十九年（1764），是清代前中期新疆的军政中心所在。由于伊犁河的冲刷侵蚀，惠远老城遗址西南部已完全坍塌，无法开展实地调研。在这种情况下，我们利用 Google Earth 和 Corona 卫星影像，对城址进行了初步分析，掌握了其布局结构的总体情况，并根据遥感影像中的线索，制定了对北门及瓮城、北墙及护城河、伊犁将军衙署、原东门门址等重点区域的考古勘探工作方案，最终综合各类文献史料和影像资料，完成了对惠远老城遗址形制结构与沿用改建情况的还原，并绘制了惠远老城遗址的平面复原图（图 3）。

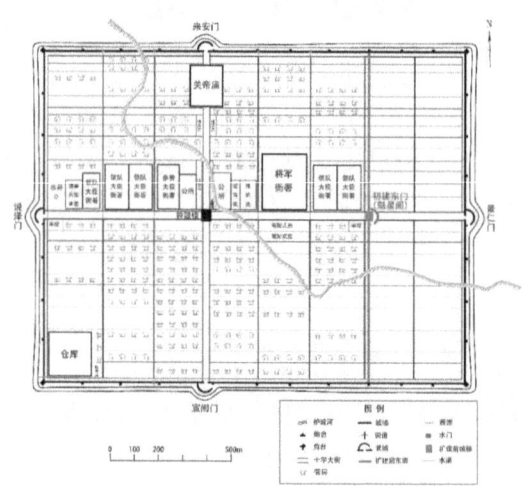

图 3　惠远老城遗址平面复原图

---

① 任冠，郝园林：《惠远老城调查、勘探与研究》，《北方民族考古（第 6 辑）》，科学出版社，2018 年。

还原古代城址的形制结构是一项综合性的研究,需要以长期的田野考古工作为支撑,在此过程中充分利用遥感和地理信息系统等技术手段,寻找古代城址遗留的蛛丝马迹,能够为考古工作关键节点的选取提供依据,节省前期工作的人力和物力,提高田野考古工作的精度和效率。

三、区域性城市研究

城市考古不仅需要考察单个城市的形态特征,还需要考察一定时空范围内不同城市的空间关联。利用遥感和地理信息系开展区域性城市研究,可以在考古学理论方法的基础上,构建空间分析模型,对数据进行整理和筛选,进而围绕研究对象开展定性或定量分析,以阐释特定时空背景下城市空间属性所蕴含的社会历史信息。

"空间"是一个在不同领域具有不同含义的概念,地理学中的空间多指地球表面的一部分,有绝对空间与相对空间之分。绝对空间是具有属性描述的空间位置集合,由一系列不同位置的坐标值组成;相对空间则是空间属性特征的实体集合,由不同实体之间的空间关系构成。[1] 与之对应,城市考古所考察的城市空间属性也包含了两层含义,一方面指城市自身的地理位置和地表特征,另一方面则是指城市与周边环境、相关遗址之间的空间关系。

考察古代城市的空间属性,在研究课题的设计、数学统计模型的建立、量化分析结果的解释等方面,可以借鉴聚落考古学和景观考古学中较为成熟的理论与方法。简而言之,聚落考古注重考察物质文化遗存间的空间关系,景观考古则注重考察人与遗址之外自然环境之间的空间关系,虽然二者关注的空间范畴存在差异,但均强调区域性视野下的综合研究,区域系统调查和空间分析是研究所依托的主要方法。

城市从源流上看"是人类社会发展到一定阶段(进入文明时代)而产生的一种区别于乡村的高级聚落形态",[2] 是社会关系和人地关系的

---

[1] 刘建国:《考古测绘、遥感与GIS》,北京大学出版社,2008年,第197页。
[2] 许宏:《先秦城市考古学研究》,北京燕山出版社,2000年,第8页。

集中体现,因此聚落形态分析和景观分析等研究的视角和方法能够较为切合地引申至城市考古研究当中。

我国历史时期城市考古研究中,对考古现象的解释往往可以依托丰富的文献史料,因此理论范式在其中能够发挥的作用并不显著,空间分析也多聚焦于城市本体的形态和舆地考证等方面。但同时应认识到,对于文献记载较为匮乏的时期或地区,只有构建了适合的理论框架,才能够有的放矢地开展空间分析,避免对城市空间属性的解读流于表面。

例如,在探讨城市的社会结构、经济类型、人口状况等问题时,可以参考聚落形态分析和景观分析的范式,借鉴系统论的思想,将城市与周边遗存和环境视为一个有机关联的整体,通过考察其内部的构成关系和与其他整体的关系,实现在缺少文献支撑的情况下利用考古资料对城市空间属性的解读。

近年来,日本考古学界围绕中国考古学研究提出了"都城圈"的概念,将都城研究的空间范畴从城墙之内的城圈空间扩展至了包括"郭域""郊域""境域"等空间在内的"都城圈",①通过考察都城和周边聚落、墓葬、礼制建筑、道路交通的关联,探讨都城运作乃至"都城圈社会"发展演变的相关问题。

事实上,不仅都城会对周边地区产生影响,形成城市地域空间的延伸,其他各等级类别的城市,也都或多或少地会对周边地区产生吸引力,构成大小形态各异的空间共同体,可以用"城市圈"来概括城市和与之密切关联的外延空间。

"城市圈"的概念体现在考古学层面上,研究对象包括城址与周边聚落、墓葬、宗教礼制建筑、手工业遗址、交通道路等各类遗存和承载这些遗存的空间环境。城市圈内城址与其他遗存之间的空间关系、城址所处自然环境的空间特征,都是城市自身政治、经济、社会乃至文化方面的映射。从城市圈的角度着眼,能够最大限度地挖掘城市本身所蕴含的空间信息,并充分发挥遥感和地理信息系统在研究中的作用。

---

① 张学锋:《〈"都城圈"与"都城圈社会"研究文集:以〈六朝建康为中心〉编辑前言》,《南京晓庄学院学报》,2020年第1期。

城市圈往往不存在明确的边界,是一个相对模糊的空间范围,不同城市圈之间也可能存在相交重合的部分。在界定城市圈的空间范围时,需要结合城市自身的类型,把握好城址与周边遗址和环境在空间上的关联度。对城市圈空间涵盖范围的考察,本身就是对城市影响力和覆盖面的剖析,实际研究中可以综合运用空间分析中常用的聚类分析、邻域分析、视域分析等方法来实现。

研究过程中也需要注意,在古代城市的建立、运转、演变和废弃过程中,虽然自然环境因素起到了不可忽视的作用,但是我国历史时期的城市具有显著的政治性与规划性,朝代的更迭、建置的兴废等因素都可能直接导致城市空间属性的变化。因此,在辨析城市空间属性时,不能局限于自然环境的制约作用,需要综合考量政治、经济等方面的因素,避免陷入"环境决定论"之中。下面以辽中京道为例,对城市圈的理论架构进行实践。

辽中京道地域范围大体包括今河北省北部、内蒙古自治区东南部和辽宁省西部,根据环境差异,可划分为西南燕山山谷地带、中部河谷冲积平原、东部低山丘陵和东南滨海平原等四个地理单元。根据历年来的文物普查工作情况,在中京道范围内共发现辽代城址75处、遗址点3200余处、墓葬400余处、宗教类遗存60余处,将各类遗存的空间位置和地貌环境状况导入地理信息系统,可以从城市圈的视角对其空间信息展开分析考察。

中京道内的城址按规模可分为大、中、小等三类,其中大、中型城址是区域内的军政中心,即各城市圈的中心城市,借用"泰森多边形算法"对大、中型城址进行邻域分析,以此作为划分城市圈空间覆盖范围的参考,并通过聚类分析、邻域分析等方式考察城市圈内城址与其他遗址的空间关系,可以发现中京道内的城市圈在四个地理单元中呈现出了不同的空间形态:东部地区城市圈由内向外呈现出"城址—宗教遗存—聚落遗址—墓葬"的同心圆状态;西南地区中心城址对周边遗址的吸引力较弱,城市圈内各类遗址呈现出离散的状态,沿山谷和河流线性分布;中部偏东地区城市圈的空间形态与东部地区相近,呈现出"同心圆"的状态;中部偏西地区城市圈的空间形态则与西南地区相近,城市圈内各类遗址的空间关联性较弱,沿河流和山地呈现出离散的分布状态;东南地区发现的遗址数量相对较少,多呈现离散的分布状态。

中京道内城市圈的形态与当地经济类型和活动人群有着直接的关联:东部和中部偏东地区居民以汉人为主,主要从事农业生产,城市对周边定居农业人口的管控力度较强,因此城市圈内遗址点多围绕城址分布,形成了空间关联性密切的"同心圆"状态;西南地区以奚人为主、中部偏西地区以契丹人为主,主要从事牧业和手工业生产,人口的迁徙流动性较强,导致城市对周边人口的管控力度较弱,形成了离散的城市圈形态;东南地区以汉人为主,由于地形环境所限,主要开展制盐等手工业生产。

从辽中京道的例证来看,将"城市圈"的概念引入城市考古研究之中,并利用地理信息系统对大数据量的遗存信息进行分析,能够切实可行地剖析和解读城市空间属性所蕴含的历史信息,其中需要重点考察以下三个方面的问题:一、城市圈的自然环境,包括地形地貌、气候条件、植被土壤、自然资源等方面,应注意对城市圈所处年代自然环境的追溯还原;二、城市圈的遗址构成,即城市周边与之相关的遗址类型和空间分布情况,借此剖析城市圈政治、经济乃至文化等方面的状况;三、城市圈之间的比较研究,分析一定地域范围内共时性城市圈的异同和空间关联,或是城市圈的历时性演变,从而探讨城市蕴含的社会历史信息。

对"城市圈"的考察基于城址和周边遗址、环境等要素的空间数据,数据的精度越高、覆盖面越广,对城市空间属性的解析也会越精准深入。因此,在区域性系统调查的过程中,通过遥感获取高精度的空间数据,并利用地理信息系统进行整合和分析,是以"城市圈"的视角开展区域性城市研究时的基本途径。

结　语

城市是人类活动高度集中的产物,承载着政治、经济、社会乃至文化等多方面的信息,而城址作为古代城市的物质载体,随着时间的推移不可避免地会受到自然或人为因素的破坏,可供研究使用的信息也会随之不断减少。

在城市考古研究中,利用遥感和地理信息系统等技术手段开展空间分析,是从城址所蕴含的信息片段中拼合历史图景的有效方式。通过识别遥感影像中的遗迹单位,可以便捷准确地测量城址等遗存的尺寸数据,掌握城址的保存现状,为还原城址所处的地形地貌、自身的形制结构和空间布局等信息提供线索和依据,并提高实地考古工作的效率和精度。

同时,利用遥感和地理信息系统,可以对城址及相关遗址开展大数据量的区域性研究。城市在空间上并非孤立的存在,基于"城市圈"的研究视野,关联性地考察城址与周边遗址的空间信息,剖析城址与周边遗址的空间关系,能够量化解读古代城市空间属性所折射出的社会关系和人地关系等问题,充分发挥遥感和地理信息系统在数据的获取、处理、分析和展示等方面的作用。

归根结底,无论是遥感还是地理信息系统,都是考古学研究中可供使用的技术手段,只有在明晰理论方法的基础上,将其与田野考古工作有机结合,根据不同的研究对象和课题采取相应的分析方式,才能够真正成为考古学研究中的有力支撑。

原载于《河南大学学报(社会科学版)》2021年第1期

《史学月刊》与新中国"十七年"史学典范之构建

孙卫国①

【导语】 在新中国"十七年"马克思主义史学典范的构建中,《史学月刊》具有重要地位。1951年1月,《新史学通讯》创刊,创刊后的最初阶段关注中小学历史教育,贯彻唯物史观,明确历史教育目的,宣扬爱国主义,介绍历史教学经验,为历史教学答疑解惑,为马克思主义指导下历史教育体系的建立,贡献良多;同时,又积极参与马克思主义史学范式的讨论与建构。1957年《新史学通讯》更名为《史学月刊》后,加强学术性与专业性的转向,引领历史人物与历史评价、农民起义、历史主义等重要理论问题的大讨论,对于新中国史学典范的构建与史学人才的培养,均卓具建树。

20世纪的中国学术,始终处于大变革的时代。20世纪初叶,中国经历由传统四部之学过渡到专业化、学科化的现代学术体系。1949年新中国成立以后,再次经历以马克思主义主导的新中国学术体系的转型。在新中国的"十七年"(1949—1966)中,以马克思列宁主义作指导建立一种新的学术典范,乃是一个从政府到学界都极为重视的问题。为此,采取了许多措施,而创立新的专业期刊,加强新理论宣传教育,则是这些办法中最为有效的措施之一。

1951年1月31日,《新史学通讯》创刊,成为新中国创刊的第二家史学专业刊物。在"文革"前的"十七年"中,《新史学通讯》历经风风雨雨。最初以服务中小学历史教育为重心,为建立新中国马克思主义的

---

① 南开大学历史学院教授。

历史教育体系,贡献良多。1957年改名为《史学月刊》后,逐渐转向专业化和学术化的期刊发展,不料竟然又两度停刊。"文革"结束后,再度复刊,且得以蓬勃发展,现在已变成中国乃至国际上颇具影响力的大型专业史学刊物。检视其最初的成长轨迹,其与新中国马克思主义史学典范的形成与构建密切相关,多有建树。

一、新中国成立后形势与《新史学通讯》创刊

1949年10月,中华人民共和国成立。当时全国百废待兴,历史学科的建设与发展也受到党中央领导人的关注。1950年8月29日,毛泽东致信陈寄生,特别提及:"唯觉中国的历史学,若不用马克思主义的方法去研究,势将徒费精力,不能有良好结果"①。同年11月,翦伯赞在《新建设》上发表《怎样研究中国历史》,特别强调用辩证唯物主义方法来研究历史;②接着,翦伯赞又在《学习》上发表《论中国古代的封建社会》,宣传毛泽东对于中国历史的基本观点。于是,在全国史学界掀起了学习马克思主义的高潮。当时最重要的问题是如何在历史教育中树立马克思主义的历史观,因为新政权的建立,一套新的学术话语也在形成与建构之中,以批判旧式历史教学与历史研究的观点与方法,成为亟待解决的问题。③

桑兵教授引用逯耀东教授的研究,指出《历史研究》创刊时主要由三部分人组成:"一种是受过封建阶级或资产阶级历史教育,从旧社会过渡来的成名史学家或著名的历史工作者;一种是在白区工作的马克思主义工作者或前进的史学家;一种是从延安(解放区)来的马克思主

---

① 王学典主编,郭震旦编撰:《20世纪中国史学编年(1950—2000)》上册,商务印书馆,2014年,第9页。
② 翦伯赞:《怎样研究中国历史》,《新建设》,1950年第2期。
③ 上海教育出版社编:《资产阶级历史教学思想批判选辑》,上海教育出版社,1959年。

义史学队伍",①进而推论新史学会成立时亦是如此。事实上,这也是当时中国历史学界的大致情况。但是,掌管着全国历史研究的话语权,主导着中国马克思主义史学的发展。1952年高校院系调整,"红色的马克思主义学者"被安排到各个高校,成为主要的领导者。如何改造旧的历史学家,成为他们面临的重要任务之一。在改造旧史学家的同时,如何在大中小学教育中,建立马克思主义指导下的历史体系,成为最为紧迫的任务。于是,在全国就掀起了学习马克思主义的高潮。诚如白寿彝先生所指出的,在1949年到1956年间,"全国掀起了学习马克思主义的高潮。大中学校的历史教师学习运用马克思主义讲课,各种史学书刊和散见的论文力求在马克思主义指导下进行工作。过去被禁锢的、只能在各种隐蔽形式下活动的史学工作,现在成为大力提倡的了。史学工作必须有正确的史观的指导,这成为广大史学工作者普遍感兴趣的首要问题"②。张越教授亦言:"从专门的历史研究机构中的学者和高校历史系的教授到广大中小学的普通历史教师,面临的首要问题便是如何运用唯物史观指导历史教学与历史研究,如何在实践中将马克思主义理论贯彻到历史教学与历史研究中去"③。相对于历史研究来说,如何运用唯物史观指导历史教学的任务更加紧迫。

关于新中国历史教育的目标,有学者指出:"可以分为两个层次:首先,是对史学工作者的自我教育,将他们改造为以辩证唯物主义和历史唯物主义武装起来的史学工作者;其次,是对人民大众的教育,努力提高他们的历史素养和文化素质,将其培养成社会主义建设所需要的人才"④。为了实现这个目标,史学工作者积极主动地配合,成立中国史学会,以期领导这场教育运动。1949年7月1日,"中国新史学研究会"在北京成立,制定了《中国新史学研究会暂行简章》,宗旨是:"学习并运

---

① 桑兵:《二十世纪前半期的中国史学会》,《历史研究》,2004年第5期;逯耀东:《〈历史研究〉的沧桑》,《史学危机的呼声》,台北联经出版事业公司,1987年,第100页。
② 白寿彝:《六十年来中国史学的发展》,《史学月刊》,1982年第1期。
③ 张越:《〈新史学通讯〉与中国马克思主义史学》,《史学月刊》,1998年第1期。
④ 尤学工:《郭沫若与新中国的历史教育》,《廊坊师范学院学报》,2009年第5期。

用历史唯物主义的观点和方法,批判各种旧历史观,并养成史学工作者实事求是的作风,以从事新史学的建设工作"①。1951年7月28日,"中国新史学研究会"更名为"中国史学会",成为历史工作者自我教育的指导机构。郭沫若在成立大会致辞中指出史学工作者的六个转向:由唯心史观转向唯物史观、由个人研究转向集体研究、由名山事业转向群众事业、由贵古贱今转向注重研究近现代史、由大汉族主义转向尊重和研究少数民族历史、由欧美西方中心论转向注重亚洲及其他地区研究。② 这六个转向,实际上是指明了历史研究者的转变方向,是历史工作者自我教育努力的方向。

对于广大人民大众的教育,则通过杂志宣传与学校教育的途径来宣传马克思主义理论。1951年1月1日《历史教学》创刊,这是新中国成立后创办最早的历史学专业刊物。诚如《编者的话》中所言:"本刊定名为《历史教学》,'教'是要研究如何讲授历史课程,'学'是要讨论如何研究历史科学。前者是历史教育党性的阐发问题,后者是唯物史观历史科学的研究问题,两者都是现在思想战线战斗领域的一环,更都是当前历史教师和一般学习历史的人们共同的工作"③。这段话非常明确地点明了创刊意图,乃是如何在历史教学与研究工作中宣传和运用唯物史观的问题。

1951年1月31日,《新史学通讯》创刊,由嵇文甫、黄元起任主编。值得注意的是,刊物是中国史学研究会河南分会响应中国新史学研究会的要求而成立的。④ 刊名中的"新"字,大有意味,"对史学工作者来说,必须划清两种不同的史学观点,要有一个新的立场、观点、方法,以区别旧的资产阶级史学思想体系,故刊名冠以'新史学'"⑤。可见,开

---

① 《中国新史学研究暂行章程》,《人民日报》1949年7月2日。关于中国史学会的情况,参见桑兵:《二十世纪前半期的中国史学会》,《历史研究》,2004年第5期。
② 参见《光明日报》,1951年7月29日。
③ 《编者的话》,《历史教学》,1951年第1期。
④ 1949年7月,中国新史学研究会在北京成立,当时规定各省在经过中国新史学会理事会批准后,可以成立分会,河南省分会就是在这样的情况下成立的。
⑤ 孙心一:《嵇文甫先生与〈史学月刊〉》,《史学月刊》,1995年第6期。

宗明义,《新史学通讯》的创刊,就是要用马克思主义新的历史观以区别、取代旧的资产阶级历史观,当时,主编嵇文甫与黄元起则是这家杂志的灵魂人物。

嵇文甫(1895—1963),河南卫辉人。1913年夏中学毕业,考入北京大学预科,随后加入中国共产党。1915年考入北京大学,与冯友兰等同学。1926年,赴苏联莫斯科中山大学学习。1928年回国,任教于清华大学、北京大学、河南大学等高校。1950年,任河南大学副校长,后任校长。黄元起(1909—1990),福建福安人。1927年考入北京师范大学预科,加入中国共产党,1929年在北京师范大学本科历史系学习,一直积极参加革命活动,后被捕入狱,抗战前夕才被释放,随后在江西、广东等地工作。1947年任中山大学教授,1949年开始任河南大学教授,一直到退休。① 嵇文甫与黄元起二人都有早年参加革命的经历,较早接触马克思主义理论,对马克思主义唯物史观有很深的造诣。当时,他们是中国新史学会河南分会的主要负责人,遂以《新史学通讯》为阵地,在新中国史学界,尤其针对中小学历史教育,担当了宣传普及马克思主义的使命,《新史学通讯》因此成为当时最为重要的宣传马克思主义唯物史观的重要阵地。

二、为中小学历史教育服务,建构马克思主义历史教育体系

在1951年1月31日《发刊词》中,《新史学通讯》强调办刊方针是响应毛泽东在延安文艺座谈会上的讲话中所提出的"在普及基础上提高,在提高指导下普及"的原则,办刊宗旨是:"把我们的研究工作与当前大中学的历史教学工作联系起来,一方面克服教学中的困难,另一方面即以此为基础,提高新史学的研究水平"②。因此,中国新史学研究会河南分会特别设立两个工作部门,即历史教学委员会与编辑委员会,

---

① 刘卫东主编:《河南大学百年人物志·黄元起》,河南大学出版社,2012年,第211—212页。

② 《发刊词》,《新史学通讯》,1951年1月号。

以求分工合作，推进新史学的研究工作。最初设立的栏目有：论著（包括本会演讲报告、座谈会记录及专门论文）、新史学问题解答、新史学文摘、会员动态及会务报告、参考资料介绍、苏联史学研究论文介绍、史学教学经验介绍等七个栏目。由此可见，《新史学通讯》创刊之初就确立了为历史教学服务的宗旨。

1952年2月到6月，因大部分编辑人员响应中央号召参加土改覆查与五反运动，《新史学通讯》休刊五个月。1952年7月复刊之后，发表了《我们的编辑方针与计划》，将编辑内容予以说明，特别提及六条："论著"（以历史唯物主义为基本原理）"历史事件与历史人物"（结合爱国主义作深入分析）"教学经验""书刊评介"（为历史教师收集资料，提供方便）"问题解答与讨论"（直接解答读者包括中小学历史教学中的问题）和"文物报道"。每一条计划都是为中小学历史教学服务的。①

1953年，《新史学通讯》编辑人员进一步感到中小学历史教师讲授历史课的困难，将其办刊方针调整为"为人民服务，为各级历史教学服务，特别是为中小学历史教师服务"。为此，进行了两方面的努力："第一，力图以马克思列宁主义的新观点解决各级学校历史教学中的若干重要问题，在质量上有了初步的改进与提高……第二，逐步地结合了中小（学）历史教师的教学需要，在教学工作上对他们有了一些帮助。"由此调整办刊栏目为："论著""历史事件与历史人物""教学经验介绍""书刊评介""问题解答与讨论""文物报道"等。② 这样就更为切近中小学的历史教育，以便解决他们的困难。1954年12月1日，《新史学通讯》更进一步明确办刊方针和中心目标为："面对历史教学，为中小学历史教师服务。"具体而言有三个方面："一是宏观的理论性指导，即用马克思列宁主义理论作指导，对历史教学与研究中遇到的重大理论性问题进行导向性的阐述。""二是方法论的指导，表现在结合中小学历史教师的实际需要，探讨历史教学的方法论原则。""三是运用马克思主义基本原理解答广大中小学教师及一般读者提出的历史问题"③。

---

① 《我们的编辑方针与计划》，《新史学通讯》，1952年7月号。
② 《为本刊出版三周年给读者与作者》，《新史学通讯》，1954年元月号。
③ 张利：《嵇文甫在史学理论上的贡献》，《山东大学学报》，2002年第1期。

从最初服务大中小学的历史教育逐渐过渡到以中小学历史教育为主，《新史学通讯》的针对性越来越强。1955年，《新史学通讯》进一步明确为中小学教学服务的目的："今后本刊的方针现在我们愿意更明确地向同志们提出来，就是面对历史教学，为中小学历史教师服务，一切围绕着这个中心目标进行工作"①。可见，为中小学历史教学服务的宗旨越来越明确。为什么要定位于中小学历史教育呢？诚如朱绍侯先生所指出的："新中国建立之初，在中小学担任历史课的教师和一般史学工作者，对于马克思主义、历史唯物论非常陌生，怎样通过历史科学对学生和群众进行历史唯物主义教育，历史发展规律教育，爱国主义教育，热爱人民、热爱劳动的教育，几乎是摸不着门径。所以，《新史学通讯》的办刊宗旨非常明确，就是宣传马克思主义新史学观点，为中小学历史教师和普通史学工作者服务，解决他们在历史教学和研究中遇到的疑难问题"②。

具体而言，有关中小学历史教育方面，《新史学通讯》进行了三个方面的努力：

第一，明确历史教学的目的，贯彻唯物史观，宣传爱国主义。

在1951年第1期发表黄元起《历史教学的目的、观点与方法：在河南中学教师暑假讲习会上的报告》，指出历史教育的目的就是要贯彻新民主主义教育的内容，建立唯物观点、建立阶级观点、培养国际主义与爱国主义结合的新思维，反对民族侵略主义与民族投降主义，树立马克思主义的历史观。而教学方法有四点：应该从学生文化水平与思想意识的实际出发、从目前国家经济建设与政治文化建设的实际需要出发、学生在学习过程中应将理论与实际联系起来、教学内容应该与目前新史学研究的水平结合起来。开宗明义，首先就讨论历史教育的宗旨与方法问题，为中学历史教育指明方向。

1951年第4期发表嵇文甫《历史教育与爱国思想：在爱国主义与历史教学座谈会上的发言》和黄元起的《爱国主义教育与历史教学》。如何在历史教育中贯彻爱国思想，嵇文甫指出：应通过亲切的历史感以激

---

① 《编者的话》，《新史学通讯》，1955年元月号。
② 朱绍侯：《回忆〈新史学通讯〉》，《史学月刊》，2001年第1期。

发对于祖国的热爱;肃清历史教育中的思想流毒(要肃清殖民思想、封建思想);认识伟大祖国所由来;跟着毛泽东走等等专题。黄元起则强调历史教学的几个原则:理论联系实际,结合当前政治任务;宣扬祖国劳动人民伟大创造力与光荣的革命传统,认识祖国历史的主人,老实为人民服务;宣扬祖国的丰富历史遗产,伟大的历史人物,提高民族的自信心与自尊心;反对地主阶级与大资产阶级的民族侵略主义与民族投降主义,发扬劳动人民的伟大爱国主义与国际主义。同期发表毛健予的《从几个典型总结中所暴露出来的历史教学上的一些偏差》,指出当时历史教学中的七大偏差:从兴趣主义出发讨好同学;理论不透,立场不稳,批判史实,常出错误;罗列现象,不分主从的形式主义;理论不能联系实际的公式教条主义;课前缺少调查,课后没做好辅导工作;自满情绪和应付主义;依赖书本怕负责任。郭晓棠在《历史教学中的几个基本观点问题》(1953年3月号),特别讨论了历史教学中的思想性、政治性和科学性的问题,批判历史教学中的非历史观点、非阶级观点、非政策观点的错误。

1952年,《新史学通讯》停刊五个月,7月复刊。在《我们的编辑方针与计划》中的第一条"论著"指出:"一方面将历史唯物主义的基本观点,当作历史方法论灌输给一般中小学的历史教师;另一方面把历史唯物主义的根本原则与各级学校历史教学的内容如何结合的问题,也加以切实研究。例如中国历史教学上的种族与民族问题,中国民族斗争与阶级斗争关联性问题,历代汉族对外战争的作用,以及中国奴隶社会的特征等等都应加以明确的研究与介绍"①。以历史唯物主义来武装历史教学,成为其基本的出发点,也贯穿着整个20世纪50年代的办刊方针。1954年十一、二月,《新史学通讯》组织河南省开封市中小学历史教学组组长召开几次座谈会,共同探讨历史教学中的问题与困难,传授经验。并特别请黄元起作了《在历史教学中的几个理论问题》,"从研究历史的观点方法、人物的批判、战争的性质以及如何贯彻爱国主义教育等问题,作了简要说明"②。1954年第12期,黄元起再发表题为《历

---

① 《我们的编辑方针与计划》,《新史学通讯》,1952年7月号。
② 《编者的话》,《新史学通讯》,1955年元月号。

史教师应为贯彻社会主义教育而斗争》的文章,进一步阐释历史教育的社会主义观点。

可见,从大原则上,为中小学历史教育把握方向、制定原则、传授方法,是当时《新史学通讯》的主要目的,这样也就为中小学历史教育建立了马克思主义指导下新的教学体系。

第二,重视历史教学经验的探讨与介绍,为中小学历史教师传授切实可行的方法。

在1952年7月复刊号中提出的办刊计划中,第三条就是"教学经验",特别提及:"包括教学心得与片断和系统的经验介绍,如教案、教学大纲、教学经验介绍、教学问题讨论等等"①。所以介绍教学经验,成为《新史学通讯》的重要栏目。一切为中小学历史教育服务,一个重要方面是介绍历史教学的经验,让中小学教师少走弯路,学习好的方法,从而更好地开展历史教学工作。1954年12月,《新史学通讯》组织开封市的中小学历史组组长举行座谈会,交流经验,解决问题。1955年,在《编者的话》中,明确指出:"在形式上除保持以前的分栏外,特别增加中小学历史教学的经验交流一栏,请专人负责组织编辑多多介绍推广各地中小历史教师们辛勤劳动创造出来的宝贵成果,希望使本刊成为大家共同耕耘的园地"②。号召大家主动将教学经验写出来,以便刊登;并且建议各省市相关领导,以行政的方式,动员那些有宝贵经验的教师寄来他们的体会,便于全国教师的交流。对于教学经验的介绍,特别提出有三个问题值得关注:"1.在历史教学过程中怎样培养学生的独立思考能力;2.如何克服抽象公式主义的历史教学;3.对历史教材你是如何精简和补充的"③。因此,当时刊登了不少介绍教学经验的文章。

例如,1951年6月号发表了宋泽生的《我教世界现代史的几点体会》,指出要坚持马列主义指导、结合爱国主义教育、采用比较的方法、慎重选择史料等。1951年10月号发表了史苏苑的《我教古代世界史的几点体会》。此外,还刊登了河南师专史地科教师黄俊、左明正的《初

---

① 《我们的编辑方针与计划》,《新史学通讯》,1952年7月号。
② 《编者的话》,《新史学通讯》,1955年元月号。
③ 《编者的话》,《新史学通讯》,1955年元月号。

中世界史教案》(1952年11月号)、《初中本国史课时计划》(1953年1月号)。1954年第1期发表了毛健予的《中国近代史的基本特点和教学重点》。1955年第3期发表马少侨的《我怎样教历史》,指出重点掌握教材、重视科学性、思想性、形象性,并贯彻到教学中去;同时要注重经验的总结。同时也发表了保定河北小学教师石坚的《小学历史教学经验点滴》,对课前准备、讲授新课重点做了介绍。像这样的经验介绍的文章很多,不胜枚举。介绍教学经验的作者,既有大学教师,也有中学和小学教师,充分体现了其对中小学历史教育的重视。

在教学经验中,特别重视乡土教材的经验传授。来自许昌一高的杨连山老师解释道:"什么叫乡土教材? 乡土教材是指学校所在的地方及其附近,所发生的历史事件、传说、地下发掘的文物、名胜古迹以及访问当地老人所讲述本地一切有关材料;它是能够帮助历史教师向学生说明全国性的重大历史问题,或直接鼓舞学生社会主义建设热情,当前的阶极斗争生产斗争服务的东西"①。可见,这里所介绍的经验是全方位的,并非局限于书本与学校课堂教育,更推广到课外、校外,关注乡土的影响。

第三,有针对性地设立为中小学历史教育服务的栏目,解答教学中的疑难点。

1953年刊发的《致本刊的读者和作者》宣称:"今后本刊更要努力充实质量改进工作,使其能够愈益适合群众的需要,以实现我们解决中小学历史教学上诸问题的初衷"②。所以提出了许多征询问题,诸如读者觉得哪些文章好、哪些文章不好,有何建议,希望能够提出来,使他们努力改进办刊方针。而为中小学历史教育服务,落实到具体办刊行动上,刊物采取了许多举措。

首先,从文章来源上下功夫,当时组织了专门答复读者问题的专业教师队伍。在《为本刊出版三周年给读者与作者》中称:"我们的论文的写作,大部分是根据本会会员与读者来信提出的较大问题而进行研究

---

① 杨连山:《在历史教学中结合乡土教材的点滴经验》,《史学月刊》,1958年10月号。

② 《致本刊的读者和作者》,《新史学通讯》,1953年10月号。

的,克服了主观的闭门研究的旧作风"①。这并非一句空话,当时河南师院历史系的许多教授,就是为答复读者的来信而为刊物写文章。例如,主编嵇文甫先生以身作则,先后在《新史学通讯》上发表19篇论文。又如,郭人民(1924—1986)教授自1951—1957年,给《新史学通讯》《史学月刊》写了近30篇论文。当时他只给这家杂志写文章,没有在其他刊物上发表过文章。在1953年的12期上,他每期都发表了一篇文章。② 此外,胡思庸(1926—1993)教授也在这家杂志上发表了10余篇论文。③ 很明显,他们就是专门为读者答疑而写的文章,像这样的例子并不少见。与此同时,"也做到根据教学的需要,介绍了有关的参考资料与历史事件与人物的专题论述"④。在1957年《史学月刊》在目录索引中,有"教学参考"一目,共有58篇论文,大体上都是为答复读者问题而写的,故有"教学参考"一说。所以,这一类的文章,占据了刊物的绝大部分内容,在马克思主义唯物史观指导下,给予中小学历史教学参考,从而为建立马克思主义历史教育体系服务。

其次,更设立专栏"问题解答","根据读者的问题,作直接的讨论与解答",⑤乃是针对中学教师或学生询问有关历史问题,《新史学通讯》杂志社组织相关专家予以解答,《新史学通讯》自1951年到1957年几乎每期中皆有这个专栏,后来也常设这个栏目。即如有史学专科同学来信询问古代的耒耜是否现代的犁,遂由朱芳圃回答:从《说文解字》开始,解释此字词的来历,并将古代耒耜的示意图画出来,逐步解释其演变的过程,最后的结论就是现代的犁就是由古代的耒耜演变而来的。⑥像这样的例子相当之多。1957年,中国史学会河南分会在栏目的基础

---

① 《为本刊出版三周年给读者与作者》,《新史学通讯》,1954年元月号。
② 郭人民,郑慧生:《中国古代文化专题·郭人民先生遗著目录》,河南大学出版社,2003年。
③ 胡思庸:《胡思庸学术文集·胡思庸著述目录》,河南大学出版社,2013年。
④ 《为本刊出版三周年给读者与作者》,《新史学通讯》,1954年元月号。
⑤ 《为本刊出版三周年给读者与作者》,《新史学通讯》,1954年元月号。
⑥ 朱芳圃:《耒耜问答》,《新史学通讯》,1951年3月号。

上汇编成《史学问题解答》一书,①作为"史学月刊"丛刊之二出版。这些都是直接为中小学历史教学服务的。通过1951—1966年间《新史学通讯》与《史学月刊》所设栏目一览表,我们梳理其所设立的栏目,更能清楚地感知该刊对于中小学历史教育的关注及其贡献。

1951—1966年间《新史学通讯》与《史学月刊》所设栏目一览表

年份	总期数	文章总数	教学相关栏目	其他栏目	备注
1951	9	64	栏目不固定,但有"问题解答"	"编者的话"	1月31日创刊。最初无封面页、登排,一卷五期开始,封面设"要目",之前的目录皆为见缝插针式插于文中空白处。
1952	7	52	"问题解答"		因土改,停刊五个月,乃首次停刊。7月复刊,明确办刊内容。
1953	12	79	"问题解答"		斯大林去世相关的唁电与文章6篇。
1954	12	59	"问题解答"		
1955	10	89	4月号开始设立栏目,为中心的论文发表方式。"教学参考""教材资料""教学经验""问题解答""历史人物与历史事件""论文研究指导"。	"编者的话""论文""译文""社论""出土文物报道"	4月号郭沫若题刊名,改为横排,设封面页、目录页,刊物扩大版面。8月号脱期,9、10月号停两期。栏目中,以与历史教学相关的占主导,"教学参考""教学经验""问题解答"是每期都有的栏目,文章篇数也多。其他栏目并非每期都有,且主要是为教学服务的。
1956	12	118	同上	同上	下半年,编辑部决定更名。
1957	12	125	"教学参考""问题解答""教学经验""问题讨论""教学方法""史学动态"。	"反击历史学界的资产阶级右派分子""论文""译文""青年园地""编者的话"。	改名为《史学月刊》,版面扩大,目录索引中有"教学参考"栏58篇。从论文的数量上看,有关教学的内容还是占主导地位。
1958	12	115	"教学参考""问题解答""教学经验""乡土教材""世界历史参考地图""问题讨论"	"社论""反击历史学界的资产阶级右派分子""论文""译文""书评""报道"等	与1957年的栏目设置,大同小异。教学内容相关的栏目还是占主导地位。
1959	12	83	未设置栏目	未设置栏目	全年未设置栏目,直接刊登论文。在全年论文目录索引中,分为"中国古代及中世纪史""中国近代及现代史""世界史",表明刊物向专业化、学术化的转变。
1960	6	96	5到9期,设"教学改革""教学参考""学术批判"等。	7、8期设"学习毛主席著作"栏目;9期有"历史主义讨论""农民战争问题讨论"	1到4期,每期发表8篇论文,未设置栏目。5到9期,设置栏目,1960年10月停刊。
1964	6	65	7到12期有"教学参考""问题讨论"。	"书刊介绍""河南史学动态"等	1964年7月复刊,每期以专题论文为主,栏目文章为辅。
1965	9	89	"教学参考""历史资料"	"四史材料"	每期以专题论文为主,栏目文章为辅。
1966	3	75	"教学参考"	"历史科学为农民服务"笔谈(1期)	以批判文章为主,深刻地体现着时代的特色。第三期有"批判'三家村'材料"专栏。1966年9月再次停刊。

从表可知,在1951年到1966年的十七年间,《新史学通讯》《史学

---

① 中国史学会河南分会编:《史学问题解答》(《史学月刊》丛刊之二),河南人民出版社,1957年。

月刊》的发展几经周折,先后三次停刊,但最终还是向前迈进。1955年4月号开始扩大版面,改竖排为横排,且正式设立以栏目为核心的办刊方针,与之前相比发生了很大的改变。其办刊宗旨就是服务于大中小学的历史教学,服务于教学的论文占主导地位。1957年更名之后有了很大变化,尽管依然有教学论文,数量上已有减少,而学术性逐渐增强,可见,当时马克思主义历史教育体系已经形成,而《新史学通讯》也完成了其最初创刊时的任务,从而转向专业化与学术化,为建构新中国马克思主义指导下的历史研究体系而努力。

三、《史学月刊》之更名与史学典范之建构

《新史学通讯》创刊之时,尽管是以服务历史教学为宗旨,同时也坚持学术化与专业化的道路,其间也经过了几次较大的变化。诚如汪维真教授所言:"1955年四月号的出版,标志着《通讯》实现了向真正意义上学术期刊的跨越,以崭新的面貌活跃于学术界。1957年更名为《史学月刊》,去掉了'新'和'通讯'等字样,使其内容和形式在更高的层面上获得了一致"①。1956年下半年,编辑部根据编委孙海波教授的建议,决定更改刊名。1957年正式更名《史学月刊》,表明刊物向"专业化"与"学术化"的发展迈出了关键一步。刊物名称的变化,表明办刊方针的调整。

首先,体现在学术性与专业性的增强。从前面的表格中,我们可以看出,有关历史教学相关的文章有着明显的差别,之前大多数文章与历史教学有关。而1957年是关键性的一年。在1957年的目录索引中,文章分类尽管还不够专业化,但与之前的分类已有很大不同。其分为"反击历史学界的资产阶级右派分子"(8篇)、"论文"(2篇)、"教学参考"(58篇)、"历史人物"(1篇)、"译文"(8篇)、"史料"(1篇)、"书评"(两篇)、"综合报道"(2篇)、"问题解答"(15篇)、"教学经验"(2篇)、"教学方法"(1篇)、"学术动态"(1篇)、"史学动态"(1篇)、"考古动态"(1篇)、"问题讨论"(15篇)、"青年园地"(5篇)、"编者的话"(2篇)。

---

① 汪维真:《期刊史视野下的〈新史学通讯〉》,《河南大学学报》,2008年第4期。

目录分类显得还无章法,分类原则也不够强,围绕历史教学来分的痕迹依然十分明显,其中58篇"教学参考"的文章,实际上都是专题论文,具有很强的学术性。1958年的栏目设置与1957年类似,依然受到服务历史教学为主的影响,但已经显示出了变化。1959年在全年的杂志中,废除栏目的设置,直接刊登论文,每期大概8到10篇专题论文,由此奠定了其学术性的方向。在1959年全年论文目录索引中,首次按照"中国古代及中世纪史"(21篇)、"中国近代及现代史"(26篇)、"世界史"(13篇)、"历史教学法"(3篇)、"报导"(2篇)这样的专题,列出论文索引目录,前面有18篇是有关史学理论及历史教育相关的论文,但没有列出专题名称。这样学科意识与专业意识明显增强,已经形成了比较固定的专业意识,进一步凸显杂志的学术性。表明当时杂志的办刊方针已经转向了专业化与学术化了,而不再是以服务中小学历史教学为主要目的了。1960年前四期,也直接刊登论文,不设栏目,第5期到9期,则稍有变通,在刊登专题论文之余,附上几个小的栏目,意在为教学服务,但栏目论文数量大大减少。1960年10月,《史学月刊》第一次停刊,但从此以后,专业化与学术化的转向则基本奠定。

1964年7月,《史学月刊》复刊。《复刊词》中说:"十余年来本刊曾对大中学校历史教学有所帮助,曾有意识地培养过一些青年历史工作者,也曾在国内历史学术问题的讨论上尽过一点微薄的力量。遂使原来一个内部学习交流的读物,逐渐达到发行全国的历史专业刊物"①。这是非常客观的自我表述:前面三句话,恰恰是刊物最初阶段的主要贡献,其中最重要的就是服务于中小学的历史教学。复刊之后,办刊方向坚持专业化与学术化之转向,这或许是"文革"开始后再次停刊的原因之一。

其次,在新中国"十七年"的史学潮流中,《史学月刊》不仅积极参与讨论,甚至引领着重要论题的讨论。事实上,当时中国史学界可以说是波涛汹涌,史学浪潮一浪高过一浪。从《新史学通讯》开始,就一直未曾远离过这股股浪潮,甚至有好几次还是浪潮的引领者,从中体现着刊物的重要性,也彰显着刊物的专业性与学术性,在建构新史学典范的征程

---

① 《复刊词》,《史学月刊》,1964年第1期。

中,《史学月刊》有着重要的地位。

在众多论题中,嵇文甫引领的有关历史人物与历史评价问题的讨论,是第一个值得关注的论题。历史人物评价,是重建马克思主义新史学典范中的重要问题。在新中国十七年的史学潮流中,为历史人物翻案、对农民起义领袖的重新评价、历史人物评价标准问题等等,都成为讨论极其热烈的论题,而新中国最早关注这个问题的则是《新史学通讯》的创办人嵇文甫先生。

在1951年第2期《新史学通讯》上,发表了嵇文甫《历史人物评价问题》(二月十八日对新史学会河南分会演讲),特别指出:评价历史人物不是"简单的翻案问题",而要做到防止"两种偏向",即"'左'的都'一齐骂倒',右的则都宽容'一齐歌颂'";对历史人物的"是非功罪",要把握好"三个标准",即:"第一,对于人民有贡献的、有利的;第二,在一定历史阶段起进步作用的;第三,可以表现我们民族高贵品质的。合乎这三个条件都是好的,相反的都是坏的。"最后,还要抓住"四个要点":"'第一,根据一定具体的历史条件','第二,要认识历史人物的多面性与复杂性','第三,站稳阶级立场,反对客观主义','第四,要配合当前的政治任务'"①。后来,又发表了《封建人物九等论——从武训传讨论所引起的历史人物评价问题》(1951年第5期)《孔子思想的进步性及其限度》(1951年第6期)等文章。

在历史人物评价的基础上,进一步延伸到历史评价的问题。1953年第5期嵇文甫发表了《关于历史评价中的几个矛盾问题——四月十二日在中国史学会河南分会上的讲话》,"该文对于历史评价中要么一概肯定、要么一概否定的倾向提出批评,认为历史评价不能简单化,对于历史上……矛盾现象要进行具体分析",②充分表现了历史主义的态度。在论文基础上,嵇文甫先后出版了《关于历史评价问题》《关于历史

---

① 嵇文甫:《历史人物评价问题》(二月十八日对新史学会河南分会演讲),《新史学通讯》,1951年第2期;孙心一:《嵇文甫先生与〈史学月刊〉》,《史学月刊》,1995年第6期。

② 王学典主编,郭震旦编撰:《20世纪中国史学编年(1950—2000)》上册,商务印书馆,2014年,第46页。

评价及其它》两书,①提出人民性与进步性是评价历史人物的一个基本尺度。

嵇文甫一系列文章的刊发与两部论著的出版,引领着中国史学界的大讨论。翦伯赞、郭沫若、范文澜、吴晗等著名史学家都纷纷撰文参与讨论,这成为新中国"十七年"史学典范建构中一个相当重要的浪潮。

第二个值得关注的论题是孙祚民引领的关于农民政权性质问题的讨论。1955年,孙祚民在《新史学通讯》第8期上发表《关于"农民政权"问题》,引发史学界关于农民政权性质的讨论。他指出:"所有封建社会中农民起义和战争的矛头,自始至终总是指向某些为他们所深恶痛绝的统治阶级个别人物",而并非封建制度,因而农民阶级不可能组织农民政权,"新政权的性质基本上还是封建的、专制的。它与旧政权之间,只是存在着差别,而没有实质上的不同"②。翦伯赞、蔡美彪、赵俪生、嵇文甫、漆侠等对他的观点表示赞同。1956年10月,孙祚民的《中国农民战争问题探索》由新知识出版社出版。"该书共收入论文八篇,对中国农民战争的原因、性质、特点、作用、转化规律、'农民政权'及其与统一战争、民族战争和宗教的关系等重要问题进行了系统深入的研究。"王学典教授将孙祚民的这本书看成是历史主义主导下的农民战争研究成果。③

1958年"史学革命"开始后,孙祚民的学术观点受到批判——普遍认为他歪曲了农民战争的性质,背离了马列主义原理,是资产阶级立场。1964年11月,朱活在《史学月刊》第11期发表《从农民政权问题来看历史主义和阶级观点的运用——评孙祚民在中国农民战争史研究中运用历史主义和阶级观点〉》。同月,《文史哲》第6期集中刊发一组批判孙祚民史学观点的文章,都是以阶级的观点批评孙祚民的历史主义认识。有关农民起义与农民政权性质问题,乃是新中国"十七年"史

---

① 嵇文甫:《关于历史评价问题》,人民出版社,1956年;嵇文甫:《关于历史评价及其它》,河南人民出版社,1957年。

② 孙祚民:《关于"农民政权"问题》,《新史学通讯》,1955年第8期。

③ 王学典主编、郭震旦编撰:《20世纪中国史学编年(1950—2000)》上册,商务印书馆,2014年,第129页。

学研究中的经典问题,成为"五朵金花"之一。①

　　第三个值得讨论的问题是,史学界关于"历史主义"的讨论,这是新中国史学典范建构过程中的一个关键问题。对于1949年以后中国史学思潮发展与嬗变大势,王学典先生精辟地指出:"从1949年至80年代末期,史学思想的基本冲突是'历史主义'与'阶级观点'的冲突"②。在1960年以后围绕"历史主义"的讨论中,《史学月刊》担当了中流砥柱的作用。1962年翦伯赞发表《目前史学研究中存在的几个问题》,被视为历史主义讨论的发端。事实上,早在1960年第7期《史学月刊》就发表四篇文章专门讨论历史主义,分别是刘尧庭的《必须批判地对待历史遗产》、李国俊的《主要地是引导人民向前看》、任重的《坚持历史主义反对客观主义》、权海川的《评价历史人物必须从今天出发和用"六条标准"作尺度》,肯定"历史主义是无产阶级的历史观,是以马克思列宁主义毛泽东思想为武器,根据历史现象所借以产生和存在的具体历史条件和历史发展的状况,来分析其在人类历史发展过程中的作用和地位的历史唯物主义的观点和方法"③。1960年第9期《史学月刊》再次发表三篇专题论文,分别是文守翔的《与权海川同志商榷评价历史人物的标准问题》、介凡的《必须正确坚持历史主义观点》、陈云祥的《不能够从今天出发来说明历史》。文守翔和陈云祥的论文都是与前一期权海川论文的商榷,进一步深入讨论历史主义。事实上,这是引领着全国关于历史主义的讨论。此外,有关社会形态、历史动力、民族问题等讨论,《史学月刊》皆有相关的论文发表。

　　最后,在史学典范的建构过程中,《史学月刊》对年轻学者的培养与扶植亦是一个重要方面。在1964年的《复刊词》中,特别强调了这一点。不少当代著名历史学家都曾受惠于《史学月刊》的栽培。1991年,

---

　　① 史学界对孙祚民学说的批判情况,参见杜学霞:《史殇:二十世纪五六十年代的史学研究》,北京:国家行政学院出版社,2014年,第265—275页。
　　② 王学典:《1958:当代史学方向转换的一大枢纽》,《20世纪中国史学评论》,山东人民出版社,2002年,第173页。
　　③ 任重:《坚持历史主义反对客观主义》,《史学月刊》,1960年第7期。

牛致功先生深情地回忆了他从读者过渡到作者的心路历程，①他的第一篇论文就是在《史学月刊》上发表的,在一生所发表的60多篇论文中,在《史学月刊》竟然发表了7篇之多。② 江地也说:"我要学习,要教学,要写论文,就必须经常反复仔细地阅读它,从中得到借鉴,受到启发,这个刊物在五十年代几乎成为我经常置之案头的必读物之一……它成为我的导师,也是我的挚友了……像今日和我年龄不相上下、均在六十岁左右的一些已经很有成就的历史学家,恐怕都或多或少受到过《史学月刊》的提拔与栽培的,我觉用栽培这个词来形容这个刊物对于中国史学界的贡献,是一个适当的名词"③。在《史学月刊》多次纪念活动中,类似的回忆文章俯拾皆是,充分说明这家刊物不仅在新中国史学范式的建构中,对于宣扬唯物史观、宣扬马克思主义史学,地位相当重要。它对于新中国史学研究队伍的培养,也功不可没！

在《新史学通讯》创刊之时,以服务历史教学为宗旨,同时也坚持学术性与专业性,发表过一些引领新中国史学典范建构的重要论文。随着更名为《史学月刊》后,则完全转向专业化与学术化,成为中国史学界越来越重要的专业期刊。在新中国马克思主义史学典范的建构进程与史学人才的培养中,皆有非常重要的贡献。

结　语

新中国"十七年"(1949—1966),是一个非常特殊的历史时期,也是中国新史学发展的一个特殊时代。尽管几经周折,几多风雨,新中国终于建构了一套以马克思主义为指导的学术体系。《新史学通讯》《史学月刊》紧随时代潮流,为新中国历史教育体系的建构、马克思主义史学

---

① 《新史学通讯》创立以后,以服务读者为办刊宗旨,与读者进行良好互动,将读者引向作者转化。参见汪维真:《以服务读者为旨归乃期刊生存之本:以20世纪50年代〈新史学通讯〉运营为例》,《西南大学学报》(人文社会科学版),2009年第1期。

② 牛致功:《感谢〈史学月刊〉对我的帮助和鼓励》,《史学月刊》,1991年第1期。

③ 江地:《继续前进,为发展中国的历史科学而奋斗》,《史学月刊》,1985年第1期。

典范的形成贡献良多,令人敬佩。进入 21 世纪后,《史学月刊》又明确了新的办刊宗旨,诚如李振宏先生所言:"以繁荣学术为己任的高品位价值追求;以培养青年为目标的前瞻性战略眼光;以学术水平定取舍的无偏见选题原则;以有益社会为宗旨的大效益办刊方针"①。《史学月刊》已经取得了很大的成绩,我们相信它对未来中国历史学的发展,定会作出更大的贡献。

原载于《河南大学学报(社会科学版)》2016 年第 6 期

---

① 李振宏:《承担起繁荣学术的社会责任:主编〈史学月刊〉的几点感受》,宋应离:《名刊·名编·名人》,大象出版社,2011 年,第 190 页。

声香绘画　宋风宋韵

《清明上河图》及其世界影响的奇迹

程民生①

【导语】 中国最早也是唯一记录《清明上河图》的《向氏评论图画记》一书,是北宋末期的著作。《清明上河图》创作于北宋后期的开封,是北宋时期新型城市形成的产物,靖康之难中被金军掠夺至北方。该图的创作、流传颇具传奇色彩,而它的世界影响更是无与伦比的奇迹,产生了巨大的经济、文化、精神效益,如开创模仿热潮,成为风俗长卷的代表和市井繁华、全景式作品的形容词,衍生品成为经典的文化产业链,代表国家走向世界,成为当代和谐城市的代表等。这种独特的"《清明上河图》"现象贯通古今,最大限度地弘扬了中华文明。

张择端的《清明上河图》为北宋风俗画代表性作品,全幅绢本,水墨淡色,纵24.8厘米、横528.7厘米,作为国宝现存于北京故宫博物院。该图以长卷形式,采用散点透视的构图法,生动地再现了北宋开封城市生活的面貌,具有很高的历史价值和艺术水平,是中国十大传世名画之一。在中国绘画史上,唐代以后的人物画主要以宗教活动和贵族生活为题材,《清明上河图》突破了传统题材的局限,致力于表现新兴城市和市井小民的生活场面,成为中国风俗画的一个里程碑。《简明不列颠百科全书》认为《清明上河图》"是一幅具有重要历史价值的风俗画长卷……画家成功地描绘出汴京城内及近郊在清明时节社会上各阶层的生活景象。主要表现的对象是劳动者和小市民……对人物、建筑物、交通工具、树木、水流之间的相互关系的处理非常巧妙,整体感很强……此

---

① 河南大学历史文化学院教授。

后历代绘制的都市风俗画，无不受其影响"。① 这种评价可谓中肯。

由于《清明上河图》名气、地位如此之高，使得历史学界、美术界、文物界、建筑界以及众多的业余爱好者都在研究它。但是，研究成果多，问题同样也很多，原因有两点：第一点是直接的、可靠的史料极少。现北京故宫博物院藏本《清明上河图》既无标题，也无画家本人的款印，有关它的史料极为稀缺，只有第一个题跋者、金代张著的跋文：

翰林张择端，字正道，东武人也。幼读书，游学于京师，后习绘事。本工其界画，尤嗜于舟车、市桥郭径，别成家数也。按向氏《评论图画记》云：《西湖争标图》《清明上河图》选入神品，藏者宜宝之。大定丙午清明后一日，燕山张著跋。

寥寥85个字的跋文，是获悉《清明上河图》及其作者基本信息的依据，后世的研究都是以此为起点。第二点是间接的、不可靠的资料杂乱。《清明上河图》的各种版本甚多，有关文字记录因而经常混搅，以假乱真，难以辨别。现在，让我们静下心来，从历史学的角度，大致以倒叙的方式层层剥笋，在作者与年代、历史与现代影响两个方面提出个人的看法。

一、关于《向氏评论图画记》

张著的跋文中所记张择端和作品的介绍，是引自《向氏评论图画记》。《向氏评论图画记》一书最早著录张择端与《清明上河图》的信息，可惜的是该书早已失传，我们只能从张著的跋文中，获悉一些有关情况。因此，首先要解决的是《向氏评论图画记》的相关问题。

（一）《向氏评论图画记》是何人、何时的作品

关于《向氏评论图画记》，并无直接史料，只能从外围的间接史料入手。南宋末的周密记载：

吴兴向氏，后族也。其家三世好古，多收法书、名画、古物，盖当时

---

① 《简明不列颠百科全书》编辑部：《简明不列颠百科全书》第9卷《张择端》，中国大百科全书出版社，1986年，第377页。

诸公贵人好尚者绝少,而向氏力事有余,故尤物多归之。其一名士彪者,所畜石刻数千种,后多归之吾家。其一名公明者,骜而诞,其母积镪数百万,他物称是,母死专资饮博之费。名画千种,各有籍记,所收源流甚详。长城人刘瑄,字困道,多能而狡狯。初游吴毅夫兄弟间,后遂登贾师宪之门。闻其家多珍玩,因结交,首有重遗。向喜过望,大设席以宴之,所陈莫非奇品。酒酣,刘索观书、画。则出画目二大籍,示之,刘喜甚,因假之归,尽录其副。言之贾公,贾大喜,因遣刘诱以利禄,遂按图索骥,凡百余品皆六朝神品。遂酹以异姓将仕郎一泽公明,捆载之,以为谢焉。后为嘉兴推官,以赃败而死,其家遂荡然无孑遗矣。然余至其家,杰阁五间悉贮书、画、奇玩,虽装潢锦绮,亦目所未睹。未论画也,佳研凡数百只,古玉印每纽必缀小事件数枚,凡贮十大合。有雪白灵璧石,高数尺,卧沙,水道悉具,而声尤清越,稀世之宝也。其他异物不能尽数,然公明视之亦不甚惜,凡博徒酒侣至,往往赤手攫之而去耳。景定中,其祖若水墓为贼所劫,其棺上为一槅,尽贮平日所爱法书、名画甚多。时董正翁楷为公田,分得其《兰亭》一卷,真定武刻也。后有名士跋语甚多,其精神煜煜,透出纸外,与寻常本绝异。①

南宋时期的吴兴(湖州的郡名)向氏,是哪个皇后的家族呢?周密此前另有记载道:"吴兴向氏,钦圣后族也,家富而俭不中节"②。"钦圣皇后向氏",即宋神宗向皇后,为宋真宗朝名相向敏中的曾孙女。宋哲宗即位后,尊奉她为皇太后。宋哲宗崩,向太后扶持端王赵佶即帝位。所以,其家族在北宋百余年间饱享荣华富贵,尤以北宋后期最为尊贵,向传范、向经、向宗回、向宗良均入《宋史》卷四六四"外戚传"。向后的两个弟弟向宗良、向宗回屡屡升迁,如元符三年(1100)正月,刚刚即位的宋徽宗为报答向后扶立之恩,即任命"相州观察使向宗回为彰德军留后,利州观察使向宗良为昭信军留后。先是,上谓辅臣曰:'皇太后只有二弟,当优与推恩'"③。大观元年(1107),宋徽宗又"以向宗回为开府

---

① 周密:《癸辛杂识》后集《向氏书画》,中华书局,1988年,第79—80页。
② 周密:《癸辛杂识》前集《向胡命子名》,中华书局,1988年,第47页。
③ 李焘:《续资治通鉴长编》卷520,元符三年正月乙未,中华书局,1995年,第12385页。

仪同三司,徙封安康郡王";大观二年(1108),再次"徙封向宗回为汉东郡王,向宗良为开府仪同三司"①。向宗良、向宗回还与权相蔡京有勾结,官场上可谓左右逢源,春风得意。② 有此长达百余年显赫的背景,也就有了足够的财力、人力和人脉、时间搜集书画,加以"三世好古",遂成收藏世家。其后代的一支南迁到湖州定居后,虽然只能是保留了部分藏品,但仍琳琅满目。宋孝宗乾道年间出版的《注东坡先生诗》(后称《施注苏诗》),就多以吴兴向氏家藏的苏轼墨迹原件为本。③ 百余年后,权势低落、精品散失之余,向氏藏品犹令权贵垂涎,仅名画就有千种,"各有籍记",藏画目录有二大籍。向公明以赃败死后,"其家遂荡然无孑遗矣",但仍多稀世之宝,令见多识广的周密赞叹不已,可知其家藏实在是宝库。

周密言南宋吴兴向氏"其家三世好古,多收法书、名画、古物"。可考的第一世收藏家就是向敏中。向敏中,字常之,开封人。太平兴国五年(980)进士,淳化四年(993)任右谏议大夫同知枢密院事,咸平四年(1001)拜相,官至左仆射中书侍郎,卒年七十二,谥文简。他颇爱收藏书画,"曾有人于向文简家见十二幅图,花竹禽鸟,泉石地形,皆极精妙,上题云:'入京副使黄筌等十三人合画。'图之角却有江南印记,乃是孟氏赠李主之物也"④。黄筌是五代时前蜀、后蜀画院的画家,擅花鸟、山水、墨竹,为五代、宋初花鸟画两大流派之一,在画史上地位很高。况且这批画又是后蜀皇帝赠送南唐皇帝的国礼,更属精品。向敏中的宰相身份很容易成为大收藏家。

---

① 脱脱等:《宋史》卷20《徽宗纪二》,中华书局,1977年,第377页、380页。
② 脱脱等:《宋史》卷346《陈师锡传》,中华书局,1977年,第10973页。
③ 苏轼撰,施元之注:《施注苏诗》卷17《次韵周开祖长官见寄》题注:"墨迹藏吴兴向氏,前题云'次韵奉和乐清开祖长官见寄',后题云'元丰二年六月十三日,吴兴郡斋作'。'旋见儿童迎细侯',墨迹作'已见',当是续改此一字。"(《文渊阁四库全书》第1110册,第345页)又如苏轼撰,查慎行补注《苏诗补注》卷34《次韵陈履常张公龙潭》有查慎行按语:"施氏原注:'先生尝自书此诗后题云:元祐六年十一月某日苏书此。墨迹今藏吴兴向氏。'此段新刻本删去,今依原本补录。"(《文渊阁四库全书》第1111册,第678页。)
④ 郭若虚:《图画见闻志》卷6《秋山图》,江苏美术出版社,2007年,第222页。

其后代子孙中,作为收藏家的向子諲比较著名。他既喜爱收藏古玩,又善于鉴赏书画。绍兴年间他任户部侍郎时,曾入宫觐见宋高宗,交谈中"论京都旧事,颇及珍玩。起居郎潘良贵故善子諲,闻其言甚怒。既而子諲奏金国报聘及奠朱震事,反复良久。良贵径至榻前厉声叱之曰:'子諲不宜以无益之谈久烦圣听。'子諲欲退,上谓良贵曰:'是朕问之也。'又谕子諲款语。子諲复语,久不止,良贵叱之退者再。上色变,欲抵良贵罪"①。以此可知,向子諲对"珍玩"颇为精通,以至于连皇帝也与之交流不已,可见家藏颇丰。他尤其喜爱书法,曾"复裒一时名公书尺,刻为《芗林帖》"②。同时,向子諲也很善于鉴评书画,他的《题元晖横轴》诗,即是评价米友仁《著色春山图》的言论:"早为山谷印可,晚陪帝所清闲。笔力休论扛鼎,神功更解移山。向日家居道士,今朝落笔仙乡。胸次山高水远,笔端云起风狂。"楼钥认为其评鉴"可谓曲尽矣",③实属行家。向氏收藏的书画等文物,在历代相传过程中难免因分家而分散,再由各人根据喜爱方向和喜爱程度、经济状况而有所增添,从其家族的一支吴兴向氏的藏品数量、质量可以明确这点。

可以确定的是,仅吴兴向氏就有"名画千种,各有籍记,所收源流甚详""画目二大籍",《向氏评论图画记》无疑是钦圣皇后向氏家族的作品。问题在于具体作者是何人?谢巍曾考证为"向宗回",理由是《宋史本传》记载其"有小才",④依据未免孤单牵强。徐邦达曾怀疑是"向水若",戴立强予以否定,推算其生年约在1149年前后,距金张著1186年题跋仅30余年,"一部著录历代众多名迹的书籍,是短时期内难以完成的,况且,其书流传至北方张著手中,也需要一定的时间,故《向氏评论图画记》出自向水若之手的可能性极小"。结论是"《向氏评论图画记》

---

① 脱脱等:《宋史》卷377《向子諲传》,中华书局,1977年,第11642页。
② 楼钥:《楼钥集》卷49《芗林居士文集序》,浙江古籍出版社,2010年,第913页。
③ 楼钥:《楼钥集》卷75《跋米元晖著色春山》,浙江古籍出版社,2010年,第1348页。
④ 谢巍:《中国画学著作考》,上海书画出版社,1998年,第147页。

出于向氏后族、其成书于北宋末年"。①

本文认为,此书与吴兴向氏无关,早在向氏南迁前就有此书,作者应当不是出自一人之手,而是随着藏品的逐渐增添而不断补充。这部《向氏评论图画记》与南宋吴兴向氏是断然无关的:一是南宋时已经流入北方金国,二是吴兴向氏百余年藏品变化以及随之记录的文字应是另一部书籍,即周密所载的其家中所藏"画目二大籍"。有学者以此认定《向氏评论图画记》是个账本,并以此为题撰文,②似不合实际,因为周密上文说得很清楚,"各有籍记,所收源流甚详",显然不是账本。

由此引申出的另一问题似乎也迎刃而解,即《清明上河图》为何不在《宣和画谱》之中? 对此,学者忿忿不平、辩解论述众多。其实,入不入《宣和画谱》,大前提是此画此时是否在皇宫收藏? 因为《宣和画谱》是"记宋徽宗朝内府所藏诸画",③如果不在皇宫,无论多么精妙的图画也不会著录。那么,既然《向氏评论图画记》著录此画,就意味着《清明上河图》是向家收藏品,自然不在皇宫,《宣和画谱》当然不会著录。二者是非此即彼的关系,不可能同时著录。有学者曾指出:"在《宣和画谱》成书(宣和二年,1120年)以前,《清明上河图》已被宋徽宗赏赐给两位国舅了。《向氏评论图画记》所登记的,都是向氏自己家里的藏品,如果这件作品还在皇宫里的话,他又凭什么去发表评论呢?"④至于宋徽宗赐予的是否国舅向宗良、向宗回且不论,但这一思路是完全正确的。当然,也可能是贡献给了向太后,向太后又赏赐给其向氏子孙。

(二)《向氏评论图画记》及《清明上河图》何时流入金国

从张著的题跋文字可知,《向氏评论图画记》《清明上河图》当时均在金国。那么,此画、此书是何时流入金国呢? 最大可能是在靖康之变

---

① 戴立强:《〈向氏评论书画记〉与〈清明上河图〉的创作时代》,《中国文物报》,2006年3月22日。
② 杨新:《〈向氏评论图画记〉是个账本》,中国考古学会、沈阳市文物考古研究所编:《庆祝宿白先生九十华诞文集》,科学出版社,2012年,第186—191页。
③ 永瑢:《四库全书总目》卷112《宣和画谱》,中华书局,1956年,第958页。
④ 杨新:《〈向氏评论图画记〉是个账本》,中国考古学会、沈阳市文物考古研究所编:《庆祝宿白先生九十华诞文集》,科学出版社,2012年,第190页。

后、南宋初年被金兵掠夺,带到北方。具体应是向氏家族中的"子"字辈。南宋初年向氏家族的"子"字辈的大人物中,有四人可能性最大。

首先是向子韶兄弟。"向子韶字和卿,开封人,神宗后再从侄也……知淮宁府。建炎二年,金人犯淮宁,子韶率诸弟城守……城陷,子韶率军民巷战,力屈为所执。金人坐城上,欲降之,酌酒于前,左右抑令屈膝,子韶直立不动,戟手责骂,金人杀之。其弟新知唐州子褒、朝请郎子家等与阖门皆遇害"。① 作为淮宁府(今河南淮阳)长官,向子韶和诸弟子褒、子家在金兵强攻下城陷被害。

关键在于,这里在北宋后期还是向氏家族新的聚集居住地,向子諲的家即于政和年间迁居于此地:"政和年间,卜筑宛丘,手植众芗,自号芗林居士。建炎初,解六路漕事,中原俶扰,故庐不得返,卜居清江之五柳坊。"②"宛丘"就是淮宁府治所,而向子諲后来也迁居宛丘。向子諲的行状记载:"靖康元年,渊圣皇帝覃恩,转通直郎。六月,丁少师忧。少师晚年不乐处京师,市第于宛邱,未及徙居而少师捐馆。是岁,金再犯京师,明年大乱,公(子諲)乃归陈。建炎二年,敌侵陈、蔡,公之兄忠毅公先有德于蔡,蔡人借留于朝,而朝廷已别除人,就起复知陈州。至是,金人围陈,忠毅公誓以死守,先遣公走京师,求援于留守宗泽。公见泽无出师意,急归,而城已破。忠毅公骂贼不屈,与诸弟三人皆死之,公亦丧其外姑与一男一女。乃徒步间关,收敛兄弟遗骸而葬之。"③ 所谓"少师"即其父向宗琦,所谓"忠毅公"即其兄向子韶,所谓"陈州"即淮宁府。弟兄四人的财产、收藏等自然落入金人手中。建炎四年,向子諲知潭州,"金人陷潭州,将吏王㬚、刘价、赵聿之战死,向子諲率兵夺门亡去,金兵大掠,屠其城"。④ 潭州失陷之际,知州向子諲仓皇脱险,其随身财产以及收藏再次被金兵"大掠"而去。

---

① 脱脱等:《宋史》卷447《向子韶传》,中华书局,1977年,第13194—13195页。
② 向子諲:《酒边词》卷上《江南新词·西江月(题记)》,《文渊阁四库全书》第1487册,台湾商务印书馆,1986年,第531页。
③ 王庭珪:《卢溪集》卷47《故左奉直大夫直秘阁向公行状》,《文渊阁四库全书》第1134册,台湾商务印书馆,1986年,第324页。
④ 脱脱等:《宋史》卷26《高宗本纪三》,中华书局,1977年,第476页。

向家弟兄四人均为有较高地位的朝廷命官,也是向家这一代的佼佼者和继承人,《清明上河图》以及记载、评论《清明上河图》的《向氏评论图画记》当在其中一家,并被金兵掠去。

二、《清明上河图》作者以及创作年代

(一) 关于张择端

张著的跋文称:"翰林张择端,字正道,东武人也。"先说张择端的头衔"翰林"。有学者据此望文生义,认定他"曾位至翰林学士承旨,宦途失意后,当了职业画家"。① 这一臆断甚是骇人听闻,盖因其不懂宋代职官。"翰林学士承旨"是翰林学士院主官,别称"翰长",正三品官,是个地位很高的职官,距离宰相一步之遥,北宋后期多人由此晋升执政大臣。如苏颂"迁翰林学士承旨。(元祐)五年,擢尚书左丞"②。李邦彦"累迁中书舍人、翰林学士承旨。宣和三年,拜尚书右丞"③。担任此官职者定是显赫人物,《宋史》必有传,即便官场失意也断不会转行进入画院,宋朝无此规矩。张择端显然没有担任过此职,他所谓的"翰林"其实是俗称(也即虚称),全称是"翰林图画待诏"。雍熙元年(984),朝廷设置翰林图画院,地点"在内中苑东门里。咸平元年,移在右掖门外。绍圣二年,改院为局"④。至和元年(1054),"额管待诏三人,艺学六人,学生四十人",⑤总编制为49人。翰林图画局的待诏通常称"翰林",如宋真宗刚即位时,"诏翰林写先帝常服及绛纱袍、通天冠御容二"⑥。他们属于技术官,类似官职还有翰林医学、翰林天文、翰林尚食等,但长期以来翰林图画待诏比他们地位低,不入流,没有官品。宋徽宗后期,大力

---

① 李松:《张择端》,文物出版社,1998年,第2页。
② 脱脱等:《宋史》卷340《苏颂传》,中华书局,1977年,第10866页。
③ 脱脱等:《宋史》卷352《李邦彦传》,中华书局,1977年,第11120页。
④ 高承撰,李果订:《事物纪原》卷7《图画局》,中华书局,1989年,第349页。
⑤ 徐松:《宋会要辑稿·职官》36之106,上海古籍出版社,2014年,第3950页。
⑥ 脱脱等:《宋史》卷122《礼志二五》,中华书局,1977年,第2851页。

扩张绘画机构和人员，宣和四年（1122），"始建五岳观，大集天下名手。应诏者数百人，咸使图之，多不称旨。自此之后，益兴画学，教育众工，如进士科下题取士，复立博士考其艺能"。① 用科举方式选拔全国优秀绘画人才并予以进一步的培养，使美术事业成为国家行为，达到历史顶峰。相应的是画家地位的提高："本朝旧制，凡以艺进者，虽服绯紫不得佩鱼。政、宣间独许书画院出职人佩鱼，此异数也。又诸待诏每立班则画院为首，书院次之，如琴院棋玉百工皆在下……又他局工匠日支钱谓之食钱，惟两局则谓之俸直，勘旁支给不以众工待也。"② 与以前各朝各代以及和其他艺人、工匠相比，北宋画家的政治、经济待遇都比较优厚。以上可见，无论在北宋哪个时期，图画院（局）中的翰林都是一代丹青高手。

张择端是"东武人"。"东武"并非宋代地名，而是汉代地名，在宋代即京东东路密州的州治所在地诸城县（今山东诸城），宋人常以地名的古称为当时地名的别称。京东路位于齐鲁大地，历来文明昌盛，至宋仍是人才辈出。京东人陈师道有"衣冠鲁国动成群"的诗句。③ 宋代京东文化特点是偏重于源于本地的传统儒家经典，如《宋史》概括的"专经之士为多"。④ 北宋中期，京东涌现出许多以豪放而不得志为特点的文人，透露出京东文化没落的端倪。⑤ 在此历史积淀和时代氛围中，张择端的家庭应当较为富裕，故而在其幼年就培养读书，长大后有财力到开封游学。游学京师是时代的潮流，司马光曾明确指出："国家用人之法，非进士及第者不得美官，非善为赋、诗、论、策者不得及第，非游学京师者不善为赋、诗、论、策。以此之故，使四方学士皆弃背乡里，违去二亲，老于京师，不复更归。"⑥ 开封是士子成才的最佳起点，是科举考试最好

---

① 邓椿：《画继》1《圣艺·徽宗皇帝》，湖南美术出版社，2000年，第269页。
② 邓椿：《画继》卷10《论近》，湖南美术出版社，2000年，第421页。
③ 陈师道：《后山居士文集》卷6《赠田从先》，上海古籍出版社，1984年，第367页。
④ 脱脱等：《宋史》卷85《地理志一》，中华书局，1977年，第2112页。
⑤ 程民生：《宋代地域文化》，河南大学出版社，1997年，第85页。
⑥ 司马光：《司马光集》卷30《贡院乞逐路取人状》，四川大学出版社，2010年，第728页。

的复习天堂,便于长期居住备考。张择端到开封游学的目的很明确,就是要通过科举进入仕途。然而,这条路没有走通,受京东文化没落趋势的影响,像许多同乡一样成为不得志的一员。庆幸的是他并未消沉,而是机智地转向另外一条道路:从事绘画。正是这一转折,正是因为他有着良好的文化素质,才能"别成家数"有所创新,有自己别具一格的特色,才能为中国美术史开辟一条新路,矗立起一座高峰。

除了地理环境、科举基础外,从京东到开封游学的经历更是至关重要。反映社会的艺术作品一般都会带有时代的印记,社会生活的巨大变化一定会引起艺术家的强烈兴趣,并体现在作品中。宋代开封城是中国城市史上由"古典型"转变为"近代型"的开端,最突出的特征就是城市格局由"封闭式"转变为"开放式"。商业活动不再像唐代长安那样局限于指定的市中,而是到处都可以临街设肆,连桥梁上甚至御街两旁的御廊等处也可以买卖交易。如宋仁宗时,有官员上书说"河桥上多是开铺贩鬻,妨碍会(簹)及人马车乘往来,兼损坏桥道",朝廷因而下诏"在京诸河桥上不得令百姓搭盖铺占栏,有妨车马过往",①以保证道路畅通。然而有令不止,自由惯了的商贩无孔不入。

《清明上河图》就是新型城市的产物,我们在汴河的虹桥上看到仍然是摆满了叫卖拉客的摊贩。新型城市诞生了最早的市民——"坊郭户"(也叫坊市户),他们从农民中分离出来,另立户籍,表明市民阶层正式登上历史舞台,开封成为世界历史上第一个典型的市民城市。由此产生了代表先进文化的市民文艺,其中"杂扮"就是现在的喜剧小品,以取笑农民为主题:"顷在汴京时,村落野夫,罕得入城,遂撰此端。多是借装为山东、河北村叟,以资笑谈。"②张择端一直生长在远离京师的京东诸城,虽非"村叟",说是"村少"也不为过,进京后看到与家乡迥异的繁华定会感到新奇、震撼,其创作《清明上河图》最早的灵感或许就是来自于此。图中所画为开封城东及郊外,而张择端正是从位于开封东部的京东路进京的,或许中途乘坐汴河客船,那种最初的印象显然深深地

---

① 徐松辑:《宋会要辑稿·方域》13 之 21,上海古籍出版社,2014 年,第 9543—9544 页。

② 吴自牧:《梦粱录》卷 20《妓乐》,三秦出版社,2004 年,第 313 页。

刻录在他的脑海中。

(二)《清明上河图》的创作年代

《清明上河图》创作于何时？许多学者对此极感兴趣，论说纷纭，有"北宋说""南宋说""金代说"。其中"南宋说""金代说"多属猜测，论据偏颇，难以成立。南宋人说，源自于明代，如董其昌就曾臆想："张择端《清明上河图》，本因南渡后想见汴京繁华旧事，故摩写不遗余巧，若在汴京，未必为此。"①笔者曾引用此语并被误导，无意中错认了此画创作年代。②

《向氏评论图画记》所记录、评论即"籍记"的名画，都是自家藏品，也即《清明上河图》当时为向氏家族所收藏。如前文所述，既然收藏的下限是南宋建炎年间，那么其上限一定在北宋。该卷拖尾有元代杨准至正壬辰(1352)的跋云："卷前有徽庙标题，后有亡金诸老诗若干首，私印之杂识于诗后者若干枚。"③明代开封籍名士李东阳在《清明上河图后记》中也指出："此画当作于宣、政以前丰、亨、豫、大之世，卷首有祐陵瘦筋五字签及双龙小印，而画谱不载。"④"此后的诸家跋文再也没有提及徽宗的题签，显然，卷首徽宗的题签是在明末重裱时被裱画匠剔除"。⑤既有宋徽宗用自己独创的瘦金体在画上题写了"清明上河图"五个字，那么就是在宋徽宗一朝。具体为宋徽宗朝何时？该图后金代张公药有跋诗云："通衢车马正喧阗，只是宣和第几年。当日翰林呈画本，升平风物正堪传。"认为该图绘于宣和年间。李东阳认为在"宣政以前'丰亨豫大'之世"。当代研究者多以宣和二年成书的《宣和画谱》中没有著录此画为依据，认为该图创作于宋徽宗宣和年间(1119—1125)，不早于宣和二年(1120)。如周宝珠先生就持此观点，认为当于宋室南

---

① 董其昌：《容台别集》卷2《书品》，崇祯三年刻本，第39页。
② 程民生：《中国历史文化中的汴京元素》，《史学月刊》，2014年第1期。
③ 赵琦美编：《赵氏铁网珊瑚》卷11《张翰林清明上河图》，《文渊阁四库全书》第815册，台湾商务印书馆，1986年，第621页。
④ 李诩：《戒庵老人漫笔》卷1《清明上河图》，中华书局，1982年，第33页。
⑤ 余辉：《〈清明上河图〉张著跋文考略》，《故宫博物院院刊》，2008年第5期。

渡前完成此图。① 郑振铎、戴立强等先生也认为作于宣和末期："故郑振铎《〈清明上河图〉的研究》推测:《清明上河图》作于宣和之末(约1125年),此时作者40岁左右,其生年约在1085年。此说当去史实不远。"② 余辉根据出土文物和传世文物以及相关的历史文献,以《清明上河图》卷最早的收藏历史和画中显现出党争事件的图像以及女性时尚的盘福龙发式、短褙服饰等为实证,确定该图约作于徽宗朝崇宁至大观年间(1102—1110)。③ 近来,又有"宋神宗朝创作说":张显运根据画中驴、猪等动物数量及相关事项认定,该图成作不晚于宋神宗在位期间。④ 张文则从回鹘入贡、海商管理、开封社会保障制度与乞丐的出现三个方面,论证了《清明上河图》的创作时间在宋神宗元丰年间至宋徽宗崇宁三年(1104)之间的可能性最大。⑤

这些根据图中事物的年代考证,是有益的探索,但前提有误,显然是将一幅艺术作品当作了历史摄影照片,混淆了历史真实性和艺术写实性的区别。《清明上河图》只是一幅风俗画,既不可能反映那个时代所没有的东西,更不可能面面俱到、完全写实。其写实价值主要体现在描写了什么,而不在于没有见到什么,比如不能因为没有见到皇宫就否定是东京。画家是敏感的,但未必去反映某一政策的变化;政策是屡有变动的,但在宋代许多政策未必能落实。在张择端心目中,只是要展示实际城市生活的艺术之美,尤其是构图、选景物,更多考虑的是艺术手法和美学价值,为此有些筛选、夸张、变形、虚构都是正常的。由此可以肯定的是,它反映的不是某一实际的场景,只能是现实的集萃与艺术的想象。

在目前情况下,根据前文以及学界多家的论述可以确认:《清明上

---

① 周宝珠:《关于'清明上河图'与汴京城图的若干问题》,《河南大学学报》,1994年第4期。

② 戴立强:《〈向氏评论书画记〉与〈清明上河图〉的创作时代》,《中国文物报》,2006年3月22日。

③ 余辉:《张择端〈清明上河图〉卷新探》,《故宫博物院院刊》,2012年第5期。

④ 张显运:《〈清明上河图〉的创作时间新论》,《史林》,2012年第6期。

⑤ 张文:《试论〈清明上河图〉中的胡人及相关问题》,宋史研究会会议论文,2012年;荣新江:《清明上河图中的胡人形象解析》,《新疆日报》,2009年6月23日。

河图》创作于北宋后期的开封。

三、《清明上河图》的巨大影响

《清明上河图》问世以来,虽然历经坎坷,但其光芒从未被泯灭,产生的巨大影响出现了奇迹:一是随时间推移如同江河一样越来越大,二是远远超越了绘画。

(一) 开创模仿热潮,推进市肆风俗画发展

该图感染力强,欣赏价值高,深受世人喜爱,因而自古以来临摹该图之风极盛,形成一股《清明上河图》热。其中有摹本、有仿本、有臆造本,许多本子有所创新,把宋代开封、明清的江南市景、北京风貌等,都以《清明上河图》的形式展现,将市肆风俗画不断推向高潮,这一艺术价值的力量是无法估量的。它的意义就是《清明上河图》提出了一个开放性的题目,供世人任意挥洒,成为市肆风俗画的源头。早在明代,沈德符就说:"今《上河图》临本最多。"[1]晚明李日华提及"京师杂卖铺,每《上河图》一卷,定价一金,所作大小繁简不同",[2]正是当时北京市场的记录,足证临摹《清明上河图》已经产业化、商业化。又如清代苏州画家黄彪,以擅长临摹《清明上河图》闻名:"摹仿张择端《清明上河图》,几欲乱真。"[3]其摹本恐非一幅,当属商业行为成就的名气。

众多仿本中,最著名的有两种:一是号称"明四家"的明代著名画家仇英本,采用青绿重彩工笔,重新创作了一幅全新画卷,风格与宋本迥异,描绘了明代苏州热闹的市井生活和民俗风情,十分精美,被称作后世众仿作的鼻祖,现藏于辽宁省博物馆;二是清院本,由清宫画院的陈枚、孙祜、金昆、戴洪、程志道五位画家在乾隆元年(1736)合作画成,是清廷官方按照各朝的仿本,集各家所长之作品,现存于台北故宫博物院。

---

[1] 沈德符:《万历野获编·补遗》卷2《伪画致祸》,中华书局,1959年,第827页。
[2] 李日华:《紫桃轩又缀》卷2,凤凰出版社,2010年,第353页。
[3] 彭蕴璨:《历代画史汇传》卷31《黄》,道光刻本,第10页。

现今流传在世界各地的《清明上河图》多达数十种,仅2000年北京故宫博物院举办的"《清明上河图》特展"上,就有7件藏品同时呈现在观众面前,该题材的绘画在社会上产生的持久轰动效应可见一斑。

(二)成为风俗长卷的代表和市井繁华、全景式作品的形容词

"《清明上河图》热"不仅表现在模仿画作,更成为风俗长卷的代名词。清人阮元在欣赏王振鹏《江山胜览图》时写道:"山峰多用云头细皴,墨色淡冶,钩画精细。山水云树极多,其中又多人物布景,仿佛《清明上河图》,而山水多耳。"①明明看的是《江山胜览图》,偏要用《清明上河图》这一代表作来衡量。

《清明上河图》因其独特性和知名度,从一幅画的名称变化成为形容词。例如市井繁华景象,常用"清明上河图"来形容。如清代蒙古族人崇彝记载北京道:"三月初一至初五日,为东便门内南河沿蟠桃宫庙会。沿堤摊棚林立,百戏杂陈。自崇文门以东至此三里之遥,车马喧阗,人烟杂沓,有《清明上河》风景。"②清代满族人震钧在北京东便门内太平宫也看到:"地近河壖,了无市廛。春波泻绿,壖土铺红。百戏竞陈,大隄入曲。衣香人影,摇飏春风,凡三里余。余与续耻葊游此,辄叹曰:'一幅活《清明上河图》也。'"③清代苏州名胜狮子林,"每当春二三月,桃花齐放,菜花又开,合城士女出游,宛如张择端《清明上河图》也"④。甚至在南国广州,也有其名气:"顺德龙江,岁五六月斗龙舟……又曰大良龙凤船,舟极华丽,设轮而转,作秋千戏,仿佛《清明上河图》所有,尚为升平盛事。"⑤《清明上河图》早已不再是一幅图画的名称,而是风俗画和长卷的代称,甚至成为市井繁华的别称、形容词。有学者指出:中国城市审美文化的真正发生是在宋代,"以《清明上河图》为代表的描摹世情的民间风俗画也创举性地登上画坛,其纯朴生动的

---

① 阮元:《石渠随笔》卷4《元》,浙江人民美术出版社,2011年,第81页。
② 崇彝:《道咸以来朝野杂记》,北京古籍出版社,1982年,第88页。
③ 震钧:《天咫偶闻》卷6《外城东》,北京古籍出版社,1982年,第153页。
④ 钱泳:《履园丛话》卷20《狮子林》,中华书局,1997年,第523页。
⑤ 史澄:《(光绪)广州府志》卷15《舆地略七》,成文出版社,1966年,第281页。

内容、细腻写实的手法,不仅是宋代城市生活的艺术再现,而且是宋代城市审美文化物化产品的典型"。① 由此也可以说,中国城市审美文化诞生于汴京,标本就是《清明上河图》。

到现代,作为形容词使用的情况更为广泛。比如评价《中国当代文学编年史》的一篇文章,标题就是《在静默中构建当代文学的"清明上河图"》:"就《中国当代文学编年史》而言,时间的意义不仅在于历史纵向渐进过程的呈现,而且更多表现在共时态的记述上。大量史实共时态铺排的结果,形成了一个文学时代的多维空间、一幅文学生态的全息图景,它使'复现'历史语境成为可能,并且可以帮助读者形成一种整体意义上的历史感……读者则如置身于一片由史料构成的风景,身临其境、游目四望,那些看似'琐碎散乱'的史料间原来存在着多重关联。该书勉力追求的,正是这样一幅当代文学的'清明上河图',一部由一个个被'复现'的历史场景勾连而成且具有某种历史动感的当代文学史。"②《清明上河图》又成了全景式、纪实式研究作品的形容词。

(三) 衍生品层出不穷,形成文化产业

"《清明上河图》热"在当代社会更加火爆。其影响超出自身的生存时空,提升到一种带有文化意义的高层面,这种特有的文化价值远远超越了绘画界,也远远超越了艺术界乃至文化界,衍生品层出不穷,形成文化产业。如前文所言,早在明代,绘制、销售《清明上河图》就已经产业化,现代的红火则是明代望尘莫及的。由于该图的广泛、巨大影响,早已达到妇孺皆知、人人喜爱的地步,各种材质、各种表现形式的《清明上河图》不断涌现。既有邮票、火花、电话卡、明信片、扑克牌、香烟盒等,又有瓷画、鼻烟壶画、烙铁画、漆画、拼贴画、剪纸、纸刻、沙盘、麦秸秆、钱钞等,至于雕刻如微雕、木雕、石刻、砖雕、根雕、铜雕、竹雕、骨雕、瓷雕、银雕、玉雕等,刺绣品如汴绣、苏绣、蜀绣、鲁绣、湘绣、发绣、十字

---

① 罗筠筠:《从宋代城市审美文化的产生看士大夫与市民艺术的不同》,《文史哲》,1997 年第 2 期。
② 孙妙凝:《在静默中构建当代文学的"清明上河图"》,《中国社会科学报》,2013 年 12 月 27 日。

绣等,壁挂如挂毯、竹帘壁挂、大理石壁画、铜版画等。其蕴涵的无穷魅力不断得到发掘,成为一种系统的文化产业,源源不断地创造出了巨大财富。另有以此命名的歌曲、电视连续剧、歌舞剧、大型舞蹈诗、大型中国交响音画、动画片、二胡曲、小说等文艺作品,也是层出不穷。在中国绘画史上,一幅图画能有如此众多衍生物的现象是绝无仅有的。

更为突出的是其犹如神话般地走出画面,在香港、杭州、开封、诸城等许多地方落地生根,再现辉煌。

1979年,最早将《清明上河图》落地建设、展示利用的是香港宋城。这是1979年以张择端的《清明上河图》为蓝本,仿照北宋首都开封建成的一座旅游城,坐落于九龙荔枝角荔园游乐场旁边,占地5500平方米。经营十余年,曾红极一时,1997年结业(拆除)。

1996年建成开园的杭州宋城旅游景区,位于西湖风景区西南,基本依据张择端的《清明上河图》画卷,按照宋代营造法工再现了宋代都市的繁华景象。由《清明上河图》再现区、艺术广场、九龙柱群区、瀛洲仙山区和南宋皇宫区等部分组成。在号称人间天堂、自然景观、人文景观遍布的杭州,这座仿古新景点借助名画的名气很快便成为杭州极具人气的主题公园。

1998年,在《清明上河图》的原型地、创作地开封,建成一座大型宋代文化实景主题公园"清明上河园"。该园坐落在开封市龙亭湖西岸,严格按照张择端的写实画作《清明上河图》为蓝本建设,占地600余亩,其中水面180亩,大小古船50多艘,房屋400余间,景观建筑面积3万多平方米,形成了中原地区最大的复原宋代的建筑,也是国家首批AAAAA级旅游景区和中国非物质文化遗产展演基地,国家黄河黄金旅游专线重点历史文化旅游景区。2009年,清明上河园成为中国世界纪录协会中国第一座以绘画作品为原型的仿古主题公园。

2012年,张择端的故乡山东诸城不甘落后,在诸城的城市核心区(潍河岸边)建成又一座"清明上河园",也是山东最大的水岸公园步行街。项目总规划310亩,总建筑面积20万平方米。由书画文化主题商业街和滨河主题公园两部分组成,包括张择端故居、万古塔、鎏金阁、清明上河图动画展示馆、非遗传人艺术作品馆、文化一条街、酒吧一条街、大型超市、电影院、商务酒店、餐饮美食街、娱乐城等18种业态。

在江苏无锡影视基地,中央电视台为拍摄大型电视连续剧《水浒传》投资建造的又一个影视拍摄基地水浒城,1997年正式开放。水浒城西濒太湖,占地580亩,可供拍摄的水上面积1500亩,主体景观可分为州县区、京城区、梁山区三大部分。京城区的重要建筑"清明上河街",就是根据张择端《清明上河图》中虹桥至街市城门内外的布局建造的。

河北唐山麻龙湾的《清明上河图》泥塑文化园,始建于2007年,是一座以《清明上河图》为蓝本的大型泥塑艺术园林,占地200亩。它以精湛的泥塑艺术,把《清明上河图》中汴河两岸的繁华景象按真实比例立体地、全方位地呈现在世人面前,游人穿行其间犹如身临其境。

还有更多的"清明上河街"。如广东东莞凤岗龙凤山庄投入3000多万元建造的大型古典建筑"清明上河街",2011年正式对游客开放。它以《清明上河图》为雏形,融入现代灯光及科幻元素打造而成,集观光、购物、美食、表演于一体。2006年,北京朝阳区东郊市场建造的名为"清明上河街"的步行街,经营来自56个民族的特色商品。此外,河南漯河东方大市场中也有清明上河街,属于商铺商业街。至于以《清明上河图》为招牌的楼盘小区就更多了,如马鞍山的"清明上河城"、芜湖的"清明上河城"等等。其卖点显然都是《清明上河图》中体现的宜居,该名称又成了舒适、和谐、典雅的代名词。

总的来说,上述各种都是以《清明上河图》搭台,旅游经贸唱戏,成为经典的文化产业链。

(四)代表国家走向世界

以"城市让生活更美好"为主题的2010年上海世博会,是世界上最高级别的展览活动之一。作为一个重大的世界性活动,被形容为"人类文明的驿站"。融合世界各国带来的新技术、新理念、新文化于一地,世博会让全世界几百万、几千万民众前来开阔眼界,进行学习交流,产生思想碰撞,从而激发新的竞争和进步。上海世博会是历史上首次由中国、由一个发展中国家举办的世界博览会,总投资和参观人数是世界博览会史上的最大规模。其中的中国馆,以"城市发展中的中华智慧"为主题,在馆内最核心也是最高的49米层展区北面,主题是"智慧长河",

整面墙赫然是长128米、高6.5米的《清明上河图》投影版,并有时间变化和人物行动,成为最热门的"镇馆之宝"。闭馆之后在世界各地巡展,无不引起轰动。对河南馆来说,该"特产"更是不可或缺的元素,其镇馆之宝大型香樟木根雕《清明上河图》,为其引来了大批观众。

2012年1月,"中日邦交正常化40周年纪念展"之"国宝观澜——故宫博物院文物精华展"在日本东京国立博物馆举行,全部展品是以宋代为中心的254件珍贵文物,其中张择端的《清明上河图》是首次在国外展出。经过日本媒体迅速深入报道、广泛宣传,《清明上河图》极大地牵动了日本参观者的好奇心,"平成馆"真迹展出期间,参观者超过10万人。真迹返还之后,观众欣赏摹本的兴趣依然不减,总计达到25万人次。这次展览会盛况空前,据说观众参观《清明上河图》真迹时,排队等待时间长达5个小时。①

《清明上河图》在海外的名气并不输于中国,西方汉学家上课的第一天,常喜欢从它入手来形象地解读古代中国。②《清明上河图》是不需要翻译的中国城市元典,已成为中国的文化符号和历史城市符号。以上事例,充分反映了北宋开封的历史地位和深远的世界影响。

(五)成为当代和谐城市的代表

近年来,《清明上河图》不断被当作当代和谐城市的代表,用作不满城市管理的反衬背景。2008年4月流传于网络的热图《"清明上河图"之城管来了》(又称"清明上河图遇上城管"),发帖者先是上传了一张《清明上河图》的某个热闹的局部,接着出字幕"城管来啦!!!",然后把画面街上的人物尽数处理,只留下散落在街上的一片狼藉。网友以此来表达对城管的不满:原本繁华热闹的街市,因不文明执法变得满目凄

---

① [日]伊原弘:《宋代绘画的"解剖学"——从艺术史角度解读宋代都市与社会》,《河南大学学报(社会科学版)》,2013年第2期。
② 陈涛:《宋画的学问,今后海外说了算?》,《北京日报》,2015年2月5日。

凉。我的一位硕士研究生受此启发,选定了《宋代城市环境卫生初探》作为毕业论文。2014年11月,在连州第10届国际摄影展上,影像艺术家戴翔的巨制——25米长的《清明上河图·2013》展出,随即在网上迅速传播。作品用照片再现了《清明上河图》中的汴京原景,但新添了当代社会街景和人物,展现了约40个近年来的热点事件,每个都反映了社会的不同侧面。"我爸是李刚""城管打人""征爹求包养"等剧情取代了汴河两岸的自然风光和繁荣集市,还反映了城市管理暴力、交通管理、地沟油、挟尸要价、权势炫耀等社会问题,引发摄影圈、文化评论界、市民公众的热烈关注。所有这些事例都说明,《清明上河图》中的熙熙攘攘与和谐也是当代的理想,是中国梦的平民版、中国梦的城市版。

非但如此,《清明上河图》在海外成为城市发展的榜样。著名美国城市史学家刘易斯·芒福德在《城市发展史——起源、演变和前景》一书中,特别引用了《清明上河图》作为未来城市理想的说明图,他说:"如果生命得胜了,未来的城市将有(当然只有极少几个城市具有的)这张中国画'清明上河图'所显示的那种质量:各种各样的景观,各种各样的职业,各种各样的文化活动,各种各样人物的特有属性——所有这些能组成的无穷的组合,排列和变化。不是完善的蜂窝而是充满生气的城市。"①这种充满生气的城市就是和谐城市的代表。《清明上河图》犹如一朵永不凋谢的鲜花,千年之前的城市建制、景观氛围,居然仍是未来城市神往的模本,其生命力之强大,实在出乎意料。在越来越多的高楼空间挤压下,在越来越多的浮躁中,该图仿佛是人类返璞归真的精神家园。

(六)学术研究持续不断

自该图被重新发现60年以来,对其进行研究就一直是学术界的热

---

① [美]刘易斯·芒福德著,倪文彦、宋俊岭译:《城市发展史——起源、演变和前景》,中国建筑工业出版社,1989,附33页。

门话题，在美术界、史学界都有大量论著。据不完全统计，当代大陆地区以及港台、海外学者直接研究《清明上河图》的专著有28部，论文有300余篇，间接以及涉及者不计其数。《河南大学学报》在20世纪80年代还专门开辟了"《清明上河图》研究"专栏。相应的是召开学术研讨会。如2005年10月，北京故宫博物院召开了"《清明上河图》及宋代风俗画国际学术研讨会"，大陆以及港、澳、台地区和美国、日本、加拿大的37位历史学家、美术史学者、建筑学专家就该图的传承、著录、定名、作者等方面进行了广泛而深入的探讨，将《清明上河图》的研究推向高潮。周宝珠先生指出，从事《清明上河图》研究的人员早已不限于美术和历史学界，诸如文物、历史、绘画、文学、建造技术、医药卫生、饮食服务、民俗与服饰等方面的专家学者，以及社会各界诸多爱好者，他们从不同的角度进行研究，提出了许多新课题，这是需要许多专门知识才能解决的。在这个研究热潮中，实质上形成了一个专门的学问，应该称之为"清明上河学"。[1]

结　语

最早也是当时唯一记录《清明上河图》的《向氏评论图画记》一书，是北宋末期的著作。《清明上河图》创作于北宋后期的开封，是北宋时期近代城市形成的产物，靖康之难中被金军掠夺至北方。该图的创作、流传颇具传奇色彩，而其影响更是无与伦比的奇迹，产生了巨大的经济、文化、精神效益。《清明上河图》不再是一幅画，不再是一种美术形式，它早已成为一个文化符号，一种社会现象，一种精神向往。其魅力、张力，在公众与学界的影响之深广，是其他任何绘画作品所无法比拟的。对中国而言，具有名片性；对当代而言，具有元典性；对开封而言，

---

[1] 周宝珠：《〈清明上河图〉与清明上河学》，河南大学出版社，1997年。

具有标志性。所有这些,可概称之为"《清明上河图》现象"。这一现象贯通古今,最大限度地弘扬了中华文明。而其根源,则是所反映的宋代开封那种自由自在的生活状态和商业的繁华。

原载于《河南大学学报(社会科学版)》2016年第1期,曾被《高等学校文科学术文摘》2016年第2期、《宋辽金元史》2016年第3期、《历史学文摘》2016年第3期等转载

南北宋社会变动与山水画风格之演变

李华瑞①

【导语】 南宋中后期山水画出现供游赏的景象和表现歌舞湖山、尽情享受的思想,不能完全指向南宋统治者偏安不思振作。这种情景在北宋后期业已出现,是北宋后期至南宋社会变动的反映,也是以权臣为代表的官僚大地主集团的生活写照。南宋中后期,这种生活更趋细腻和精致。山水画是所谓"君子"喜好,即专属士大夫所钟爱,园林别业又是士大夫们的生活场所。士大夫们不仅希望将"君子"喜好山水尽置于园景中,而且希望通过绘画将第一自然的原生状态的山水,转变为第二自然的审美状态的山水。由此山水画的意境与园林别业的意境被绾结在一起。兼工山水画的士大夫,他们笔下的山水画是其园林别业的"记忆"或"写意"。画院画工虽然一般多是没有文化的伎艺人,但能留其名的山水画家则多出自士大夫阶层,他们与官僚士大夫过从甚密,他们笔下的山水画,或是园林别业的"写实",或从园林别墅的四至景色得到灵感乃至创作出江山如此多娇的图画。南宋官僚士大夫的园林别业因人工迭山凿池而形成诸多特色,对山水画风格的演变亦有直接影响。

南宋时期,山水画的题材风格、审美旨趣发生了显著变化。傅熹年先生将其概括为:"和北宋相比,山水画由山重水复、气势壮阔的全景发展到烟水凄迷、幽寂虚旷的一角,花鸟画由坡石花鸟俱全的宫苑小景发展为折枝写生……从绘画发展的角度看,这种由表现全景转向深入发掘、细腻表现较平凡的角落和近景中所蕴藏的美的变化,是观察和表现

---

① 首都师范大学历史学院教授。

能力的进步。南宋院体画气势没有北宋宏大,笔墨没有北宋坚实,但构思巧密,手法新奇,笔墨简练含蓄,风格典雅优美,长于表现特定的气氛、意境和瞬间情态,并留有供阅者想象的余地,则是其主要成就和特色"①。徐书城先生认为:"(南宋)山水画坛又出现了一派新气象,出现了引人注目的一些画家——亦即史称'李(唐)'、'刘(松年)'、'马(远)'、'夏(珪)'四位山水画家。世或谓之'院体',以之区别于北宋时期以郭熙为代表的山水画派,并以其典丽、精巧、秀润为特点的宫廷山水画风格著称于世,成为一时之所尚,流风亦波及于后世"②。

南宋山水画风格"刘李马夏又一变"的原因,③除对绘画艺术的技法、形式、构图、审美取向,以及地理环境变迁等因素进行探讨外,④造成影响变化的社会原因大致有"社会环境变迁"⑤、"尽情享受思想"⑥、"偏安沉酣"等看法⑦。清代以来的绘画评论,往往将马远、夏圭的创作意图与南宋的"半壁江山"联系起来——"从一角、半边的构图,发现其艺术以外的意义,以南宋偏安的'剩水残山'观之,怕并不是纯然外加的"⑧。但是,徐复观先生《中国艺术精神》批评"残山剩水"之余,肯定李、刘、马、夏四大家的笔触上,"实含有一种对时代的抗辩与叹息之声"⑨。因为南宋小朝廷偏安一隅,志士们鼓动、讽谏往往不起作用,他

---

① 傅熹年:《南宋时期的绘画艺术》,《中国美术五千年》第 1 卷,人民美术出版社,1991 年,第 187 页。

② 徐书城:《宋代绘画史》,人民美术出版社,2000 年,第 76—77 页。

③ 王世贞:《艺苑卮言》,转引自张丑:《清河书画舫》卷 6 上,上海古籍出版社,2011 年。

④ 五代至南宋,作为绘画描写对象的山水,由关陇、河洛转向江南。画家观察山水的视角发生变化——由关中平原、河洛平原仰望终南入行(由此形成以峗峻的山岳为山水画主体的绘画程式和追求崇高感的艺术观念)转为江南丘陵山水间的徜徉,山水画"三远"(高远、深远、平远)的重点有所变化,原有的崇高感失去现实体验的支撑,成为一种文化记忆。

⑤ 徐书城:《宋代绘画史》,人民美术出版社,2000 年,第 105 页。

⑥ 王伯敏:《中国绘画通史》上册,北京三联书店,2008 年,第 436 页。

⑦ 《两宋名画册·序言》,台北艺术图书公司,1983 年,第 6 页。

⑧ 邓乔斌:《宋代绘画研究》,人民美术出版社,2000 年,第 369 页。

⑨ 徐复观:《中国艺术精神》,春风文艺出版社,1987 年,第 394 页。

们悲观失望与作品基调是一致的。① 上述几种说法大都从政治层面进行阐述,着眼点在于统治阶级的享乐和不振作。这些看法和论述,无疑对认识南宋山水画风格演变大有裨益。但似过于简略和笼统,故本文拟在此基础上做一些更细致的讨论。

唐宋之际是中国历史社会剧烈变动的时期,②从中唐到北宋,随着科举制的普及与完善,世俗地主、官僚士大夫阶层渐次取代此前的门阀世族,成为支持君主官僚政体的主要阶级基础,他们在整个文化思想领域内多样化、全面的开拓和成熟,促成这一时期文学艺术不同于前代的变化。在绘画领域,郭若虚《论古今优劣》云:"或问近代至艺,与古人何如?答曰:近代方古多不及,而过亦有之。若论佛道、人物、士女、牛马,则近不及古。若论山水、林石、花竹、禽鱼,则古不及近"③。南宋以山水画的发展最具代表性,"自唐至本朝,以画山水得名者,类非画家者流,而多出于缙绅士大夫"④。郭思赞曰:"尘嚣缰锁,此人情所常厌也,烟霞仙圣,此人情所常愿而不得见也……然则林泉之志,烟霞之侣,梦寐在焉。耳目断绝,今得妙手,郁然出之,不下堂筵,坐穷泉壑,猿声鸟啼,依约在耳。山光水色,滉漾夺目,岂不快人意、实获我心哉。此世之所以贵夫画山水之本意也"⑤。《宣和画谱·山水叙论》的编者亦言:"盖昔人以泉石膏肓、烟霞痼疾,为幽人、隐士之消,是则山水之于画,市之于康衢世目,未必售也"⑥。李泽厚先生指出,作为这批人数众多的世俗地主、士大夫(不再只是少数门阀贵族)居住、休息、游玩、观赏的环境,处在与他们现实生活亲切依存的社会关系中。⑦ 因此,探寻反映山水画社会内容风格的演变,应从专属于缙绅、士大夫的生活经历入手。南宋山水画"又一变"的社会原因,无疑是与这个阶层在南宋的发展变

---

① 陈传席:《中国山水画史》,江苏美术出版社,1991年,第335页。
② 参见拙作:《"唐宋变革"论的由来与发展》,《河北学刊》,2010年第4、5期。
③ 郭若虚:《图画见闻志》卷1,人民美术出版社,1983年,第24页。
④ 《宣和画谱》卷10《山水叙论》,丛书集成初编本,中华书局,1985年。
⑤ 郭熙:《林泉高致·山水训》,沈子丞:《历代论画名著汇编》,文物出版社,1982年,第64—65页。
⑥ 《宣和画谱》卷10《山水叙论》,丛书集成初编本,中华书局,1985年。
⑦ 李泽厚:《美的历程》(彩画本),天津社会科学院出版社,2008年,第285页。

化分不开。

一、南北宋的社会变动

宋代以农业立国,人口的百分之九十以上从事农业生产。宋代的人口按有无田地等重要生产资料划分,有主户、客户之别;若以承担国家财税,按财产多少,乡村主户分为五等户。① 若按经济力量划分,北宋时期乡村主户五等可为上、中、下三个层次,一般说一等户又称作上户与享有特权的官户、形势户可属于上层,是豪强、大地主;二、三等户属于中层,是中小地主;四、五等户属于下层,绝大多数是自耕农或半自耕农。

北宋时期,来自中小地主的士人(特别是来自南方地区)通过科举走上政治舞台,形成新的官僚士大夫阶层,成为与皇帝共治天下的政治力量,给社会各方面带来勃勃生机。庆历新政和王安石变法,就是建立在中小地主阶级的经济力量政治力量基础上。② 因此,以雄浑、辽阔、崇高为审美旨趣而展现出具有浑厚、整体、全景的北宋山水画,更多的表现来自中小地主阶层的士大夫的审美情趣。

南宋经济同北宋经济的发展有所不同,主要表现在土地高度集中在以权臣为代表的官僚大地主集团。③ 江西东路建康府的"永丰圩(八十四圩共之)"④,"租米,岁以三万石为额。圩四至相去皆五六十里,有田九百五十余顷"⑤。从北宋晚期到南宋曾被官府先后以赐蔡京、又以赐韩世忠、又以赐秦桧。秦桧的孙子居住于金陵,挥霍无度,渐忧生计

---

① 王曾瑜:《宋朝阶级结构》(增订版),中国人民大学出版社,2010年。
② 参见漆侠:《宋学的发展和演变》,河北人民出版社,2002年,第46—47页;漆侠:《范仲淹集团与庆历新政——读欧阳修"朋党论"书后》,《漆侠全集》第9卷,河北人民出版社,2008年,第215—235页。
③ 漆侠先生在《宋代经济史》中有较详细的论述。参见《漆侠全集》第3卷,河北大学出版社,2009年,第251—255页。
④ 周必大:《文忠集》卷171,杨讷、李晓明编:《文渊阁四库全书补遗·集部·宋元卷》第2册,北京图书馆出版社,2006年。
⑤ 脱脱:《宋史》卷173《食货上一》,中华书局,1985年,第4138页。

窘迫,"问其岁入几何？曰:米十万斛耳"①。绰号"铁脸"的张俊,"俊喜殖产,其罢兵而归也",有 15 个庄子,分布在 6 州 10 县,都是两浙江东土地最肥沃的地区,"岁收租米六十万斛"②。张俊的儿子张子颜一次献给政府的淮南田近 2 万亩,一次献给朝廷的助军米达 10 万石。杨存中、吴玠等武将也占有大片田产。南宋中叶以后,当朝权臣无不广纳田产。史弥远通过陆游的不肖之子陆子遹,"夺溧阳县张挺、沈成等田产凡一万八千余亩"③。另一权臣韩侂胄被杀籍没的田产,单是万亩庄和其它权宦土地隶属的安边所,共收米 721700 斛、钱 1315000 缗。

南宋时期享有种种特权的官户和较富裕的上户,合计约占农村总户数的 9％－10％。④ 官户在农村中拥有最多田产,南宋晚年抚州乐安县三十余户首富中大部分都是官户。⑤ "国朝驻跸钱塘百有二十余年矣,外之境土日荒,内之生齿日繁,权势之家日盛,兼并之习日滋,百姓日贫……今百姓膏腴皆归贵势之家,租米有及百万石者",⑥ "至于吞噬千家之膏腴,连亘数路之阡陌,岁入号百万斛,则自开辟以来,未之有也"⑦。上层地主经济力量日益增加,中小地主经济力量不断削弱。一个拥有一二百亩田地的地主,收入不过一二百石地租,甚至出现"和买、折帛之类,民间至有用田租一半以上输纳者",⑧ "今之家业及千缗者,

---

① 陆游:《入蜀记》卷 1,乾道六年七月七日,文渊阁四库全书景印本。
② 李心传:《建炎以来系年要录》卷 135,绍兴十年四月乙丑,丛书集成初编本,中华书局,1985 年,第 2162 页。
③ 魏了翁:《鹤山集》卷 20《乙未秋七月特班奏事》,文渊阁四库全书景印本,台湾商务印书馆,1986 年。
④ 梁庚尧:《南宋的农村经济》,新星出版社,2006 年,第 29、32 页。
⑤ 黄震:《黄氏日抄》卷 78《四月十九日劝乐安县税户发粜牓》,文渊阁四库全书景印本。
⑥ 脱脱:《宋史》卷 173《食货上一》,中华书局,1977 年,第 4179 页。
⑦ 刘克庄:《后村先生大全集》卷 51《备对札子三(端平元年九月)》,四部丛刊初编本,上海书店,1989 年。
⑧ 叶适:《水心文集》卷 1《上宁宗皇帝札子三(开禧二年)》,《叶适集》第 1 册,中华书局,1983 年,第 8 页。

仅有百亩之田，税役之外，十口之家未必餬口"①。中小地主经济力量的削弱，直接造成他们在政治上不能形成有力的政治力量，只能依附于大官僚、大地主、大商人等豪强势力。在某些时期内，突出表现为依附权臣秦桧、史弥远、韩侂胄、贾似道等人的专政。元人汤垕对南宋晚期皇室、豪势垄断、独占绘画鉴赏及收藏所说的一段话，透露出这方面的讯息："宋末士大夫不识画者多，纵得赏鉴之名，亦甚苟且。盖物尽在天府，人间所存不多，动为豪势夺去。贾似道擅国柄，留意收藏。当时趋附之徒，尽心搜访以献。"②

与南宋社会经济关系变化的同时，宋统治者满足于南宋与金逐渐形成隔淮河、秦岭一线相持的局面，偏安一隅。上层社会的享乐也从两个方面表现出来：第一，如时人所言穷奢极欲："俗言三世仕宦方会着衣吃饭，余谓三世仕宦，子孙必是奢侈享用之极。衣不肯着布缕䌷绢，衲絮缊敝，澣濯补绽之服，必要绮罗绫縠，绞绡靡丽、新鲜华粲缔绘画，时样奇巧，珍贵殊异，务以夸俗而胜人；食不肯疏食菜羹、粗粝豆麦黍稷、菲薄清淡，必欲精凿稻粱，三蒸九折、鲜白软媚，肉必要珍羞嘉旨，脍炙蒸炮，爽口快意，水陆之品，人为之巧，镂簋雕盘、方丈罗列，此所谓会着衣吃饭也。""盖子孙不学而颛蒙，穷奢极靡，惟口体是供，无德以将之，其衰必矣"③。第二，从绍兴和议签订后，宋高宗开始在临安营建宫殿、苑囿等机构，歌舞湖山，粉饰太平。南宋中后期权相韩侂胄、贾似道更是大修园馆，生活糜烂豪侈。正如陈亮所指出："我宋受命，（钱）俶以其家入京师而自献其土，故钱塘终始五代被兵最少，而二百年之间，人物日以繁盛，遂甲于东南。及建炎、绍兴之间，为六飞所驻之地。当时论者固已疑其不足以张形势而事恢复矣。秦桧又从而备百司庶府以讲礼乐于其中，其风俗固已华靡；士大夫又从而治园囿台榭以乐其生于干戈之余，上下晏安，而钱塘为乐国矣。"④

---

① 漆侠：《宋代经济史》上册，《漆侠全集》第3卷，河北大学出版社，2009年，第490—502页。
② 汤垕：《画鉴》，文渊阁四库全书景印本。
③ 阳枋：《字溪集》卷9《杂著·辨惑》，文渊阁四库全书景印本。
④ 陈亮：《陈亮集》卷1《上孝宗皇帝第一书》，中华书局，1987年，第7页。

二、南北宋园林别业的异同

宋代山水画的描写对象，一般地讲有两种表现形式，一是以描绘自然风景为主，即所谓可行、可望；一是以描绘士大夫生活场景的园林风景为主，即所谓可游、可居。本文讨论山水画风格演变之原因着眼于社会变动，故以北南宋之际园林别业的建置、发展、变化特点对南宋山水画风格的影响为论述重点。别业（别墅）、别馆、园林、园池、堂馆、官邸、府第、山庄（以下简称园林别业）是贵族生活的一部分，早在汉唐时期已然，"洛阳古帝都，其人习于汉唐衣冠之遗俗，居家治园池，筑台榭植草木，以为岁时游观之好"①。"洛阳处天下之中……方唐贞观开元之间，公卿贵戚，开馆列第于东都者，号千有余邸"②。唐代中叶以后，园林别业的主人由门阀士族所居逐渐变为非身份性士大夫和世俗地主的生活场所。如唐宰相裴度"治第东都集贤里，凿山穿池，竹木丛萃，有风亭水榭，梯桥架阁，又于午桥创别墅，花木万株，中起凉台暑馆，号绿野堂"。③

两宋时期园林都有长足发展，但南北宋的发展有相同之处，也有不尽相同之处。相同之处主要表现在两个方面：一是有名的园林主人多是通过科举入朝做官的官僚士大夫，如苏舜钦之"沧浪亭"④、富弼之"富郑公园"、沈括之"梦溪"、文彦博之"东田"、李公麟之"璎源馆"、"程丞相宅旁皆有池亭"、范成大之"石湖"、张镃之"约斋"、叶适之"石林"、贾似道之"集芳园"等；二是南北宋官僚士大夫园林讲求林泉之志、烟霞之侣，故园林多依山傍水，营建亭台楼阁。

北、南宋园林别业不同之处，表现在五个方面：

其一，北宋前中期的名园，多继承唐、五代。"裴晋公绿野庄今为文

---

① 苏辙：《栾城集》卷24《洛阳李氏园池诗记》，上海古籍出版社，2009年。
② 李格非：《书洛阳名园记后》，吴楚材、吴调侯：《古文观止》，内蒙古人民出版社，2007年，第379页。
③ 富大用：《古今事文类聚·新集》卷5，文渊阁四库全书景印本。
④ 苏舜钦：《苏舜钦集》卷13，上海古籍出版社，1981年，第157—158页。

定张公(方平)别墅,白乐天白莲庄今为少师任公别墅,池台故基犹在"①。"唐丞相牛僧孺园七星桧,其故木也,今属中书李侍郎,方创亭其中。""又有嘉猷、会节、恭安、溪园,皆隋唐官园"②。洛阳归仁园,"此唐丞相奇章公牛思黯之别墅也……兹园本朝尝为参知政事丁度所有,后散归民家,今中书侍郎李邦直近营之"③。苏舜钦的沧浪亭,为五代时期"钱氏有国,近戚孙承佑之池馆也"④。北宋时期,名园多建在北方,尤以开封、洛阳为盛。"汴中园囿亦以名胜当时……州南则玉津园,西去一丈佛园子,王太尉园,景初园。陈州门外园馆最多,著称者奉灵园、灵嬉园。州东宋门外麦家园,虹桥王家园。州北李驸马园。西郑门外下松园、王大宰园、蔡太师园。西水门外养种园。州西北有庶人园。城内有芳林园、同乐园、马季良园。其它不以名著约百十"⑤。开封当时有名可举的官、私园苑,至少八十余处。⑥ 洛阳"名公卿园林,为天下第一"⑦,"西都士大夫园林相望"⑧,"河南城方五十余里,中多大园池"⑨。北宋后期,南方似有明显变化,"荆州故多贤公卿,名园甲第相望"⑩。

其二,南宋时期士大夫们园林别业承袭北宋,"渡江兵休久,名家文人渐渐修还承平馆阁故事"⑪。但与北宋不同的是,因政局的变动,苏杭一代成为政治中心,南方社会经济得到继续开发,美丽的湖光山色令

---

① 邵伯温:《邵氏闻见录》卷10,中华书局,1983年,第103页。
② 邵博:《邵氏闻见后录》卷25,中华书局,1983年,第196、201页。
③ 李复:《潏水集》卷6《游归仁园记》,文渊阁四库全书景印本。
④ 苏舜钦:《苏舜钦集》卷13,上海古籍出版社,1981年,第157—158页。
⑤ 袁褧:《枫窗小牍》卷下,文渊阁四库全书景印本。
⑥ 刘益安:《北宋开封园苑的考察》,《宋史论集》,中州书画社,1984年。梁建国《东京部分人物住址考》对北宋名人住宅考述较详,且有涉及园林别墅。参见梁建国:《朝堂之外:北宋东京士人交游诸侧面·附录》,北京大学博士学位论文,2007年。
⑦ 邵博:《邵氏闻见后录》卷24,中华书局,1983年,第191页。
⑧ 赵善璙:《自警编》卷3,文渊阁四库全书景印本。
⑨ 邵博:《邵氏闻见后录》卷25,中华书局,1983年,第196页。
⑩ 陆游:《渭南文集》卷17《乐郊记》,文渊阁四库全书景印本。
⑪ 戴表元:《剡源文集》卷10《牡丹燕席诗序》,文渊阁四库全书景印本。

人流连忘返,因而南宋别墅林园更是山水相依。在都城临安有四种园林:皇家御园,官办园林,贵戚园林,一般官僚和富室的园林。① 大都市之外,别墅园林也很兴盛。据周密记载,湖州城内外园林不下30余处。"吴兴山水清远,升平日,士大夫多居之。其后,秀安僖王府第在焉,尤为盛观。城中二溪水横贯,此天下之所无,故好事者多园池之胜"②。成都、嘉兴府等地也有数量可观的园林别业。③

其三,南北方地理环境有别,园林别业营建风格也很不同。北方园林别业的营建难以将山水、林泉、烟霞多种景致集于一园,正如当时"洛人云:'园圃之胜,不能相兼者六:务宏大者少幽邃,人力胜者乏闲古,多水泉者无眺望。'"④故园林别墅取景多以季节性较为单一者居多。⑤ 范仲淹笔下《绛州园池》载,"绛台史君府,亭阁参园圃。一泉西北来,群峰高下覩。池鱼或跃金,水帘长布雨。怪柏锁蛟虬,丑石斗貙虎。群花相倚笑,垂杨自由舞……"⑥在号称园林甲天下的洛阳亦属凤毛麟角,所谓"能兼此六者,惟湖园而已"。但在南方却是很容易兼而具有的。苏舜钦在吴中的沧浪亭:"东顾草树郁然,崇阜广水,不类乎城中,并水得微径于杂花修竹之间,东趋数百步,有弃地,纵广合五六十寻,三向皆水也。杠之南,其地益阔,旁无民居,左右皆林木相亏蔽,访诸旧老,云:'钱氏有国,近戚孙承佑之池馆也。'坳隆胜势,遗意尚存"⑦。沈括早年"尝梦至一处,登一小山,花如覆锦,而乔木蔽其上,山之下有水澄澈,梦中乐之,将谋居焉……后十余年道京口,至所买之地,恍然乃梦中所游,因号梦溪,遂奠居焉"⑧。文同吟咏的蜀地蒲氏别墅有:方湖、涵碧亭、

---

① 参见林正秋:《南宋都城临安·园林建筑》,杭州西泠印书社,1986年,第146—159页;徐吉军:《南宋都城临安·西湖风景区的布局》,杭州出版社,2008年,第329—393页。

② 周密:《癸辛杂识》,中华书局,1988年,第7页。

③ 陈国灿:《南宋城镇史》,人民出版社,2009年,第410—416页。

④ 邵博:《邵氏闻见后录》卷25,中华书局,1983年,第201页。

⑤ 邵博:《邵氏闻见后录》卷25,中华书局,1983年,第196、198、199页。

⑥ 范仲淹:《范文正公集》卷2,四部丛刊初编缩本。

⑦ 苏舜钦:《苏舜钦集》卷13,上海古籍出版社,1981年,第157—158页。

⑧ 撰人不详:《京口耆旧传》卷1,中华书局,1991年,第10页。

白莲堂、芙蓉溪、鱼池、莲池、清蟾桥、稻畦、朝真堂、草庵。① 南方多景致式的园林别业,最为官僚士大夫们向往和钟爱。

由于政治、文化中心处在伊洛之间,名公巨卿多住在开封、洛阳,所以北方园林别业仍是当时的象征。北宋晚期,宋徽宗欲将南方园林美景移至开封,曾动用全国之力营建"艮岳","园囿皆效江浙",②建好不久,随着北宋的灭亡也成"南柯一梦"。宋室南渡后,江南地区成为政治、经济、文化中心,多种景致式的园林别业开始取代北方风格而居一统地位。叶梦得的"石林",兼具石、舍、堂、池、山之盛。③ 韩元吉赋诗云:《叶丞相最高亭》:"丞相园林景物繁,花亭那更得跻攀。平看溪上千寻木,不数城南万迭山。歌舞恍如银汉外,笑谈常在碧云间。醉酣欲问刘公客,百尺楼中亦汗颜"④。此外,洪迈朋友向巨源新建园林别业⑤、真德秀观莳园⑥、湖州沈德和尚书园也有兼收并蓄之妙。⑦

其四,权贵豪势获得更多的经济、政治权力,他们的园林别业不仅气派壮阔,而且富于享乐休闲,人文气息更加浓厚。下面以四个权贵豪势的园林别业生活为例。张俊号称"中兴四将"之一,"喜殖产",收租六十万斛。张俊子侄辈人物有张子盖、张子颜、张子正、张子仁等,孙辈人物有张宗元、张宗尹等,再往后有张镃、张濡、张炎等。宋孝宗、光宗、宁宗时,张氏子孙富裕程度可称"开辟以来,未之有"⑧。张镃受过良好教育,不仅工于诗文,而且书画亦有颇高水平。⑨ "清标雅致,为时闻人,诗酒之余,能画竹石古木,字画亦工"⑩。"精于书法,兼善竹石古木,画

---

① 文同:《丹渊集》卷3《蒲氏别墅十咏》,文渊阁四库全书景印本。
② 陈均:《皇朝编年纲目备要》卷28,宣和元年九月,中华书局,2006年,第730页。
③ 周密:《癸辛杂识》,中华书局,1988年,第12页。
④ 韩元吉:《南涧甲乙稿》卷4,文渊阁四库全书景印本。
⑤ 祝穆:《古今事文类聚·前集》卷17《临湖阁记》,文渊阁四库全书景印本。
⑥ 真德秀:《西山文集》卷26,文渊阁四库全书景印本。
⑦ 周密:《癸辛杂识》,中华书局,1988年,第8页。
⑧ 周密:《齐东野语》卷20《张功甫豪侈》,中华书局,2004年,第374页。
⑨ 曾维刚:《张镃年谱》,人民出版社,2010年。
⑩ 夏文彦:《图绘宝鉴》卷4,文渊阁四库全书景印本。

之传世者:石壁松杉图一,苍崖古木图二,石笋修篁图一,枯槎折竹图二,秋山落木图二,墨竹图十三"①。以财富和才学,张镃极力营造理想的、适宜于丰富内在感受的生活。他透过四时节日、四时观景、四时赏花、四时饮食,斗茶、泛舟、曲水、竹林、观鱼、买市、郊游、焚香、听琴、试灯、探梅、采菊、观鱼、观潮等等"赏心乐事",把官僚士大夫们富贵奢华而又极显闲情雅致的生活展现无遗;临安胜景园在雷峰塔路口,是高宗时的别馆。宋光宗时,慈福太后赐予韩侂胄,改名南园。韩侂胄请陆游为之作记。② 范成大(1126—1193年),吴郡人,号石湖居士。范成大筑造石湖,尝作上梁文,"所谓:吴波万顷,偶维风雨之舟,越戍千年,因筑湖山之观者是也。又有北山堂、千岩观、天镜阁、寿乐堂,他亭宇尤多,一时名人胜士,篇章赋咏,莫不极铺张之美"③。"公之别墅,曰石湖,山水之胜,东南绝境也。寿皇尝为书两大字以揭之,故号石湖居士云"④。贾似道(1213—1275年),字师宪,因其姊为理宗宠妃而得到擢拔,从理宗后期到度宗专权近二十年,他的生活比张镃更奢侈富华,附庸风雅比张镃有过之而无不及。理宗为讨好他,还将皇家园林别墅赐予他。⑤

其五,有论者认为,"中唐以后的园林山水建构中,人为的艺术加工明显地增加了,迭山理水的技巧也更为精熟,由以前的山居别业转向城市山林,由因山就涧转向人造丘壑,由开发原始的自然山水转向纯人工的迭山凿池"⑥。这种转变和发展趋势在南宋已成为流行时尚。南宋初期,宋高宗受宋徽宗影响,对艮岳的记忆难以忘却,"高宗雅爱湖山之胜,恐数跸烦民,乃于宫内凿大池,引水注之,以象西湖冷泉。迭石为

---

① 王毓贤:《绘事备考》卷6,文渊阁四库全书景印本。
② 陆游:《放翁逸稿》卷上,吉林出版集团有限责任公司,2005年。又据周密《武林旧事·湖山胜概·南园》载:"中兴后所创,光宗朝赐平原郡王韩侂胄,陆放翁为记。后复归御前,改名庆乐,赐嗣荣王与芮,又改胜景。"
③ 周密:《齐东野语》卷10《范公石湖》,中华书局,2004年,第177—178页。
④ 范成大:《石湖诗集》,中华书局,1985年,第1—2页。
⑤ 周密:《齐东野语》卷19《贾氏园池》,中华书局,1983年,第355—356页。
⑥ 李文初等:《中国山水文化》,广东人民出版社,1996年,第549页。

山,作飞来峰"①。周密对北宋后期至南宋以来人工迭山凿池有颇为真切地追忆。②

随着两宋之际社会阶层的变动,官僚士大夫、权贵显要的园林别业向奢华富贵方向发展演变,亭台楼阁、池塘花圃、湖山林木、岩谷怪石、曲涧溪流,极尽奢华富丽;同时,他们通过诸多"赏心乐事",极力营造闲适优雅、隐逸缥缈、诗情画意的氛围。在这两方面的变化中,园林山水逐渐远离崇高、雄浑的境界,日益显现烟水凄迷、幽寂虚旷、柔媚委婉的景致。

三、画工、画家图绘园林别业

园林别业既是官僚士大夫生活居住休闲之所,也是山水、花鸟画家画工的创作场所。唐代画家王维在陕西蓝田辋谷水营建辋川山庄,多次描绘辋川的风光景色。宋代以后,尚有他人临摹,如南宋画家《辋川图》:凡山石林木、流泉平湖、茅屋台馆,墨色秀润明丽,运笔精微入神。③《宣和画谱》和其它画史著作,多次提到花鸟画家在园林或园圃观摩创作的情景。徐熙"多游园圃,以求情状","尝徜徉游于园圃间,每遇景辄留,故能传写物态,蔚有生意"④。刘常"家治园圃,手植花竹,日游息其间,每得意处,辄索纸落笔,遂与造物者为友"⑤。宗室仲佃"初无缘饰,泛然于游人中,以笔簏粉墨自随,遇兴来,见高屏素壁,随意作画,率有佳趣"⑥。画工画家图绘的园林山水具有很强的临摹写实性,不仅可以把玩欣赏,还可以作为园林营建的见证。李格非所记洛阳名园的复旧,即是按图索骥而成。⑦

帝王、文人士大夫不仅欣赏山光水色,纵情林泉,而且有意图绘其

---

① 周密撰,傅林祥注:《武林旧事》卷4,山东友谊出版社,2001年,第66页。
② 周密:《癸辛杂识》,中华书局,1988年,第14页。
③ 《中国美术全集》光盘版,绘画编·两宋绘画下·图版142。
④ 《宣和画谱》卷17《花鸟三》,丛书集成初编本。
⑤ 《宣和画谱》卷19《花鸟五》,丛书集成初编本。
⑥ 《宣和画谱》卷16《花鸟二》,丛书集成初编本。
⑦ 李格非:《洛阳名园记·大字寺园》,文渊阁四库全书景印本。

生活场景,用艺术再现湖山美景。正所谓"富贵园林行树密,模糊水墨画图横"①。宋真宗时,"种放,字明逸,隐居终南山豹林谷,闻希夷先生之风,往见之……放别业在终南山,后生从之学者甚众,性嗜酒,躬耕种秫以自养,所居有林泉之胜,殊为幽绝。真宗闻之,遣中使携画工图之,开龙图阁召辅臣观焉,上叹赏之。其后甘棠魏野郊居有幽趣,帝亦使人图之,故野有诗曰:幽居帝画看燕谈"②。北宋末年,"右丞相张公达明营别墅于汝川,记可游者九处,绘而为图"③。宋徽宗动用巨大财富营建"艮岳",并令画家将其全景图绘。姚云所作《摸鱼儿·咏艮岳图》,可使人们窥其一斑。④

南渡以后,图绘园林别业的做法或因吏隐,或因把玩欣赏,更加发扬和盛行。绍兴八年(1138年),胡铨因反对秦桧与金人议和,被编管新州。"筑室城南,名小桃源,而图之。且题诗其上,云:'闲爱鹤立木,静嫌僧叩门。是非花莫笑,白黑手能言。心逺阔尘境,路幽迷水村。逢人不须说,自唤小桃源。'或者谓寓避秦之意,然又作小西湖于所居之侧,亦寓不忘君之义乎"⑤。李弥逊,字似之,苏州吴县人,仕宦北宋末期至南宋初,因直言犯颜仕途屡不得志。《跋筠溪图后》云:"得湖阴依山之地百亩,可佃可渔,因以筑室。念卫公之平泉,愿之盘谷,伯时之山庄,皆吾宗故事。乃诛茅茨而篱落畔,种竹万竿,结庐其间"⑥。乾道七年(1171年)六月十日,陆游《乐郊记》云:"李晋寿一日图其园庐持示余,曰:'此吾荆州所居名乐郊者也。荆州故多贤公卿,名园甲第相望,自中原乱,始以吴会上流,常宿重兵,而衣冠亦遂散去。太平之文物,前辈之风流,盖略尽矣。独吾乐郊日加葺,文竹、奇石、蒲萄、来禽、芍药、兰、苴、菱、芡、菡萏之富,为一州冠。其尤异者,往往累千里致之,子幸为我记。'予官硖中,始与晋寿相识,长身铁面,音吐鸿畅,遇事激烈奋

---

① 方岳:《秋崖集》卷6《与客观雪》,文渊阁四库全书景印本。
② 朱熹:《宋名臣言行录》卷10,台湾文海出版社,1980年。
③ 孙觌:《鸿庆居士集》卷4《澹台书堂》,文渊阁四库全书景印本。
④ 周南瑞编:《天下同文集》卷49,文渊阁四库全书景印本。
⑤ 陈郁:《藏一话腴内编》卷上,文渊阁四库全书景印本。
⑥ 李弥逊:《筠溪集》卷21,文渊阁四库全书景印本。

发，以全躯保妻子为可鄙……然自少时，不喜媒声利，有官不仕，穷园林陂池之乐者，且三十年。"①

僧梵隆大约生活于北宋末年之宋高宗去世之前，长于佛像、人物，也作山水画。程俱曾为僧梵隆山水画题诗："急雨初收山吐云，清溪曲曲抱烟村。抛书午枕无人唤，归梦真疑雀噪门。"在诗前按语云："新作纸屏，隆师为作山水，笔墨略到而远意有余，戏题此句，末句盖取所谓'柴门鸟雀噪，游子千里至'也。（时守秀州，屡乞宫观归山居未遂）"②，梵隆居住寺院堪比世俗园林别墅。陆游记高宗赐予庵居云："镇江府延庆寺僧梵隆，以异材赡学，高操绝艺，自结上知，不由先容，得对内殿。先是，隆师固已结庐于湖州菁山，号无住精舍。一时名士，如叶左丞梦得、葛待制胜仲、汪内翰藻、陈参政与义，皆为赋诗勒铭，传于天下矣。至是诏赐庵居于万松岭金地山，江涛湖光，暎带几席，寿藤老木，岑蔚夭矫。隆师方力辞，愿归故巢。既至，悦其地，且侈上赐，幡然愿留，久之示化，上为怅然不怿，赐金，归葬故山"③。嘉定十三年（1220年）正月十二日，陈文蔚《徐敬甫出示所居之别墅南岩图并诸公题咏欲予同作为赋长韵》云："逢恍然如隔世，尽洗积年离别愁。首为袖出南岩图，着鞭先我占一丘。南岩之高不可攀，俗驾欲到何缘由。君乃结屋于其巅，避世拟追园绮俦"④。刘克庄《题丘攀桂月林图》云："余为建阳令三年，邑中士大夫家水竹园池皆尝游历，去之二十余年，犹仿佛能记忆其处。丘君月林之胜，则未之睹也。图以示余，且抄时人题咏一帙偕来。夫题品泉石模写景物，惟实故切，惟切故奇。若耳目之所不接，想象为之。虽有李杜之妙思，未免近于庄、列之寓言矣。余既退老，无复四方之役，深以不获往游为恨。君名攀桂，方有志于科举。窃意其亦未能擅此一壑也，

---

① 陆游：《渭南文集》卷17《乐郊记》，《陆游集》第5册，中华书局，1976年，第2135页。
② 程俱：《北山集》卷11，文渊阁四库全书景印本。程俱所说的"隆师"，可能是"梵隆"。此段引文见陈高华：《宋辽金画家史料》，文物出版社，1984年，第705页。
③ 陆游：《渭南文集》卷21《湖州常照院记》，《陆游集》第5册，中华书局，1976年，第2171页。
④ 陈文蔚：《克斋集》卷15，文渊阁四库全书景印本。

姑书其图后而归之"①。由此可见,园林别业及其山水是画工、士大夫们创作山水画素材的重要来源。

四、山水画中的园林别业

如果将张镃的约斋、韩侂胄的南园、范成大的石湖、贾似道的园池所呈现的湖光山色、韵味情致与南宋中后期山水画的取景、风格相比,不难发现两者似曾相识。例如,刘松年《四景山水图》分四幅绘春、夏、秋、冬四景,描绘了幽居于山湖楼阁中的士大夫闲适生活。② 马远是南宋著名的山水画家,为南宋光宗、宁宗时画院待诏。马远生活在艺术世家,曾祖马贲、祖父马兴祖、伯父马公显、父马世荣、兄马逵、弟马麟均有画名。马远与张镃过从甚密,马远的山水画与张镃的园林别墅应有密切关系。③ 马远《华灯侍宴图》上方题诗:"朝回中使传宣命,父子同班侍宴荣。酒捧倪觞祈景福,乐闻汉殿动笑声。宝瓶梅蕊千枝绽,玉栅华灯万盏明。人道催诗须待雨,片云阁雨果诗成。"左下边款署"臣马远"④。此画描述场景,几乎是张镃约斋和贾似道园林别墅生活的翻版。

再如,赵大亨《薇亭小憩图》所绘山脚峰脚下,庭院凉亭,两颗挺健的紫薇树叶茂花繁,玲珑点缀其间。凉亭中一人床上休息,清旷之气超出尘表。⑤ 佚名《深堂琴趣图》所绘山斋数间,朱梁绿柱。堂内一人身着白衣,端坐鼓琴,一童子侍候。屋前巨石密林,两只白鹤栖息路间。屋后远山一角,逐渐隐去。⑥ 佚名《竹磵焚香图》所绘远山近水,硬石疏竹。竹林下,一人身着长袍,头戴礼帽,静坐焚香。其间香烟袅袅,神宁气谧。一童子侍候,他一手持杖,一手搔头,形象生动。画风近似马远

---

① 刘克庄:《题丘攀桂月林图》,卢辅圣主编:《中国书画全书》第 1 册,上海书画出版社,1993 年,第 950 页。
② 《中国美术全集》光盘版,绘画编·两宋绘画下·图版 55。
③ 张镃:《南湖集》卷 2,文渊阁四库全书景印本。
④ 邓乔彬:《宋代绘画研究》,河南大学出版社,2006 年,第 392 页。
⑤ 《中国美术全集》光盘版,绘画编·两宋绘画下·图版 82。
⑥ 《中国美术全集》光盘版,绘画编·两宋绘画下·图版 117。

父子手笔。① 佚名《荷塘按乐图》图中钱荷贴水,柳丝迎风。在显露的水殿台榭中,有张筵按乐的场面,为南宋山水画中反映当时风俗的一种新形式。② 佚名《竹林拨阮图》所绘溪边竹林下,三位文士身着长袍,对坐兽皮垫上。三人的姿态各异,一人执瓶,一人扶阮接杯,一人昂首凝视。一童子侍候,一童子跪伏溪边汲水。图中人物生动传神,衣纹细劲流畅。衬景纵竹老树疏密、远近、浓淡相间,错落有致,是南宋绘画中的佳作。③

这些小景画从不同侧面再现张镃所谓"赏心乐事"——当时官僚士大夫的闲适生活及精神情趣。④ 这种深入发掘、细腻表现平凡的角落和近景中所蕴藏的美的变化,以一种精致雅训的笔墨,经过精心修饰、略带程序化倾向的新画风,最适于表现西湖秀丽空蒙之景和湖滨宫苑贵邸的悠闲安逸的生活,"他们客观地整体地把握和描绘自然,细节的真实和诗意的追求是基本符合这个阶级在'太平盛世'中发展起来的审美趣味的";"这种审美趣味在北宋后期即已形成,到南宋院体中达到最高水平和最佳状态,从而创造了与北宋前期山水画很不相同的另一种类型的艺术境界"。⑤

官僚士大夫将山水所常处的"邱园养素"、所常乐的"泉石啸傲"、所常适的"渔樵隐逸",所常观的"猿鹤飞鸣",尽置于园景之中,且将妙手"郁然出之,不下堂筵,坐穷泉壑,猿声鸟啼,依约在耳,山光水色,滉瀁夺目"的"梦寐",尽力变为真实的生活场景。这与山水画理论所强调的理想创作来源相吻合:"世之笃论,谓山水有可行者、有可望者、有可游者、有可居者,画凡至此,皆入妙品,但可行可望,不如可居可游之为得,何者?观今山川,地占数百里,可游可居之处,十无三四,而必取可居可游之品,君子之所以渴慕林泉者,正谓佳处故也。故画者,当以此意造

---

① 《中国美术全集》光盘版,绘画编·两宋绘画下·图版118。
② 《中国美术全集》光盘版,绘画编·两宋绘画下·图版119。
③ 《中国美术全集》光盘版,绘画编·两宋绘画下·图版134。
④ 周密撰,傅林祥注:《武林旧事》卷10《张约斋赏心乐事(并序)》,山东友谊出版社,2001年,第183—187页。
⑤ 李泽厚:《美的历程》(彩画本),天津社会科学院出版社,2008年,第298页。

而鉴者,又当以此意求穷之,此之谓不失其本意"①。官僚士大夫的园林别墅是"可游者、可居者",又选在"可行者、可望者"之地,以便"眺望"四至山水。南宋中后期的山水画,贴切地展现了这样的画面。

如果说刘松年、马远等人的画,重在表现官僚士大夫园林别墅生活的闲适和雅致。另一位山水画大家夏珪等人的作品,更多地再现园林别墅的风光及其四至的景色。现存文献中,没有例如马远那样为官僚士大夫描绘园林别墅的直接记载,但是从生活与宋元之际的卫宗武所题夏珪画册,可以想见夏珪穿梭于文人士大夫园林别业之间的讯息。② 夏珪的《山水十二景图》,描绘江皋玩游、汀洲静钓、晴市炊烟、清江写望、茂林佳趣、梯空烟寺、灵岩对奔、奇峰孕秀、遥山书雁、烟村归渡、渔笛清幽、烟堤晚泊等12种景色,表现江南水乡泽国恬淡、清旷的幽雅意趣。画中各景可以独立成一画面,又可借助空旷的江面衔接每一幅画面,使之成为一幅宽广而完整的构图。全卷景物可谓美不胜收。③ 此外,佚名的《柳阁风帆图》绘万柳丛中楼阁一栋,数人倚楼远眺。近处湖光水色,浩渺无边。远处大雁成行,结队而飞。湖面风帆饱满,船工悠闲。林中小径通桥,令人流连忘返。④ 朱惟德的《江亭揽胜图》古松斜伸,茅亭倚岸,一人独坐亭内欣赏大自然的美景。江水浩渺无际,一叶扁舟在微波中荡漾,对岸远山云烟缭绕。⑤ 图画之中,丘山豀壑、亭轩楼阁浓缩尺幅之间,是一个个园林别业的写真,蕴藏着南宋官僚士大夫营造园林别业的追求,正所谓"东西南北,宛尔目前;春夏秋冬,生于笔下"。⑥

---

① 郭熙:《林泉高致·山水训》,沈子丞:《历代论画名著汇编》,文物出版社,1982年,第65页。
② 卫宗武:《秋声集》卷6《题画册后》,文渊阁四库全书景印本。
③ 《中国美术全集》光盘版,绘画编·两宋绘画下·图版76。
④ 《中国美术全集》光盘版,绘画编·两宋绘画下·图版121。
⑤ 《中国美术全集》光盘版,绘画编·两宋绘画下·图版114。
⑥ 郭熙:《林泉高致·山水训》,沈子丞:《历代论画名著汇编》,文物出版社,1982年,第65页。

结　语

综合以上论述，可以得出两点意见：

第一，山水画是所谓"君子"的喜好钟爱，园林别墅是士大夫的生活场所。士大夫们希望通过绘画，将第一自然的原生状态的山水，转变为第二自然的审美状态的山水。由此，山水画的意境与园林别墅的意境就被绾结在一起。兼工山水画的士大夫，他们笔下的山水画是其园林别墅的"记忆"或"写意"。画院画工多是没有文化的伎艺人，但能留其名的山水画家则多出自士大夫阶层，他们与官僚士大夫过从甚密，他们笔下的山水画或是园林别墅的"写实"，或是从园林别墅的四至景色得到灵感，乃至创作出"江山如此多娇"的图画。

第二，南宋中后期山水画出现供游赏的景象和表现歌舞湖山、尽情享受的思想不能完全指向南宋统治者偏安不思振作。这种情景在北宋后期业已出现，所以歌舞湖山尽情享乐乃是北宋后期至南宋社会变动的反映，是以权臣为代表的官僚大地主集团的生活写照。南宋中后期，这种生活更加趋向细腻和精致。

原载于《河南大学学报（社会科学版）》2012年第1期，《造型艺术》2012年第3期转载

宋代雅乐研究综论

陈宗花①

【导语】 国内宋代雅乐研究始自民国之初,20世纪10—60年代的研究成果开辟了国内宋代雅乐研究的基本路径与方向,20世纪90年代以来国内非物质文化遗产保护传承运动又启动了宋代雅乐的复原探索,历史研究工作与复原实践探索开始齐头并进。宋代雅乐研究在雅乐历史研究、雅乐形态研究、雅乐复原综合研究等三个方面的理论与实践探索中都取得了突出成绩:在历史研究领域,重视系统的历史文献整理与精细考辨,强调历史演进、艺术社会功能、文化交流的多维审视;在形态研究领域,立足于严格的实证研究,充分重视考古发现,并吸收现代考古学、声学、音律学等科学成果,在乐器研究方面有所突破;在复原综合研究领域,基于对大晟钟的科学研究,在复原研究和复原实践方面成绩显著。百年宋代雅乐研究形成了历史研究与复原实践探索紧密结合、二重证据法运用、充分吸纳科学成果与技术手段等特点。

国内宋代雅乐研究始自民国之初,在20世纪10—60年代一些研究成果陆续出现,而到20世纪80年代之后,宋代雅乐再度引起国内中国古代音乐史、古代文化史、宋史研究领域的重视,尤其随着20世纪90年代以来国内非物质文化遗产保护与传承热潮的兴起,音乐史家与音乐理论家们复原宋代雅乐的热情得到激发,学者们积极探索并尝试将学术成果转化为活态音乐文化,自此在宋代雅乐研究领域,严格的历史研究与复原探索齐头并进,并紧密结合。不过,迄今为止,国内对于宋

---

① 河南大学艺术学理论研究院教授。

代雅乐研究的综合性考察尚未得到学界应有的关注。

需要特别说明的是,已历百年的宋代雅乐研究的发展历程较为特殊,研究成果最为丰厚的时期是在20世纪80年代之后,但这40年来研究活动的蓬勃发展完全是建立在20世纪10—60年代少量的研究成果基础之上,甚至研究的基本路径与方向都是在开创时期就大体确定下来的;同时,复原雅乐等传统音乐文化形态本来也正是这些学界前辈投身中国音乐史研究的初心。20世纪80年代之后,国内学者遵循前辈所开创的研究路径与方法等,在宋代雅乐的历史研究、雅乐的形态研究、雅乐的复原综合研究等三个方向的理论与实践探索中都取得了突出成就。笔者拟从此三方面入手,全面梳理与考察国内宋代雅乐研究及复原研究的理论、实践探索成果,以求总体概括国内宋代雅乐研究的基本方向及特点等,希望借此进一步推进该领域的理论研究与实践探索。

一、宋代雅乐历史研究

20世纪以来的国内宋代雅乐研究始于整理与研究雅乐历史文献,而且最初只是被一些史家作为中国音乐全史研究的一个较小问题来看待。笔者将20世纪10—60年代作为宋代雅乐研究的开创期。早期史家力图借鉴近代西方的音乐学观念和研究范式,对包括宋代雅乐在内的中国古代音乐现象进行系统整理与研究,其开创性研究活动奠定了宋代雅乐历史研究的基础,并开拓出研究的基本路径,同时确立了宋代雅乐历史研究的基本思维范式与研究方法论。开创期代表性成果包括萧友梅1916年在德国莱比锡大学哲学系用德文撰写的博士学位论文《17世纪以前中国管弦乐队的历史的研究》[1]、王光祈1931年在德国编写完成的《中国音乐史》[2]、许之衡1935年出版的《中国音乐小史》[3],以

---

[1] 萧友梅博士论文中文题名为《中国古代乐器考》,廖辅叔译,《音乐艺术》,1989年第2—4期。
[2] 王光祈:《中国音乐史》,上海:中华书局,1934年。
[3] 许之衡:《中国音乐小史》,上海:商务印书馆,1935年。

及杨荫浏1962年完成的《中国古代音乐史稿》等①。萧友梅、王光祈、许之衡的研究开展较早,他们从近代西方音乐学观念与研究范式出发,初步分类整理了宋代雅乐相关历史文献并尝试梳理概括,虽具开创之功,但较简略粗疏。直到20世纪60年代,杨荫浏结合以往音乐史研究成果,戛戛独造,使其宋代雅乐研究成为前数十年成果的集大成之作。他在《中国古代音乐史稿》第十七章《宫廷的雅乐》中集中研究宋代宫廷雅乐,不仅进行了系统文献梳理与概括总结,尤其突出的是,尝试用一以贯之的音乐史观通观历史,并揭示历史规律;当然其史论观念偏重阶级分析,有些断论仍需斟酌。以上研究的另一个共同特点在于,他们注重从中国音乐发展演进角度考量宋代雅乐等各时代音乐现象的意义和价值。20世纪60年代出现了与宋代雅乐相关的译介成果,如1962年翻译出版的日本林谦三的厚重之作《东亚乐器考》②、朝鲜文河渊、文钟祥的《朝鲜音乐》③,均涉及对宋代雅乐海外流布的研究。此后,宋代雅乐历史研究沿着前辈学者开创的道路,遵循其研究思路与方法,在雅乐历史发展、雅乐与东亚文化圈雅乐文化的关系等方面进行着更全面细致并更为专门化的深入研究。

关于宋代雅乐历史发展的研究,包括对雅乐历史文献,发展脉络,音乐制度、形制等的综合研究。20世纪80年代后的宋代雅乐研究均继承开创期传统,将对历史文献的整理、研究作为最根本的基石,而且整理、研究工作较之开创期更为系统全面。当然,也有学者集中进行文献整理研究,这方面最重要的成果是李方元的《〈宋史·乐志〉研究》,该著全面综合整理研究了宋代雅乐最重要历史文献《宋史·乐志》。④《宋史·乐志》较完备地记录了宋代宫廷音乐制度,涉及各个方面,李方元从乐舞、乐章、乐悬、乐器、乐仪、音乐机构、乐工、音律、宫调、乐调名和征引文献等方面对《宋史·乐志》进行了全面梳理与归纳。他还细致分

---

① 杨荫浏:《中国古代音乐史稿》(上),北京:音乐出版社,1964年。
② 林谦三著,钱稻孙译:《东亚乐器考》,北京:音乐出版社,1962年。钱稻孙依据的是作者初稿,与1973年日文版相差较大。
③ 文河渊,文钟祥著,柳修彰等译:《朝鲜音乐》,北京:音乐出版社,1962年。
④ 李方元:《〈宋史·乐志〉研究》,扬州大学博士学位论文,2001年。

析考察了《宋史·乐志》的编撰过程、史料来源、基本特质,以及雅乐史观、音乐观等,指出《宋史·乐志》与以往史书乐志的重大区别在于更注重记载不同时期音律和雅乐实践等的变化,并揭示出这种变化的产生是缘于雅乐的音乐性问题在宋代得到重新认识。此外,杨成秀系统梳理了北宋雅乐乐论文献,[①]并与李方元、康瑞军合作分类整理《宋代乐论》[②]。卫亚浩对乐府各机构设置的相关历史文献的整理成绩突出。[③]

厘清宋代雅乐的历史发展历程一直是学界关注的焦点,宋代雅乐的发生与演进脉络成为考察重点。在发生学研究方面,王小盾等溯源至后周,指出周世宗依照乐工教习、乐书编制、乐制考订、定律制器、依调制曲的顺序建设雅乐,扭转了晚唐以来礼崩乐坏局面,为宋代雅乐发展提供了基础和模板。[④] 郑月平则立足时代文化背景,指出北宋雅乐复兴的初旨为是重振"雅正之音"。[⑤] 宋代雅乐历史演进受到更多关注,这方面集中于雅乐复兴、雅乐改革问题,研究者既关注到逐渐浓厚的宋代雅乐复古气息,同时也强调雅乐文化的新发展。以复古为鹄的的雅乐复兴成为近几年讨论热点。罗旻指出北宋士人在儒学复兴背景下总结与反思前代礼乐兴亡教训,力求取法三代并复兴周代礼乐与诗教传统,确立本朝雅乐规范;南宋为宣示正统,全面重整雅乐,律准遵循大晟乐,礼乐制度从仁宗朝之制。[⑥] 杨倩丽等指出北宋雅乐六次大规模改革主导思想含有"用乐以合《周礼》"的成分,但始终未形成理想雅

---

① 杨成秀:《思想史视域下的北宋雅乐乐论研究》,上海音乐学院博士学位论文,2014年。
② 发表成果包括李方元:《〈宋代乐论〉导论》,以及李方元,康瑞军,杨成秀:《〈宋代乐论〉辑录:论音乐生活》《〈宋代乐论〉辑录:论音乐展演》,《音乐文化研究》,2017年第1期,2018年第1、4期。
③ 卫亚浩:《宋代乐府制度研究》,首都师范大学博士学位论文,2007年。
④ 王小盾,李晓龙:《中国雅乐史上的周世宗:兼论雅乐的意义和功能》,《中国音乐学》,2015年第2期。
⑤ 郑月平:《从历史文化学的角度解读北宋之雅乐》,西北大学硕士学位论文,2005年。
⑥ 罗旻:《宋代雅乐复兴与郊庙朝会乐歌制作》,《福建师范大学学报》,2019年第2期。

乐体系。① 汪子骁指出宋代处于雅乐发展承前启后时期,从北宋前期到后期先后进行了多次雅乐制作,改革依循的古制越发向上追溯,对理想的"雅"的追求也愈加执着,但改制多停留在制度制定层面,且疏漏严重;及至南宋,朝廷大大缩减宫廷音乐机构规模,直接从民间征调乐工,雅乐受重视程度下降。② 赵艺兰、杨成秀集中于大朝会乐制的变化,指出北宋大朝会基本继承前代框架,但用乐制度前后期变化较大,初期多承前朝,用乐雅俗并陈,中后期随着复古三代的政治文化取向增强,逐渐取缔初期用乐传统,专用雅乐。③ 杨成秀研究更为具体,指出太宗淳化后全用雅乐已成常态,而且专门分析了自太祖到高宗大朝会礼用乐在"上寿仪"中的变迁。④ 复古潮流下雅乐的新变也得到充分注意,路佳琳探讨北宋中期景祐—嘉祐年间在复兴儒学思潮影响下雅乐形式的变化,乐书方面制作出《景祐乐髓新经》《景祐广乐记》《钟律制议》等,乐器出现拱宸管、七弦琴、九弦琴等革新,雅乐机构在礼部、太常寺、大晟府外设临时议乐机构"详定大乐所",专门讨论朝会及祭祀的乐律制度。⑤ 崔萌指出大晟府出现后宫廷雅乐乐器种类增加,演出形式更加丰富多样。⑥

一些研究者热衷于透视雅乐改制背后隐藏的政治博弈,虽偏重社会学视角,但对解析雅乐文化本质具有重要参考价值。管艺指出雅乐在北宋朝堂呈现旷日持久争论,每次雅乐改制虽都围绕乐律调高问题

---

① 杨倩丽,陈乐保:《用乐以合〈周礼〉:试论北宋宫廷雅乐改革》,《四川师范大学学报》,2016年第3期。
② 汪子骁:《两宋雅乐研究:以雅乐发展趋势为中心》,上海师范大学硕士学位论文,2018年。
③ 赵艺兰:《北宋中后期大朝会乐制的雅正化进程》,《中央音乐学院学报》,2020年第1期。
④ 杨成秀:《宋代大朝会礼用乐及其变迁研究》,《音乐艺术》,2019年第2期。
⑤ 路佳琳:《北宋景祐:嘉祐年间的雅乐研究》,杭州师范大学硕士学位论文,2012年。
⑥ 崔萌:《大晟府对宋代音乐文化的影响》,河南大学硕士学位论文,2009年。

展开,但士大夫关于音乐问题的博弈隐含着对政治话语权的争夺。①于洋专题研究仁宗朝景祐—皇祐年间乐议现象,揭示士大夫阶层如何通过参与制礼作乐试图实现"共治天下"。② 胡劲茵则具体分析了仁宗景祐时期以"李照乐"为核心的乐制改革背后的政治权利争夺。③ 徐蕊对北宋雅乐的中声音乐观与钟声实践的探讨也关涉相关问题。④ 林萃青指出宋徽宗统治思想极重视以雅乐为重心的礼乐活动,追求雅乐与古制符合,最大限度发挥礼乐政治功用。⑤ 孙亚琼也探讨了宋徽宗雅乐改制的政治文化意蕴。⑥ 还有研究者强调用比较研究视角更清晰揭示宋代雅乐特点及影响。孙琳比较唐宋雅乐的乐队、乐律、管理机构、雅乐制作、君臣对雅乐的态度,以及政治经济、文化形态等外部因素,从历史发展角度考察并概括出唐代雅乐尤简、宋代雅乐繁杂复古的特点。⑦ 邱源媛也得出唐代雅乐求新、崇尚融合,宋代雅乐保守、寻求复古的结论,重点分析了宋代律吕制作的复古性。⑧ 易霜泉整理两宋、辽、金宫廷吉礼音乐史料,研究吉礼用乐的纵向传承与变迁。⑨

另外,宋代雅乐与东亚文化圈雅乐文化的关系也获得越来越多的关注,其主要原因在于东亚文化圈雅乐文化传承自中国,而且又成为国内雅乐复原活动最重要的活态参考资料。唐宋以降雅乐流布到东亚文化圈,经过漫长本土化过程,日本、朝鲜半岛、越南继承并发展出本民族

---

① 管艺:《六次乐改中的音乐话语与政治博弈》,华中师范大学硕士学位论文,2017年。

② 于洋:《乐与政通:北宋中期的乐议研究》,华中师范大学硕士学位论文,2016年。

③ 胡劲茵:《乐制改革所见北宋景祐政治》,《史学月刊》,2016年第12期。

④ 徐蕊:《中声与钟声:北宋雅乐的中声音乐观与钟声实践》,《中国音乐学》,2013年第4期。

⑤ 林萃青:《宋代音乐史论文集:理论与描述》,上海:上海音乐学院出版社,2012年。

⑥ 孙亚琼:《宋徽宗音乐思想研究》,陕西师范大学硕士学位论文,2016年。

⑦ 孙琳:《唐宋宫廷雅乐比较研究》,武汉音乐学院硕士学位论文,2006年。

⑧ 邱源媛:《唐宋雅乐的对比研究》,四川大学硕士学位论文,2003年。

⑨ 易霜泉:《两宋、辽、金宫廷吉礼用乐研究》,上海音乐学院硕士学位论文,2015年。

雅乐文化,其中古代朝鲜主要承袭宋代雅乐。自 21 世纪后国内学者开始热切关注朝鲜雅乐文化,一些学者偏重考察宋代雅乐传入朝鲜的情况。冯文慈《中外音乐交流史》指出高丽是唯一从中国吸收大晟乐的国家。① 韩国的徐海准等细致考证并梳理徽宗朝雅乐系统传入高丽朝的过程,以及雅乐形态的被接受情况。② 赵维平指出北宋政和年间将完整雅乐赠予朝鲜,认为朝鲜半岛现存雅乐是东亚所存唯一真正中国古代音乐形式的雅乐。③ 更多学者关注朝鲜对宋代雅乐的接受、传承,进而不断衍变的历史状况。迟凤芝梳理高丽朝对宋朝雅乐的接受与雅乐在李朝宫廷乐中的传承与变衍,指出由宋朝流传到高丽朝的雅乐保持了宫廷仪礼乐和祭祀乐的属性,是标准雅乐,只在乐器和乐曲内容方面融入了朝鲜乐成分。④ 陈妍慧历史梳理更为细致,指出高丽时期引进北宋大晟雅乐并保持其原本样态,高丽末期动乱,乐工、乐器散失,李朝重新恢复雅乐,考察儒家典籍,完成雅乐律管、乐器、乐谱制作,制定用律用乐规范和登歌、轩架、二舞形态。⑤ 迟凤芝还专门具体考察朝鲜文庙雅乐的乐谱、乐器、乐队编制、乐律制度、雅乐形态、祭祀程序等,并辨析文庙雅乐对中国雅乐的具体承袭、改变之处,试图从中发现中国雅乐本貌。⑥ 此外,刘青弋追溯至二战后,⑦宫宏宇、王小盾也从音乐交流角

---

① 冯文慈:《中外音乐交流史》,湖南教育出版社,1998 年。
② 徐海准,陈真:《朝鲜半岛高丽时期的宫廷仪式音乐研究》,《星海音乐学院学报》,2016 年第 4 期。
③ 赵维平:《朝鲜李朝时期雅乐的历史变迁》,《音乐研究》,2015 年第 5 期。
④ 迟凤芝:《朝鲜半岛对中国雅乐的接受、传承与变衍》,上海音乐学院硕士学位论文,2004 年。
⑤ 陈妍慧:《北宋大晟雅乐在朝鲜半岛的传播和衍变》,华中师范大学硕士学位论文,2016 年。
⑥ 迟凤芝:《朝鲜文庙雅乐的传承与变迁》,上海音乐学院博士学位论文,2009 年。
⑦ 刘青弋:《中国古典舞代表作重建的探索与思考》,《北京舞蹈学院学报》,2014 年第 5 期。

度审视宋代雅乐传播。①

综合考察宋代雅乐的历史研究,可以看到该研究领域重视系统完备的历史文献收集整理与精细的考证辨析,强调实证研究的严肃性。在研究路径上,一方面,视域开阔,试图从历史演进、艺术社会政治功能、文化交流等多维视角审视,但另一方面,研究话题较为集中,专题性强,尚未出现真正意义上总体研究的代表性成果。

二、宋代雅乐形态研究

宋代雅乐研究的另一个核心方向是雅乐的具体形态研究,相关成果不仅成为宋代雅乐历史研究最重要的音乐文化形态的佐证,而且也成为宋代雅乐复原研究与复原实践探索最直接的依据。国内学者在该领域取得了一系列成果,帮助我们超越纯粹历史文献研究的局限,获得了对于宋代雅乐文化更直观的感受。20 世纪 10—60 年代的宋代雅乐研究的核心成果就是对于雅乐形态问题进行的初步历史文献分类梳理。萧友梅《17 世纪以前中国管弦乐队的历史的研究》分为乐队和乐队乐器研究,简要梳理概括了宋代雅乐乐队情况,在介绍乐器形制时也涉及宋代。王光祈简要梳理古代雅乐乐队组织、舞乐形式等文献,涉及宋代雅乐的散见第三章《律之进化》、第四章《调之进化》,其中第四章引述《宋史·乐志》关于政和年间大晟雅乐补徵、角二调的记载。② 许之衡简要介绍了宋代雅乐的乐调、乐器、乐曲内容、乐队等情况。③ 杨荫浏集大成,对宋代雅乐的应用场合、乐曲内容、乐曲创制,以及标题、乐律制度、乐器制作、表演形式等进行了系统文献梳理与概括总结。④ 此外,20 世纪 60 年代初出现了陈梦家、李文信等对于现存大晟钟的精细

---

① 宫宏宇:《赵佶的音乐外交与宋代音乐之东传:介绍英国学者普兰特对宋代中国与高丽间音乐交往的有关研究》,《黄钟》,2001 年第 2 期;王小盾:《从〈高丽史·乐志〉"唐乐"看宋代音乐》,《中国音乐学》,2005 年第 1 期。

② 王光祈:《中国音乐史》,中华书局,1934 年。

③ 许之衡:《中国音乐小史》,商务印书馆,1935 年。

④ 杨荫浏:《中国古代音乐史稿(上)》,音乐出版社,1964 年。

考古学研究，①日本林谦三《东亚乐器考》也在1962年翻译出版。② 20世纪80年代之后的研究沿袭着他们所开拓的问题域做出了更为专深的探索。关于宋代雅乐形态的研究以专题性的讨论为主，包括对于音乐、表演、乐队等方面的形态研究，另外，对于乐器的研究非常突出。这些研究活动仍然建立在坚实的文献整理、研究基础之上，而且文献整理工作较之开创期更为系统全面，同时，考古学成果极大地推进了对乐器的研究。

对于宋代雅乐形态的综合性研究极少，现有成果均是就某一仪式的"解剖麻雀"式的研究，如汪洋较为系统地梳理了宋代五礼仪式音乐的相关文献，分为五礼种类及典型仪礼用乐程式、五礼仪式音乐特征及乐队编制、五礼仪式音乐中典型乐曲和乐章三方面。③ 杨成秀具体梳理了自宋太祖到宋高宗大朝会礼用乐在"上寿仪"中的用乐类型、仪式、乐章结构、音乐音高、乐队组合等方面的变迁。④ 关于宋代雅乐的音乐形态研究，涉及音乐观念、乐歌、乐谱、乐曲等方面。关于雅乐的音乐观念研究，前文述及的有关雅乐发生与历史演进的研究成果中均对此有过细致探讨，其他专题性的研究还包括杨成秀对于北宋雅乐乐论文献的系统梳理和对音乐观念的挖掘，⑤徐蕊对于中声与钟声概念及其关系的讨论，⑥以及孙亚琼对于宋徽宗音乐思想的研究等。⑦ 在雅乐的乐歌研究方面，徐利华做出了综合系统的深入研究，其专著《宋代雅乐乐歌研究》在扎实的文献考据基础之上，⑧从礼、乐两个维度透视乐歌，尤

---

① 李文信：《上京款大晟南吕编钟》，《文物》，1963年第5期；陈梦家：《宋大晟编钟考述》，《文物》，1964年第2期。
② 林谦三著，钱稻孙，等译：《东亚乐器考》，音乐出版社，1962年。
③ 汪洋：《宋代五礼仪式音乐研究》，河南大学硕士学位论文，2002年。
④ 杨成秀：《宋代大朝会礼用乐及其变迁研究》，《音乐艺术》，2019年第2期。
⑤ 杨成秀：《思想史视域下的北宋雅乐乐论研究》，上海音乐学院博士学位论文，2014年。
⑥ 徐蕊：《中声与钟声：北宋雅乐的中声音乐观与钟声实践》，《中国音乐学》，2013年第4期。
⑦ 孙亚琼：《宋徽宗音乐思想研究》，陕西师范大学硕士学位论文，2016年。
⑧ 徐利华：《宋代雅乐乐歌研究》，南开大学博士学位论文，2012年。

其是注重从仪式活动视角考察乐歌的生成、特质、形式等问题,如他指出宋代典礼仪式大多数环节是通过乐歌的变换推动仪式程序开展,并掌控仪式节奏。他还通过研究祭天、享祖、朝会等典礼中的仪式环节和雅乐乐歌的设置,勾勒出同一种典礼在不同时期仪式环节与乐歌演唱中的沿革。具体到乐歌创作,他说明乐歌创作者通过描绘仪式场景增强作品的现场性,而仪式场景特点直接影响乐歌意象生成。徐利华还专门探讨了雅乐的乐歌文体,指出众多雅乐乐歌是宋代雅乐复兴的产物,乐歌创作复古而不泥于古,既有古雅一面,又深受诗词创作风气影响,体裁、格律有种种新变,文体选择也巧思独运。罗旻具体分析了南宋高宗朝郊庙朝会乐歌制作情况,当时因典礼仪节愈趋繁琐,大晟乐章又多所散佚,所以广为新制歌辞,规模空前。① 关于宋代雅乐乐谱的研究,徐利华《宋代雅乐乐歌研究》附有对《中兴礼书》中雅乐乐谱的翻译。此外,林萃青专门探讨了南宋宫廷祭祀音乐。②

对于宋代雅乐的表演体制,康瑞军的专著《宋代宫廷制度研究》最具代表性。③ 该书专设"宋代宫廷音乐表演体制及特质"一章考察宋初政和以来雅乐表演体制的演变,揭示出宋代雅乐在乐队规模、用乐场合,以及用乐程式等方面的变化,并依据《文献通考》与《政和五礼新仪》重新绘制了宫架示意图,力图修正杨荫浏所绘宫架示意图的不足。康瑞军还考察了宋代宫廷雅乐依托的仪节程式并归结其特点。关于宋代雅乐的乐队编制,张丽《宋代乐队编制研究》进行了专题研究,她依据《宋史·乐四》详细梳理了大晟府主持下的宫架乐、登歌乐的乐队规制情况,并绘制了亲祠宫架乐队、大祠宫架乐队、亲祠登歌乐队、大祠与中祠登歌乐队编制图表,指出徽宗时期的雅乐(新乐)乐队编制甚至成为后世历朝宫廷雅乐活动都必须借鉴的典范。④

关于雅乐乐器研究方面的成果非常突出,研究者在现代考古学、声

---

① 罗旻:《宋代雅乐复兴与郊庙朝会乐歌制作》,《福建师范大学学报》,2019年第2期。
② 林萃青:《宋代音乐史论文集:理论与描述》,上海音乐学院出版社,2012年。
③ 康瑞军:《宋代宫廷制度研究》,上海音乐学院博士学位论文,2007年。
④ 张丽:《宋代乐队编制研究》,河南大学硕士学位论文,2001年。

学、音律学等方法的帮助下取得了一些突破性的进展。当然，较为传统的历史文献整理与研究的成果依然占据主体。王秀萍《宋代乐器研究》通观宋代乐器整体状况，将宋代乐器分为击乐器、气乐器、弦乐器三大类，考证并描述各种乐器名称、形制、使用场合、演奏方法，以及各时期形态变化等，同时按照乐器使用场合说明雅部乐器基本情况。① 张春义针对大晟府雅乐乐器做出考据研究，指出大晟雅乐的乐器特点与以前宋代各时期的雅乐绝然不同，大晟雅乐乐器基本是刘昺正声、中声、清声系统的乐器，虽依传统分金、石、丝、竹、匏、土、革、木八部，但删汰了"熊黑按"乐器（如筝、筑、阮、筘、拱宸管等），增置了景钟、镈等大晟乐器，清理了木部乐器的淆乱局面，还补充入"匏、土二音"。②

对于大晟钟的研究尤为引人瞩目，现代考古学、声学、音律学等方法得到有效运用，主要围绕大晟黄钟等问题，出现了万依和李幼平等的重要成果。万依《宋代黄钟的改作及大晟黄钟的影响》基于对历史文献的精细考辨，从音律学、考古学角度出发，纵观由宋至清的乐律发展历史脉络，极为深入地探究了北宋徽宗朝黄钟的改作与大晟黄钟对后世历朝的深刻影响等。③ 万依首先专业性地精细考证了北宋徽宗朝刘昺制作大晟乐律、改作黄钟的开创性贡献，指出刘昺未按古法以黍尺、候气、汉钱尺、景表尺等作依据并否定魏汉律乐，充分尊重历代乐工累世的音乐实践，允许乐工"随律调之"，综合制定出大家能够习惯并接受的乐律系统，以及黄钟音高，该音高和人的歌唱能力相适应，乃"中和之声"。其次，万依详细考证了自北宋后金、元、明、清各朝代宫廷音乐的黄钟音高，证实它们均受到了大晟乐律的决定性影响。此外，万依还考证确定大晟黄钟音高为"C"，力图纠正杨荫浏确定为"d"的结论。本文成为该领域研究的典范性成果，将考古研究、文献考据与律学研究较好结合，具有很高学术价值与参考价值。万依后来又专门解说了现存大晟钟的测音情况，说明根据现存古尺和文献记载综合推算大晟黄钟律管（即大晟乐尺的长度与内径）所做律管测音与故宫所藏黄钟清编钟测

---

① 王秀萍：《宋代乐器研究》，河南大学硕士学位论文，2004年。
② 张春义：《大晟府雅乐乐器考》，《西华师范大学学报》，2014年第3期。
③ 万依：《宋代黄钟的改作及大晟黄钟的影响》，《音乐研究》，1993年第2期。

音相校相差甚微,其余几枚编钟测音结果也基本符合现代十二平均律,他因此得出了宋代音乐技术与铸造水平已达很高水平,并掌握了十二平均律的结论。① 李幼平的专著《大晟钟与宋代黄钟标准音高研究》完全依据他在海内外查访的现存宋代大晟钟的实际音响来探讨宋代黄钟标准音高,并认定宋代新定并付诸音乐实践的黄钟标准音高可能只有北宋初期太常律、中后期教坊律和末期的大晟律。② 此外,由于受到现代考古学、声学、音律学等学科方法的启示,李幼平在考察历史文献时,关注到科技进步对宋代雅乐的重要影响,提出随着宋代科学技术的进步,先秦编钟的科学钟体结构与发音原理被宋代科学家、音乐学家逐步认识,进而出现了改乐铸钟、以器写声、用钟记律的历史现象,这直接推进北宋编钟铸制与使用、历次黄钟标准音高变迁、新乐制定与推广等。③ 李钊则从科技史角度对李幼平的论断做了更为细致的考察与分析。④

综合考察宋代雅乐形态研究,可以看到该领域研究不仅强调建立在系统完备文献收集、整理与精细考证、辨析基础上的严谨的实证性研究,而且充分重视考古发现,并有效吸收现代考古学、声学、音律学等科学成果。因此,除了在系统整理宋代雅乐形态文献并进行分析、概括方面取得突出成绩之外,在对乐器的科学研究方面也出现了较大程度的突破,为雅乐乐器复原探索提供了一定的科学研究依据。

三、雅乐复原综合研究的理论与实践探索

20世纪90年代以来,随着国内非物质文化遗产保护与传承热潮的兴起,包括宋代雅乐在内的中国古代音乐文化形态的复原(或称复建)问题逐渐得到学界的重视,涉及乐器、乐歌、乐曲、乐舞、仪式音乐活动

---

① 万依:《一朝大晟钟余音八百年》,《紫禁城》,1998年第8期。
② 李幼平:《大晟钟与宋代黄钟标准音高研究》,中国艺术研究院博士学位论文,2000年。
③ 李幼平:《宋代新乐与编钟》,《黄钟》,2001年第1期。
④ 李钊:《科技的部分领域对北宋音乐的影响研究》,中国艺术研究院硕士学位论文,2009年。

等的复原实践均进入逐渐探索中,复原研究与复原实践两者相互促进。

较之宋代雅乐历史研究、雅乐形态研究,雅乐复原研究尚处于初始探索阶段,所关注的核心问题除宋代雅乐乐器及音响复原之外,还有关于如何实施复原工作的路径与方法等。当然,对于后者的论述多是较为浮泛的概括,而且是在泛论所有的雅乐现象。不过,在这些讨论中有关复原工作的方法、原则等的设想对于宋代雅乐也是普遍适用的,可以为宋代雅乐的复原研究提供有效的方法论基础。方建军、赵维平、刘青弋的思考比较有代表性。方建军《有关雅乐重建的几个问题》思考雅乐重建较为全面,而且具有较强的实践指导价值。他指出雅乐重建需要注意以下问题:其一,要为雅乐重建提供坚实的学术基础,对雅乐的研究要结合历史文献与考古发现,并进行历时性考察;其二,要明确认识到雅乐的问题并非纯粹的音乐的问题,因为雅乐既是古代中国礼乐制度的核心组构,也是礼乐活动的主要载体;其三,要认识到雅乐重建最终是要以具体的表演形态呈现,因此,要立足于坚实的历史研究基础之上,并在制作材料、工艺技术等方面充分吸收运用现代科技手段。① 赵维平《中国与东亚诸国的雅乐及重建雅乐的思考》综合考察了中国及东亚各国雅乐的基本形态,试图归纳出中国雅乐的主要类型和演奏形态。赵维平指出如果要为雅乐的复建工作奠定良好的学术研究基础,除了要对文献史料、仪式制度、服饰舞容等音乐"外围"问题作出详细考察,更要对雅乐的乐器音律、乐器形制、演奏法、音响审美趣味等音乐本体的问题展开研究。② 刘青弋试图归结出以重建雅乐舞为鹄的的学术研究的基本途径,并指出相关研究都要围绕为重建寻找依据而服务:其一,坚持历史学与考古学方法,返回原典,获得可靠的历史文献依据;其二,运用人类学田野调查等方法,寻找雅乐舞的活态遗存,即重建工作的活的依据;其三,社会学、符号学、语言学和艺术图像学结合,为阐释历史文献建立学术依据;其四,运用历史学、语言学、美学等方法,整理

---

① 方建军:《有关雅乐重建的几个问题》,《天籁》,2011年第2期。
② 赵维平:《中国与东亚诸国的雅乐及重建雅乐的思考》,《中国音乐》,2011年第2期。

古典舞蹈"术语",审视古典舞蹈历史面目。① 当然,刘青弋所持的是广义的雅乐观,即将狭义的雅乐与燕乐都包括在内。另外,20 世纪 70 年代以来国内关于古代乐器复原的工作取得了长足进展,如对曾侯乙编钟、新疆丝路沿线出土琵琶类乐器、贾湖骨笛的复原研究及复原实践都引人瞩目,积累了大量研究成果。② 这些研究成果,以及复原工作的相关思路与具体做法,均为宋代雅乐乐器的复原研究与实践提供了有益借鉴。

具体到宋代雅乐的复原研究领域,有关宋代雅乐乐器及音响复原的研究成果最为突出,其中尤其显著的是李幼平对于大晟钟复原的研究。它包括两个部分:第一部分,是建立大晟钟复原的史料依据。首先,对于大晟钟进行严谨的历史文献学研究,确定了大晟钟演变的三个历史节点,即大晟钟成之时、大晟钟成之后出现一些变迁、靖康之变后出现流变;③其次,借助现代考古学、声学、音律学等科学方法,依据他所寻访到的海内外现存的 25 件宋代大晟钟的实际测音数据,确定了宋代黄钟标准音高。④ 第二部分,李幼平深入思考大晟钟复原的理论与方法,并为仿制试验做准备。他对于复原理论研究和实验性实践活动中的"复原""复制""仿制""重制"等类型做出理论辨析与界定,并明确阐释了复原活动的本质特质,指出后人的复原只可能做到相对接近,而根本不可能完全恢复原貌,这是由复原工作的过程所决定的,因为复原工作首先是运用当前掌握的技术、方法、理论对于已知文献、已见文物进行科学研究,获得历史依据和科学依据,然后在此研究基础之上展开

---

① 刘青弋:《中国古典舞代表作重建的探索与思考》,《北京舞蹈学院学报》,2014 年第 5 期。

② 代表成果如王子初:《复原曾侯乙编钟及其设计理念》,《中国音乐》,2012 年第 4 期;黄翔鹏:《舞阳贾湖骨笛的测音研究》,《文物》,1989 年第 1 期;张寅:《古乐器音响复原及相关概念的讨论》,《人民音乐》,2013 年第 9 期;吴春艳,张寅:《新疆丝路沿线出土琵琶类乐器及其音响复原构想》,《音乐研究》,2016 年第 3 期;孙毅:《舞阳贾湖骨笛音响复原研究》,《中国音乐学》,2006 年第 4 期。

③ 李幼平:《大晟钟的复原研究与仿(重)制试验》,《黄钟》,2015 年第 4 期。

④ 李幼平:《大晟钟与宋代黄钟标准音高研究》,中国艺术研究院博士学位论文,2000 年。

专题性、综合性历史原貌重构。此外,李幼平还具体论证了复原与复制大晟钟的四种基本路径,即全貌性复原、已知品复制、典型器复制、局部性复原与全景式示意。①

宋代雅乐复原研究的另一个重点方向是乐舞的复原研究,已作出了初步的尝试。杜心乐《北宋祭孔佾舞舞谱恢复考略》考证北宋祭孔佾舞有关的文献史料,提出采用明万历年间所编《阙里旧志》中收录的舞谱来恢复北宋祭孔佾舞。② 李荣有指出基础理论研究对于复建南宋雅乐舞的重要意义。③ 刘青弋试图挖掘整理与复原中国宫廷舞蹈,和杭州师范大学合作复建南宋雅乐舞的项目,设想在历史文献研究基础上,研究复建南宋雅乐音乐代表作、乐器与舞蹈代表作,以及服饰、道具等,不过,她所坚持的雅乐概念较为泛化。④

宋代雅乐复原的相关理论研究的不断深化与拓展,为宋代雅乐的复原实践积累了愈来愈多的历史依据与科学依据,这些均推动着复原实践活动的有效开展,进而催生出一系列重要的复原实践探索成果。其中李幼平带领研究团队在对大晟钟的学术研究和复原研究基础之上进行仿制实验,并撰写报告,记录其对于大晟钟的复原理念、复原路径与仿制实验活动。如李幼平研究团队在《河南大晟钟及其复原研究与仿制实验》中完整记录了他们对开封、洛阳现存大晟钟的实验考古、复原研究、音乐音响试验、仿制实验等的全部过程。他们最终在武汉机械工艺研究所的帮助下,重新设计、仿制了一套中型大晟钟编钟,通高28cm,共16件,标准音高为 A4＝440Hz,音域则遵循大晟钟复原研究结论,按十二平均律取一个八度加小三度(增二度),范围在 C4 至 ♯D5

---

① 李幼平:《大晟钟的复原研究与仿(重)制试验》,《黄钟》,2015 年第 4 期。
② 杜心乐:《北宋祭孔佾舞舞谱恢复考略》,《天津音乐学院学报》,2018 年第 2 期。
③ 李荣有:《南宋乐舞艺术现代复建研究》,《杭州师范大学学报》,2013 年第 1 期。
④ 刘青弋:《中国古典舞代表作重建的探索与思考》,《北京舞蹈学院学报》,2014 年第 5 期。

之间。① 李幼平研究团队还在《大晟钟的复原研究与仿（重）制试验》中历数了他们多年来所进行的 4 次较大规模的大晟钟仿制工作的情况。这两篇报告对于仿制大晟钟的音高数据、形制数据，以及铸造工艺等都有极其细致的记录。可以看到，李幼平研究团队所完成的大晟钟的复制实验活动体现出客观严肃的学术研究与复原实践活动的较好结合，对于宋代雅乐的乐器复原实践探索具有十分重要的示范性意义。刘青弋研究团队尝试复制南宋雅乐乐队的全套乐器、复原 7 部南宋音乐作品，以及一些文舞、武舞。② 较之李幼平研究团队的复原工作，国内很多地区的各种复原宋代雅乐文化形态的尝试往往因缺乏客观严肃的长期学术研究而显得依据不足。

综合考察宋代雅乐复原综合研究的理论与实践探索可以看到，较之宋代雅乐历史研究、雅乐形态研究领域而言，该领域研究仍显得较为薄弱，只是在大晟钟的复原研究和复原实践方面取得了较为坚实的实绩。对于大晟钟的复原研究和复原实践应该成为其他方面复原研究与实践的范例。

结　语

综上所述，自民国初年开始迄今，国内宋代雅乐研究已逾百年，成绩斐然，尤其在进入 21 世纪之后，研究成果出现井喷现象，在宋代雅乐历史研究、雅乐形态研究、雅乐复原综合研究等三个方向的理论与实践探索均取得长足进步，并形成以下特点：首先，严格的历史研究与复原实践探索紧密结合，不仅使该领域历史研究成果带有潜在的实践性，而且使复原研究与复原实践具备坚实的学术研究基础。其次，二重证据法的有效运用。一方面，研究者遵循实证史学传统，在各自研究范围内进行了全面系统的历史文献收集、整理与精细的考辨；另一方面，非常

---

① 李幼平：《河南大晟钟及其复原研究与仿制实验》，《中国音乐》，2014 年第 4 期。
② 刘青弋：《中国古典舞代表作重建的探索与思考》，《北京舞蹈学院学报》，2014 年第 5 期。

重视相关考古发现与研究成果，并力求与文献研究紧密结合，为专题研究奠定了坚实实证基础。再次，充分吸纳科学成果与技术手段。一方面，充分吸收现代考古学、音律学等学科成果与方法；另一方面，纳入冶金学、金属工艺学、声学等学科的科技手段，推动了宋代雅乐理论研究与复原实践的突破性进展。

但与此同时，我们也必须清醒看到，国内的宋代雅乐研究领域仍存在着各种较为严重的问题，而且现有成果距离精准研究和原样复原的预定目标依然遥远。事实上，宋代雅乐研究领域是存在先天不足的缺陷的，这主要表现在研究根基的不牢固。很明显，关于宋代雅乐的历史文献留存不多，可供资证的出土文物极少，而作为活态存在的东亚文化圈的雅乐文化的参考价值实际十分有限，因为这些国家的雅乐文化已经充分地本土化、民族化，从中已经很难辨析出作为传承母体的中国古典雅乐的初始形态。这些使宋代雅乐研究在雅乐历史研究、雅乐形态研究、雅乐复原研究及实践等方面均面临着很大的难题。另外，国内宋代雅乐研究领域中的不少研究、复原等活动仍然不够严谨，不仅存在着对于诸多历史现象进行大胆推测与主观臆想的情况，而且将中国各时代的雅乐现象混淆、把东亚文化圈的雅乐现象与宋代雅乐混为一谈等情形亦时有发生，各地的复原实践活动更是较为混乱。这就要求研究者们认真回顾百年来宋代雅乐研究的探索历程，并决意立足于更为严格的学术研究的基础之上，继续拓宽新的思路，探索新的方法，发现新的方向，以期实现宋代雅乐研究的新的历史性的突破。

原载于《河南大学学报（社会科学版）》2020年第6期，《舞台艺术（音乐、舞蹈）》2021年第3期转载

宋代以来四川的人群变迁与辛味调料的改变

吴松弟①

【导语】 从移民史和辛味调料传播史来看,唐宋时期四川人嗜食大蒜,南宋后期因战乱四川人口锐减,导致嗜食大蒜的人口多不存在。此后人口增长缓慢曲折,经历了清康雍乾朝的"湖广填四川"才达到一定的人口数量。其间迁入湖广的移民尤其是宝庆府的移民将辣椒带入四川,四川人开始嗜食辣椒,而古老的食用花椒的习惯仍得以保存。

辣椒无疑是我国今天最著名的辛味调料了。尽管有着"湖南人不怕辣,贵州人辣不怕,四川人怕不辣,湖北人不辣怕"等关于何省人最会吃辣的争论,流行各地的川菜馆的辣味,却让人体会到四川人无疑是最喜欢吃辣的人群。有关四川辣椒的最早记载,可能是清乾隆十四年(1749)成书的《大邑县志》,因此辣椒传入四川的时间最早可以上溯到乾隆初年。② 那么,在辣椒传入以前,四川的主要辛味调料是什么呢?蓝勇经过考证,以为是花椒,历史上四川是花椒最重要的产地,食用也最普遍,清代以后由于辣椒的传入和推广,花椒在辛味调料中的地位才大大下降。③ 然而,在笔者见到的宋代文献中,宋代四川人主要的辛味

---

① 复旦大学历史地理研究所教授。
② 蒋慕东,王思明:《辣椒在中国的传播及其影响》,《中国农史》,2005 年第 2 期。
③ 蓝勇:《中国辛辣文化与辣椒革命》,《南方周末》,2002 年 1 月 24 日。

调料似乎不是花椒,而是今天主要流行于北方的大蒜。① 今天所见的有关四川饮食文化历史的论著,无一涉及宋代四川人嗜食大蒜这一现象。有感于此,笔者撰写此文,以作填补。笔者依据移民史的研究,认为四川人嗜食大蒜的习俗的消失和嗜食辣椒的习俗的形成,是发生在宋元之际和明清之际四川主要人群更替的结果之一。

一、唐宋四川人对大蒜的嗜食

大蒜传自西域,最早见于记载的,是西晋张华的《博物志》:"张骞使西域,得大蒜、胡荽"②。大蒜传入中原,不久便得到广泛种植,成为我国人民的重要调料之一。东汉初年太原人闵仲叔,被时人称为"节士",人们见其生活贫困,以水代菜下饭,"遗以生蒜",他"受而不食",③便是一证。唐代嗜食生蒜的人很多。初唐时杨德干历任泽州(治今山西晋城)、齐州(治今山东济南)、汴州(治今河南开封)、相州(治今河南安阳)等四州刺史,治有威名,以至于这些州的人编出俗语"宁食三斗蒜,不逢杨德干"。④ 这些州在今天的山西、山东、河南境内,这些地方当时应有不少人嗜食生蒜。元代《东鲁王氏农书》说:"北方食饼肉,不可无此",⑤估计食生蒜的人群主要在北方。

然而,四川在西南而不在北方,同样嗜食生蒜。北宋张君房所编道教典籍《云笈七签》卷一百一十九《王道珂诵天蓬咒验》,曾载一个与生蒜有关的故事。唐末居住在成都双流县南笆的道士王道珂以卜筮符术

---

① 凡涉及四川辛味调料发展史的论著,基本上不提大蒜。实际上,尽管少数地方的人有将生蒜或腌蒜做菜的习惯,但绝大多数地方的人的吃法还是将生蒜捣为蒜泥,拌入肉类和蔬菜,制成蒜泥白肉、蒜泥豆角一类的食物。因此,大蒜与花椒、辣椒、姜、葱并无区别,应将其看做辛味调料而不能只看成蔬菜。事实上,在清康熙四十七年撰的《御定佩文斋广群芳谱》卷十三中,蒜便与姜、葱等调料品列在一起。
② 贾思勰:《齐民要术》卷10,扬州:广陵书社,2001年。
③ 范晔:《后汉书》,中华书局,1965年,第1740页。
④ 刘昫:《旧唐书》,中华书局,1975年,第5004页。
⑤ 缪启愉:《东鲁王氏农书译注》,上海古籍出版社,1994年,第126页。

为业,无论外出还是在家,都常念诵"天蓬咒",因而得到神兵的卫护。但有一天清晨,他随村人挑一担生蒜到县城的市场,神兵因嫌其臭而远离。由于得不到神兵的保护,王道珂被城门外白马将军庙中的野狐击倒,并被拽入庙的堂阶之下,受到庙神的谴责。至此他才明白:"凡持此咒,勿得食蒜"。此外,北宋初成书的《北梦琐言》,也载唐代四川一位名叫何景冲的道士好食生蒜,每次上坛做法事嘴中总有蒜气,后来因之遭到上天的惩罚。① 透过两则有趣的道教故事,不难看出唐代四川人食蒜已成风气,连道士都难以免俗,只有高踞于云端的神主和神兵不食生蒜、嫌蒜臭,并以念咒和做法事前食蒜为大不敬。

唐宋时期,南方另外一些地方也有食生蒜的习俗。《吴郡志》记载苏州的南赵屯村人王可交常取大鱼烹之,捣蒜末大嚼,乐之不厌。②《夷坚志》亦载江西南城人陈道光自桂林罢官归家,路过洞庭,梦见洞中龙子奉命告诫:"君勿食蒜、韭及犬,后三年当有所遇"③。按松江在今天的苏沪两省市交界处,南城在江西东部近福建,估计此四省市境宋代也有人食生蒜。

不过,在南宋时奔走各地仕宦的苏州人范成大看来,四川应该是食生蒜最普遍而且最厉害的地区。淳熙元年(1174)范成大由广西安抚使改任四川制置使,由广西桂林经两湖到荆州,再登舟入四川。一路上沿川江或乘舟或遵陆,经过巫山、奉节、云安(今云阳)、万州(今万县市)、梁山、垫江、邻山、邻水、广安、汉初(今武胜县西)、遂宁府(今遂宁市)、飞乌(今中江县仓山镇),到达成都。在一路经历和见闻的异闻趣事中,最令他印象深刻的,是"巴蜀人好食生蒜,臭不可近",他每每"为食蒜者所薰"。他将四川人的食生蒜与岭南人的食槟榔相提并论,以为都是恶俗,说自己:"幸脱蒌藤醉,还遭胡蒜薰",不由得思念起家乡苏州的美味佳肴。④ 如上所述,唐宋时江南一带人其实已食生蒜,范成大对生蒜的

---

① 孙光宪:《北梦琐言》,上海古籍出版社,1981年,第90页。
② 范成大:《吴郡志》,江苏古籍出版社,1999年,第576页。
③ 洪迈:《夷坚志》,中华书局,1981年,第762页。
④ 范成大:《范石湖集》,上海古籍出版社,1981年,第226页。诗中提到的"蒌藤醉",指岭南人食槟榔拌以蛎灰与蒌藤,食者食后昏昏然。

薰人不会一无所知,他在四川难以忍受,甚至无法接近食用者的,是当地人因普遍而且过多食用生蒜,口中发出的强烈的臭味。

二、宋代以来四川的人群变迁与嗜食辣椒之风的形成

由于地居偏僻的西南,又受到周围高耸的秦岭、大巴山、巫山等巨大山脉的阻隔,每当中原和江南陷入大战时,四川大多能够保持相对和平的局面。唐宋同样如此,唐中叶的安史之乱,唐末的黄巢战争,两宋之际的靖康之乱,四川都受影响有限,并未发生像江淮地区那样因残酷战争而导致当地人口锐减、外来移民成为人口主体部分的现象。唐中叶、唐末五代以及南宋时期虽然都有一定数量的外地移民迁入四川,但移民在人口中都只占较小的比重,也未见外地移民将其他辛味调料带入四川,取代生蒜这一首要的辛味调料的记载,四川的嗜食生蒜之风得以长期保存。

南宋宝庆三年(1227),蒙古军队攻占四川的关外诸州。绍定四年(1231)、五年间,抄掠入川,若入无人之境。端平元年(1234)以后蒙古军队大举入蜀,横扫四川,一度攻占成都府。嘉熙元年(1237),蒙古开始旨在攻占四川的大规模军事行动,到嘉熙三年(1239)四川的一些重要府州包括成都在内都被蒙军占领。四川人民坚持抗击蒙元军队达半个世纪,直到南宋全境被攻占。蒙古军队攻入四川后,大肆屠杀平民,仅成都城中的尸骸便达140万具,城外尚不计在内。① 元人虞集回顾南宋后期战事:"蜀人受祸惨甚,死伤殆尽,千百不存一二"②。这些记载可能有夸大之处,但四川人大批死于战乱毋庸置疑。加上蒙古军队大量掳掠四川人到北方充当奴隶,以及一定数量的四川人流亡到长江中下游避难,导致当地人口剧减。

南宋嘉定十六年(1223)四川四路有户259万余,到元至元二十七年(1290)境内官方著籍的户数不过10万余户,考虑到元代外来移民进

---

① 袁桷:《清容居士集》卷34,四部丛刊本。
② 虞集:《道园学古录》卷20,四部丛刊本。

入四川这一因素,估计南宋末四川人口约剩 20 万余户,比嘉定十六年减少近 230 万余户。① 换言之,在南宋后期的战争中四川人口减少了 90％左右。元朝人揭傒斯的论述,印证了四川人口下降的严重程度:"惟蜀与宋相终始,声教沦洽,民心固结,故国朝用兵积数十年,乃克有定。土著之姓十亡七八,五方之俗更为宾主"②。唐宋时期人烟稠密、经济文化发达的四川,元代显然已成为人烟稀少、荆榛遍野、严重开发不足的区域。

元代和明朝都有一定数量的外地移民迁入四川,但由于明朝末年和清朝初年的连绵战争、瘟疫和旱灾,使得四川一度有所增长的人口重新锐减,再次回到地广人稀、开发不足的状态。清初四川全省的丁额不过在 1.5 万－3.0 万之间,仅与东南省区的一个县相当;由于人丁稀少,已开垦出的耕地不多,顺治十八年(1661)全省耕地面积只有 118.8 万亩,只及明万历年间耕地面积的 8.8％。③

为了招徕移民,发展经济,康熙七年(1668)、十年(1671),四川巡抚张德地请求朝廷鼓励湖广等省农民进川垦荒。十年六月,川湖总督蔡毓荣又提出放宽招民授官的标准和延长垦荒起科的年限,并宣布各省贫民携妻子入蜀开垦者准其入籍。朝廷批准了这些建议,大规模的移民入川由此展开。这一外地对四川的移民潮持续百余年,到了乾隆后期因人口密度增大,无主耕地已经不多,移民潮才逐渐式微。④

雍正七年(1729)修《四川通志》卷五上"户口",总结四川历史人口的发展过程:"蜀自汉唐以来生齿颇繁,烟火相望。及明末兵燹之余,采葺迁徙,丁户稀若晨星。我朝嘉惠元元,休养生息,多历年所,蜀中元气既复,民数日增,人浮八口之家,邑登万户之众,盈宁富庶,虽历代全盛之时,未能比隆于今日也。"其下并以各府州的具体数据,说明四川清前期人口的大幅增长。曹树基估计在乾隆中后期的四川人口中,移民至

---

① 吴松弟:《南宋人口史》,上海古籍出版社,2008 年,第 197—198 页。
② 揭傒斯:《揭傒斯全集》,上海古籍出版社,1985 年,第 361 页。
③ 曹树基:《中国移民史·第 5 卷·清民国时期》,福建人民出版社,1997 年,第 78 页。
④ 曹树基:《中国移民史·第 5 卷·清民国时期》,福建人民出版社,1997 年,第 79－82 页。

少已占了总人口的62%以上,而移民的60%以上来自湖广(指今天的湖南和湖北省域),此外还来自广东、江西、陕西等省的移民。① 显然,通过清初的大移民,来自今天的湖南、湖北二省域为主的外来移民,已成为四川人口的主体部分。

在外省移民涌入四川的几十年前,辣椒这一中国历史上不曾有过的辛味调料,开始进入中国并在各地流传。据蒋慕东、王思明的研究,②我国最早的辣椒记载,见于明高濂所撰、明万历十九年(1591)刊印的《遵生八笺》,称之为"番椒";其次是明王象晋所著、天启元年(1621)刻版的《群芳谱·蔬谱》,此书记载"番椒,亦名秦椒,白花,实如秃笔头,色红鲜可观,味甚辣,子种",已提到辣椒的味道。

那么,辣椒在我国的各地的食用和生产,在空间上是如何展开的呢?蒋慕东、王思明依据现存8000余部各地地方志有关辣椒的记载,探讨了全国范围的辣椒的传播问题。③ 明代方志没有辣椒的记载,辣椒记载时间最早的是浙江的《山阴县志》(康熙十年,1671)。康熙年间,辽宁(1682)、湖南(1684)、贵州(1722)、河北(1697)也有记载;陕西要迟一些,在雍正年间(1735)有记载,其他各省区均在此后。从时间和交通上看,长江以南的辣椒传播路径很可能是从浙江到湖南,以湖南为次级中心,再分别向贵州、云南、广东、广西以及四川东南部传播,湖北和四川的另外一些地区可能是由浙江溯长江而上直接传播的,广东的辣椒也可能是从浙江沿海岸线传过去的。

而在今天嗜食辣椒的西南各省,最早记载食用辣椒的是湖南。康熙二十三年(1684)修《宝庆府志》和《邵阳县志》记载的"海椒",是目前所见国内最早将"番椒"称为"海椒"的记载,表明湖南的辣椒可能传自海边的浙江,并从浙江沿运河到长江,再由长江经湘江进入湖南。此后修的湖南地方志,如乾隆二十年(1755)成书的《泸溪县志》、二十三年成

---

① 曹树基:《中国移民史·第5卷·清民国时期》,福建人民出版社,1997年,第96—100页。
② 蒋慕东,王思明:《辣椒在中国的传播及其影响》,《中国农史》,2005年第2期。
③ 蒋慕东,王思明:《辣椒在中国的传播及其影响》,《中国农史》,2005年第2期。

书的《楚南苗志》、三十年成书的《辰州府志》,都载本地人将海椒又称为辣子。这一情况,不仅表明此时湖南省内辣椒名称的多样化,也表明辣椒在湖南的传播速度相当迅速。嘉庆年间湖南食用辣椒的记载又增加了慈利、善化、长沙、湘潭、湘阴、宁乡、攸、通道等八个县,因此湖南是当时记载食用辣椒时间较早、范围最大的一个省,估计是我国最先形成的食辣椒省区,嘉庆年间可能已经食辣成性。

贵州最早记载食用辣椒的,是靠近湖南省的思州(治今贵州岑巩县)的方志《思州府志》(康熙六十一年即 1722 年成书),接着是乾隆年间成书的《贵州通志》、《黔南识略》和《平远州志》。湖北最早记载辣椒的,是乾隆五十三年(1788)成书的《房县志抄》。但湖北嘉庆到咸丰年间的相关记载很少,同治以后特别是光绪时期增多,《咸宁县志》、《兴国州志》、《长乐县志》、《武昌县志》等地方志均有记载。道光年间吴其浚在《植物名实图考》中提到了湖北周边的"湖南、四川、江西(辣椒)种之为蔬",却未点到湖北,间接说明清末湖北辣椒种植并不多。四川食用辣椒的最早记载,见于乾隆十四年(1749)成书的《大邑县志》,这一记载比湖南整整迟了 65 年,略早于湖北。然而到了嘉庆年间,四川辣椒仿佛一夜之间到处冒了出来,金堂、华阳、温江、崇宁、射洪、洪雅、成都、江安、南溪、郫县、夹江、犍为等县志及汉州、资州直隶州志均有辣椒记载。光绪以后,除民间广泛食用外,经典川菜菜谱中已经有了大量食用辣椒的记载。

如果将曹树基对清代四川移民的研究,与蒋、王论文关于辣椒传播的研究结合在一起考察,显然可以得出清代康雍乾时期(相当于 17 世纪后期至 18 世纪末)大举入川的外地移民,将嗜食辣椒之风带入四川的结论。如上所述,由于南宋和明末人口的锐减,唐宋以来四川的土著人群甚至明代迁入四川的移民及其后裔,到了清初已经人数不多。此后的四川人群,除了少数来自以前居住或迁入的居民的后裔之外,基本上都是康熙朝以后迁入的今湖南、湖北二省域为主以及广东、江西、陕西等省的移民。由于文献的阙载,我们难以清楚,究竟有多少移民在入川前是嗜辣椒者或不嗜辣椒者。然而,考虑到康熙二十三年湖南的《宝庆府志》和《邵阳县志》已有辣椒的记载,而四川同类记载最早出现于 60 多年以后的乾隆十四年修的《大邑县志》,另外贵州与云南虽然也是食辣椒较早的省份,但当时两省是移民的迁入地而非迁出地,有理由认为四川早期的嗜食辣椒的人群来自湖南而非其他省份。

需要指出,四川最早的嗜食辣椒的外来移民,很可能主要来自湖南中南部的宝庆府(府城在今天的邵阳市,下辖今冷水江、新化、新邵、邵东、邵阳、隆回、洞口、新宁、武冈、城步诸市县)。宝庆府是湖南最早食用辣椒的地区,最早记载湖南人食用辣椒的《宝庆府志》和《邵阳县志》都是宝庆府的方志。此外,宝庆府所在的湖南中南部又是康熙年间移民入川的中心区域之一,据康熙晚期(18世纪初)的估计,宝庆府、武冈州(后并入宝庆府)以及沔阳州(州城在今湖北仙桃市南)等府州人民,"托名开荒,携家入蜀者,不下数十万"①。宝庆府众多的嗜食辣椒之民在康熙年间向四川的迁移,必然对四川的辛味调料结构造成重大影响。

当然,说外地移民导致四川辛味调料结构的改变,并非说宋代幸存和元明迁入的移民的后裔对四川辛味调料的影响便荡然无存。按照曹树基的估计,这一部分人大约占了乾隆中后期(18世纪后期)四川人口的三分之一左右,他们完全可能使后来的四川饮食中仍然保留以前人群的一些特点。按蓝勇的研究,四川人以花椒作为辛味调料有着悠久的历史,②而今天的川菜除了辣之外还以麻即加入花椒为特色。如果说川菜以麻辣为特点,"辣"是外来移民饮食习俗影响的结果的话,"麻"则是本地自汉唐即已有之的饮食习俗。只是蒜这一唐宋四川的头号辛味调料,由于发生了南宋时期的人群更替,已不再居重要的地位。

原载于《河南大学学报(社会科学版)》2010年第1期;《中国社会科学文摘》2010年第6期转载,《文摘报》2010年第6期转载

---

① 雍正《四川通志》卷47,四库全书本。
② 蓝勇:《中国辛辣文化与辣椒革命》,《南方周末》,2002年1月24日。

鸡鸣不已　风雨如晦

改元升旗:南京临时政府新国家外观的确立与反响

赵立彬[①]

【导语】 南京临时政府建立后,迅速颁布新的纪元方式和新的国旗,使中国第一次具备一个近代国家应有的外观。国内不同政治立场的党派界别,围绕"改元"、"升旗"问题表现出截然不同的态度和行为。在新国家外观确立的过程中,各种趋附、抵制和妥协,客观地反映了各种政治、社会力量之间的博弈,并从深层揭示出新国家的外观与实际的距离。针对"改元"、"升旗"表现出不同的态度和行动,在一定程度上反映了新国家建立之初复杂的政治趋附和心理变迁。

1911年,新政、立宪、民变、革命各种历史现象产生复杂交集,最终引发政治鼎革。南京临时政府在致各国电文中称,"中华以革命之艰辛,重产为新国,因得推展其睦谊及福利于寰球,敬敢布告吾文明诸友邦,承认吾中华为共和国","吾人之所以欲求列强承认者,盖若是则吾人身世上之新气象可以发展,外交上之新睦谊可以联结"[②]。国家新气象首先体现在新的国家外观上,南京临时政府迅速颁布新的国旗、国歌和纪元方式,引发了一系列饶有趣味、意味深长的历史现象。

陈旭麓先生在1980年代论述到辛亥革命后的新国歌、新国旗,使

[①] 中山大学历史系教授。
[②] 《文牍·伍廷芳请各友邦承认中华共和国电文》,时事新报馆编辑:《中国革命记》第6册,上海自由社,1912年,第9、11页。

中国第一次具备了一个近代国家应有的外观。① 关于民初国旗和纪元问题的研究论著,李学智、曲野、冷静、秦秀娟、王小孚、左玉河、中村聪等学者也从各方面进行论述。② 朱文哲将晚清民初的纪元问题置于近代时间观念变化与国家建构的关系中加以考察,相关论述从事实叙述深入到更宏大背景的思考。③ 本文拟考察南京临时政府成立后,不同政治立场和派别的人士,以及民间不同政治趋向的人们,针对"改元"、"升旗"表现出不同的态度和行动。这些现象及其变化,在一定程度上反映了新国家建立之初复杂的政治趋附和心理变迁。

一、改元的分歧与妥协

1911年12月31日,孙中山当选临时大总统,派黄兴到南京参加各省都督府代表会议,议决改用阳历,并以中华民国纪年。当日各省代表会向各省都督府、谘议局和各报馆发电称,"明日即为中华民国元年正月一日,临时大总统于是日到宁发表临时政府之组织,请即公布"。各省都督府代表会议的电文以一等电发出,《时报》次日晚上十时接到电文,尚称"乃由代表会自议自行,不知果有效力否"④。但是,形势发展之快、各方反应之速出人意料。上海电政总局致电其他各局:"中华民国改用阳历,以黄帝纪元四千六百九年十一月十三日为中华民国元年。

---

① 陈旭麓:《近代中国社会的新陈代谢》,上海人民出版社,1992年,第311—343页。

② 李学智:《民元国旗之争》,《史学月刊》,1998年第1期;曲野、冷静、秦秀娟:《略述清末以来我国国旗的变化》,《兰台世界》,1996年第1期;王小孚:《辛亥革命旗帜谈》,《总统府展览研究》,2011年第1期;左玉河:《评民初历法上的二元社会》,《近代史研究》,2002年第3期;中村聪、马燕:《中国近代的纪年问题》,《东方论坛》,2010年第3期等。

③ 朱文哲:《清末民初的"纪年"变革与国家建构》,《贵州文史丛刊》,2011年第2期。

④ 《中国革命消息·南京公电》,《时报》,1912年1月2日。

希速宣布各局号数及册款均结至本日为止"①。1月1日,各地接到改元通告后,纷纷发表贺电。②

改元关乎历法变更,是孙中山和革命党人高度重视的一个政治问题。1911年12月27日,各省都督府代表联合会迎孙代表在上海拜访孙中山,讨论建国重要问题之一就是改用阳历。孙中山主动向代表提出:"本月十三日为阳历一月一日,如诸君举我为大总统,我就打算在那天就职,同时宣布中国改用阳历,是日为中华民国元旦,诸君以为如何?"欢迎代表回答:"此问题关系甚大,因中国用阴历已有数千年的历史习惯,如毫无准备骤然改用,必多窒碍,似宜慎重。"孙中山强调:"从前换朝代,必改正朔、易服色,现在推倒专制政体,改建共和,与从前换朝代不同,必须学习西洋,与世界文明各国从同,改用阳历一事,即为我们革命成功第一件最重大的改革,必须办到"③。孙中山透露新历法的两个作用:一是关系"政治",即革命的"正朔"问题;二是关系"文明",即与世界各先进国一致问题。在革命领袖的心目中,"改元"是代表革命性质与革命成败的一种重要象征。

自南京临时政府建立至清帝退位、南北统一,各方对待"改元"的态度可视为他们对待革命的态度。黎元洪接到改用阳历的电报后,"极表赞同,并电贺孙大总统就职之典礼"④;伍廷芳《共和关键录》和曹亚伯《武昌革命真史》,均在孙中山就职之日后改用阳历记事。⑤ 革命势力控制下的南方各省,行政机构和官立学校踊跃遵行。1月15日,广东法政学堂重新开学,并将旧历年假取消。⑥ 广东省教育部要求新历元旦

---

① 《来件·南京总统府电信汇纪·陈炯明致孙中山电》,《时报》,1912年1月9日。

② 《公电》,《申报》,1912年1月3日;《恭贺孙大总统电报》,《民立报》,1912年1月3日。

③ 王有兰:《迎孙中山先生选举总统、副总统亲历记》,尚明轩、王学庄、陈崧编:《孙中山生平事业追忆录》,人民出版社,1986年,第780页。

④ 曹亚伯:《武昌革命真史》(下),上海书店,1982年,第533页。

⑤ 观渡庐编:《共和关键录》,《近代中国史料丛刊续编》第86辑,台北文海出版社,1981年;曹亚伯:《武昌革命真史》,上海书店,1982年。

⑥ 《广东新闻:法政学堂不放旧历年假》,《香港华字日报》,1912年1月27日。

前后学校放年假十四天,旧历元旦之前放假者以违背部令议罚。主持广东教育的钟荣光派员巡视城内各校,"有公立小学数所,学生放假过半,乃将校长记过。更有一校,教员学生,全不上课,乃罚校长俸薪半月。及开校员会议时,教育司长当众宣布,学界稍知新历之重"①。

南京临时政府"改元"行动,使宣统三年十一月十三日变成"元旦"(1912年1月1日)。《申报》认为,"此乃空前绝后、亚东出现共和国纪念之元旦",可与美国7月4日独立纪念日相提并论。②《民立报》社论说:"今孙中山赴宁就大总统职,临时政府之组织亦将即日发表,则中华开国四千六百另九年中,惟此日为最足纪念。同胞其□负共和国民之责任,以努力进行乎!"③新历的使用、新元旦的确立,代表着革命党和趋新人士对于崭新时代的一种期望。《申报》"自由谈"栏目发表《新祝词》,作者兴奋地写道:"今日为新中华民国新元旦,孙大总统新即位,我四万万同胞如新婴儿之新出于母胎,从今日起为新国民,道德一新,学术一新,冠裳一新,前途种种新事业,胥吾新国民之新责任也。"④

革命家着眼于政治进步和国家文明的象征,在"改元"政策颁行上态度鲜明,雷厉风行。但在中国民间社会,"改元"一事牵涉颇多,推行遇到阻力,"商界中人咸以往来账款,例于年底归束,今骤改正朔急难清理,莫不仓皇失措。即民间一应习惯亦不及骤然改变,咸有难色"⑤。商界人士要求,"中华民国纪元改用阳历,业经宣布。惟念各商业向例于阴历年终结账,设骤改章,实于商务大有妨碍。故拟请即通电各都督转饬商会晓谕商户,以新纪元二月十七(即阴历除夕)作为结账之期,嗣后即照阳历通行"⑥。共和建设会等团体致电临时大总统孙中山,也要求"商界收账暂照旧历,以安市面"⑦。倾向革命的趋新人士试图扭转

---

① 钟荣光:《广东人之广东》,林家有主编:《孙中山研究》第3辑,中山大学出版社,2010年,第310页。
② 《自由谈:恭贺新年》,《申报》,1912年2月21日。
③ 血儿:《社论:民国唯一之纪念日》,《民立报》,1912年1月1日。
④ 钝根:《自由谈·游戏文章·新祝词》,《申报》,1912年1月1日。
⑤ 《本埠新闻:商民暂准沿用旧历》,《申报》,1912年1月3日。
⑥ 《本埠新闻:宣布除夕结账之电文》,《申报》,1912年1月9日。
⑦ 《本埠新闻:共和建设会上大总统电》,《申报》,1912年1月3日。

这一传统习惯,但效果有限。为此,新政府作出妥协。沪军都督府告示称:所有商业账务,仍以阴历十二月三十日(阳历1912年2月17日)"暂照旧章,分别结算"。①

南方各省纷纷改用阳历,北方各省坚持使用阴历,这导致各地拍发电报韵母代字中同一代字指代日期有阴阳之别。例如,1912年2月9日,各地发给孙中山的电报中,革命党领导人伍廷芳、蔡锷、江北民政长何锋钰使用"佳"、"青",段祺瑞使用"祃",蒙古王公联合会使用"养"②。南北统一之后,袁世凯继承南方政府改用阳历的政策。他规定,"自壬子年正月初一起,所有内外文武官行用公文,一律改用阳历"③。至此,北方各省纷纷改用阳历的电报韵目代字。袁世凯政府对于民间改历的困难作出妥协,命令官署改用阳历的同时,规定"仍附阴历,以便核对,民间习惯用阴历者,不强改"④。其后,各地均据此有所调整,如湖北黎元洪为顺民意,在旧历年前命警察沿途鸣锣传谕,"准民间依旧历祝岁,惟商店不得关门停贸"⑤。辛亥革命后新历使用并不彻底,一段时期内是公历、农历同时使用,官方和上层机构使用公历,民间和商业机构使用农历,出现因历法问题的分歧而产生上层社会与下层社会并立的"二元社会"现象。⑥

---

① 《本埠新闻:沪军都督陈示谕》,《申报》,1912年1月3日。
② 《要闻:关于优待条件之要电》,《申报》,1912年2月11日;《蔡锷致孙中山、黎元洪等电》,《天南电光集》第73电,谢本书等编:《云南辛亥革命资料》,云南人民出版社,1981年;《公电:江北民政长电》,《申报》,1912年2月10日;《保定来电》,《南京临时政府公报·附录·电报》第十五号,1912年2月14日;《蒙古王公联合会致孙中山及各省通电》,《临时公报》(辛亥年十二月二十九日)。
③ 《公电:北京袁总统电》,《申报》,1912年2月21日。
④ 《要闻:帝国与民国过渡之条件》,《申报》,1912年2月21日。
⑤ 《要闻:共和乐与新年乐软》,《时报》,1912年2月25日。
⑥ 参见左玉河:《评民初历法上的二元社会》,《近代史研究》,2002年第3期;左玉河:《论南京国民政府的废除旧历运动》,中国社会科学院近代史研究所编:《中华民国史研究三十年(1972—2002)》下卷,社会科学文献出版社,2008年。

二、新国旗的象征意义与实际功能

新国旗的颁布是1912年1月10日作出的决定。但是,早在武昌起义、各省光复时旗帜改换已经成为一个引人瞩目的问题。国旗究竟应当体现怎样的意义,所有革命者和关注中国革命的人士都为此花费了不少心思。1911年10月11日,武昌起义成功发动后,湖北军政府谋略处几项重要决议中包括宣布以铁血旗为革命军的旗帜。10月28日,《申报》以"中华民国国旗"的标题刊登了铁血旗的图式,图下文字说明为:"红地,由中心外射之线九,色蓝,线之两端各缀一小星,其数十八,或云以表示十八省焉。"①

东南各省光复后大多使用五色旗,广东使用青天白日满地红旗。12月4日,各省都督府代表联合会的部分留沪代表与江、浙、沪都督等人在上海开会,研究筹组中央政府事宜。讨论国旗之时,湖北代表提议用铁血旗,福建代表提议用青天白日旗,江浙方面提议用五色旗。最后达成以五色旗为国旗、铁血旗为陆军旗、青天白日旗为海军旗的折中方案。12月8日,《申报》将三旗图案公布于众。② 1912年1月10日,南京临时参议院通过专项决议,使用五色共和旗(即五色旗)作为国旗,"以红黄蓝白黑代表汉满蒙回藏五族共和"③。但是,五色旗并不符合孙中山对于国旗的理想。④ 孙中山提出,"夫国旗之颁用,所重有三:一旗之历史,二旗之取义,三旗之美观也"。他心中属意的国旗是青天白日满地红旗,在致临时参议会的复函中说:

天日之旗,则为汉族共和党人用之南方起义者十余年。自乙未年陆皓东身殉此旗后,如黄冈、防城、镇南河口,最近如民国纪元前二年广东新军之反正,倪映典等流血,前一年广东城之起义,七十二人之流血,

---

① 《专电:中华民国国旗》,《申报》,1912年10月28日。
② 《专电:确定中华民国旗式》,《申报》,1912年12月8日。
③ 曹亚伯:《武昌革命真史》(下),上海书店,1982年,第533页。
④ 关于民元围绕国旗问题的讨论,参见李学智:《民元国旗之争》,《史学月刊》,1998年第1期。

皆以此旗,南洋、美洲各埠华侨,同情于共和者亦已多年升用,外人总认为民国之旗。至于取义,则武汉多有极正大之主张;而青天白日取象宏美,中国为远东大国,日出东方,为恒星之最者。且青天白日,示光明正照自由平等之义,著于赤帜,亦为三色。①

一些国际友人出于对中国革命的关心和对孙中山的友善,也曾提出各种有趣的建议。有一位外国友人通过梦中的一个小女孩之口,阐述了自己对于新中国的认识。他向孙中山建议:"有个小女孩找到我的办公室,要我画张中国国旗的设计图,接着她就说出设计图的样子,并告诉我太阳代表东方,火焰代表自由,太阳的光芒代表各省,国旗的红色代表中国人民为自由所抛洒的热血。瞧,多么有趣的梦啊"②。另一位友人、美国北方长老会传教团查尔斯·里曼向孙中山提出,新国旗的五色条纹来代表五族共和的话,比例似乎不当。仅仅一条红色条纹,并不能充分代表汉族的18个省份,而且将来省份数目增多,就更无法反映。他综合美国星条旗和中国五色旗的特征,提出的修改意见是:18个汉族省份由红色条纹中的18颗星代表,黄色条纹中两颗星代表关东两省,蓝色条纹中的一颗星代表蒙古,白色条纹中的一颗星代表新疆,而无星的黑色条纹则代表西藏,因为西藏当时尚待划为一个省份。查尔斯·里曼所追求的,不仅国旗要美观,而且要涵义丰富,他所寄托的含义是"希望贵国在诸多方面,比如国旗、政府、经济、权利、公正等等与我们美国尽量相似,人人遵守法纪,从善如流"。③

但是,五色旗实际上已经被各地各界作为新国旗使用。为举行孙中山就任临时大总统典礼,各省联合会通电各地"一律悬挂国旗,以志庆贺"④。国旗意味着统一和对革命的归附。新国旗确定之初,袁世凯尚未反正,对新旗不以为然,向他的外国顾问莫理循说:五色未必然成,恐遇风雨,变成糊涂也。⑤ 后来得到反清后得举为临时大总统的承诺,

---

① 《大总统复参议会论国旗函》,《南京临时政府公报》第6号,1912年2月3日。
② 《海外友人致孙中山信札选(一)》,《民国档案》,2003年第1期。
③ 《海外友人致孙中山信札选(四)》,《民国档案》,2003年第4期。
④ 《中国光复史·孙大总统今日履任》,《申报》,1912年1月1日。
⑤ 曹亚伯:《武昌革命真史》(下),上海书店,1982年,第533页。

转而接受了民国国旗。在南北对峙期间,两方面军队冲突不断。清帝退位后,负责议和的伍廷芳和唐绍仪立即要求袁世凯"通饬各处军队一律改悬中华民国五色旗以示划一,此后见同一国旗之军队,不可挑衅。如见从前清国军队尚未改悬国旗者,应即通告,嘱其遵照袁君电命,改悬民国旗。如果始终甘为民国之敌,则必为两方所共弃"①。北伐海军总司令汤芗铭上书孙中山,要求"大总统电谕鲁、燕各港口,暨在港各军队。自清帝退位之日起,升挂民国五色旗一月。铭当率各舰亲往查视。其有不遵命令,不悬国旗者,当照伍代表之处办理"。②

革命后的升旗活动,因各地情形不同,大略出现三次高潮:一是临时政府成立时的元旦前后,各地"遵电改元,并升旗庆贺"③。二是阳历1月15日,因许多地方元旦时没有来得及开展庆贺活动,因而在15日补行庆祝。上海"工商全体休息一天,升旗悬灯,公贺总统履任,补祝纪元"④,"南北商务总会、商务总公所及各商家谨于十五日举行庆祝礼,一律悬旗点灯,共伸诚意"⑤。安徽"补行庆祝元旦大典,国旗焕采,百度维新"⑥。三是清帝退位,北方实现共和后,北方各地和原来未承认新政府的由外国人控制的机关更换新旗。在辽宁绥中,"本邑人士凡稍有国民之程度者,无不手舞足蹈,欢呼中华万岁。近日间竟有乡人不惮数十里之遥来城以睹五色旗者"⑦。3月19日、20日,东北的《盛京时报》专文介绍国旗历史,"自今而后,或即用五色旗,或改更定他种之旗式,要皆足以照耀大地,为吾汉旗增无限之光荣。世有侮辱吾国徽者,誓与吾同胞共击之"。⑧

民国旗帜成为政治上正当性、正义性的标志,在南北统一的过程中,有个别地区南军与北军的纷争并未完全停止,此时民国旗帜更成为

---

① 《南京临时政府公报·附录·电报》第17号,1912年2月20日。
② 《南京临时政府公报·附录》第21号,1912年2月24日。
③ 《公电:宿迁各界电》,《申报》,1912年1月3日。
④ 《贺电:上海去电》,《民立报》,1912年1月15日。
⑤ 《本埠新闻:举行大祝典之盛况》,《申报》,1912年1月16日。
⑥ 《公电:安庆孙都督电》,《申报》,1912年1月17日。
⑦ 《东三省新闻:五色旗翻万民志遂》,《盛京时报》,1912年3月3日。
⑧ 《共和肇国记·中华民国旗之历史(续)》,《盛京时报》,1912年3月20日。

争夺正统性的工具。树立民国旗帜,在政治上意味着掌握了优势。清帝退位后,东北赵尔巽、张作霖在铁岭、开原等处,仍以兵力攻击服从于革命党人蓝天蔚的吴鹏翮、刘永和部民军,刘永和部不仅力不能当,而且向孙中山、黄兴痛诉"待以五色旗悬,有碍进行,不啻明季燕王炮击济南城,铁铉悬明太祖神主以退敌,致使我军公愤私仇,均无所泄,对旗痛哭,可谓伤心"①。显示了理与势双重受制的困境。国旗对于争取外交承认,也有重要作用。在列强尚未承认南京临时政府时,广东都督府得到消息,美国南支那舰队曾受政府命令,倘遇中华民国军舰下驰施礼时,应一体回礼。美国驻广州总领事将信息告知广东外交部员,请约定期日,以一军舰对美军舰施礼,俾得回礼,并暗示美海军认中华民国国旗后,法、德、日、葡等国必随之。广东都督陈炯明意识到"此事关系甚大",立刻向孙中山请示进行。②

革命的过程也是民国五色旗战胜清廷龙旗的过程。撤换龙旗,是表示转向或附和革命的必要前提。上海江海新关本由税务司管理,上海光复后将龙旗偃卷,却不肯张挂民国新旗。海关这一举动,显示出他们是以极其谨慎的态度表示对革命的服从。直至清廷宣布逊位后,海关高揭五色国旗,态度从谨慎服从转为肯定支持。③ 旧历新年这一天,民军代表与东北公主岭的各官衙和商务分会交涉,一致赞成共和,撤去龙旗改为五色民国旗。④ 对龙旗的恋恋不舍,被认为是对革命的抵触和敌对,在舆论中往往与死硬的"宗社党"联系在一起。1912 年 3 月,天津《民约报》反映,"宗社党到处煽惑,已查有私制龙旗等据",提醒"南方军队,无论如何,一时切勿解散"⑤。1912 年 4 月,南京发生兵变时,南京留守处搜获龙旗二面,认定是"宗社党从中煽惑"⑥。新、旧国旗变成了政治上划分进步与反动的标志物,一直成为不同政治立场的评论

---

① 《南京临时政府公报·附录·电报》第 49 号,1912 年 3 月 27 日。
② 《南京临时政府公报·电报》第 6 号,1912 年 2 月 3 日。
③ 《本埠新闻:新关悬挂新旗》,《申报》,1912 年 2 月 21 日。
④ 《要闻二:北满民党之举动》,《申报》,1912 年 2 月 29 日。
⑤ 《天津电报:民约报致民立报转孙中山等电》,《民立报》,1912 年 3 月 24 日。
⑥ 《要闻一·南京兵变三记·黄留守通电》,《申报》,1912 年 4 月 15 日。

对象。

三、政治鼎革的外观与实际

纪元和国旗是国家外观中最具政治标志性的元素,也与人民日常生活关系最为密切。旧历辛亥年结束之际,清宣统帝宣告逊位。当人民迎接壬子新年到来之时,身份已经由帝制时代的"臣民"变为民国时代的"国民"。《时报》评论称:"辛亥中国之尾声,乃为清帝退位诏书。夫清帝既退位,则中华国者乃真我五族人民之中华,非一姓满洲之清国矣,中华民国之主权乃始完全而无缺"①。启蒙的任务虽然艰巨,名义上的民国主人总比实际上的皇朝奴隶要好得多。② 胡绳武、金冲及先生指出,对于辛亥革命在思想解放方面的意义不应评价过低。辛亥革命时期,革命党人鼓吹民主革命的同时,对那些禁锢着人们头脑的以王权为中心的封建专制主义的旧制度、旧思想、旧观念、旧习俗也进行了猛烈的冲击,开展了一场有声有色的思想解放运动。新的国家外观确立,使人们不自觉地被推入到一个与旧朝廷总有那么一点差异的新政治时代了。

辛亥革命最大成果是建立新的共和国,但"中华民国"并不意味着共和制度真正确立起来。南京临时政府建立之初,有论者看到形式上的共和并不代表共和的真正实现,"精神共和"更需要致力——"精神上共和者,其全国内一切立法、司法、行政之活动,及改革一政治,施行一政策,无不顺乎大多数国民之趋向与社会之心理。其发表于外部而见诸实行者,恰与舆论相符合,此精神上共和也。……即如中国今日,十九信条如果完全实行,永久遵守,是亦守君主形式,而共和其精神也。若根据少数人民之意见,公推一大统领,而美其名曰共和,共和国体国

---

① 《时评一:辛亥年之中国(三)》,《时报》,1912年2月13日。
② 胡绳武、金冲及:《辛亥革命时期的思想解放》,《从辛亥革命到五四运动》,陕西人民出版社,2010年,第26—27页。

若是之易臻乎哉？其不流为共和之专制，盖亦仅耳。"①

如果说上述的担忧过于笼统抽象，一些敏锐人士对革命后的当权者早有一种不祥的预感。1911年12月，容闳在写给谢缵泰的信中，提醒革命者注意列强支持袁世凯等人控制新政府的动向。他写道："新中国应该由地道的中国人管理，而不应当由骑墙派和卖国贼掌管，因为他们让欧洲掠夺者干预我国的内政。"他鼓励革命派顺应民意，"中国人民正处于自己主权的最高峰，他们一直呼吁成立一个共和国，而你们，他们的领导者，也一向支持这个呼声。民声即天声，听从这种声音，他们就对了。"容闳特别提及，革命派要加强团结，不要陷入相互纠纷和内部争执，"自相残杀的战争肯定会导致外国干涉，这就意味着瓜分这个美好的国家"②。遗憾的是，革命党人没有实现容闳所期望的"团结"，也根本没有力量掌握全国政权。

东北《盛京时报》的评论一针见血地指出，共和制度虽然建立，民国前途堪忧。评论说："革命成功，共和始立，盖革命者共和之代价，共和者革命之效果，二者相依，前后相符，绝不容有种类不同者羼杂于其间，致为共和政体之蠹。而今日共和政体之新舞台正在开幕，其角色果为革命党员乎？抑为旧政界之蟊贼乎？"评论指出，新的国家必赖革命党人持革命主义，才能实现共和政治——"自革命蹶起于武昌，响应于全国，清朝退位，不过已达其推翻旧政府之目的耳。将来新政府之组织、旧积弊之铲除，仍赖革命主义相为始终，始克见共和完全成立之结果。今观临时政府之人物，仍以旧政界之最腐败者当其冲，而革党亦即漠然相视，反生乐观。若谓革命大功已经告成，共和政体已经成立者，是耶非耶？真耶假耶？语云：一失足成千古恨。革命大功成泡影亦易事耳。记者每为吾国之前途惧"③。《盛京时报》的这种担忧，后来不幸成为事

---

① 《代论：形式共和与精神共和》，《盛京时报》，1912年1月14日。
② 谢缵泰：《中华民国革命秘史》，章开沅、罗福惠、严昌洪主编：《辛亥革命史资料新编》第1卷，湖北人民出版社，2006年，第179—181页。
③ 《时评：五色旗下之革党》，《盛京时报》，1912年3月1日。

实。1922年《共进》杂志一篇评论对民初历史时作了一个有意思的比喻：民国十余年来，"国民把政权委托给他们（指"亡清的文武士大夫"），无异左手把政权从他们手里拿来，右手又恭恭敬敬地给他们送去。这一件滑稽的事情，不幸在我们中国近世史上看见"。①

新国家外观的确立，对于推动国家政治进步、人民思想启蒙具有重要的引导作用。但是，民国建立后接踵而至的并非一片坦途，而是波折不断。民元初年的政治实践表明，形式上的民主是建立在一个虚幻的社会基础上面，不仅未能实现真正的民主，甚至连民主的形式也不断遭到专制的蚕食。辛亥革命没有能够完成建立真正民主共和国的任务，正如新国家的外观特别引人注目一样，革命的实际成果基本被局限在这种"外观"上。后世有人观察到，"有的外国电影表现中国这一历史的变革，没有任何激烈的场面，只是一面杏黄色旗帜卸下来了，一面五色旗升了上去而已"②。这说明，实质的社会进步仍然需要付出更多的努力。

公元纪年、改旗易帜，是新国家外观的重要表现形式。民国元年的改元升旗活动，体现了"近代化"和"革命性"，具有重大的象征意义。革命高潮来临时，活跃在政治舞台的各个阶层、各个派系以及各色人等，对于新纪元和新国旗表现出一定的趋附性，在形式上使民国的新国家外观得以确立。但是，这种趋附并非没有障碍，其中不少是基于"势"所必然，民主的观念意识尚十分淡薄。尽管我们对于这种寄托现代性的象征物，仍应给予积极的评价。但是，新国家外观的确立，并不意味着革命目标的完成。新国家制度的受损和社会基础的缺乏，促使革命继续向前，并具有全新的走向。在新一轮革命浪潮中，纪元和旗帜之争朝着更加代表胜利者意志的方向不妥协地发展。1928年国民党南京建政后，通过政治强力废除旧历。国民党将废除阴历的运动视作民国初

---

① 杨钟健：《国庆日》，《共进》第23号，1922年10月10日。
② 秦牧：《从皇朝到人民的世纪——杂谈辛亥革命》，《中学生》，1945年第91、92期。

年"革命"的继续,其政策思路延续辛亥革命时期的做法——将新历使用与"革命"正朔联系起来。当青天白日满地红的旗帜成为新政权的符号,取代民国元年的五色旗,中国再次掀起新一轮的"易帜"高潮。

原载于《河南大学学报(社会科学版)》2012年第2期,《中国近代史》2012年第6期转载

"革命"与"反革命":1920年代中国商会存废纷争

朱 英①

【导语】 在革命浪潮激荡的1920年代,许多政党与阶级竞相标榜自身的革命性,而将政治对手扣上"反革命"的帽子,以此打压竞争对手并争夺政治资源与社会地位。由于受到流行一时的革命政治文化影响,即使是在同一阶级内部的不同阶层之间,甚至也出现了类似你死我活的激烈纷争。例如,新成立的商民协会与清末即已诞生的商会,虽然都是商人团体,过去通常称之为近代中国的资产阶级团体,但两者之间同样也围绕着所谓"革命"与"反革命"的政治话语,进行了长达数年的相互争斗,使商界内部一度陷于混乱纷争的局面。特别是颇有影响力的商会被扣上了"反革命"的黑帽,直接涉及商会存亡绝续的重大历史命运,因而在当时引起了社会舆论的关注。

辛亥革命之后,轰轰烈烈的民初宪政尝试趋于失败,"革命"又逐渐成为近代中国政治舞台上的主旋律。至1920年代,"革命"风潮愈演愈烈:一方面,"不仅'革命'一词成为1920年代中国使用频率极高的政论语汇之一,而且迅速汇聚成一种具有广泛影响且逐渐凝固的普遍观念……革命高于一切,甚至以革命为社会行为的唯一规范和价值评判的最高标准。'革命'话语及其意识形态开始渗入社会大众层面并影响社会大众的观念和心态"。另一方面,"反革命"成为当时政党与政派指责攻击对手最主要的利器。"与之相随,'反革命'则被建构为一种最大之'恶',随即又升级为最恶之'罪'。'革命'与'反革命'形成非黑即白的

---

① 华中师范大学中国近代史研究所教授。

二元对立,二者之间不允许存留任何灰色地带和妥协空间……'革命'与'反革命'被扩大化为非常宽广层面的各种社会力量之间的阶级较量"。

根据王奇生的论述,"反革命"一词源自苏俄布尔什维克的谴责性语词,五四以后才开始出现于中国人的言说中,中国共产党成立和第一次国共合作以后大量宣传使用。他引用《现代评论》(第2卷第41期,1925年9月)刊载的唐有壬《甚么是反革命》一文,说明当时"有一种流行名词'反革命',专用以加于政敌或异己者。只这三个字便可以完全取消异己者之人格,否认异己者之举动。其意义之重大,比之'卖国贼'、'亡国奴'还要厉害,简直便是大逆不道。被加这种名词的人,顿觉得五内惶惑,四肢无主,好像宣布了死刑是的"①。即使是在清末成立并具有广泛社会影响的商会,往往被国民党中央和国民政府扣上"反革命"的帽子,面临被改造或被商民协会取代的厄运。面对国民党左右摇摆的定性和政策,商会坚决予以反对和抵制,通过各种方式反复阐明其"革命"性。围绕"革命"与"反革命"的政治话语,中国商会在1920年代发生了长达数年的存废纷争。

一、商会被定性为"反革命"团体之缘由

商会在当时被定性为"反革命"团体,与1920年代国民党政治势力的崛起和国民革命的兴盛不无关联。1926年1月,国民党第二次全国代表大会在广州召开,会议通过《商民运动决议案》。《商民运动决议案》阐明,商民运动的主旨"在使商民参加国民革命之运动","国民革命为谋全国各阶级民众之共同的利益,全国民众均应使之一致参加,共同奋斗。商民为国民之一分子,而商民受帝国主义与军阀直接之压迫较深,故商民实有参加国民革命之需要与可能"。这表明,国民党已经认识到动员商人参加革命的重要性。同时,《商民运动决议案》指出,根据商民中不同阶层者对待革命的态度,划定"不革命者"、"可革命者"的范

---

① 王奇生:《革命与反革命:社会文化视野下的民国政治》,社会科学文献出版社,2010年,第67、108—109页。

围,并采取不同策略。买办商人、洋货商人、中外合办银行商人与帝国主义存在着密切关系,系不革命者;中国银行商人、土货商人、侨商手工业商人、机器工业商人、交通商人、小贩商人等,因受帝国主义压迫而多接近革命,系可革命者。对不革命之商人,"当揭发其勾通帝国主义者之事实,使彼辈不敢过于放恣作恶,更引起其他商人对于彼辈之仇视";对可革命之商人,"则当用特殊事实,向之宣传,更扶助其组织团体,使之参加政治运动"。此外,"对于一般商人运动之方略,当注意多引起其对于政治之斗争,减少其对于经济之斗争,以打破商民在商言商不问政治心理,并使彼从政治斗争上所得之经验,促其有与农工阶级联合战线之觉悟"①。

　　商会组织是商人成立的社会团体,在中国社会生活中发挥着举足轻重的作用。国民党推行商民运动时,如何看待商会、采取何种策略是一个重要而紧迫的问题。《商民运动决议案》首先断言:"现在商会均为旧式商会,因其组织之不良,遂受少数人之操纵。"国民党对商会持否定态度,主要理由有二:一是商会对商人"以少数压迫多数之意思,只谋少数人之利益";二是勾结军阀与贪官污吏,"借军阀和贪官污吏之势力,在社会活动,以攫取权利",甚至"受帝国主义者和军阀之利用,作反革命之行动,使一般之买办阶级每利用此种商会为活动之工具"。国民党认定当时商会性质,"大多数之旧式商会不独不参加革命,且为反革命;不独不拥护大多数商民之利益,且违反之"。既然商会性质是"反革命"和"违反大多数商民之利益",国民党对商会所采取的政策可想而知。《商民运动决议案》明确指出:"须用严厉的方法以整顿之,对在本党治下之区域,须由政府重新颁布适宜的商会组织法,以改善其组织,更严厉执行。"具体策略是令各地组织商民协会来抗衡商会,"以监视其进行,以分散其势力,并作其整顿之规模"。国民党的最终目的,是要"号召全国商民打倒一切旧商会"。

　　国民党将商会定性为"旧式反动组织",并非始于1926年1月的

---

① 《商民运动决议案》,中国第二历史档案馆编:《中国国民党第一、二次全国代表大会会议史料》(上),江苏古籍出版社,1986年,第388—393页。本文以下未注明出处者,均引自《商民运动决议案》。

"二大",此前已有这一论断。国民党北京特别市党部在会前撰写、会上发言的党务报告,就是将北京的团体分作"革命"、"非革命"两大类,"非革命"一类中又分为反动、妥协两种,北京总商会、银行公会、教育改进社、铁路协会等团体均被列为"反动派之团体"①。在"二大"召开前,国民党内部怀有"商会是旧式反动组织"的人已占大多数。② 有学者指出,《商民运动决议案》前、后条文对待旧商会的策略存在相互矛盾之处。第二条指明"以商民协会分散商会的势力",是为整顿商会做准备,并无消灭商会之意;第七条"号召全国商民打倒一切旧商会",由商民协会取而代之。在同一份决议案中出现互相矛盾的条款,"这可能是与该决议案不同章节的起草人不同所造成。第二条可能由立场相对温和的甘乃光或者陈公博起草,第七条则可能是由在此问题上态度比较激进的谭平山起草"③。从能够查阅的资料可知,《商民运动决议案》主要是由甘乃光起草,第七条是否由谭平山起草有待考证,因此上述观点只能作为一种推测看待。

在国民党"二大"第四日第八次会议上,陈公博、甘乃光、何香凝分别报告了青年运动情况、商民运动情况和妇女运动情况,大会主席团提出各项民众运动均已进行报告,每种报告应有决议案提交大会讨论。决议案的制成应各有一审查委员会,名额3至5人。次日下午第十次会议通过的商民运动报告审查委员会成员,为甘乃光、周启刚、杨章甫、李朗如、陈嘉任等5人。大会秘书长特别说明:"商民运动报告审查委

---

① 《中国国民党第二次全国代表大会会议记录》(第 6 日第 11 号),中国国民党中央执行委员会,1926 年 4 月印行,第 59 页。
② 商会被国民党认定为反动商人团体,与广州市总商会在商团事件中受到牵连有关。孙中山领导的广州革命政府扣留了商团购置的枪械,广州市总商会召开紧急会议商讨对策,决定向政府公开讨回枪械。这显然是站在商团一边、支持商团的行动。追讨被拒绝后,商团在商会的支持之下宣布商家罢市,给广州革命政府造成了极大的压力。在某种意义上讲,商会在商团事件中的表现是与广州革命政府对立的立场,自然会被国民党认定为反革命的行为。参见张家昀:《广州商团事变前因及其经过》,《世界华学季刊》,第 2 卷第 4 期,第 74 页。
③ 冯筱才:《北伐前后的商民运动(1924—1930)》,台湾商务印书馆,2004 年,第 84 页。

员中有甘乃光同志,系由主席团特派,因甘同志特别熟悉情形之故"①。需要说明的是,当时中国共产党对待商会的现实政策也是改造商会,并非立即"打倒一切旧商会"。中国共产党《商人运动议决案》指明:"我们商人运动之方法,乃是用商民协会等类形式,组织中小商人群众,以图改造现有的商会,而不是仅仅联络现有的商会"②。结合此前国民党内部对商会的政治定性,以及在"二大"各相关报告中的有关说法,《商民运动决议案》对待旧商会的策略基本上是比较一致的,并没有十分明显的相互矛盾。第二条针对商会的内容,采取的是一种符合当时实际情形的权宜之策,即"用严厉的方法以整顿之";第七条针对商民协会的内容,"号召全国商民打倒一切旧商会"是当时制定的一种较长远的目标,最终用商民协会取代商会。《决议案》的核心主旨,是要在现时期对商会进行整顿使其不再反对革命,并在今后适当时机取消商会,这种现实策略和长远目标应该说并无明显的矛盾。

　　国民党对商会性质的认定和采取的对策,显然存在着偏激和片面性。商会在组织形式上确实存在一些问题,需要不断改进。但不能简单判定商会组织不良,完全是由少数人操纵。清末商会诞生之初,组织机构和民主程序较为完备,是当时最具近代特征的新式商人社团。民国时期,商会组织制度不断完善。如最有影响的上海总商会在1920年代初进行改组之后,设立了八个专门委员会,并规定如遇临时发生问题需要上海总商会出面组织力量解决时,另行组织临时委员会。各委员会成员的人选,除由会董中推举外,并从会员中遴选充任;同时,还根据需要经会长同意聘请社会上少数科技、法学专家担任特别委员。③ 至于商会领导人的选举,早在清末即规定有比较明确的民主选举制度,另外,还规定了各级领导人的责权利以及各种会议制度,使商会在民主制

---

　　① 中国第二历史档案馆编:《中国国民党第一、二次全国代表大会会议史料》(上),江苏古籍出版社,1986年,第241页。
　　② 中国人民解放军政治学院党史教研室编:《中共党史参考资料》第4册,1979年4月内部印行,第80页。
　　③ 徐鼎新、钱小明:《上海总商会史(1902—1929)》,上海社会科学院出版社,1991年,第254页。

度下正常运作。当然,并不否认少数商会未能按照规定制度执行,导致权力被少数人控制,这不是商会组织制度不良的普遍问题,而是领导人素质参差造成的个别现象。商会从诞生之日起,就是代表各行各业商人的共同利益,而不是像传统行会组织那样只维护本行业的独占性垄断权益,这从商会开展的各项经济活动中得到明证。所谓商会"以少数压迫多数"、"谋少数人之利益"的说法,显然有失偏颇。

  国民党指斥商会勾结军阀和贪官污吏,在个别商会中或许存在此类现象,但就整体而言,有夸大和片面性之嫌。商会也有反对军阀和贪官污吏的行动,当时的国民党却视而不见。在1921年10月召开的全国商会联合会临时大会上通过了"废督裁兵"的决议,阐明军阀割据是中国祸乱之源,必须废除拥兵割据之督军,大力裁减军队。商会主张得到社会各界的支持,孙中山发表《和平统一宣言》时也赞成"和平之要,首在裁兵"①。1923年6月直系军阀曹锟在北京发动政变,将总统黎元洪驱逐出京,并企图以贿赂议员的方式非法当选总统。上海总商会也坚决表示反对,并向全世界发表宣言,提出国民自决的三项政治主张,组织民治委员会应对时局。上海《民国日报》发表《专评》,上海总商会"以难得的大会,应付非常的时局,于此可以显出上海商人对政治的真态度",并称赞这一政治行动"是对军阀官僚宣战,是做民治运动的前驱"②。1924年11月10日孙中山发表《北上宣言》,提出召集国民会议以谋国家之统一与建设,并主张在国民会议召集以前先召集预备会议。其中,"预备会议以左列团体之代表组织之:一、现代实业团体,二、商会,三、教育会,四、大学,五、各省学生联合会,六、工会,七、农会,八、共同反对曹吴各军,九、政党……国民会议之组织,其团体代表与预备会议同"③。此时的孙中山并未将商会看做旧式反动团体,而是作为参加国民会议的各界团体之一,甚至还将位次名列各团体之二,充分凸显其重要地位。孙中山对商会性质的这一判断,也与"二大"前后国民党对商会的定性存在明显差异。

---

  ① 孙中山:《和平统一宣言》,上海《民国日报》,1923年1月26日。
  ② 《专评》,上海《民国日报》,1923年6月23日。
  ③ 《广州国民日报》,1924年11月13日。

商民协会成立后,在实际运作过程中与商会存在着诸多矛盾与纠葛。国民党推行商民运动初期采取的举措,是想用新成立的商民协会取代旧有的商会,但《商民运动决议案》只是规定对原有商会"用严厉的方法以整顿之",并没有下令强行解散所有商会。由于种种原因,国民党当时并未采取具体行动对商会进行全面整顿。商民协会成立之后,各地商会依然存在并基本保留独立的民间商人社团特征,事实上出现了商民协会与商会并存的新态势。

如果国民党推动商民运动之初,强行将商会取消并以商民协会取而代之,就不会有两者并存情况和矛盾冲突发生。但是,这是不可能做到的。国民党最初建立的国民政府辖区仅限广东一隅,对全国广阔区域并无管辖权,自然不可能取消全国各地为数众多的商会。即使是国民革命军北伐的节节取胜,不断克复东南诸省一个又一个重要城市,国民政府的辖区范围随之不断扩大,已经逐步拥有对东南许多省份的管辖权,但同样也不可能将各地商会一举取消。在商民运动与国民革命的发展过程中,国民党中央商民部也已经逐渐意识到,商会在盘根错节的实业界早已奠定了根深蒂固的地位,如果轻易地实施取消商会的决策,不仅难以贯彻执行,而且还会自找诸多麻烦。另外,对于国民党和国民政府而言,商会在某些方面也有利用的价值。除少数例外情况特殊处理之外,在多数情况下,国民党不得不以灵活方式承认商会的合法性,对商会既限制又利用,等到时机成熟的条件下才考虑取消商会。

国民党通过《商民运动决议案》,确定以商民协会取代商会的方略,似乎是政策明确、态度坚定。但在开展商民运动的过程中,国民党对待商会的政策或是左右摇摆或是不断变化,甚至是相互矛盾。国民党内部意见并不统一,国民党中央、中央商民部与部分地方党部对待商会的态度、政策并不完全一致,有时党部与政府的决策还相互抵牾,这都给商民协会与商会两者之间关系增添许多复杂不定的因素。商民协会与商会两个团体并存,相互之间的矛盾冲突难以避免。有学者指出,商会之所以引起商民协会的攻击,主要原因有三:其一,是"因为商会在商界拥有的权利……商民协会成立后,经常汲汲于此类商界权利的攘夺";其二,劳资冲突中,究竟谁代表资方,这也是商民协会与商会争执的焦点之一;其三,"商民协会成立后,因会址问题,也经常与原有之商会发生冲突。由于一般各地商会会所都有较大规模的建筑,因此,新成立的商民协会如果不是商会主导者,多半都对商会的会所有所企图"①。除上述三个方面的原因与具体表现之外,商民协会与商会之间经常出现矛盾冲突。

许多地区的商民协会不断要求取消商会,主要缘于国民党确定商民运动方略时对商民协会、商会的不同政治定性以及拟订的政策。国民党"二大"会议的讨论发言与通过的商民运动决议案中认定,商民协会是由中小商人组成的革命团体,旧商会则是买办、大商人控制的不革命甚至是反革命的团体。这就是在政治决策的层面上,将商民协会与商会两个商人团体列为政治对立的地位,埋下了两者必然出现矛盾冲突的政治基调与根源。许多地区的商民协会与商会发生冲突时,即使是由于其他各种具体原因所致,但商民协会对商会进行攻击或指责时,往往先列举商会属于不革命或反革命团体的理由,希图造成"反革命"的商会压制"革命"的商民协会的舆论悲情,获取党部、政府与社会的支持。

国民党不仅对两个商人团体作出不同的政治定性,还确立以商民协会取代商会的策略。在后来商民运动过程中,国民党实际采取灵活的方式处理,甚至以某些方式认可商会合法性。但是,国民党始终未正式否定《商民运动决议案》确立的这种策略。每当两者冲突白热化时,许多地区的商民协会、地方党部主张取消商会的理由,就是援引国民党"二大"的《商民运动决议案》作为政治依据,使得国民党中央处在左右两难的尴尬处境。可以说,这种方略既为商民协会与商会之间埋下矛盾冲突的种子,也为将来处理两者之间纠纷带来了困惑。国民党在很长一段时间里试图二者兼顾,政策只能摇摆不定。即使就两个商人团体的不同特点看,也不可避免地会经常产生矛盾与摩擦。在工商业比较发达的大都市,商会的主要领导人都是各行各业的头面人物,会员大都是各行业代表,基本上属于工商界上层。商民协会的成员除少数大商人之外,基本以中小商人为主(还包括店员在内)。因此,无论是经济

---

① 冯筱才:《北伐前后的商民运动(1924—1930)》,台湾商务印书馆,2004年,第194—195页。

利益,还是政治利益,两者都不可能趋向一致,自然会在一些相关的问题上意见相左。尽管商民协会是国民党直接组织的商人团体,拥有强大的政治势力后盾,但成立数十年的商会早已在工商界奠定不可忽视的地位并产生不可估量的影响。商会与商民协会的冲突中,并非都处于下风,常常形成针锋相对的局面。

二、商会存废之争与国民党采取的两面策略

有学者指出,商民协会与商会的矛盾与冲突,是在大革命失败和南京国民政府建立以后,才不断发生进而激化。① 实际上,商民协会与商会之间的矛盾并非是在南京国民政府建立之后才不断发生的,而是早已有之。在最早建立商民协会的广东,即已出现类似情况。其具体表现,首先就是在许多场合之下,无论是商民部还是商民协会,都经常强调商民协会是革命的团体,而商会是不革命和反革命的团体,对商会需要进行改造,甚至是予以取消,由此使这两个商人团体处于政治上的对立地位。

例如,国民党广东省商民部在各地组织商民协会,大力开展商民运动时,从一开始也同样是将商会与商民协会作为性质不同的两个对立团体。在总结1925年11月至1926年5月广东商民运动的报告中,广东省商民部即明确指出:"我国人民素无团结,外人讥为散沙。近年以来,商民虽有商会之组织,为商民团体机关,然组织不善,常为少数者所把持,利用该机关以为升官发财机会,不独不足以筹谋商民利益,甚至有用商会以压迫一般中小商民,及勾结帝国主义者及其工具军阀、官僚、买办阶级,故宜根本改造,另指导一般有革命性的商民,组织商民协会,从事训练指导,使其筹谋商民自身利益,及参加国民革命"②。显而

---

① 参见乔兆红《1920年代的商民协会与商民运动》(中山大学博士学位论文,2003年)和《论1920年代商民协会与商会的关系》(《近代中国》(台湾)第149期,2002年6月)的相关论述。
② 广东省商民部:《广东商民运动报告》,中央商民部编印:《商民运动》,第1期,1926年9月1日。

易见,按照广东省商民部的工作设想与思路,之所以要尽快组织商民协会,就是因为旧商会具有种种弊端,需要有新的商人革命团体与之对抗,并对旧商会进行"根本改造"。

1926年5月,广东召开第一次全省商民协会代表大会,出席会议的代表共计151人,会期6天。大会议决《广东第一次全省商民协会大会宣言》之外,还表决通过了10余个重要议案,在当时产生了较大的社会影响,也成为广东商民运动迅速发展的重要表现。但此次重要会议不仅将商会排除在外,而且在开会期间仍继续制造舆论,攻击商会是反革命商人团体,宣传商民协会是唯一的革命商人团体。《广州民国日报》登载的一篇论说直言不讳地指出:"从前的商人,与革命绝缘,这并不是商人本身之过,而是从前领导商人的机关及领导商人的领袖,都是反革命派的缘故。我们任看哪一省的商会,所谓会董,所谓总理,有哪一个不是劣绅?有哪一个不是买办阶级?有哪一个不是亡清余孽?这些人都是反革命的急先锋,帝国主义的走狗,试问以这种人而领导商人,则商人又怎能会革命?故此,我们与其说商人不革命,或者商人没有革命性,就不如说领导商人的不是人,和集合商人机关不良好……在中国国民党指导之下,我们承认只有一个广州商民协会是受着党的指导去努力革命的;他们在革命的阵线里,虽然没有怎样明显的工作,然而,他们终归是一个革命团体,这个团体,我们实在有使他扩大的必要"①。实际上,本文作者尚未明言之意,是要在扩大商民协会的同时,在各方面限制和改造商会,这样才能使更多的商人同情或是支持革命。

1927年1月,广东召开第二次会议,通过《全省代表大会商民运动决议案》,强调要进一步扩大和扶植商民协会的发展,而对商会进行改造甚至在必要时予以解散。该《决议案》第二条的内容是:"对于旧式商会之为买办阶级操纵者,须用适当的方法,逐渐为之改造,或遇必要时,应用相当的手段解散之。一面并指导各地中小商人,组织商民协会,及全省商民协会,尤须特别注意此种协会之组织及分子,有无复蹈从前买办阶级把持的旧商会之恶习的危险,并以全力助其发展,使全省商民运

---

① 《革命的商人快联合起来》,《广州民国日报》,1926年5月25日。

动,收指挥统一之效果"①。该项决议案对商会的政治定性以及拟采取的对策,在当时并无任何改变。

广州总商会为摆脱"反革命"商人团体的指控,曾于1927年初拟发起召开"广东革命商人代表大会","其宗旨在团结商人之实力,与自身之联合,进而与各界联合,参加革命工作,拥护革命政府"②。国民党广东省商民部认为广州总商会,"掠革命美名,而为非革命之举动,此则非取缔不可。且在革命的国民党底下商民,如果实行革命,除了归于国民党旗帜底下,自无立场。而在党指导之下,已有商民协会,该商等离开革命的商民协会,而另外组织革命商民协会,其革命两字,固无根据,即此类行动,亦应取缔。故特提出第十四次执行委员会议,请将该会取缔,最低限度亦须饬令将革命二字取消,当经决议饬令取消革命二字"③。广东省党部根据商民部的报告,在第十四次执委会上议决"除饬该会立即将革命二字取消",并通报广东省政府、广东省实业厅、广东省执行委员会,"如该会仍用革命商民代表大会名义请求立案,请勿批准……以正视听"④。广州总商会继续筹备商民代表大会,却不得不取消"革命"二字。这次行动是广州总商会建构自身革命化记忆的过程,是从"反革命"团体演变为"革命"团体的尝试。

在这次短暂的纷争中,能否使用"革命"二字成立商民代表大会,成为一个争执焦点。广州总商会希望在"革命"颇为风行和大行其道的年代,发起成立广东革命商人代表大会,变相套上"革命"的外衣,摆脱其被视为"不革命"或"反革命"的政治地位,名正言顺而又理直气壮地掌握中国商界的主导权。在商民协会看来,商会就是不革命和反革命的旧式商人团体,虽然可以在某些方面进行合作,但在"革命"大是大非问题上不能含糊妥协。若商会也变成革命团体,在其他许多方面远远不及的商民协会就没有任何抗衡的资本,最终只能依附于商会之下。就

---

① 《全省代表大会商民运动决议案》,《广州民国日报》,1927年1月4日。
② 《商人代表大会筹备之进行》,《广州民国日报》,1927年2月25日。
③ 《省商民部请取缔革命商民代表会》,《广州民国日报》,1927年2月26日。
④ 《省党部请省政府不准假借名义之革命商民代表会立案》,《广州民国日报》,1927年3月1日。

国民党而言,所谓"革命"的民众团体都是在其直接领导和指挥之下,商会由于历史原因,并非直接接受国民党领导,因此不能使商会也穿上革命的外衣,否则就有可能为商会创造更好的发展条件,国民党却无法直接进行控制,也就谈不上将来实现对商会从根本上进行改造的目标。所以,广东省商民部坚决要求总商会将广东革命商人代表大会的"革命"二字予以取消。

在随后有关商会存废的纷争中,商会的"革命"或"反革命"性质是争论焦点之一。许多地区的商民协会均以商会为反革命团体为理由,要求国民党废除商会,甚至一度得到国民党中央及地方党部商民部的支持。商会坚持认为自己不仅不是反革命团体,而且是积极支持革命的正当工商团体,绝对不能因为受到反革命之诬蔑而被取消。为此,全国各地商会团结一致,坚持进行了数年的抗争。

1927年3月,一份由成都市商民协会领衔、号称万余商人具名的呈文送交国民党中央党部和国民政府,历述成都总商会自清末成立以来的种种劣迹,强烈要求取消该总商会。呈文指出:"查成都总商会自前清末叶成立以来,即由官僚主持于上,商听命于下。凡我弱小商人,不惟未得该会之保护,转被该会所压迫……为会长者,恃其接近军阀,复串通洋行运动武器,扩张乱源,运售鸦片,流毒全国,为害之大,不堪言状。此即民十三以后迄于今,兹成都总商会之情形也。以上数端,不过略举成都总商会罪恶之大概,而亦可见其为买办阶级土豪劣绅等,借以为蹂躏弱小商人之工具也"①。中央党部和国民政府收到呈文后,转由中央商民部查核处理。经研究,中央商民部向四川省党部商民部下达训令:"现据成都市商民协会呈称,成都旧商会一般奸商倚官作势,营私舞弊,恳请明令取消,以谋商人解放,等情前来。查阅所呈各节,该旧商会劣迹昭著,殊堪痛恨。为此,令仰该省党部商民部,查照原呈各点,酌量情形,核查具复"②。同年3月,长沙市商民协会呈请湖南省商民协

---

① 《成都商民协会呈国民政府文》,1927年3月29日,台北:中国国民党中央委员会党史史料编纂委员会收藏档案(以下简称"党史会藏档"),前五部档1084。

② 《中央商民部致四川省党部商民部训令》,1927年4月25日,台北:"党史会藏档",部1084。

会筹备处,"将长沙旧商会实行取消,以便统一商民组织,集中革命力量"。湖南省商民协会筹备处呈报武汉国民党中央党部、政府各委员会及省商民部,认为:"长沙全市商民均已加入市商协,同一地域实无两团体并立之必要。属会观察湖南情形,总商会名义尽可取消"①。中执会转批中央商民部审核处理,4月7日中央商民部回复:"该案现已令行湖南省党部商民部核办,俟其呈复再得呈报。"湖南省党部商民部对取消总商会的要求也表示支持,并呈文中央商民部,说明:"查旧商会为大商人从前承仰军阀鼻息之机关,剥削中小商人之利器,即以现在而论,每与各地商协暗相抵触,有妨商运之统一。当此革旧维新之际,自应铲除此种障碍,以利进行。"最后,中央商民部令湖南省党部商民部呈取消旧商会情形,准予备案,并在致湖南省商民部的指令中"合行令仰该省党部商民部核办,着即呈复备查为要"②。

稍后,江西省南昌总商会一度被南昌商民协会接收。据南昌商民协会执行委员会常委李郁等人呈请江西省党部商民部转中央商民部的报告称:"窃四月二十七日南昌各民众团体暨卫戍司令部、南昌公安局,会同清查反革命委员会于清查户口时,将南昌总商会会长张继周逮捕,认为有反革命行为,已致该会负责人。兼之本党三次全省代表大会决议案,应将旧式商会取消,交商民协会接管,根据以上原因,特于四月二十七下午七时开执委裁判委员执行联席会,关于接收总商会问题,议决成立南昌市商民协会接收南昌总商会委员会"③。中央商民部一度同意了南昌市商民协会接管南昌总商会,并向江西省党部商民部下令:"据呈报南昌市商民协会接收南昌总商会等情,第二次全国代表大会商民运动决议案第二项,对于旧式商会之为买办阶级操纵者,径用适当方法逐渐改造,一面并帮助各地中小商人组织商民协会,一洗从前绅士买办阶级把持旧商会之恶习之规定,已经颁布。现该商会既属反动,自应

---

① 《湖南全省商民协会致中执会函》,1927年3月,台北:"党史会藏档",汉0899。

② 《中央商民部致湖南商民部指令》,1927年4月27日,台北:"党史会藏档",部1087。

③ 《南昌市商民协会执行委员会常委李郁等呈》,1927年5月2日,台北:"党史会藏档",部1103。

由市商协接管,仍应预为制止以后反动分子。于可能范围内,除反动分子外,尽量联合各阶层商人,共同团结,以谋商业进展,而固革命战果。至于接管旧商会一节,暂准备案"①。

中央商民部批准部分省份、城市取消商会的事例,可能会引起其他一些地区的商民协会纷纷仿效,甚至不经呈报即自行其是,其结果势必引发更多与更尖锐的矛盾。国民党中央商民部也意识到此事之严重性,遂于1927年5月16日报请中央执行委员会,说明:"查各省商民协会筹备处或全省商民代表大会,往往未经中央党部核准,对于旧商会即行接收或取消,似于手续未合。本部兹拟一办法,除已经接管省份不计外,嗣后各省商民协会筹备处等团体对于旧商会之接管,应事前先行呈请中央予以核准,经中央党部核准,然后遵令接管。此等办法,是否可行,仍请贵会议决"②。很显然,中央商民部的意思并非是禁止商民协会接管商会,只是说明商民协会需要事先呈报核准,不得自行采取行动。但是,无论是取消还是接管商会,尽管有国民党中央商民部的训令,实施起来也遭到商会的强烈反对,使商会与商民协会的矛盾冲突更加尖锐。因此,5月18日召开的国民党中执会政治委员会第22次会议讨论这一问题时,比较一致的意见是,商会问题应通过制订商会法的方式解决,在目前情况下商会与商民协会应"同时存在",最后议决的结果为,商民协会对于商会"不准接管"③。于是,中央商民部又向各省党部商民部发布通令,"除湖南、江西已经接管不计外,合行该省党部商民部商民协会等团体,遵即以后对于旧商会不得任意接管"④。

国民党并未完全改变对待商会的态度,而是根据现实情况转而采取了另一种权宜之策。1927年4月,国民党中央商民部呈报中执会的《关于本部商民运动之最近方略》(手抄稿)。可以看出这一微妙的

---

① 《中央商民部致江西省党部商民部令》,1927年5月13日,台北:"党史会藏档",部1103。
② 《中央商民部致中执会函稿》,1927年5月16日,台北:"党史会藏档",部1709。
③ 中国第二历史档案馆编:《中国国民党第一、二次全国代表大会会议史料》下册,江苏古籍出版社,1986年,第1182页。
④ 《中央商民部通令》,1927年5月,台北:"党史会藏档",部6340。

变化：

　　商协组织愈发达，而旧商会抵抗亦愈力，双方暗潮时常接触，加以旧商会类多大资产阶级，藉有数十年之历史，经济上之地位、社会上政治上的地位均在商协以上。至于商协均系新近成立，组织之分子多系中小商人，经济上社会上政治上的地位远不及旧商会。本部虽负有改选（原文本为"改组"，后改为"改选"——引者注）旧商会、领导商民协会之职责，然以旧商会之势力在经济界、金融界占有优越势力，而政治之运用，如发行票券公债筹借饷糈等，与旧商会又有较为密切之关系，骨子里虽具有改造旧商会之坚决意念，而表面上又不能不与以相当之周旋；对于商协会虽居于保护领导之地位，而表面上又不宜予以优越的权力。故本部对于旧商会拟采用阳予委蛇、暗施软化之方法，或消极方面设法剪灭其旧势力，积极方面设法促其参加国民革命。对商协采取一实际援助之手段，如予以补助费，添予政务等，而表面上对商会、商协一视同仁。①

　　国民党最初制定商民运动方案时，对工商界和商会的实际情况缺乏了解，没有认识到商会在经济、政治和社会上的重要影响与作用，采取了一些偏激的举措。一些商民协会对商会强制接管和取消，在实际操作过程中遭遇许多困难，使得商民运动的发展受到严重影响。鉴于这种状况，国民党不得不临时对商民运动的方略稍做修正，转而采取表面上对商会、商民协会一视同仁，实际上仍在各方面支持商民协会削减商会势力的方略。当然，新方略并不说明国民党对商会性质有了新认识，只是在现实情况下采用的一种缓和的、隐蔽的手段。

　　中央商民部拟订新的商民运动方略后，呈报中央执行委员会审核批准。呈文说明："本部现为商民之需要，审察时势之情形，使一般商民加入国民革命，同时并解决旧商民团体冲突与纠纷，增加国民革命力量起见，拟具商民运动最近之方略，领导商民与农工学兵一致联合，共同作战。拟具最近对于商民运动方略，附陈于后，可否之处，仍希酌拟见复。"为防止新方略对商民协会与商会以及商民运动造成意外影响，国

---

　　①　《关于本部商民运动之最近方略》，1927年4月18日，台北："党史会藏档"，部10686。

民党中央执行委员会第二届常务委员会在第9次扩大会议上,对中央商民部"来函提出商民运动方略一案……决议照办",同时要求"商民运动之最近方略"不予宣布。① 在是否取消商会的问题上,国民党内部意见并不一致:各级党部商民部作为商民运动的直接领导机关,希望进一步扩大商民协会的势力与影响,大多倾向于取消商会,中央商民部有时也在某种程度上支持这一行动。但是,国民党中央出于整体上的综合考虑,较多地顾及商会可以在经济上提供支持,并不积极支持取消商会的行动,甚至在多数情况下表示反对。在此期间,中执会政治委员会数次会议讨论商民协会与商会的纠纷,最终通过的决议都是保留商会。后来,中央商民部呈文中执会,说明各地商民协会接管商会的行动须先行呈报批准,不得自行其是。中执会政治委员会议决之后,却是对接管行动坚决表示反对,明确规定商会应与商民协会"同时存在",无论何种情况下都"不得接管"。取消接管商会的事件不再发生,并不意味商会不再面临生存危机。时隔不久,又发生了更大范围的有关取消商会的纷争,甚至是由中央商人部直接引发的。

三、新一轮商会存废之争及其结局

1927年9月,国民党中央特别委员会召开第4次会议,决定将"商民部"改为"商人部",褚民谊出任商人部主任。11月1日,中央商人部致令南京总商会,提出将商会与商民协会合并的设想。该令曰:

商人惟一之组织即为商会,但以内部组织未臻完善,遂为一二人所把持,至受其压迫者甚众。虽其不乏正当之商人,出为改善者,亦因积重难返,挽回不易,故有商会不革命之嫌。本党为领导民众团体参加国民革命,商人为民众之一部,特设有商民协会领导商民参加国民革命,谋解放商人本身之利益。故经本党之指导与宣传后,商人之觉悟者日益加多,加入商民协会亦日益众。惟旧有之商会既组织之不善,仍然存在,以同属商人,同隶本党指导下,理应一体,毋再分歧。以此,本部为

---

① 《中执会致中央商民部函》,1927年5月4日,台北:"党史会藏档",部10387。

研求商会与商民协会之合并,以便统一指导和宣传,而固商人团体之团结,特派本部调查干事张警之前往南京总商会调查一切组织及会员人数会费数,具报以备核办。①

张警之进行调查后向中央商人部报告,南京总商会认为与商民协会与商会并无明显区别,可以而且有必要加以合并。据此,中央商人部向全国各级商人部和商民协会通告,就取消商会事宜征求意见。通告内容如下:

查旧有商会组织不良,失却领导商人之地位。现在各地商人咸自动组织商民协会以为替代,且以职权问题,尤多冲突,自应急速改善以适应商人之需要。本部拟于本会第三次全国代表大会时提出方案,请求撤销全国旧商会,以商民协会为领导之机关,以集中商人力量而便统一指挥。惟于未改善之初,先当征求各地商人之意见,以谋改善之道。为此通告各省商人部、商民协会仰即转告所属各商人团体,对于改善商会之处有何意见,可陈述来部,以为采择而为将来施行之根据。②

在中央商人部直接部署之下,引发前所未有的商会存废纷争。各地商人部、商民协会都在回复中表达支持取消商会的立场,还借机对商会进行大肆攻击,谴责"旧有商会本封建之余孽,军阀之走狗,由少数政客式之大富贾买办所把持,图一己之攒营,与军阀政客相勾结,而以一般中小商人为压迫宰割工具,商人敢怒而不敢言……属会曾有打倒是物之议,当以顾全军事政治各种关系不果行,嗣又为新军阀政客所袒庇,故犹得以苟延残喘,贻革命历史上之污点"。③

与此同时,各地商会坚决反对中央商人部取消商会的设想。在全国号称"第一商会"的上海总商会因会长傅筱庵私通孙传芳而被勒令改组,但仍在维持商会的抗争中担负起主要作用。上海总商会获知消息后召开联席会议,商讨应对之策,并致函上海市党部商人部,对中央商

---

① 《中央商人部致南京总商会令》,1927 年 11 月 1 日,台北:"党史会藏档",部 12334。
② 《中国国民党中央商人部通告》,1927 年 11 月 11 日,台北:"党史会藏档",部 4309。
③ 《汉口商民协会致中央商人部函》,1927 年 11 月 19 日,台北:"党史会藏档",部 0836。

人部通告中抨击商会的说法进行反驳,认为"现行商会之组织,实系中小商人兼容并包,并无由某种阶级可以专擅包揽之规定。有法规,有案牍,可以为相当之证明者也。更就'失却领导商人之地位'言之,亦与历来经过之情形未符……蒙此厚诬,不能不为相当之辩明者也"①。

上海总商会随后联络全国各地商会,以召开各省商会联合会的形式予以抵制。1927年12月中旬,会议在上海举行,国民政府所辖10个省区87个商会140余名代表出席会议,蒋介石、戴季陶、孔祥熙等党、政要员参加了开幕典礼。大会原定5个议题,最先讨论的是"商会存废问题案"。上海、南京、汉口、广州、苏州等17个总商会和商会向大会提交《商会不能撤销案》。广州总商会在提案意见书中指出:"政府如不欲与商民合作则已,若欲合作,又故将代表商民之商会而废弃之,是犹南辕而北辙也……党部可以裁撤商民部,党内可以不要商人,但国家不能无代表商民之商会。藉曰党部已有商民协会,为统一商运计,二者不可以得兼,亦当听商民自动的选择。孰者为真正代表我商民的机关,我商民应有辨别之能力……盖粤省为革命策源地,商民协会之组设已有数年。考其实际,真正商民之参加而表同情于协会者尚属少数,至今未能提挈商场。试观历次群众运动,非有总商会领导其间,未易得商界之谅解,可为明证"。②

大会以各省商会联合会总事务所的名义呈文中央党部和国民政府,要求撤销中央商人部废止商会提案和修改商会法。呈文特别阐明商会并非反革命团体,而是支持革命的组织:"议者或曰商会不革命,此又不然。商会对外力抗帝国主义……无不尽力抗争,表示商会革命,反抗帝国主义态度。对内力维革命……劝导各商人以经济赞助革命政府、革命军队诚属不少,后方工作未为不勤。所谓不革命云者,实谰言也。议者或曰商会组织不善,此则然而不然。商会系法定机关,其组织

---

① 《为旧商会不应撤销事上海总商会复市党部商人部函》(1927年11月24日),上海市工商业联合会等编:《上海总商会组织史资料汇编》下册,上海古籍出版社,2004年,第578—579页。

② 《商会存废问题为对沪会五项提案意见之一》,上海市工商业联合会等编:《上海总商会组织史资料汇编》下册,上海古籍出版社,2004年,第593—594页。

皆根据商会法。商会法不善,责在政府,不在商会。所谓商会组织不善者,实不明此中事理也。或曰商会不能容纳中小商人,此则似是而非。"除了对相关问题予以说明和解释之外,为使商会原有缺陷不再授人以柄,屡遭商民协会指责攻击,会议议决将对商会进行改组:"其条件有三:一、废止商会法会长制,改为执监委员制。二、会员不限男子。三、会费规定每年负担最少限定,以便普及。"最后,大会呈文表示:"理合依照决议案具呈钧部钧府察核,请准撤销中央商人部废止商会提案。一面令行法制局将商会法迅速修正,准属所举员参加。在修正商会法未颁布以前,由各商会自动改组,以期救济而不相妨"①。各省商会联合会执监会议议定,推举常务委员赴南京向国民政府请愿,"以求达大会议决事件的执行目的",如仍无效,"由各省代表继续请愿"。②

　　中央商人部提出取消商会的设想,并没有呈请中央执行委员会批准实施。具体步骤是:首先,搜集各地商人部与商民协会的意见;其次,召开第三次全国代表大会时提出相关提案;再次,提案讨论通过后予以实施。国民党浙江省党部呈文中央特别委员会,历数"商会法不合革命之精神"、"商会组织法之不完善"、"商会与商民协会权限相同不能并存"、"商会之存在大有阻碍于商民协会之发展"、"商会之不足以代表商人"等五条理由,认为商会"无存在之必要"、"无存在之理由",要求立即取消。③ 中央商人部复函称:"商会之不能适应商人要求,自属实情。惟今日本部尚未拟定商会法改组旧商会及未经呈明中央撤消旧商会之前,暂许其存在。至若职权问题,除属于旧商会之商店受其管辖者外,不能代表一切商人。将来本会第三次代表大会时,本部定当提出议案,请求撤消原有之旧商会。届时自可取消,并拟于未提出议案之前宜先搜集各地商人意见,以为将来改善之根据"。④

---

　　① 《呈中央党部国民政府议请核准商会改善方案文》,上海市工商业联合会等编:《上海总商会组织史资料汇编》下册,上海古籍出版社,2004 年,第 595 页。
　　② 《各省商联会第一次执监会议之第二日》,《申报》,1928 年 3 月 14 日。
　　③ 《浙江省党部呈中央特别委员会函》,1927 年 11 月 4 日,台北:"党史会藏档",部 1119。
　　④ 《中央商人部致浙江省党部临时执委会函》,1927 年 11 月 11 日,台北:"党史会藏档",部 1121。

1929年3月国民党"三大"召开之际,部分省市党部代表正式提交取消全国商会议案,上海等地的商民协会遥相呼应。上海特别市党部的提案由陈德征、潘公展署名,理由是:"查商会过去之历史,全由商棍操纵把持,运用其地位以勾结英帝国主义与军阀,冀危害党国……最近全国商联会致函内外总商会、商会民字第一一四号快邮代电,措辞尤属荒谬,竟指党部之警告为无理谩骂,认为横逆,诬为罔法灭理,藉党专制,末后更为应如何团结,共御外侮等语。反动言论,一致斯极。党治下宁能容俨然以党为对垒之反动团体存在耶?"该提案明确表示:"吾党同志应于第三次全国代表大会完成第二次全国代表大会议决之使命,将全国所有一切商会、商界联合会以及全国商会联合会,迅予解散,以便集中商民力量,使站在同一战线上,共同努力国民革命,并得发展工商事业,以抗帝国主义之经济侵略,臻党国于富强之域。"①

各地商会针对取消商会的提案,打响商会保卫战,希望"达到取消此项提案之目的"。全国商会联合会推举代表赴南京向国民党第三次全国代表大会请愿,先后呈交两份请愿书,重申"商会为实际革命之团体"、"商会并非土劣及买办阶级"、"商会为全国内外商民正当组织"。各地商会纷纷阐明"革命成功商会尤多赞助之力"、"商会对于革命如何工作及如何赞助,众所周知"②。上海银行公会、钱业公会发表宣言,坚决反对撤销商会。宣言声称:"阅此次提案,竟以语言文字之末节,吹毛求疵,罗织罪状,而于商会赞助革命之实迹,一概抹煞,是与专制之朝以文字兴大狱,有何区别?"③上海新药业公会公开宣言,"商会为我全体商民所组织之正式法定团体,于历史上有悠久之统系,于革命上有昭著之功绩"④。无论是商会还是其他工商团体,都以商会曾经支持革命、贡献突出作为理由,反对废除商会。由于诸方面的原因,国民党第三次全国代表大会最终未通过取消商会的提案。

---

① 《陈德征潘公展请解散各地商会案》,《新闻报》,1929年3月22日。
② 天津市档案馆等编:《天津商会档案汇编(1928—1937)》上册,天津人民出版社,1996年,第491—493、481、485页。
③ 《上海银行、钱业公会反对撤销商会宣言》,《新闻报》,1929年3月24日。
④ 天津市档案馆等编:《天津商会档案汇编(1928—1937)》上册,天津人民出版社,1996年,第507页。

上海总商会逐渐意识到,"各级党部所主张撤销商会者,恒以商会为买办阶级操纵,非革命商人,并以中小商人多未能参加商会为借口,虽属风影之谈,无当事实,然文词辩驳究不若征诸事实"。1929年4月上旬,上海总商会致电各省商会联合会、全国各总商会:"敝会于力争商会存废问题之余,拟调查各处商会参加革命工作经过并会员组织概况,制成统计,汇列专书,以告国人,庶几各种风影之谈,不难以事实证明。如蒙赞同,并请就近转函各商会,详确调查,或参稽案牍,拟具事实,并附各种印刷书报等件,一律汇报到会,以资编印。事关商人共同利害,谅蒙鼎力办理"①。上海总商会调查各处商会参加革命工作经过,目的是证明商会是支持革命的工商团体,更好地应对商会为反革命团体的指责。天津总商会强调:"查全国各级商会成立已及三十年,平日发展国际贸易,排解商事纠纷,以及迭次抗争外交,赞助革命工作,均为不可掩之事实"。②

国民党第三次全国代表大会没有对取消商会的提案作出决议,新一轮商会存废之争似乎不了了之,商民协会与商会之间的矛盾并未解决。1929年4月,上海总商会因会客室被占、会所被砸而被迫"闭门"的风潮,再次引发了激烈的冲突。在某种意义上,这次冲突是国民党"三大"期间商会存废之争的延续。从表面上看,此次纠纷的双方是上海国民救国会(前身为反日会)与上海总商会。救国会是上海市党部直接控制的团体,主要负责人为上海市党部要员陈德征、王延松等人。这场纠纷是继国民党"三大"期间的商会存废之争后,上海总商会与上海市党部之间的又一次冲突。此外,救国会与商民协会关系密切,两会职员多有交叉,上海商民协会在一定程度上也卷入这场冲突。冲突发生后,上海市党部支持救国会和商民协会的态度非常鲜明。上海市党部所属各区党部先后发布通电,公开指责"上海总商会假借帝国主义之势力,公然破坏国民救国运动,封闭会所,殴捕职员,丧心病狂,一至于

---

① 天津市档案馆等编:《天津商会档案汇编(1928—1937)》上册,天津人民出版社,1996年,第509页。
② 《天津总商会致国民党三全代会电》,1929年3月25日,台北:"党史会藏档",会3.1/17.11。

此",要求市党部紧急处置,"解散总商会,并函请警备司令部,惩办冯少山、石芝坤等"①。在各区党部的要求下,国民党上海市执行委员会第16次常会临时动议有关上海总商会关门事件,议决"呈请中央解散冯少山把持之上海总商会,并通缉冯少山等"。国民党浙江省执委会在第三次临时会议上通过议案:"上海总商会主席冯少山等,素系勾结帝国主义及军阀,破坏本党革命之买办阶级,顷复封闭上海国民救国会并殴侮该会职员,叛迹历历,怙恶不悛,应呈请中央明命解散该总商会,以统一商人组织,并通缉冯少山等各犯归案,依照反革命治罪条例严惩"②。反对革命仍然是一些国民党地方党部要求解散商会的主要理由,甚至还要对商会领导人"依照反革命治罪条例严惩",较诸以往仅仅只是要求取消商会可谓有过之而无不及。

鉴于"军政时期"结束与"训政时期"开始,应从"革命的破坏"转为"革命的建设",国民党中央逐步调整商民运动初期对待商会的政策。1928年10月,国民党中央民众训练部制定"民众团体组织原则及系统",明确说明商会、商民协会两者并存不予合并,"前者为本党经济政策之所在,后者为本党革命力量之所存"③。国民党第三次全国代表大会通过的党务报告决议案也强调:"过去军事时期所施行之民众运动方法与组织,甚不完善,故以之施于训政时期,已立即暴露其不适于实用之大弱点,甚至以军事时期民众运动方法上与组织上固有之优点,而仍施之于今日之训政时期,根本上亦已不适用。诚以训政时期之工作,已于军政时期之工作大异其趣。过去工作,在于革命之破坏,今后工作,

---

① 《各级党部严重表示》,上海《民国日报》,1929年3月26日;《各级党部对总商会反动行为之表示》,上海《民国日报》,1929年3月28日。

② 《浙江省执委会第三次临时会议》,上海《民国日报》,1929年5月4日。《反革命罪条例》于1927年2月由国民党武汉临时联席会议通过后开始施行。该条例的出台"意味着中国历史上首次立法将'反革命'定为一种刑事罪名",同时也"意味着'反革命'由一个谴责性的政治话语,提升为一种严厉的刑事罪名"。参见王奇生:《革命与反革命:社会文化视野下的民国政治》,社会科学文献出版社,2010年,第109页。

③ 中国第二历史档案馆编:《中华民国史档案资料汇编》,第5辑,第1编,政治(3),江苏古籍出版社,1994年,第8页。

则在革命之建设也"①。国民党试图将民众运动的目标从以往的"革命之破坏"调整为新时期"革命之建设"。在这种形势下,商会的作用无疑更加突出,商民协会的地位明显下降。然而,国民党中央的新政策因上海总商会风潮爆发未能贯彻实施。上海地区商人团体多头并立,尤其是商会与商民协会之间矛盾纠纷不断,甚或冲突事件时有发生,都让国民党中央意识到需要统一商人团体来从根本上解决这一问题。否则,所谓商民运动的新目标就无从谈起。

上海总商会"闭门"风潮发生后,国民党中央首先采取一种过渡性措施,成立上海特别市商人团体整理委员会,要求上海现有各商会以及商民协会均一律停止活动,听候整理。1930年2月7日,国民党中央执行委员会第七十次常务会议通过决议,撤销商民协会组织条例,各地商民协会一律限期结束。随后,国民党中执会致函国民政府,说明:"昔日以少数垄断把持之旧商会,既经商会法施行后为彻底之改革,则商民协会自无分峙存在之必要。案经本会第七十次常会决议,除通令各省市党部转行各该地商民协会遵照办理外,相应函达查照,并希转行所属一体知照为荷"②。国民党中执会又训令各省市党部,通告撤消商民协会的决议,要求一体遵照执行。同时,国民政府工商部发布商字第8559号训令,通令各直辖机关取消商民协会。这个最终结果,显然与国民党最初推行商民运动时制定的方略完全相反。围绕商会是"革命"还是"反革命",这场持续数年之久的纷争以商会保留、商会协会被取消而宣告结束。③

"与清末相比,1920年代的'革命'与'反革命'话语既带有浓烈的

---

① 荣孟源主编:《中国国民党历次代表大会及中央全会资料》(上),光明日报出版社,1985年,第635页。
② 《公文:撤销十七年颁布之商民协会组织条例并限期结束各地商民协会》,《中央党务月刊》第19期,第21页。
③ 国民党最终为何保留商会而撤销商民协会,参见朱英:《再论国民党对商会的整顿与改组》(《华中师范大学学报》,2003年第5期)相关论述。

专断性，又富有浓烈的任意性"①。纵观这场持续数年的商会存废纷争，可以发现这一时期指控商会均为"反革命"团体，并进而提出废除商会，实际上并无多少史实依据，而是通过泛用"反革命"这一严厉的政治指控欲置对手于死地，从而使之演变成为国民党以及商民协会为达到某种政治目的而采用的一种策略与手段。时人已经意识到："大凡要陷害他人，只需任封一个'反动'和'反革命'的罪号，便足置对方于死地而有余"②。这一手段不仅适用于政治人物或政党派别，而且还可强加于商会这样深有影响的商人社团。不过，商会始终不承认也不接受其为"反革命"团体的指控，不仅依据史实竭力辩驳自身并非"反革命"团体，而且不断强调其"革命"性的一面，坚决反对被取消或被合并。由于商会以各种方式坚持辩驳，再加上其在实业界早已奠定的重要地位与产生的影响，以及政治形势的变化，最终得以避免遭"反革命"的指控而被废除的结局，并仍然继续发挥重要作用。相反是，号称最"革命"的商民协会被解散，这样的事例，在当时尚不多见。

原载于《河南大学学报（社会科学版）》2012年第5期，《中国现代史》2013年第1期转载

---

① 王奇生：《革命与反革命：社会文化视野下的民国政治》（社会科学文献出版社，2010年，第67页）；黄金麟《革命与反革命：清党再思考》（《新史学》，第11卷第1期）一文，对此问题亦有论述。

② 大不韪：《党军治下之江西》，《醒狮》第118号，1927年1月7日。

战时特殊利益空间中的国家、基层与民众
——从抗日战争时期兵役推行侧面切入

陈廷湘①

【导语】 抗战时期,中国国内形成了新的利益关系体系,但原有利益空间的基本结构依然存在,国家、基层和民众仍为国内利益空间中的三大结构。作为社会存在,这三大利益结构之间的差异并未发生本质上的改变,因此,在抗战役政推行中,三大利益结构之间始终存在利益博弈,产生了众多复杂的纠纷,内耗了抗战力量。但此类博弈在本质上主要属于具有自在性的社会问题,必须从社会问题的视角加以讨论,才有可能逼近其真相,认识其存在与演变规律。

抗日战争时期,中国近现代历史上最严重的外敌入侵,导致国内利益关系发生了巨大变化,抗击敌寇、保卫国家成为中华民族的最大利益所在。但是,这个利益空间由国家、基层和民众三大不同的利益主体所构成的基本格局并未改变。此三大利益主体结构在抗日问题上具有逻辑上的共同利益,但各自的直接利益作为国内利益空间中的不同结构却依然存在很大差异。差异存在决定了在中华民族实现抗击敌寇、保卫国家整体利益的过程中,三大利益主体始终存在争取各自利益的博弈。这种博弈在战时兵役推行过程中表现最为明显。

关于本问题的研究成果已有数篇论文发表,冉绵惠《抗战时期国统区"抓壮丁"现象剖析》、②龚喜林《抗战时期基层保甲征兵的制约因素》

---

① 四川大学历史文化学院教授。
② 冉绵惠:《抗战时期国统区"抓壮丁"现象剖析》,《史林》,2009年第4期。

等持论相对更为平实。① 这些研究主要对战时国民政府征兵中的问题进行阐释,作出了较公正的评述,研究角度大体相似,但所用史料和阐释事件各有不同。本文的研究指向不在征兵问题本身,而是从征兵问题、抗战荣军收养问题切入,阐述抗战时期中国利益空间中国家、基层与民众三大结构之间的复杂关系,以期说明处于自然状态下的人的直接利益任何时候都会在社会生活的基本关系构成中起决定作用,超越直接利益的行为取向只能通过政治和观念整合形成,而这种整合涉及社会文化更新,对其难度必须有充分认识。本文运用的资料主要是四川县级档案馆藏战时档案,这类档案既有国民政府各级机关的文件,也有当地案件的处理记载,颇为丰富,也十分具体,对展示社会真相更为有用。因此,本文研究的具体事件和使用的资料均具有独特性。

一

抗日战争时期,中华民族遭遇了近现代历史上最严重的民族危机。在理论上,抗日救国与全体国民的利益完全一致。抗战兵役作为抗战救国的重要环节之一,也是国家和全体国民根本利益的体现。但是,国家利益与国民个体利益毕竟是当时特定利益空间中的不同结构,并非任何时候都展现出一致性。从总体上看,国家利益属于长远利益和整体利益,民众的个体利益则有长远与眼前之别。民众天然地会看到与自身直接有关的利益,维护长远和整体利益只能是理性权衡的结果。抗战带来的沉重负担给每个家庭的生活造成的困难十分具体,加之,农村是兵源和军需的主要供应地,农民的负担更为沉重。农民承受困苦的同时还要维护的国家利益,在他们意识中显得遥远而抽象。因而,长期生活在分散状态下的农民与国家抗战大业之间形成了复杂的利益博弈关系。

在农民意识中,眼前利益与长远利益的对立在抗战兵役问题上表现得尤其直观。过去,在学人乃至一般人看来,抗战时期,由壮丁问题

---

① 龚喜林:《抗战时期基层保甲征兵的制约因素探析》,《历史教学》,2011年第16期。

引起的层出不穷的纠纷大体都是国民政府官员,更是其基层政权掌控者为非作歹的结果,但实际情况却并非完全如此。这一认识的偏差在很大程度上是把壮丁问题视为政治问题的结果,而事实上壮丁问题在很大程度上属于社会问题。从社会问题的角度看,壮丁纠纷关系要复杂得多。其中官员舞弊自然是原因之一,但广大民众(尤其是广大农民)作为一大利益结构的内在因素,更对上述复杂关系的形成起着决定性作用。近年来,论者已开始注意到这种内在因素的作用,但具体的分析和认知尚有待进一步讨论。如,把农民逃避兵役主要归于农民"利己"和"知识浅薄,昧于事理"等仍嫌简单,尚须作进一步挖掘。譬如,"利己"并不只是无知农民的禀性,也不应是被指责的行为。在原始意义上,利益是维持生命的物质性存在,由于生命在本质上永远以个体形式存在,利益的天然存在样态只能是与个体结合在一起。因此,"利己"乃人的天性。从本质上看,人的一切行为都是利己的,只是有大利、小利之别而已。西方功利主义学派主张"理性利己",主张为实现利己去追求"最大多数人的最大幸福(即长远利益)",正如瞿秋白所言,"人类往往以利己主义出发而得利他的结果,一切利他互助主义都产生于利己斗争的过程里"[①]。理性利己很大程度上是哲学家们的认知,是一般人不易达到的境界,普通农民首先看到直观的眼前利益是社会生活的正常样态。而且,还必须看到农民的直观利益本身亦具有复杂的内容,不能以简单的物质利益概括之。安土重迁,欲望简单,不求发达,但求阖家平安是中国传统社会农民的自然存在状态。维持这种自然状态很大程度上就是一般农民的利益所在。这里的利益不仅表现为经济上的所获,而且表现为心理的平衡与安宁。任何打破这一自然状态,试图把农民置于为长远利益而行动的存在状态的作为都将与他们形成对立关系。梁漱溟在谈及乡村建设运动失败时指出,其根本原因在于运动"走上了一个站在政府一边来改造农民"的"道路"。由于是改造者按主观愿望造"动","未能代表乡村的要求",因而农民"不惟不动",而且彼此

---

① 瞿秋白:《自由世界与必然世界》,《新青年》季刊第 2 期,1924 年 8 月。

"闹得很不合适"①。梁氏乡村建设对农民的眼前经济利益触动甚微，在主观上不存在丝毫的侵犯，更大程度上是为了农民获得长远利益而改造农民的自然生存状态，由此便造成了"很不合适"。抗战时期，国家要农民把亲人送到他们观念中无比遥远且有性命危险的抗敌战场，并把大批外地伤兵安置到乡村，对农民"自然形成"的生存样态构成重大挑战。② 农民以各种方式对抗国家行为是必然产生的社会问题。在大后方抗战时期档案中，众多记载民众以逃避兵役抵制国家行为的事件是此类社会问题普遍存在的表征之一。对当时农民逃丁的部分方式，龚喜林《抗战时期基层保甲征兵的制约因素》一文已有论及，且有新的立论史实依据和个性化的解读取向。本文则主要依据四川县级档案馆藏战时档案对农民抵制征兵史事加以梳理，并从本文立论的视角加以阐释。

第一，暴力强行抗征。1941年9月13日，四川三台县中兴乡十六保农民梁尚志、梁光文"为拒服兵役"，持刀将上门征兵之壮丁队队丁苏延奎砍伤。事发后，乡长呈报县长处置。梁尚志、梁光文表示认错，称"民等痴愚，一时畏服心切，遂至发生误会，事后自知非是于法，于情实有未合，拟请安心服役，并祈转恳钧府（县政府——引者注）免予究办"。县长随即批复，念其"自觉悔过，姑予免究"，"送交师管区暂编团第二营验收，列抵该乡征额"③。二梁悔过书显然非本人手笔，但认错应属确实。就中可以看出，二梁拒服兵役，以致伤人，并非因有重大难处，只是出于心理畏惧，足见其在国家长远利益与自身眼前利益（避役即是利）之间的选择确乎是一种本能的反应。县长仅以二梁认错，表示愿安心服役即允免究之举，这从一个侧面表明此类事件十分普遍，已成为基层政府视域中的寻常社会问题。1938年5月3日，四川南充（时顺庆）壮

---

① 梁漱溟：《我们的两大难处》，《乡村建设理论》，上海人民出版社，2006年，第368—378页。
② 改变农民的天然生存样态而得到农民支持可能存在，但那只是翻天覆地的社会变革时期的现象。
③ 四川大学中国西南文献研究中心收录民国档案（以下简称四川大学文献中心藏民国档案）：全宗10，目录2，案卷536（以下以10—2—536表示），第47页。

丁验编处第十七壮丁大队第四中队路过广安唐家店金山寺时,与征调修筑川鄂公路渠蓬段民工数百人相遇,队中广安籍壮丁王昌福等五人与民工中有相识者,遂在"彼此相互招呼"时乘势逃亡。送丁队追捕时,民工"手持铁钎扁担"相抗,"掩护该丁等潜逃"。冲突中,该队壮丁"一百二十余人"中有 57 名完全失踪。① 此案虽非被征壮丁强力反抗抽丁,但乡民掩护壮丁逃跑,且一经冲突,则不管是否亲故皆自然站到逃丁一方与征兵队丁械斗,更说明乡民对逃避兵役、维护眼前利益存有一种天然的共识。

第二,转移避征。转移避征方式主要是出走他乡、他行务工,以避征调。1942 年 3 月,四川三台县刘营乡中签壮丁汪定福出走东鲁乡,受雇于该乡"第十五保住户团总霍思经家内"。刘营乡保甲长"奉令往征",正与"汪定福见面"之际,遭到"雇主霍思经督率家人青年执械赶打,保长受伤,甲长等亦被殴辱"。事发后,县府下令"将该霍思经拘案究办",并追"逃丁汪定福归案服役"。东鲁乡公民廖儒修等 38 人复上书县府,为霍思经鸣冤,谓其素"能恪尽职守,公正勤廉,乡望素孚",决无破坏兵役之事。② 汪定福出走避征事经县府核定究办已确定无疑,廖儒修等 38 人上书鸣冤只字未提避丁事,唯言霍思经为公忠正绅,亦可见汪避丁事实不虚。霍思经乃乡村绅士,应明事理,然其不但收纳避丁及且驱赶征兵保长。廖儒修等出面辩护,不便提避丁之事,但实际上是站在汪避征、霍匿丁的立场说话,而且是以"众议"的方式发言。事件透露出,在其时乡村绅民的意识中,逃避兵役并非有违道义的行为。

务工避征更常见者是匿入自贡盐场逃丁。战时供盐紧张,国民政府对自贡井盐十分重视,1938 年抽签征丁之后,曾规定盐业工人"非至有必要时免予调服兵役"。这一政策施行后,盐井迅即成为乡民避征之所,不少壮丁"相率匿身井灶规避征调"。据四川省第二区督察专员王梦熊报告,四川井研县统计的三万二千余壮丁中,应为井灶工人及运盐

---

① 四川省军管区:《快邮代电》,1938 年 9 月,宜宾市档案馆藏档案:2—1—362,第 44 页。

② 《为公同证明乡绅霍思经屡被朦报恳予秉公衡夺一案由》,1942 年 4 月 2 日,四川大学文献中心藏民国档案:10—8—105,第 22 页。

运煤苦力"者仅"八千余人","灶户共二百四十余家,每户制盐工人平均不过六人,合计一千四百余人",共计所需近一万人,而匿身井灶逃避兵役者也有一万余人,盐工中有一半为匿身逃避兵役者。① 此外,尚有为数不少的壮丁避身机关、学校等处逃避兵役。抗战爆发之初,当局鉴于"所征之丁,多系目不识丁之文盲,士兵素质低劣,影响前途甚大",规定学生可以缓役。时日一久,便有大量不愿意服兵役者看中学校可作规避兵役之所,致使各地学校均有为数极大的"超过学龄之学生",使学校成为"壮丁避役之渊薮"。当局只好改变政策,宣布于1943年1月起,"各级学校之兵役适龄学生一律依法抽签,按序征召,各依学生程度配服役务,不得予以缓役"②。这类逃役能够得以扩散,是众多而且地位不同之人串通作弊的结果。有识者无识者串通作弊逃役,表明体现在民众抵制国家事务行为中的自在性对智愚确乎具有超越的力量。

第三,自毁自残避役。此类规避兵役之举最为不可思议者是自伤肢体的行为。1943年1月,三台县石安乡第十五保中签壮丁李文金在是年"造具清册转送验收之际",用石块将左腿损折,以图"永远免役"。李"系三丁之家",一丁应征应属十分正常,但李文金中签之后先已逃匿一年,及至查出送验时又自伤肢体规避。③ 此例表明民众避征并不一定出于养家考虑,更多是出于对应役出征的心理恐惧。

除此极端行为之外,更普遍的自毁避征为吸食烟毒。吸毒是民国时期严重的社会问题,据载当时各省市县应征调的壮丁不少有烟癖者,当局命各该市县政府切实调查精确统计,凡有烟癖者一律强迫征送至各该市县戒烟所戒绝,否则不得申送。由于有烟癖"不合格而被遣回县之壮丁"存在,外间"竞相互传述以吸烟为避役良法",导致"精壮青年亦

---

① 四川省政府:《快邮代电31285号》,1938年10月5日,宜宾市档案馆藏档案:2-1-362,第42页。
② 军事委员会:《代电渝爱役务字第12949号》,1943年3月,四川省南溪县档案馆藏档案:11-1-403,第35页。
③ 石安乡公所:《为自伤肢体居心避役请予依法治罪用儆将来而利征调事由》,1943年1月4日,四川大学文献中心藏民国档案:10-8-115,第112页。

故入迷途,相率嗜此"①,"借此规避兵役"②。吸毒在民国时期虽较普遍,但大多为游手好闲之徒所为,纯良农家皆不耻于是。但为逃避兵役,青壮则相率吸食,不惜染毒成瘾。这种在眼前利益面前两害相权的选择亦颇具代表性。在当时的条件下,毒瘾多致倾家荡产、家破人亡,纯良农家并非不知染毒避征其实无利可言,其行为选择显然亦是心理习惯支配的结果。

第四,冒充单丁规避。单丁免征是战时国民政府兵役政策最重要的规则之一。这是农业社会完全依靠体力劳动支撑生产活动的必行之政。取得单丁身份是规避兵役的最正当理由,在抗战时期兵役案中,单丁身份之争最为普遍。其中,颇具典型性的要算三台县朱习氏所控抽单丁一案。其申诉状中言,"氏夫朱邦家现年三十八岁,家贫无赖,端靠道士为业,上无父母下无弟兄。去岁冬月十六日才与完婚,未逾百日,冤遭保甲之怨。氏虽青年女子,稍知国家之大义,抽壮丁需人材,当与国家效力。但钧府有明文:三丁抽一、五丁抽二,单丁不得违章抽派,不惟办公保甲而知,则闾阎里巷妇孺皆晓,今也保长朱邦庭因有夙怨,串引甲长刘锡勤,即向刘营乡公所派队估抽,不由人辩……氏今匍匐奔辕,含单丁之冤,呼吁无门,只得泣恳钧府速派调查是否单丁,若问明保甲邻里,有弟有兄,不惟氏甘愿具砍头切结,而娘家生父习心元、祖父习正武亦愿受十倍处罚"③。这份诉状意味深长:其一,乡下人表面知晓征兵含有"大义"之国家大事,人人应当为国效力;其二,农民对国家三丁抽一、五丁抽二的征兵政策心知肚明;其三,朱习氏为保丈夫免征,甘愿以自己砍头、生父和祖父十倍受罚担保,已是不计一切代价;其四,朱习氏丈夫为一道士,并非家庭生产支柱,其拼死相争不关真实困难,仅

---

① 四川省政府:《训令廿七年民禁字第07229训令》,1938年8月25日,宜宾市档案馆藏档案:2-1-362,第63页。

② 四川省政府:《训令廿七年民禁字第07229号》,1938年8月25日,宜宾市档案馆藏档案:2-1-362,第63页。

③ 《呈为抽派单丁报复前怨,请速调查邻里以证明单丁是否由》,1942年4月2日,四川大学文献中心藏民国档案:10-8-105,第49页。

是不愿新夫远出而已。案经查验，县府判定"朱邦家并非独子，应免置议"①。此案中，朱习氏知法违规，敢于许人头欺骗上方，既表明其人避征情急，根本不计后果，亦足见民间不择手段冒充单丁逃役可以无所顾忌。从申诉状行文看，显系乡村士人手笔。士人明知壮丁乃抗战大业之需，其为冒充单丁者编造情真意切之诉状，或因有利可图，或因亲故所系，但无论如何此人在国事与家事之间选择时不假思索地以家事为重的意识十分明显。诉者的信口开河，士人的知错助错，县长的简单处置，似乎都说明当时企图冒充单丁以图避征是司空见惯之事。

第五，买丁顶替。在一般人心目中，战时买丁顶替应是地主豪绅所为，其实买丁顶替在寻常人家亦不在少数。三台县一件买壮丁案中，就涉及赵仁金、杜锡荣、罗昌义、肖连恩、赵天富等一批人出资买丁顶替应征。此间自有保甲人员从中舞弊，但买丁顶替亦多出自本人愿望。上述数人均为农民，并非大富之家，出资买丁替征却不惜重金。赵天富在悔过书中承认其"缺乏兵役常识，意图请人代役"，出资"一千三百元"买丁。事发后该款被罚作壮丁"优待之款"亦甘受不诉。② 正是因为民众有此意识，才致买丁充数成风，以致在壮丁验收所壮丁当面向保甲长索取原先议定之价款，当面交钱，甚至当众争多论寡，致使验收所成为讨价还价的交易之地。当局惩治亦"只能制止当场交钱"，而无法禁绝私下交易。③ 交易的本质在牟利，其顽强存在说明买卖双方皆有利可图。战时农村负担沉重，多数农家生计艰难，但农民仍愿出重资买丁，说明在当时乡民意识中避免服役是莫大的利益。

上述只是农民以各种方式逃避兵役的一些案例。所举案例皆较典型，具有一定代表性。在文献记载中，类似案例颇多，无法一一列举。上述典型案例大体说明当时乡民逃避兵役乃是具有广泛性的行为。此

---

① 三台县政府：《批复》，1942年4月16日，四川大学文献中心藏民国档案：10—8—105，第77页。
② 赵天富：《为自甘悔过恳请了以自新鉴怜宥释出》，1942年5月29日，四川大学文献中心藏民国档案：10—8—105，第58页。
③ 四川省政府：《快邮代电29720号》，1938年8月13日，宜宾市档案馆藏档案：2—1—362，第45页。

行为的目的,总体上是维护眼前利益,而"利益"的内容则具有多样性,其中更多体现为乡民心理上的"有利"。

抗战时期,乡村民众与国家间在兵役领域的利益冲突,不仅于壮丁征集上体现充分,在对待转送后方伤兵问题上亦颇为明显。伤兵乃抗战荣军,收养伤兵亦抗战之重要环节,理论上为国家与国民共同利益所在。但民众作为与国家并不相同的利益结构之一,在面对势将侵害其眼前利益的伤兵时的自然反应亦是尽量拒而远之。1940年4月,国家伤残军人第二临时教养院有几名荣军被上方指定到宜宾县喜捷乡牛口坝驻养,该乡乡民立即反对,徐振声、李树沈、李玉磻、李海臣等44人联名呈文专署,要求"残废院另觅住址"。为达到目的,呈文诉说了多种理由:一是当地附近建成飞机投弹演习场,给居民造成了生命财产损害和巨大的心灵创伤;二是当地"地狭人稠,入不敷出",并非适当的"驻军之地";三是荣军必与本地居民争食,引起纠纷。① 呈文词意切切,然所述理由无一条是维护国家的长远利益,皆从争本坝住户眼前利益立论。文词显系乡村士人手笔,但具名者却多为一般乡民。有知者与无识者均把收养荣军这一体现长远利益之事视为异己之端和无法接受的负担。

荣军入驻地方之后,与当地民众发生利益冲突的事件在所难免。查阅相关档案,有关当地民众与荣军之间争夺利益冲突的案件层出不穷。例如,1942—1944年间,四川江安县南屏乡第一保有40户农家控告荣军侵害财产。② 乡民受害的事实多为损坏家具,占用小菜、竹笋、柴草之类。时间绝大多数在荣军入驻两三年之内,但受损金额均较巨大,最少一千元,多至一万元,报损一万元者7户,三至八千元者27户,共计损失三十万三千。其中黄定安迄于1943年(三年内)被荣军砍竹子一项损失八千元,廖福顺同时同项损失一万元;张明五迄于1943年(三年内)被荣军扯小菜一项损失五千元,王树臣迄于1942年(两年内)损失四千元。在当时当地,小菜、竹笋、柴草之类价格无从考证,可

---

① 宜宾县喜捷乡牛口坝居民徐振声等:《为受惊已甚在扰难堪协恳令饬他驻以纾民困由》,1940年4月,宜宾市档案馆藏档案:2—1—633,第205—210页。
② 四川省江安县档案馆藏档案:2—1—72,第53—57页。

以类比方式大体推知。1942—1943年,国统区物价尽管已开始上涨,但并未出现恶性通胀,实际物价基数尚不算高。

1940年11月,有人揭示保甲人员待遇太低,言四川彭山县"联保主任月仅车马薪公费十余元,保长则二元",并言"以二元之薪给仅能维持三四次之伙食"①。两元可供三四次"集场"伙食,每顿仅六角左右。"集场"一顿饭耗资至少是七八斤小菜之价。由此推算,当时乡下(而不是市场)一斤小菜价大致在八分以下。1941年底,买一壮丁之费在一千二百元左右。当时农民视为生命替代品的壮丁仅值此数,也表明乡间小菜柴草之类并不值钱。上述一个农民在小菜一项上受荣军侵占损失金额最多达五千元,可折算小菜六万余斤,一个寻常农家20年也不可能有这样巨量的小菜收获。如此夸大报损,表明乡民与荣军两不相容,驱逐之意十分急切。

作为社会底层的民众,自身眼前利益与国家长远利益差距甚远。即使在抗战的特殊时期,民众(特别是乡民)与国家之间的利益冲突随处可见,这是社会生活的真相,也是正常样态。亚里士多德指出:"凡属于最多数人的公共事物常常是最少受人照顾的事物,人们关怀着自己的所有,而忽视公共的事物。对于公共的一切,他至多留心到其中对他个人多少有些相关的事物"②。亚里士多德是从哲学上对人的天性之最具普遍意义的揭示。中国的乡村完全处于物质短缺的年代,大多数乡民常年为谋求生计辛苦劳作而难求温饱。任何可能给他们带来更大困苦,或是打破他们早已习惯的一家勤勉劳作而勉强度日的生存方式的举措,势必引起他们不假思索的抗拒。因此,乡民对体现国家整体利益的兵役和荣军收养的抵制确乎是一种极自然的反应,是符合社会生活逻辑的真相。国民政府十分薄弱的抗战动员不能解决此类问题完全不足为怪。

---

① 郑精:《改进四川省地方行政之我见》,四川省档案馆藏档案:5—77—3号。
② [古希腊]亚里士多德著,吴寿彭译:《政治学》,商务印书馆,1965年,第48页。

二

　　基层政权作为国家与民众间沟通的桥梁，是一个具有两极指向的特殊利益结构，一极指向国家，一极指向民众。其指向国家一极的利益与国家长远利益之间呈现为既相一致也不一致的状态，因而与国家间常有利益博弈的问题。

　　战时基层政权与国家间的利益博弈在兵政领域表现最为明显者为荣军收养问题。在荣军转送后方收养过程中，基层政权一开始就表现出明显的推诿，甚至暗中抵制态度。最初，国民政府对伤兵转移四川收养一事未加重视，地方当局对伤兵与民间冲突的处置多是严惩肇事伤兵，常有"枪兵弹压"，或枪毙被称为"祸首"的伤残官兵以平息"民愤"之事。① 此等消息传开，引起结伴而来的荣军极大不满，军民对立更加严重。1939年7月11日，军政部第三残废军人教养院三千余人奉令迁移四川江安县。8月3日，入住商会常务委员李静先家之伤官马鸣长在楼上洗澡，"水流楼下，经交涉欠妥"，发生冲突。由于双方关系紧张，此事立即"激动公愤"，次日引起市民罢市，闹得风雨满城。② 县长采取措施平息了事态，但向上方报告事件经过时则对伤官恶行大加夸张，其言"缘有伤官马鸣长估索绅民李静先房屋居住，因言语冲突，啸聚伤兵数人，将静先全家殴侮"，因此激起民变。③ 如此言说，用意显然在给上方制造荣军无法融入地方的印象，希图上方另寻收养之所，以便将荣军拒而远之。

　　地方当局的拒斥态度引起了蒋介石的关注，其所派调查人员指出，此事件发生，"虽有少数院方人员因不善联络致生细微之周折，而各级

---

　　① 委员长侍从室战时卫生业务视察委员会：《处理伤兵滋事之意见》，1939年12月17日，宜宾市档案馆藏档案：2—6—755，第115页。
　　② 江安县第一区：《报告》，1939年8月4日，宜宾市档案馆藏档案：2—6—755，第27页。
　　③ 江安县政府：《民字第0738号快邮代电》，1939年8月7日，宜宾市档案馆藏档案：2—6—755，第48页。

地方政府与驻军当局未能尽其协助之热诚者,系确有其实"①。据此,蒋于9月指令地方当局"随时商同该院负责人与机关法团士绅,务令军民和协,勿使此类不幸事件再行发生"②。12月,军事委员会委员长侍从室战时卫生业务视察委员会提出协调荣军与地方关系两项办法:规定"各级政府与驻军当局,如发现负伤将士与任何人发生冲突情事时,应迅即通知医院当局会同处理,不可对伤残遽予逮捕,以免发生恶感";对于冲突中的伤残官兵,应由院方带回,必要时院方移送军法机关办理,"除伤残员兵闯入机关部队夺取武器外,无论人数如何众多,应以不用枪兵弹压为原则"。同时,要求地方对荣军院所需场所、物品及其他细小之需"随时协助"解决。③

冲突两方事涉地方利益,并非一纸规定能够消除。1939年12月,《处理伤兵滋事之意见》公布后,伤兵与地方冲突仍屡屡发生。1940年2月9日为农历春节,宜宾第六区保安分队巡查队赴小北街品宜香面馆查赌,又引起暴力冲突。在事件记载中,专署一方言,巡查队讯问知是"负伤同志所摆赌场",遂"婉言饬其解散"。而伤兵怀恨报复,追打巡查队员,抢夺枪枝,私捕队丁,"不仅危害安宁秩序,亦有损本部之威信",要求119后方医院:"释放拉去队兵刘子明、杨云、霍绍青三名";"清还被抢枪支弹药";"严惩肇事伤兵";"受伤队兵,应由贵院治疗,如伤重致命,并负善后之责。切实管理伤兵,保证今后不致再有类似事件发生"④。119后方医院回复则言:此案"枝节繁多",为速解决,须互相谅解,各自处罚肇事士兵,所有枪支"如数清还",并将情节较重之"徐慎魁开除院籍,李文彬、李忠廷送交宜宾县政府监禁,以示惩戒"。但地方所

---

① 军政部《医渝(二八)医字第2637号代电》,1939年9月10日,宜宾市档案馆藏档案:2-1-845,第62-63页。
② 四川省政府:《民秘字第19315号指令》,1939年10月,宜宾市档案馆藏档案:2-6-755,第112-113页。
③ 委员长侍从室战时卫生业务视察委员会:《处理伤兵滋事之意见》,1939年12月17日,宜宾市档案馆藏档案:2-6-755,第115-117页。
④ 四川省第六区保安司令部:《公函参字第36号》,1940年2月10日,宜宾市档案馆藏档案:2-6-755,第122-123页。

说"被拉队丁一事","确无其实"①。接到此函之后,专署保安司令部亦就只"请将失物清还",说明私捕队丁并无其事。事件发生在1940年农历大年初一"午前七时",即农家所谓新年开门大吉时刻,按照传统习俗应为开禁之期。巡查队此际专查伤兵赌博,且把伤兵参与品宜香面馆赌博定为伤兵所摆赌场,随意夸大其词,显然是故意与后方医院为难。地方当局不问情由仅据下属一面之词,强迫院方承担一些并不存在的责任,其抵制意向十分明显。

地方当局对已经入驻的伤兵存在拒斥心理,对待新来的荣军更是百般拒纳。1940年9月,53、163与第一重伤医院及第二残废教养院奉命移驻南溪县,县长叶书麟立即呈文抵制,言这些机构再来,"不但住址顿成问题,即粮食菜蔬亦恐不敷,恳予转请迁移"。25日,第六行政区专署亦函军医署,力言"该县地方狭小,且处长江北岸,系敌机往来线路,时感空袭为限,殊非疏散乐土",要求另行安排。②军医署只好回复,南溪县仅驻军医第53医院一所,重伤医院及残废院等均令开驻宜宾。③地方当局视伤兵如天降祸水,致使属下对伤兵恶感有增无已,冲突不仅无法消除,反成扩大之势。1943年6月17至21日,驻南溪县第二教养院伤兵与该县警民的冲突即是其中影响巨大的事件。事件本属小端,由于警察从中作祟,终致闹成大事。是月17日上午10时,二教院盲残队荣兵在队址左侧培修队友坟墓,挖土可能影响新庙子尼姑僧仁慧种于坟侧之南瓜,尼姑怒骂盲残荣兵为"叫花子",引起争执。④尼姑赴附近南溪防空电话总机房向其亲戚电话员李某诉说其事,李某即打电话报告南溪县府,诳称盲残荣兵捣毁电话总机房。县府派警察队分队长周茂祥带武装警察二十余人至电话总机房查勘,并未见捣毁机房。⑤按理,至此事情就应结束了。但由于平时结怨太深,警察竟将盲

---

① 军政部第一百一十九后方医院:《总叙字第796号公函》,1940年3月1日,宜宾市档案馆藏档案:2—6—755。
② 宜宾市档案馆藏档案:2—6—755,第153页。
③ 军政部军医署:《医(二九)酉渝字第42115号代电》,1940年10月,宜宾市档案馆藏档案:2—6—755。
④ 宜宾市档案馆藏档案:2—1—676,第72页。
⑤ 宜宾市档案馆藏档案:2—1—676,第80页。

残队队部包围,声称"必须逮捕几个人""销差"。此举对扩大事态产生了恶劣影响。当晚盲残队点名,有盲残徐甫臣一名未到,有人即言已被警察带走。二教院遂于18日上午函请南溪县府释放徐某。下午4时,以徐某尚未回队,盲残荣军队队长肖继文即率推选出的盲残代表十多人到县府索要。代理县长之李科长接见训话时,警察一队拥上大堂,打伤刺伤盲残队十多人。县府为"加人罪而卸已过",19日"唆使各商店学校罢市罢课;20日,警佐陈凤仪暗令附近各乡公所分派乡丁四出阻止乡民入城赶场",制造紧张气氛,以图扩大事态。20日午后县长李仲阳回县后,方与专署保安大队长、县参议会正副议长、县党部书记长商妥平息事端办法。至21日下午二时,由驻军派兵挨户晓谕,商人始行开市,各校亦相继复课。二教院送上被伤盲残照片、伤单各一份,要求处理。①

县长李仲阳尽管平息了事端,但在并未了解情况之际即向第六区专署发出快邮代电,把事件责任完全推到二教院一方。电言:"宜宾第六专员兼司令王(梦熊)钧鉴:窃职于铣日赴宜开会,殊有驻县第二教养院伤兵因禁烟赌借故肇事,②巧日午后纠众围攻县府,并沿街毒打警察,官警受伤七名,失踪五名,枪弹同时损失,情势极为险恶。因此,人民惊惶万状,酿成罢市罢课。除闻讯返县商同驻军尽量维持秩序不使事态扩大并另案具报详情外,特电请鉴核,并予惩凶以肃军纪而维后防"③。事后,他亦针锋相对地提出受伤失踪警察照片、名单一份,以与二教院名单对执。

此事惊动了川康绥靖公署。8月25日,主任邓锡侯、副主任潘文华指令第六行政区专员王梦熊,命南溪县依照川省政府民二字第23391

---

① 国民政府军事委员会委员长成都行辕:《战字第012591号快邮代电》,1943年7月8日,宜宾市档案馆藏档案:2—6—676,第67页。

② 1943年6月17日,县府派出官警十数名与13团团部官兵在由义街郭家祠堂共抓获26人,内第二教养院10人,五教院2名,三陆院8名。"讯明后,由县府分别函送各该院自行处分",18日,二教院将赌犯函送县府寄禁,县府未接收。此事与冲突事件扩大无关。宜宾市档案馆藏档案:2—4—676,第81—83页。

③ 南溪县政府:《快邮代电》,1943年6月20日,宜宾市档案馆藏档案:2—4—676,第142页。

号令,"饬将警佐陈凤仪查明议处报核,并将警察队分队长周茂祥、肖银山分别撤职记过"①。9月18日,南溪县政府呈报省政府:警佐陈凤仪业经予以记过处分,警察队分队长周茂祥、肖银山二员业经分别撤职记过,并"饬该警佐对于长警严加管束,免生他虞"②。至此,事件才得了结。

上述事件的过程极为纷繁,争端错综复杂,但南溪县与国家派驻的二教院处在对立立场却十分明显。县长把事件起因归于荣军赌博,并言荣军"纠众围攻县府","沿街毒打警察",以致引起罢市罢课等风潮。荣军有过激行为不难想象,但说词竭力歪曲事实,夸大对方恶行的因素亦不在少。其意识中显然未把收养荣军视为己任,而是视为于己于地方贻害极大之事。蒋介石和军政部的指令并未改变在役政问题上基层民众与国家利益的对立情势。

县级情况尚且如此,县级以下的乡保甲与国家利益之间的冲突更为普遍,主要表现在对征集壮丁的敷衍塞责与营私舞弊。这类案例比比皆是,最具典型性的是三台县金石乡第八保保长张和松、前保长张鸿图(保长之兄)、前团正张承基(保长之父)三人在征集壮丁中协同舞弊蒙骗国家案。保长张和松出面追丁,其兄张鸿图推荐承买,其父张承基主持具结,完全将抗战征兵变成了流程完整的买卖。③ 案件发生后,张和松仅仅呈上一份悔过书,承认"职错误已极,违反兵役法","甘愿具结悔过自新"。县政府便不再追究。④ 这种草草处置,似乎透露出两层意思:一是县政府并未把征丁舞弊视为重大事项;二是此类事件普遍存在,早已司空见惯。事实正是如此,国民政府军政部清醒地认识到基层官员征兵舞弊、蒙骗国家已经是一个严重问题。1939年9月19日,军

---

① 川康绥靖公署:《指令蓉绥法字第3319号》,1943年8月25日,宜宾市档案馆藏档案:2-4-676,第44页。
② 南溪县政府:《呈为覆奉到参新字第三八五号训令遵办情形仰祈鉴核备查由》,1943年9月18日,宜宾市档案馆藏档案:2-4-676,第42-43页。
③ 第三区金石乡第八保甲居民李春元等:《贩卖兵役藉公营私》,1941年2月17日,四川大学文献中心藏民国档案:10-8-105,第82页。
④ 张鹤松:《为甘愿悔过具结,不蹈前辙事》,1942年5月28日,四川大学文献中心藏民国档案:10-8-105,第102页。

政部渝役编字第24285号皓电称,"川黔两省各县区征募壮丁多为各地土劣所操纵",壮丁多系"乡镇内保甲长贿买顶替","均为散兵流勇及游手好闲之徒,故一经验收即相继逃亡,再图顶卖"。同时,电文指出,"江苏泗县团管区所派征兵官、区长、联保长等"在征兵过程中"任意敲诈",强令"每户最少"出资"四五十元","雇买顶替人"充丁,而顶替者"多为地痞流氓",极善半途逃回,"又复顶替"。该泗县团管区司令召开区长会议时称,"一切作法没有关系,只要能办得来"①。可谓上下其手,敷衍塞责,共同蒙骗国家,直视抗战大业为儿戏。

  乡保甲人员对抗战荣军也表现出竭力拒斥的态度。1941年8月,南溪县阜鸣乡办理中心小学,乡政府选定先前指拨给53军医院作为病室和服装药材仓库的观音寺作为办学场所,要求军医院迁往交通不便的龙腾山等地。②其理由冠冕堂皇,系依照省府规定"同一乡镇内原有完小在一所以上者,除以一所改为所在乡镇之中心小学外,其余应改为该乡镇第一分校及第二分校"这一指令而为。③但稍加分析即不难见出其用心所在:指令既是要求将原有完小改为中心小学,显然中心小学已有校址,并非新建学校需寻新址。乡政府借此要求军医院迁址,意欲驱赶荣军,而非推进教育。同年,驻南溪第二教养院一千多名荣军及其眷属为避日机轰炸转入乡间,上峰令乡保提供制作伤员床铺所需竹子一事亦遭到抵制。县府"以民字第2251号训令,将分配数目列表"下发后,"遵办者寥寥"④。县府只得再发训令,但月余后,乡保"依然冷漠"以对。迁延至2月28日,县府不得不三发训令,催送"竹子篾工"以解

---

  ① 四川省政府:《快邮代电3449号》,1938年11月15日,宜宾市档案馆藏档案:2-1-362,第35页。
  ② 军政部第五三后方医院:《公函南书字第2362号》,1941年8月20日,四川省南溪县档案馆藏档案:11-1-269,第61-62页。
  ③ 四川省政府:《训令教三字第16491号》,1941年6月,四川省南溪县档案馆藏档案:11-1-269,第29页。
  ④ 南溪县政府:《训令民字第3311号》,1941年1月,四川省南溪县档案馆藏档案:11-1-290,第28页。

燃眉之急。① 川南为产竹之区，一千多荣军制床用竹为数不多，并非难办。县府三令五申而不能办齐，足见乡保对荣军进入乡间颇为抵触；县府三下训令，其态度显然并不坚决，只是做得像模像样而已，否则乡保何敢如此怠慢？

上述只是一些有代表性的案例，类似案例十分普遍，花样繁多，呈现出战时国民政府基层官吏维护长远利益的意识十分淡漠。基层政权作为国民政府实现地方控制的组织，政治上是国民政府在社会基层的代表者，逻辑上其利益应与国家一致。但从广义的社会存在形态看，基层政权执掌者的具体利益属于既不同于国家也不同于民众的利益结构。不同利益结构之间必然存在直接利益的差异，而利益差异是社会集团间相互争持的天然动力，基层官吏首先维护自身的利益也是一种社会常态。上述兵役领域发生的诸多冲突，很大程度上便是这种利益关系的体现。战时国民政府基层政权与国家在役政问题上的争持，多被论者视为兵役腐败，实际并非完全如此。在许多情况下，基层官吏对兵役的敷衍搪塞乃至蓄意抵制对其自身并无具体利益，只有区域本位利益。区域本位利益与国家利益之间的差异与对立也是社会的自然存在，只可协调，无法消灭。在自然经济状态下，国民政府与基层社会相对松散的关系，决定了当时基层政权在各领域对国家事务的敷衍与抵制的严重化很难避免。

三

战时基础政权利益指向的另一极为广大民众。基层官吏从国家获得的待遇极低，这决定了他们向民众索取利益的情况不可避免，从而也就决定了他们与民众特殊的关系样态——当民众的行动对他们有利时，他们会站在民众一边敷衍和抵制国家事务；当国家事务的招牌有利于他们向民众索取利益时，他们又会毫不犹豫地坑害民众。

国民政府的基层官吏，尤其是保甲人员皆置身于传统小农社会的

---

① 南溪县政府：《训令民字第3662号》，1941年2月28日，四川南溪县档案馆藏档案：11—1—290，第103页。

乡村之中,也就是处于梁漱溟所谓"伦理本位的社会关系"中。此种社会里,社会成员都是抬头不见低头见的"乡里世好"。保甲人员与乡民维持良好关系对自身有利,甚至是他们赖以存在的根据。因此,在无重大利益相争时,保甲人员不易与民众形成冲突关系,反而易于利用民众敷衍国家。在征集壮丁过程中,民众多有买丁顶替亲人出征之事,保甲人员便居中串联牵线,购买社会游子、地痞流氓充丁,以满足乡民之需,同时从中取利,坑害国家。此外,保甲人员为尽可能避免与乡民冲突,还常对上方分派壮丁拖延不送。1940年,国民政府行政院有电文称,"自军兴以来","不肖之徒百般营求"①,县区乡征兵舞弊花样百出,其中就有"保甲庇护",致"应送十七壮丁"而"未征送一名"者。

  保甲如此公然对抗国家兵役并不多见,其敷衍国家的方式则名目繁多:或买病丁代替,或买地痞流民充丁,或强拉外地壮丁充本地兵额,皆为常用之法。1942年12月2日,四川绵阳县小视乡第六保第七甲农民朱安科母亡,前往三台县高埝乡舅父景兴廷家报丧。高埝乡保长刘从兴即将朱氏强拉送验,以充本保壮丁之数。② 1943年1月,四川盐亭县金孔乡第四保第十四甲花民胥勋由四川安县返家省亲,路经三台县花园乡,亦被该乡抓充本地壮丁。③ 同年1月27日,三台县桥楼乡四保油坊佣工王国金等挑油五担赴芦溪乡销售,行至花园乡辖地,便被强抓到该乡充丁入役,所售油洋五百多元亦被吞没。后经反复交涉,花园乡仍置之不理,油商只好对簿公堂,酿成讼案一桩。④ 此种案例频有发生,已成为当时的普遍问题。江苏泗县基层官吏公然宣称要对"往来客

---

  ① 行政院:《训令勇壹字第10452号》,1941年7月1日,四川省南溪县档案馆藏档案:11—1—91,第79页。

  ② 绵阳县朱安尊:《为估拉异县合格壮丁充服兵役恳予令饬高埝乡刘保长从兴设法退还以便依序申送而规划一由》,1943年1月,四川大学文献中心藏民国档案:10—8—115,第32页。

  ③ 盐亭县政府:《公函》,1943年1月,四川大学文献中心藏民国档案:10—8—115,第19页。

  ④ 三台县:《军役六字第0129号训令》,1943年1月,四川省三台县档案馆藏档案:10—8—115。

商,一概拉充"①。1943年,四川省第六行政督察专员兼保安司令冷寅东在巡视辖区9县过程中亦发现"各级办理役政人员很少切实遵照法令"抽签定征,而惯于"在临县或毗连之其他乡镇拉丁"充数。② 1939年,国民政府军政部指出,"各管区征拨各机关部队补充兵额"中,有不少是乡镇保甲长"派遣员兵拦路强掳过路行人及单独士兵滥充配额而来"③。这说明抗战前期,各地保甲长拉丁充数已经为数众多。针对这类案例的普遍存在,有学者以"兵源短缺"论其原因者,似尚有讨论余地。抗战进入相持阶段后,国民政府兵源主要依靠大后方,相对前期而言,兵源自然大有减少,但其时仅四川即有五千万人口,加上云、贵和西北等地,人口应在一亿以上,并不少于日本,而战线却较日本短得多。即使计入单兵作战能力的因素,中国兵源紧张应不会十分严重。理论上如此,当时兵役争讼案呈现的实情亦复如此。案例中争讼各方极少诉及壮丁不足之由,所争之点多在壮丁归属权上,强拉外地壮丁充数主因在于尽可能减轻本地负担。况且,按国民政府军政部1939年的通报,拉丁"滥充配额"已成风气。通报下发于1939年,声言情况已颇为严重,其所指断非当时刚刚发生的事情,而是已经相当时间累积而成且引起高层高度关注的全国性问题。由此似可断言保甲拉丁并非因本属无丁可征,而是出于本位保护意识的行为。

乡保甲人员觉得维系民众关系有利时,可以不惜坑害国家以"庇护"乡邻,但在有利可图的情况下也会不择手段地凌弱谋财。抗战时期,国民政府需维持社会生活、社会生产,特别是农业生产的正常延续和发展,兵役法特设"单丁不征"之规定。然而,在战时征丁中却存在保甲人员专征单丁而不征多丁的奇特现象。1941年5月,三台县刘营乡

---

① 军政部:《元役丙代电》,1937年11月,宜宾市档案馆藏档案:2—1—362,第79页。
② 四川省第六区行政督察专员兼保安司令公署:《代电役政字第152号》,1943年4月20日,四川省南溪县档案馆藏档案:11—1—403。
③ 例如,渝万江防指挥部重迫击炮第一营第一连炊事兵古海全1938年9月9日下午请假外出,结果被万县政府"挪作"壮丁送验编处,拨交第七大队第三中队,改名冉云三。四川省政府:《快邮代电3449号》,1938年11月15日,宜宾市档案馆藏档案:2—1—362,第35页。

第十一保民陈万寿中签应征,保长、副保长皆出面证明其为独子,恳请免征。后经县府查核,该丁有兄弟四人,且"家庭生活尚属小康",最该应征,但陈家却"恃富营谋,捏词拒征"。正副保长亦作伪证,试图助其逃丁。① 与此相反,三台县金石乡第八保农民肖连恩有子残废,赵德兴、赵天富均系单丁,却被保长张和松与其兄张鸿图合谋强征。为解此结,肖被迫出银一百元免征,二赵分别出银九百八十元、一千三百元买丁顶替。肖连恩出一百元后,其子残废并未被认定免征,下届又被征调,再次被勒索去一千二百元免征费。② 该乡另一农民陈光盛有子三人,第三子陈先和已于1938年入伍,次子多病失去劳力,仅靠长子陈先登维持家庭生活,实际已是免征之家。1940年6月,保长罗划一又将长子陈先登强征服役,陈氏无奈出银一千三百元买罗世玉顶替入伍。但出资后其子"册籍未销",7月仍被送验服役。可谓人财两空、叫苦不迭。1942年12月,秋林乡第十三保单丁于文武被保长顾美盛以领免役身份证为诱饵骗去乡政府,扣留送验入伍。其母李氏怒不可遏,状告顾美盛"藉兵役从中渔利","保内数丁之家繁众"而"袒庇不送",专事强征"单丁入伍"。③ 李氏出语激愤,所说并非虚言。国民政府军政部文件指出,川黔两省各县区征募壮丁时,"往往人口众多应出壮丁之家,如与某绅有关,或送礼行贿,即可免调。故壮丁多系强拉充数,冒名顶替"④。军政部文件如此概括,属于自揭其丑,应无夸大之嫌。所谓"拉充",包括强拉境外壮丁和过路客商、行人在内,但也说明保甲长在乡村强征无钱无势农民单丁充数不在少数。

这一行为选择与保甲长置身于乡村之中的处境甚有关系。在民国时期的乡村社会,保甲长有一定地位,但往往并非最为有钱有势之辈,也无多少实际权力,其处身复杂的乡村社会很难有人们想象的为所欲为的境遇。他们既无力与富贵人家作对,也不便与大多数乡民对抗,更

---

① 四川大学文献中心藏民国档案:10-8-105,第47页。
② 四川大学文献中心藏民国档案:10-8-105,第62页。
③ 《为营私舞弊佑拉单丁老幼绝生恳予传讯惩究以示恓恤而维役政事》,1942年12月31日,四川大学文献中心藏民国档案:10-8-113,第64页。
④ 四川省政府:《廿七年民字第01000号》,1938年1月12日,宜宾市档案馆藏档案:2-1-362,第61页。

不便与多丁之家为敌。在农业社会,多丁之家虽然可能无钱无势,但因人丁兴旺,却绝不是可以欺侮的弱户。保甲长厕身于各种势力之间,遇有壮丁摊派便往往欺蒙弱者交差,并以拖延不办、买丁充数等方式应付上方,"庇护"强者、富者。如此,既可从中牟取私利,又可避免无谓冲突,显然是他们最为有利的行事方式。史实显示,保甲人员作为一个独特的利益群体,在多样性的利益制约下,既以各种蒙骗手段坑害国家,又以庇强凌弱方式对待乡民也是抗战时期一种始终存在的社会样态。

结　语

　　日本侵华战争的爆发,造成了中国利益空间结构的显著变化。在国民政府控制区域,代表国家的中央政府、基层政权与广大民众三大群体结构所形成的基本利益空间格局仍然存在。抗战需要三大利益结构在捍卫民族利益的目标上结合为一个整体以共赴国难,这是中华民族的根本利益所在。但是,民族大业作为一种长远的共同利益,不可能自然成为不同利益结构主观上的共同目标。主持抗战大业的国家把实现民族长远利益的沉重负担转移给广大民众,在理论上无疑具有合理性。但是,在广大民众的意识中,战争重负是对他们眼前利益的直接侵害,因此,民众与国家间始终存在客观利益的冲突关系。国民政府的基层政权(尤其是保甲)作为战时利益空间中的中间利益结构,与国家和民众两极之间均存在利益博弈。基层官吏既与国家和民众存在利益相因关系,也有利益对立关系。

　　国家、基层与民众间的利益关系的内容颇为复杂,它由物质利益、心理平衡利益、人际关系利益等多重利益构成。在这些利益制约下,民众与基层官员面对抗战役政时的行为取向和行为动因展现出十分复杂的样态。如欲不同利益结构形成一个有共同目标的行动指向,必须以高度的社会整合为基础。由于受到多重利益对抗性的制约,这种整合无疑是难度极大的社会工程。抗战时期,国民党政权尽管不断强化对下层社会的控制,但远未实现对基层社会的政治整合和观念整合,乡村社会在很大程度上仍处于离散和无序状态,其中社会观念的离散更甚于组织的无序。这不仅决定了国民党抗战动员成效不彰,致使复杂的利益关系及其派生出的行为取向造成了抗战力量的巨大内耗,从更深的层面加剧了战争中敌强我弱的态势,而且在很大程度上决定了国民党政权本身的命运。

国民党政权无法以强而有力的政治主张和国家观念整合把战时特殊利益空间中不同利益结构转化为实现长远利益的动力,且其政治上的腐败甚至在某些方面加剧了基层、民众与国家的对抗,这已是不争的事实。但是,指出这一事实并不说当明时错综复杂的利益博弈完全或者说主要由政治邪恶造成,更不是要否定这错综复杂的利益博弈主要是自然性的社会存在。二者之间的因果关系甚至可以说正好相反:正是这种自然性的社会存在决定了国民党战时社会整合的成效甚微,这是梁漱溟乡村建设的失败早已给出了证明的实存逻辑关系。因此,对抗战时期国家、基层与民众间的利益博弈必须作为社会现象加以认知,才有可能避开讨论中过多政治关怀导致的某些误区,进一步逼近历史社会的真相。

原载于《河南大学学报(社会科学版)》2012年第5期,《中国现代史》2013年第3期转载

"哀鸣四野痛灾黎":
1942—1943年河南旱灾述论

江 沛[①]

【导语】 1942年夏秋至1943年春夏的河南大旱灾,涉及国统区河南省的60余县,受灾民众数以百万计。由于河南地处中日对峙的前线,交通断绝,中央获得灾情较晚,地方官员贪污腐化与救灾不力等诸多因素,国民政府虽然采取了紧急下拨救灾款、设置粥厂、减免征实征粮等各项措施,但成效有限,河南旱灾持续扩大并形成灾荒,迫使大批灾民逃向陕西等地,灾民死亡约200余万人。既往对该事件的研究因史料限制并不充分,关于灾荒真实状况、国民政府救灾行动、灾民死亡人数以及中外舆论界的灾情报道等,均有再探讨的重要价值。

1942—1943年的河南旱灾,由于战时国民政府压制社会舆论、各种史料存留较少而成为中国近现代史上灾情严重、死亡众多却又语焉不详的社会事件,在民国史、抗战史的著述中往往不被提及,相关的研

---

① 南开大学历史学院教授。

究成果亦不充分。① 2012年,由刘震云编剧、冯小刚执导的电影《1942》上映,掀起学术界、舆论界对这一历史事件的深度关注,也促使史学界长思:河南近代社会苦难的根源是什么?为什么一场饿死数十万至百万人的人间惨剧,在不断变幻的历史书写中失去本相,甚至被历史学家集体遗忘?寥寥可数的研究成果,足令学人陷入极其尴尬的境地。本文意在综合档案资料、报刊报道、研究著述等,对这一重大事件的来龙去脉、救灾过程进行重新梳理,并提出如何认识死亡人数、评价国民政府救灾措施等问题。

一、旱情发于自然,惨象令人震惊

1938年5月,为抵抗日军沿陇海铁路西进,蒋介石下令炸开郑州以东花园口的黄河大堤,导致豫东发生特大水灾,几十万人死亡,大批民众的生产生活陷入困境。此后,黄河北岸的豫北地区成为沦陷区,豫中、豫南地区成为中日交战的前线,国统区所辖河南县份以洛阳为中心,以豫西为重心,数以百万计的民众成为战时征粮纳税、支援作战的大户,久之则成为日益沉重的负担。

1942年春、夏直至秋天,一场旷日持久的旱情在黄河中下游两岸地区(包括河南中、南、东部)蔓延,并扩展至晋东南、鄂北及皖北等地,其间夹杂着风灾、雹灾与蝗灾,直至麦收之后,百余天未有降水,形成数十年一遇的特大旱灾。其中,又以河南省境内最为严重,几乎无县不灾。尉氏、扶沟、西华一带黄河决口,秋禾绝收,直至1943年夏粮丰收

---

① 李文海等合著的《中国近代十大灾荒》(上海人民出版社,1994年)的第十部分,对河南灾荒进行了翔实的叙述。宋致新编著的《1942:河南大饥荒》(增订本)(湖北人民出版社,2012年),选编《大公报》《前锋报》等的相关报道与部分知情人的回忆,具有重要的史料价值。顾旭娥探讨了河南大饥荒的种种原因(《朗朗乾坤无食觅饿殍遍野为哪般》,《中州古今》,2004年增刊)。三种论著均认为国民政府救灾不力是导致灾荒主因,对灾情上达途径、美国记者白修德的死亡人数估计均基本沿用,没有提出质疑。目前的研究不足有三,并未涉及日占区灾情的统计;对国民政府救灾工作评价过低,忽视对战时特殊环境限制的考量;对灾民死亡300万的数量估计,缺少过硬证据。

才逐渐平息。前往视察的国民参政员马乘风报告称:沿陇海线自西向东,由灵宝、卢氏、陕县、洛宁、渑池、宜阳、嵩县、伊川、洛阳、孟津、偃师、巩县、登封、密县、广武、荥阳、汜水、郑县到新郑,"各地春季缺雨,北风横吹,麦收几等于无";豫中各县如襄城、禹县、郏县、临汝、鲁山、叶县、舞阳、许昌、长葛、洧川、鄢陵、扶沟、临颍、西华等地大旱,"麦收不过二三成";豫南各县如南阳、内乡、淅川、镇平、西平、遂平、汝南、新蔡、确山、上蔡、唐河、邓县等地,"丰收原本可望,不意行将麦收之时,大风横扫一周之久,继之以阴雨连绵,农民坐视麦实满地生芽,徒唤奈何,收成不过三四成而已。麦收既不佳,秋种之后八十余日滴雨未见,秋收更属根本绝望。两季一无所收,遂构成河南之严重灾难"①。夏秋之际,天气逐渐好转。10月下旬,河南一连下了几场透雨,对于越冬二麦播种十分有利。1943年春天,河南又连降几场透雨和大雪,有利于二麦的生长,夏麦丰收在望,这是特大旱灾逐步缓解直至结束的关键条件。

  马乘风的视察报告描述豫西、豫中、豫南各县的灾情均较严重,豫北的新乡、安阳、延津、封丘、阳武、原武、滑县、内黄诸县,以及豫东的开封、兰考、通许、尉氏、杞县、睢县、太康、柘城、商丘、夏邑、永城等县,均为日伪控制区,具体灾情尚需寻找资料印证。河南省第一区行政督察专员杨一峰回忆称,豫北一带"亢旱时间又特别长,自从前年(注:1941年)旱起,秋季歉收,一直旱到去年,三季未收,受灾之重,除郑州一带外,无处可以比得上"②。另据灾后河南省主席李培基的统计,河南共有 96 个县份受灾,夏季受灾农田总面积 5000 余亩,秋季为 5463 万亩,平均约占各县耕地总面积的 86%,收成为四成左右。在一年的总食用量中,欠缺 75%的粮食。③

  玉米、红薯等产量较大的秋粮是河南各地农民的主粮,麦子是作为商品粮出售而贴补家用的。一年二季的欠收或绝收,使得多数受灾地

---

  ① 《参政员马乘风报告》,中国第二历史档案馆藏。转引自李文海等:《近代中国灾荒纪年续编(1919—1949)》,湖南教育出版社,1993 年,第 553 页。
  ② 《社会——救济灾难》(4),档案号:[0160.52]/[3480.55－04],台北国史馆藏。
  ③ 《河南民国日报》,1943 年 8 月 3 日。转引自李文海等:《中国近代十大灾荒》,上海人民出版社,1994 年,第 272 页。

区农民家庭的生活陷入绝境。大灾降临,河南灾民"生活程度便极力向下降低,生活资料便极力向外扩大:草根、树皮、瓜蔓、豆、山芋茎叶、花生壳、谷糠已成为贵重食品;其在尉氏一带,更有吃红蓼子的,多吃则遍身发肿;灾胞为充饥起见,也就急不暇择了"①。关于此次旱灾的严重程度,相关史料均有令人震惊的记载:"河南人几乎死得路断人稀。鲁山白果树村竟发现人吃人的惨剧。逍遥(镇)、许昌、襄县各地市场,任何物价都比人价贵,长成的少女,只要几个烧饼便可以换来。至于路旁的饿尸,街头的弃婴,也是数见不鲜。侥幸不死的儿童,也都饿得满脸尽是皱纹,两眼泛作灰色,使你不敢相信这是人间"②。

1943年2月中旬,从陕西进入河南采访的美国时代》(Times)记者白修德(Theodore H. White),在洛阳附近即看到无人掩埋的死尸随处可见。灾荒的极致是人吃人现象,白修德一路都听到这样的传说。据白修德估计,"受灾最重的四十个县里还有八百万居民。其次是一些边缘县份,那里还有许多人正在奄奄待毙。根据我们目击的情况和地方官员给我们提供的死亡数字推算,我们可以推测有两三百万人已经背井离乡外逃了;另有两百万人已经饿死。当时是三月份,我们估计,如果庄稼长势正常,新粮也要到五、六月份才能成熟,所以还会有两三百万人饿死。我在灾区的最后一个星期集中精力于统计数字。我的最可靠的估计是,有五百万人已经饿死或快要饿死——无论用什么方法计算,这个数字可能有百分之二十的出入"③。

河南地处中原,比邻湖北、安徽、河北和陕西等省,一旦遇灾,灾民本可以向多处逃荒。向南逃往湖北,同样处于大旱之中,加上中日两国正逢交战,南逃湖北生路不大。渡过黄河向北则是日占区,灾民自然不愿前去。向东仍是日占区,且1938年花园口决堤后形成的广大黄泛

---

① 《社会——救济灾难》(4),档案号:[0160.52]/[3480.55-04],台北国史馆藏。

② 行总河南分署秘书室编:《河南善救分署周报——两年业务纪念特刊》,1947年,第13页。转引白李文海等:《近代中国灾荒纪年续编(1919—1949)》,湖南教育出版社,1993年,第556—557页。

③ [美]白修德著,马清槐、方生译:《探索历史——白修德笔下的中国抗日战争》,三联书店,1987年,第117页。

区,生存十分困难。因此,选择向南、北、东三个方向逃荒者较少。陕西关中地区向来灾害较少,土地肥沃,物产丰富。历史上河南一旦有灾,灾民的重要选择之一就是西逃陕西关中地区。此时豫西尚在国军手中,陇海铁路洛阳以东基本中断,只有洛阳以西尚可利用;平汉铁路在河南境内基本中断,无法利用。因此,灾民出逃的主要方向是进入陕西境内,既避灾荒,也避战乱。豫中、豫西灾民以各种交通工具或步行到洛阳,再乘陇海铁路火车进陕西。第13军军长石觉目睹"逃荒者络绎不绝,甚至有沿途遗弃或鬻卖子女,甚至把小孩两脚埋入土中,使其不能跟随,真是惨不忍睹"①。在豫南,一部分灾民逃往豫东南的日占区,多数灾民则逃往洛阳然后乘陇海铁路的火车西进陕西。在豫北沦陷区,多数灾民向西进入中共控制的太行山区的晋东南地区,一部分沿途乞讨奔向洛阳,目标是乘火车西进关中。"每日洛阳车站,总要结集几万人,啼饥号寒,惨不忍睹。据调查,密县逃荒者,已有一〇〇三八七口,其他各县,大致也差不多;广武县地处前线,有许多地方村落,完全逃空,十分荒凉,加上那被鬼子们炮毁的断垣颓墙,令人目不忍睹"②。

　　据白修德记载:从潼关向东,"整整一天,沿着铁路线我见到的只是由单一的、一家一户的或成群结队的人所组成的一眼望不到头的行列。他们在寒冷的气候中走着。不论在哪里,只要他们由于饥寒或精疲力竭而倒下,他们就再也起不来了。……如果有孩子伏在他父亲或母亲的尸体上痛哭,人们会不声不响地从他身旁走过。有些年轻人骑着自行车,另一些人用扁担挑着自己的财物"③。在洛阳,白修德看到:"在火车站上,他们在黑暗中把难民像装木材那样往铁棚车里塞,使他们紧挨在一起,无法动弹。爬到车顶上的难民遭到咒骂。父亲抓住孩子的手把他往车顶上拉。夜间,他们高坐在车顶上。开过隘口时,身子来回

---

　　① 陈存恭、张力:《石觉先生访问记录》,台北"中研院"近代史所,1986年,第158页。
　　② 《社会——救济灾难》(4),档案号:[0160.52]/[3480.55-04],台北国史馆藏。
　　③ [美]白修德著,马清槐、方生译:《探索历史——白修德笔下的中国抗日战争》,三联书店,1987年,第109页。

摇晃,就像挂在车顶上的包裹一样"①。

二、亢旱难敌,战争征粮合酿灾荒

关于由灾成荒的原因,自1942年起即众说纷纭。1942年7月24日,驻扎洛阳的国军第五集团军司令曾万钟就河南灾情上报国民政府称:"河南素称农产丰稔之区,乃今岁入春以还,雨水失调,春麦收成仅约二三成,人民已成灾黎之象。近复旱魃为虐,数月未雨,烈日炎炎,千里赤地,禾苗已悉枯槁,树木亦多凋残。行见秋收颗粒无望,灾情严重,系数十年所未有,尤以豫西各县为最。人民生活不堪其苦,相率逃灾"②。7月29日,何应钦在致全国赈济委员会委员长许世英的信函中转述了曾万钟的报告。

时任河南省粮政局秘书的于镇洲回忆:1942年5月,正值二麦(大、小麦)出穗开花时,"遭受天气突变之影响,秀而不实,麦苗虽甚苗壮,结果收成毫无。灾区范围,以黄泛区扶沟、许昌为中心,周围数十县份,纷纷报灾,省政当局以麦苗苗壮,误认各县系避免多出军粮,故意谎报灾情,公文往返,拖延勘查,不肯据实转报中央"。二麦出穗开花与收成尚有一个月时间,如果说河南省隐匿灾情不报,显然并非故意。但是,因此延迟了救灾时机却是致命的。因征粮极为困难而预见灾情日益严重的第一战区司令蒋鼎文,"虽将灾情实况上报,因与省府所报不同,复蒙中央申斥,军政双方曾为此事引起极大不快"。此外,由于战时各地通胀压力极大,国民政府曾下令各地执行限价政策。此时河南灾情已现,粮价上涨很快,但河南省上报中央的地方粮价,"仍按官方限价填写,中央根据表报粮价,认为河南灾情并不严重。邻近各省,因河南限价关

---

① [美]白修德著,马清槐、方生译:《探索历史——白修德笔下的中国抗日战争》,三联书店,1987年,第109—110页。
② 《河南省灾害救济》(1942年6月20日至10月月25日),"总统府"档案,293-001054310A002,台北国史馆藏。

系,商民集有余粮而亦不愿运豫销售"①。此后,蝗虫肆虐,所过之处赤地千里,灾情进一步扩大。另据杨一峰称,郑州小麦黑市价格实际上是180元一市斗,小米是200元一市斗,高于灾前价格近10倍。② 考虑到灾荒的大背景,黑市价格可能更符合市场规则,杨一峰认为"河南省官价较低会阻碍外省商粮进入"的说法值得怀疑。

6月上旬,河南省麦收大减,除豫东南固始、潢川、息县等地收成达常年一半外,多数县份仅及常年二三成。③ 河南省政府对于灾情的认识顿时大变。6月18日,李培基电呈蒋介石称:"本省今年入春少雨,二麦枯萎,兼以风雹,麦毁尤多。灾情之重为历年所罕见",请求减免河南省的一切负担。④ 6月27日,河南省社会调查委员会主任王幼侨电告行政院,正在整理各地灾情,并盼迅速派员实地考察。⑤ 7月26日,国民党河南省党部主任委员刘真如、第一战区司令蒋鼎文、河南省主席李培基联名电告国民政府军委会及蒋介石,报称河南所辖60余县,"本年二麦歉收,各县收获平均不足三成,满望秋禾丰茂,藉补未足,讵数月亢旱,禾稼全枯,春麦既菑,秋收绝望。豫省为一、五两战区关键所系。遇兹大旱,军粮民食在在堪虞",要求下令丰收各省予以援助。⑥ 旅居洛阳的苏天命向孔祥熙呈文称:"旬余以来,豫东各县灾民过洛逃往陕境者,每日不下二三千人。依难民站统计,一旬以来,为数已达数万人之众。据调查所得,被灾县份六十九县,以巩县、荥阳、汜水、广武、密

---

① 杨却俗:《关于〈河南浩劫〉的话》,宋致新编著:《1942:河南大灾荒》(增订本),湖北人民出版社,2012年,第305页。
② 《社会——救济灾难》(4),档案号:[0160.52]/[3480.55-04],台北国史馆藏。
③ 《1942年河南各县麦收灾情统计表》(1942年),中国第二历史档案馆编:《中华民国史档案资料汇编》第5辑第2编财政经济(8),江苏古籍出版社,1998年,第265-274页。
④ 《河南省灾害救济》(1942年10月24日至1943年8月16日),"总统府"档案,294-001054310A003,台北国史馆藏。
⑤ 《河南省灾害救济》(1942年10月24日至1943年8月16日),"总统府"档案,294-001054310A003,台北国史馆藏。
⑥ 《河南省灾害救济》(1942年6月20日至10月月25日),"总统府"档案,293-001054310A002,台北国史馆藏。

县、临汝等为严重。其他六十三县,合计灾黎约在七百二十万以上。嗷嗷待哺,饥殍塞途,鹄面鸠形,惨不忍睹"①。据祈大鹏估计,灾民达千万以上,非赈不活者有五六百万。②

处于沦陷区的豫北各县,同样旱灾严重。"大部土地均没有种上。玉米有的不曾出土,就已干死,豆子颗粒未收,谷子每亩最高收成量是三升多,坏的不过一升。某村富户,有一顷多谷地仅收九斗。从10月5日(八月二十六日)起小米每斗已涨到百三十元到百四五十元,玉米每斗九十八元到百零六元。米珠薪桂,已使一般中等人家,无法过活,贫苦人家,则成千上万,流离失所,虞儿卖女的事情,现亦不断在各地出现。……现汲县、浚县等地灾民,已大批逃入我太岳根据地沁县、安泽、沁源一带开荒做短工过活"。③

赴河南调查灾情的美国记者白修德认为,导致灾荒的首要原因是战争,"如果日本人不发动战争,中国人就不会被迫挖开黄河大堤,用改变河道的办法来阻挡他们。也许,华北地区的生态环境也不会发生那样的变化,或者,还可以从余粮区运进粮食来。但是除了战争以外,还有旱灾。这应该归咎于大自然。一九四二年没有下雨,所以小麦和玉米不能正常生长。在这个问题上,人也有其罪责——不是由于不该做而做,就是由于该做而不做。使我最为愤慨的是,号称中国政府的这一政治体系,或者徒有政府之名而实质上处于无政府状态的那种情况。尽管饥荒从天而降,是一八九三年光绪皇帝统治以来最严重的旱灾所造成的,但是,如果政府采取行动的话,则不致于有这么多的人死于饥馑,这种死亡是人为的"④。其次,军队盘剥式地征粮加剧了人民负担,"军队在河南干的勾当就是大量征收军粮,数额超过了土地的产量。他

---

① 《旅洛公民苏天命呈文》(1942年10月7日),中国第二历史档案馆藏。转引自李文海等:《近代中国灾荒纪年续编(1919—1949)》,湖南教育出版社,1993年,第554页。

② 《祈大鹏向行政院密电陈述河南灾情》(1942年8月12日),转引自李文海等:《近代中国灾荒纪年续编(1919—1949)》,湖南教育出版社,1993年,第554页。

③ 《解放日报》,1942年10月31日。

④ [美]白修德著,马清槐、方生译:《探索历史——白修德笔下的中国抗日战争》,三联书店,1987年,第115页。

们弄光了农村的粮食;他们又不从有余粮的地区运进粮食来;他们根本不顾老百姓的死活"①。白修德进行访问后发现,"军队征收的军粮往往相当于全年的收成,在某些情况下甚至还要高一些——只要所征的军粮高于收成,农民就不得不卖掉牲口、农具、家具,以现款去补差额"。这种谴责固然有道理,但当年处于交战前沿的河南省,三面环敌,加之陇海、平汉铁路及省内各县公路多数中断,粮食外运入河南的实际可能性只有陕西一路,且处于日军的攻击范围,极其困难。

1943年6月初,受国民政府赈济委员会委托、抵达洛阳视察灾情的张光嗣认为:特大旱情的自然因素当然是首因,"豫省如仅有旱灾而无战事则灾情之重绝不如今春之甚,盖自抗战以来,人民之人力财力物力已大量贡献国家,因之十室九空,家鲜粮藏一遇旱灾,富有者尚无法生活,贫者更难以自存"②。张光嗣还列举"军需繁重"、"各县乡长保长甲长之营私舞弊"、"逼迫灾民缴纳征实征购"等问题,视为加剧河南省几十个县由灾而荒的重要根由。③ 由此可知,特大旱情是1942—1943年间河南大灾荒的主要成因;持续的中日战争对河南农业生产形成连续多年的干扰,豫南、皖西日军时常出兵抢粮,加剧了农民生活的贫穷;地处抗战前线的河南驻扎着第一、第五战区的多支部队达70余万人,长期征粮纳税,也使得各县农民在竭尽全力支援国军同时,经济基本处于极端脆弱的地步,根本无力承受巨大灾荒形成的歉收。因此,如果河南省政府救灾不力或外来援助不能及时到达,后果将不堪设想。

---

① [美]白修德著,马清槐、方生译:《探索历史——白修德笔下的中国抗日战争》,三联书店,1987年,第115页。
② 《张光嗣关于河南省旱灾情况及救灾情形的调查报告》(1943年9月27日),中国第二历史档案馆编:《中华民国史档案资料汇编》第5辑第2编财政经济(8),江苏古籍出版社,1998年,第560页。
③ 《张光嗣关于河南省旱灾情况及救灾情形的调查报告》(1943年9月27日),中国第二历史档案馆编:《中华民国史档案资料汇编》第5辑第2编财政经济(8),江苏古籍出版社,1998年,第560—561页。

三、灾情上达延迟，救灾不力酿成困局

1942年6月18日，河南省主席李培基意识到这次灾害的严重性，紧急上报中央。7月下旬，河南省党部、省政府及第一战区主要负责人又联名上书国民政府，报告河南特大旱情。① 7月27日后，蒋鼎文连续多次上书军委会，声称经研究1942年豫省应征实征购军粮500万石，"如此巨数，非请助邻省，实难足额"②。7月28日，刘真如、李培基、蒋鼎文再次联名上书，请求将河南省1942年的军粮数额由邻省配拨。③ 这与以往回忆或研究中模糊时间概念而统称"河南省一直故意隐匿灾情"的叙述并不一致。

6月12日和7月下旬，连续接到河南省及第一战区灾情呈文的蒋介石，均将电报呈文转交行政院从速调查实情。然而，在河南全境旱灾逐渐蔓延、日益严重之时，国民政府包括蒋介石本人并没有真正重视河南的重大灾情呈报。何以至此呢？抗战爆发后，由于战时一些省区通讯不畅，国民政府对于各地政情民情不甚明了，战时弊政也时常出现。一些省份为少交或减免中央田赋及征购军粮数额，多留粮食自用，不时有以谎报灾情的办法欺骗重庆政府的事情发生，以致1941年蒋介石下令："非有严重情形，不准率行报灾之旨，令各省处对于灾案，切实查勘，如确实严重，应所请减免赋税"④。或许这种状可以解释蒋介石为何对河南省的灾情呈文反应延迟。

在将灾荒严重性上报中央同时，河南省制定了救灾的"六项原则"，

---

① 《河南省灾害救济》(1942年6月20日至10月25日)，"总统府"档案，293－001054310A002，台北国史馆藏。

② 《河南省灾害救济》(1942年6月20日至10月25日)，"总统府"档案，293－001054310A002，台北国史馆藏。

③ 《河南省灾害救济》(1942年6月20日至10月25日)，"总统府"档案，293－001054310A002，台北国史馆藏。

④ 《财政部田赋管理委员会检送1942年10月—12月工作总检讨报告函》(1942年12月28日)，中国第二历史档案馆编：《中华民国史档案资料汇编》第5辑第2编财政经济(2)，第213页。

即停办不生产事业、筹集平粜基金、筹办赈粮及运输、各县以富养贫、贷款给中等民户、牲畜喂养保育。在寄望中央救灾同时，也依靠地方，即所谓"两靠主义"。省、县、乡、镇均设立救灾委员会，办理一切救灾事宜。制定紧急救济办法，奖励绅商富户参与救贫。① 这些措施与办法，在省内自救方面发挥了一定作用。

8月6日，蒋介石通电各省主席，催促各地民众踊跃纳粮，称"本年各省征实征购数额均较上年增多，工作进行自应多方推进"②。对于身处抗战前线且旱灾日重的河南民众而言，这无疑是一道"催命符"。8—9月，国民政府军事委员会在西安王曲召开"前方军粮会议"。蒋介石再次强调各地必须把军粮供应视为头等大事。据第14集团军总司令、后任河南省主席刘茂恩的回忆：此次会议后，蒋介石严令国民政府粮政部门"征用所有运输工具，打开粮仓，把存粮迅速地东运河南"。第一战区蒋鼎文"非常关心河南的灾情，提倡官兵节食救灾，每人每天节余食物二两，为期三个月，当时第一战区驻防河南的军队在七十万人以上，节余之数目相当可观，因而救活了不少的灾民。"③

经过再三争取，在军委会派人实地考察确认灾情极重后，军委会、粮食部答应将河南省1942年征购军粮数额减至380万石。河南省主席李培基再次上书，称"即使380万石也难以征购足数"④。蒋介石致电行政院长孔祥熙，希望考虑河南省灾情惨重，从速考虑解决办法，"以恤灾黎为要"⑤。鉴于河南已经向农民征收了1942年秋季的粮食税，

---

① 《河南救灾工作检讨》，《社会——救济灾难》(4)，档案号：[0160.52]/[3480.55—04]，台北国史馆藏。

② 周美华编注：《蒋中正总统档案：事略稿本——民国三十一年六月(下)至八月(上)》第50册，台北国史馆，2011年，第645页。

③ 杨却俗：《关于〈河南浩劫〉的话》，宋致新编著：《1942：河南大饥荒》(增订本)，湖北人民出版社，2012年，第306—307页。

④ 《河南省灾害救济》(1942年6月20日至10月25日)，"总统府"档案，293—001054310A002，台北国史馆藏。

⑤ 《河南省灾害救济》(1942年6月20日至10月25日)，"总统府"档案，293—001054310A002，台北国史馆藏。

实际豁免的是1943年的粮食税。① 9月初,河南省主席李培基在陕西省与主持西安军事会议的蒋介石见面求援。9月11日上午,蒋介石电告行政院及粮食部,将河南省1942年度军粮征购数减至200万石,且"此时不宜限期催缴"②。

灾情已经蔓延扩大,河南省囿于军委会的征粮要求与第一战区驻扎河南70余万军队的需求,不得不继续推行征实征购工作。如由省田管处拟定各地乡绅宣导办法,各乡镇公推一名乡绅为宣导员,要求各省府委员及厅局长分区巡视,派员参加第一、五战区军粮督导团共同催交及集动军粮。③ 此外,西安军事会议规定今后在对县长的考绩中,"军粮"征购与"兵役"征发各占总成绩的35%,刺激了各县加大军粮征购力度,甚至是野蛮征购。④ 这些行为及规定对苦于应对灾情的民众而言,无疑是雪上加霜。

10月5日,行政院经过多方研究及各部会协调,出台《关于救济豫省灾荒案》六条办法:一、全年军粮征购数定为280万石,不足之数由邻省征购运入;二、灾民以留居本地耕种为原则,移居者可前往陕西省黄龙山垦区垦殖,以2000人为限,经费由农林部筹款230余万元;三、行政院已拨款400万元全部用于急赈,另下拨600万元用于工赈,用于修复大车道及兴办农田水利;四、由四联总处及农业银行负责贷放冬耕种籽;五、河南省向银行抵押粮食券不合规定;六、请军委会开放土布统制及统筹驻军所需饲料供给。⑤ 经蒋介石批准后,此条款交由行政院执行。

---

① [美]白修德著,马清槐、方生译:《探索历史——白修德笔下的中国抗日战争》,三联书店,1987年,第117页。
② 《河南省灾害救济》(1942年10月24日至1943年8月16日),"总统府"档案,294—001054310A003,台北国史馆藏。
③ 《河南省灾害救济》(1942年10月24日至1943年8月16日),"总统府"档案,294—001054310A003,台北国史馆藏。
④ 周美华编注:《蒋中正总统档案:事略稿本——民国三十一年八月(下)至十一月》第51册,台北国史馆,2011年,第164页。
⑤ 《河南省灾害救济》(1942年10月24日至1943年8月16日),"总统府"档案,294—001054310A003,台北国史馆藏。

10月上旬,河南赈济会派省第一区行政督察专员杨一峰等代表赴重庆,向国民政府痛陈灾情,要求免除河南灾区征实配额。10月20日后,中央党政工作考核委员会秘书长张厉生、中央监察委员张继被派往河南实地考察灾情。据说两人携带5亿元法币赈灾,其中2亿元用于各地遍设粥场,3亿元用于购买赈灾粮。10月29日,在国民参政会三届一次会议上,河南籍参政员郭仲隗痛陈河南灾情,痛责粮食部等部会救灾不力。

他的报告使政界、学界人士意识到河南灾情的严重性,引发了重庆各界的广泛关注和推动,也触动了蒋介石。11月3日,蒋介石手谕全国赈济委员会委员长许世英,要求在"陇海路沿线各站,应令豫陕二省从速筹设粥厂,救济豫省灾民,并由振委会派员协助督导实施"①。11月7日至中旬,被派往河南实地调查灾情达半月之久的张厉生、张继先后返回重庆。两人的灾区视察报告引起国民政府的重视,随即划拨2亿元法币救灾,同时给河南省政府再度下达减免赋税的命令。

10月初,美国记者白修德在重庆美国驻华使馆读到一些来自洛阳、郑州传教士的信件,获悉正在发生的河南灾荒,不少县的灾民吃树叶,抛妻鬻子,大批正沿陇海线乘车向西逃亡。他根据这些材料写成题为《十万火急大逃亡》的报道发回美国,发表在10月26日《时代》上。此时灾情并未广为人知,该报道并未引起反响。②

应该说,河南省利用多种途径向国民政府及舆论反映灾情的做法收到了相当效果。如鉴于物价通胀及货币贬值的压力,1942年国民政府在全国各地推行田赋征实办法,各地均加紧实施,但因河南灾情严重,行政院将河南省1943年度征购军粮数量减至200万大包,③"务须

---

① 周美华编注:《蒋中正总统档案:事略稿本——民国三十一年八月(下)至十一月》第51册,第539页。

② 宋致新编著:《1942:河南大饥荒》(增订本),湖北人民出版社,2012年,第39页。

③ 注:按当时规定,石小于包,约10市石等于7大包。200万包相当于285万石。

筹足",另由安徽、陕西两省代为征购各50万大包。① 但陈布雷建议,虽然以前蒋介石批复的是河南军粮任务为200万石而非200大包,但考虑安徽征购军粮存在运输问题,仍以在河南就地征购为宜。② 国民政府在兼顾救灾与支援军队抗战之间两难选择。

当时河南处于战区,平汉铁路中断,豫东南日占区日军严重威胁着救灾粮自湖北省北上的通道。由于河南本省粮食严重短缺,中央灾款无法就地购粮,救灾粮食只能由陕西省经陇海铁路东进,陇海铁路又时处日军骚扰和攻击之下,难以大规模、迅速到达灾区,只好靠当地政府组织人力运输,因此难以把握救灾的最佳时机。

由于行政机构办事效率与河南省政府负责救灾官员等层层下达,1942年10月国民政府下达的救灾款项2亿法币,直到翌年3月才到达灾区,数额减至8000万元。在一些地区,即使这些少得可怜的救灾款到达乡村灾民手中,地方官员又以纳税为名扣除所欠款额,灾民所得无几。③ 档案记载,行政院于10月28日核定向河南省发放冬赈麦种贷款首批500万元。美国援华联合救济会也向河南省捐助1200万元法币的救灾款,其中半数作为麦种款下发。④ 这些款项中有多少真正发放乡村农民手中,不得而知。

河南严重的灾情,就连被讥为"水旱黄汤"四害之一的第一战区副司令长官、三十一集团军军长汤恩伯也看不下去了。1943年1月5日,他上书国民政府军委会,申告"入冬以后,灾情又趋严重,粮价飞涨。以叶县而论,前数日麦价每斤五元,刻已涨至十一元。灾民无从觅食,惟以草根树皮充饥,因而饿毙者颇多,抛儿弃女者尤属日有所闻,各地情形亦多类似"。汤氏声称,河南各地存粮皆无,邻省粮食因封锁无法运

---

① 《河南省灾害救济》(1942年10月24日至1943年8月16日),"总统府"档案,294－001054310A003,台北国史馆藏。
② 《河南省灾害救济》(1942年10月24日至1943年8月16日),"总统府"档案,294－001054310A003,台北国史馆藏。
③ [美]白修德著,马清槐、方生译:《探索历史——白修德笔下的中国抗日战争》,三联书店,1987年,第117－118页。
④ 《河南省灾害救济》(1942年10月24日至1943年8月16日),"总统府"档案,294－001054310A003,台北国史馆藏。

入,请求中央严令陕西、安徽、湖北三个邻省切实设法鼓励粮食入豫,以解灾情。① 次日,蒋介石即将汤恩伯电报转行政院处理。1月7日,汤恩伯再电蒋介石,以皖北、豫东大旱导致灾民日多,"地方治安甚为严重。敌犯大别山皖省聚粮存粮之地带,又遭损失。淮北粮食来源极受大击,故人心不安,粮价高涨,殊深隐忧",恳请赈济委员会拨款200万元办理平粜及冬赈。②

除政府救灾外,其他社会团体的救灾工作因战区特殊情况开展得并不理想。郑州的外国传教士自觉"对这场惨绝人寰的现状进行着看来不会有任何成效的斗争。外来的救济物资是通过传教士送来的","教会院子里到处是人群,传教士们被围得水泄不通。儿童和妇女们则坐在教会门口;每天早晨,传教士们必须把遗弃在教会门前的婴儿送进临时设立的孤儿院去抚养"③。国际救济会自1942年7月陆续收留了1000名孤儿,每月需用费60万元。至9月,扩大至140万元,在南关、杜村、豫中打包厂、荥阳至郑州间的三官庙创立了4个粥场,总计收容灾民4000人。

对于特大旱灾的最佳救灾时机,应是灾情初露端倪之时。1942年春夏之交即已在逐步形成的河南大面积旱灾,直至夏麦基本绝收后才展开上报与自救活动,显然较为迟缓。至10月底,河南省的救灾工作主要落实在调查灾情、区分不同程度的救济户口和制定救济办法上,与此同时,请求国民政府协助从邻省调运粮食,获得减免1942年度征实征购至200万大包并获借一部分粮食。但河南各地政权缺乏效率的层层调拨、克扣盘剥而一误再误,在救灾同时无疑也有加重灾情甚至导致灾民死亡人数急增之嫌。

尽管河南省在救灾过程中存在着种种问题与失误,1942年秋末所做的一件事情至关重要:他们从安徽、陕西调运的近200万担二麦种子

---

① 《河南省灾害救济》(1942年10月24日至1943年8月16日),"总统府"档案,294-001054310A003,台北国史馆藏。
② 《河南省灾害救济》(1942年10月24日至1943年8月16日),"总统府"档案,294-001054310A003,台北国史馆藏。
③ [美]白修德著,马清槐、方生译:《探索历史——白修德笔下的中国抗日战争》,三联书店,1987年,第110页。

分发到各地,利用雨水丰沛的有利时机,督导留守农民不要吃掉种粮并不违农时地种下了越冬的二麦。此外,国民政府筹措1000万法币与美中救济总署下拨300万法币,用于种子粮的购置。中国农民银行下拨4000万法币,用于打井和灌溉工程的整修。① 这些工作为翌年夏粮丰收缓解灾情的计划奠定了重要基础。

四、媒体曝光灾情,救灾力度持续加大

对于河南旱灾的充分了解以及救灾工作的力度加大,是在重庆《大公报》、美国《时代》杂志刊登了河南旱情严重、灾民大批死亡的数篇报道后,原在党、政、军内部传播的河南灾情,一下子成为舆论焦点,也成为中共及美国政府批评国民党政权的最好例证。责任、道德与人权的压力,使得国民政府处境极为尴尬。

1942年冬,《大公报》记者张高峰被派往河南进行战地采访报道。在从豫西、豫东到黄泛区的采访过程中,张高峰意识到河南灾情的严重性,目睹灾民的悲惨境遇和地方政府持续征兵、征税、征粮的状况,决心为民请命。1943年1月17日,张高峰把长篇通讯《饥饿的河南》发至重庆《大公报》社。2月1日,《大公报》社将题目改为《豫灾实录》予以全文发表,将豫灾惨状公之于众。② 2月2日,王芸生所撰社论《看重庆,念中原》在《大公报》发表。两文刊发后,国统区及国际舆论一片哗然。

蒋介石闻讯十分震怒,既有对擅自报道灾情、损害国民政府形象的《大公报》的不满,也有对河南地方灾情上达延迟、救灾不力的愤懑。2月1日,蒋介石下令拨款普设施粥厂以救济河南灾民。③ 2月2日晚,国民政府军委会下令《大公报》停刊3天,以示"惩戒"。王芸生后来回忆:《大公报》对于河南灾情的表述是相当克制的,却触怒了蒋介石。据

---

① [美]白修德:《十万火急大逃亡》,《时代》,1942年10月26日。转引自宋致新编著:《1942:河南大饥荒》(增订本),湖北人民出版社,2012年,第43页。
② 张高峰:《1942年〈大公报〉怎样披露河南大灾》,《炎黄春秋》,2013年第4期。
③ 高素兰编注:《蒋中正总统档案:事略稿本——民国三十一年十二月至三十二(年)三月(上)》第52册,台北国史馆,2011年,第426页。

陈布雷称:蒋介石完全没有想到河南会有如此严重的灾荒。3月,记者张高峰在河南漯河警备司令部被逮捕,罪名是"共党嫌疑"。直至1944年4月,日军发动中原会战,汤恩伯部大败,张高峰才得以逃脱回到重庆。

曾经督豫的国民党中常委冯玉祥将军,在《大公报》发表《豫灾实录》当天,也上书蒋介石请求急赈。他说:"河南旱灾非常严重,其地既为兵源之区,又为抗战重要地点,目前当以粮食为一切根本事件。想委员长已筹之很熟矣。如汉中、宝鸡二处为根据地运粮东去,汉水、渭水皆可利用。只求一位实心任事之人,如许静仁(世英)先生能去,带些能干之员,加紧抢救,或可能于抗战、救灾二事上有些补救。"①

美国《时代》周刊记者白修德读到《大公报》对河南灾情报道,职业敏感及责任心使他无法再等待消息。为了解真相,他立即与伦敦《泰晤士报》记者哈里森·福尔曼(Harrison Forman)一起飞往陕西,从宝鸡经西安到达黄河、潼关,进入河南境内采访。经过对陇海铁路向东的沿途调查,白修德看到了到处是无人掩埋的尸体与吃得肥壮的野狗,看到了灾民吃树皮、吃野菜、人吃人的惨象,看到了政府银行克扣灾民救济款的无耻,看到了军队卖余粮给灾民而大发国难财,看到了灾荒面前"民情心、亲属关系、习俗与道德已荡然无存"。他估算有500万灾民可能已经饿死或快要饿死,他确信此次河南旱灾是"近代史上最严重的饥荒之一"②。他通过洛阳电报局发出稿件——通常这种稿件是要通过重庆国民党中宣部审查的,或许是商业电台管理不严格,或许是具有良知的报务员帮助,"这封电报却从洛阳通过成都的商业电台迅速发往了纽约"。白修德的文章题为《等待收成》,在1943年3月22日出版的《时代》周刊上刊登后,国际舆论一片哗然,也使正在美国访问寻求援助的宋美龄极度不满,她要求《时代》老板亨利·卢斯(Henry R. Luce)解聘

---

① 《冯玉祥致蒋委员长书》(1943年1月17日),陶英惠辑注:《蒋冯书简》,台湾学生书局有限公司,2010年,第466页。
② [美]白修德著,马清槐、方生译:《探索历史——白修德笔下的中国抗日战争》,三联书店,1987年,第107—118页。

白修德,遭到拒绝。① 国内外舆论掀起的朝野质问浪潮、中共的借机抨击以及国际舆论的压力,终于让国民政府坐不住了。蒋介石下令严惩地方不作为的官员,严令陕西方面运粮救济。郑州的梅甘神甫给白修德的电报,是这样描述救济工作的变化:

你回去发了电报以后,突然从陕西运来了几列车粮食。在洛阳,他们简直来不及很快地把粮食卸下来。这是头等的成绩,至少说是棒球本垒打出的那种头等成绩。省政府忙了起来,在乡间各处设立了粥站。他们真的在工作,并且做了一些事情。军队从大量的余粮中拿出一部分,倒也帮了不少忙。全国的确在忙着为灾民募捐,现款源源不断地送往河南。②

由于《时代》杂志在欧美各国具有广泛的影响力,白修德对于河南灾荒的报道,顿时成为国际舆论关注的焦点。4月中旬,国民政府不得不同意一批中外记者到灾荒发生地河南实地采访的申请。这批记者据河南访问的见闻向国民政府报告:"自郑州至洛阳及至许昌各地,沿途皆见暴骨累累,狗豕相食,或埋葬过浅,臭气外扬。"蒋介石下令,此后无人收埋尸体均由各地政府负责掩埋,且需深埋五尺以下。③ 此后,国民政府军委会侍从室转发蒋介石手谕,要求河南省严查地方军政长官与救济团体向中外记者通报实情,批评各地救灾"非谓收少征多,饿殍载途,即谓妇女自杀其子而食,种种张大其词,以我国家族伦理观念之深厚,决无杀儿自食之事,根本不近情理"。蒋声称,各地官员及救灾团体如此夸大灾情,目的在于"希冀免粮免役,多得赈款赈粮,诚如钧电所示,凡略有灾情之地皆然",要求各地赈济团体一律不得随意通报灾情。④

---

① [美]白修德著,马清槐、方生译:《探索历史——白修德笔下的中国抗日战争》,三联书店,1987年,第120页。
② [美]白修德著,马清槐、方生译:《探索历史——白修德笔下的中国抗日战争》,三联书店,1987年,第122页。
③ 《河南省灾害救济》(1942年10月24日至1943年8月16日),"总统府"档案,294—001054310A003,台北国史馆藏。
④ 《河南省灾害救济》(1942年10月24日至1943年8月16日),"总统府"档案,294—001054310A003,台北国史馆藏。

国民政府的救灾工作迅速展开了,也是困难重重。1942年11月,蒋介石下令河南、陕西两省速开粥厂以赈灾民。国民政府赈济委员会许世英要求两省迅即办理,经费实报实销。1943年1月起,河南省政府在洛阳、广武、灵宝、常家湾、闾底镇,陕西省在华阴、澄城及关家桥等地,共开设8家粥厂。设在郑州的国际救济委员会委托基督教负伤将士服务协会也在郑州、东泉站等处开设粥厂及招待所,所需款项860万元均由财政部支付。① 1月,河南省命令登封、密县、新郑三县救济郑县5400石仓谷,令巩县、荥阳等县救济中牟、广武两县5400石仓谷,开设粥厂,收容难民,以3个月为限,至5月20日结束。然而,中牟、广武两县仅得二三成,中牟县粥厂直至4月10日开始,未及一周即因仓谷未到而被迫停止。②

在灾荒形成过程中,除河南省各级政府救灾不力的因素外,还有湖北、安徽省一些地方担心灾民过多影响自身生活而不惜以邻为壑的作法。行政院孔祥熙3月14日报告,从邻省安徽、湖北和陕西调运粮食,"虽有陆续运豫,但以运输困难,颇难达到预期速效",河南省的面粉价格此时已达每斤14元,"尚属无处购买,现在情形实为物质之有无问题"。为此,孔祥熙与何应钦、交通部长曾养甫、粮食部长徐堪等商议,此时河南各地春麦长势较好,可望夏季丰收,此时正值青黄不接,如能启动第一战区储备军粮济民,度过此段困难之时,"一俟新麦登场,弟可负责全部补足。如此办法,于军粮方面并无丝毫妨碍,于救灾民食方面,大有裨益"③。为了将邻省调拨或见购买的粮食运输至省内各地,河南省在西部成立陕洛段运销站,在东部成立皖潢(川)段和皖淮(阳)段两个运销站,在南部设立鄂叶(县)段运销站,分别负责办理各段粮食

---

① 《许世英呈文》(1943年3月26日),《河南省灾害救济》(1942年10月24日至1943年8月16日),"总统府"档案,294—001054310A003,台北国史馆藏。

② 《关于河南灾情救济案》(1942年8月—1943年4月),馆藏号:特30/534,台北国民党党史馆藏。

③ 《河南省灾害救济》(1942年10月24日至1943年8月16日),"总统府"档案,294—001054310A003,台北国史馆藏。

的运输事宜。①

1943年初,河南省政府"除将中央及各方拨发及捐助之赈款赈粮随时转发各县散发外,并订有省县救灾委员会办法通令施行,至中央拨发之平粜基金一万万元,由省政府负责办理,因用人失当办理迟缓,影响救灾甚大,麦收后尚未能将平粜粮全部运至民间,以致怨声载道,中央伤办平粜之意义原为平抑粮价之高涨,然麦收后运到之平粜粮较各地之麦价为高,是爱之反以害之,殊失中央救济豫省灾民之本意,此外,豫省政府对于办理救灾各事均无显著成绩可言,故今春灾民死亡载道,情景之惨为亘古所未有"②。

3月26日,河南省赈济委员会李达三报称,由于河南灾情严重,美国国际救济会已加拨急赈2000万元。省赈济委员会也移用了一部分军粮先行救灾,"第一战区允再揆借军米三万包,豫省平粜委员会向陕、皖鄂邻省采购米粮,现亦陆续运到,情形当较好转"③。自1942年8月即已开始的军队节粮帮助灾民行动,对于灾民度荒大有裨益,一定程度上也改善了河南的军民关系。在1943年春荒之际,军队节粮15万大包及军粮名下移借数万包,发挥了重要作用。④ 1943年7月23日,蒋介石电令嘉奖第一战区各部。第一战区各部在救灾各个阶段的表现让人感佩,与通常描述得国军如狼似虎般欺侮百姓的印象及认识并不一致。

3—4月间,为灾民呐喊的南阳《前锋报》提出"放斗余,贷公粮",要求各县县长开库放粮救济百姓。河南省也出台劝导富商济贫,要求各县筹备食品抢救重毙灾民,以乡镇为单位普设粥厂、汤厂,发起捐献活动,裁

---

① 《社会——救济灾难》(4),档案号,[0160.52]/[3480.55-04],台北国史馆藏。
② 《张光嗣关于河南省旱灾情况及救灾情形的调查报告》(1943年9月27日),中国第二历史档案馆编:《中华民国史档案资料汇编》第5辑第2编财政经济(8),江苏古籍出版社,1998年,第561页。
③ 《河南省灾害救济》(1942年10月24日至1943年8月16日),"总统府"档案,294-001054310A003,台北国史馆藏。
④ 《河南省灾害救济》(1942年10月24日至1943年8月16日),"总统府"档案,294-001054310A003,台北国史馆藏。

减政府雇员以节约粮食,令各厅局长、委员分赴各区巡视救济工作等办法,收到了一定的效果。①

在运输粮食入豫各地救济极为困难的背景下,移民就粮是最佳的救济方法。灾民最主要的一条逃荒之路是向西由洛阳乘陇海路火车赴陕西。河南省在沿途设立救济站,在洛阳附近北山岭下还开凿了100多个窑洞供灾民使用。陇海铁路局也尽最大努力运送灾民。至1943年3月,仅从洛阳车站出发的灾民就有30多万人。② 4月中旬,河南籍参政员常志箴、王公度、李续珍、马乘风、王隐三、刘景健等人上书蒋介石,鉴于豫灾严重,陕粮东运,"唯杯水车薪,饿殍仍多,麦收情形如何,尚不可知。大灾之后,民间元气急需恢复",建议对1943年度河南省征购征实"从轻配定"。③

严重的灾情带给灾区无尽苦难。由于粮价过高,家家断粮,外来粮食因运费而高昂。战前每市斗小麦0.6元多,1942年麦收前涨至20余元,今年麦收前飞涨至300多元,是抗战前的数百倍,比1942年麦收前也上涨了十几倍。田地无收及大批民众逃荒,导致灾区各县地价普遍下跌。穷户将田产贱卖,富人则以荒重无力经营拒买,甚至故意压价。灾前各县平均地价为每亩粮食七市石为标准,1943年春"地价贱者不及三百元,昂者不过千元左右",折算成小麦,最贱者不过1市斗,最贵者不过2市斗,比灾前低了二三十倍甚至七八十倍。有的县"卖地一亩仅敷一家八口数日食用。"④

与之相关联的是土地权随之剧烈变动。"各地灾民因饥饿太甚,除将衣服器物农具出售外,无论贫富无不以出售田产为维持生命之最后

---

① 《河南救灾工作检讨》,《社会——救济灾难》(4),档案号:[0160.52]/[3480.55-04],台北国史馆藏。

② 《河南救灾工作检讨》,《社会——救济灾难》(4),档案号:[0160.52]/[3480.55-04],台北国史馆藏。

③ 《河南省灾害救济》(1942年10月24日至1943年8月16日),"总统府"档案,294-001054310A003,台北国史馆藏。

④ 《张光嗣关于河南省旱灾情况及救灾情形的调查报告》(1943年9月27日),中国第二历史档案馆编:《中华民国史档案资料汇编》第5辑第2编财政经济(8),江苏古籍出版社,1998年,第561页。

办法,有因地价太贱不忍卖地而全家饿死者,有将田产卖完依然无法维持至麦熟仍不免全家饿死者,据调查各地灾民之田地大多已移转于军人富商及公务人员之手"。①

1943年3月,驻兰州的第八战区司令长官朱绍良、甘肃省主席谷正伦得知行政院议决停办宝天铁路工程、二、三万工人面临失业消息后,联名致电蒋介石,请求延长宝天铁路工程以安插工人。除申明"某省连年荒歉,陇南帮会盛行,最近股匪南窜,陇南震动。如再有数万工人失业,米珠薪桂,生活断绝,万一逼而为匪,则陇南、陕南行将全部糜烂"外,特别指出"最近流陕豫灾难民,陆续入某。某省安辑难民已觉支绌,实无余力安插工人"。蒋介石立即复电,声称宝天路工程决不会停工,并要问责交通部。②

作为政治家的蒋介石认为隐瞒灾荒惨状与救济不利状况,既有树立国际政治形象的必要,更有担心因舆论曝光灾情而促成日军的大举进攻的考虑。4月15日,他致电洛阳第一战区司令长官蒋鼎文、副司令长官汤恩伯和河南省主席李培基,批评3月份英美通讯社记者数人赴河南省调查灾情时,"郑州、许昌各地警备司令与专员、各县县长等,其与记者谈话时,无不张大其词,危言耸听,暴露我抗战之弱点,影响我军民之心理,其愚鲁幼稚,殊失国体,且一面极言灾民之惨状,一面又对记者以盛馔相招待,使各记者对我公务人员之讥评。此种趋奉外人之卑劣心理,殊堪痛心。务希告诫我各地军政主官,切实反省,彻底改正为要"③。当天,蒋介石再电蒋、汤、李三人,批评河南省的救灾工作,在体现其基督教徒人性关怀一面同时,更关注中国的国际观感,同时,也在催促河南当局加快灾后处置工作:"据中外人士视察豫省报告称:由郑州至洛阳及至许昌各地,沿途皆见暴骨累累,狗彘相食,或埋葬过浅臭

---

① 《张光嗣关于河南省旱灾情况及救灾情形的调查报告》(1943年9月27日),中国第二历史档案馆编:《中华民国史档案资料汇编》第5辑第2编财政经济(8),江苏古籍出版社,1998年,第561页。

② 高素兰编注:《蒋中正总统档案:事略稿本——民国三十二年三月(下)至六月》第53册,台北国史馆,2011年,第103—104页。

③ 高素兰编注:《蒋中正总统档案:事略稿本——民国三十二年三月(下)至六月》第53册,台北国史馆,2009年,第234—235页。

气外扬。不悉此种情形,兄等亦有所知否?何以不速设法改正。以后不论军民尸体,如无人收敛,应由政府负责代理,而战时,其坑深必须超过五尺,并多盖土于其上,以免暴尸与腥臭之弊。希即令各地军民当局速办。为要"①。直至5月初,河南省赈济委员会主任委员常志箴电呈军委会,因豫灾已至麦收前的最紧要关头,各地粮食缺口仍大,希望将陕西粮秣处存储的麸皮(军队马粮)或借或卖1万包。何应钦下令将40万斤麸皮一次性减价出让,由该会自行运输以救灾民。②

社会各界对于豫灾掀起捐助热潮。至1943年4月底,河南省共收到各界捐款300余万元,认捐而款项未到者300余万元。③仅《大公报》募集灾款就达230余万元法币。《大公报》从政治本身、军事大局及人心归向三个方面,评价国民政府救灾措施是"至仁与至急的仁政",号召"执行的官吏务要恤体中央的德意,使实惠无折扣的达到民间"④。自1942年9月,河南南阳《前锋报》开始为灾童募捐。1943年4月底,报社代收捐款,内乡县政府捐款10万元。至5月初,报社用捐款救助了千余名孩子。信阳师范学校师生发起"每餐节省一口馍"活动,全校每天可以省四五十斤馒头,可以救活百人。国民政府监察院长、著名书法家于右任书写对联义卖,冯玉祥画作《耕地图》参加河南省政府在鲁山举办的书画展览和义卖。⑤

但在救灾过程中,也暴露了国民政府基层政权机构及社会组织的诸多问题,"由于基层组织之不健全,往往使各种办法和工作不能彻底,一切有普遍性、控制性的措施,不能迅速确实贯彻,因此在效果上就不

---

① 高素兰编注:《蒋中正总统档案:事略稿本——民国三十二年三月(下)至六月》第53册,台北国史馆,2009年,第235—236页。
② 《河南省灾害救济》(1942年10月24日至1943年8月16日),"总统府"档案,294—001054310A003,台北国史馆藏。
③ 《河南救灾工作检讨》,《社会——救济灾难》(4),档案号:[0160.52]/[3480.55—04],台北国史馆藏。
④ 《社论:救济豫灾与收复人心》,重庆《大公报》,1943年10月19日。
⑤ 宋致新编著:《1942:河南大饥荒》(增订本),湖北人民出版社,2012年,第31—32页。

免要有折扣"①。这种言不及义的总结,显然是含糊其辞、推脱责任的官样文章。在河南省进行救灾的一年中,国民政府设立"平粜基金会",由李培基、李汉珍分任正、副主任,以1亿元以办理平粜事宜。由于管理混乱,基金会成员"目无灾黎,贻误时机,时至五月新麦登场,大批赈粮,犹未起运"。1944年9月,河南省参议会驻会委员会以省政改组交接进行账目清查,竟然查出平粜粮价高于灾区粮价、1000余万元购置麻袋数目不符、陇海路运费每公斤运费四角该会却收取各县2.5元至3元、购粮与拨粮数目差距较大、不少账目有事后造假嫌疑等八大问题。这些问题由参政员徐炳昶等15人提交国民参政会予以彻查,直至1945年10月四届一次国民参政会上,行政院才以公函形式回复,有些问题有传说夸大成分,多数问题的确存在,"明显有贪污罪嫌,自应立即移送该管法院贪污处理"。②

另据张光嗣调查称:"各县乡长及保甲长大多数人选极坏,关于赈款赈粮耕牛贷款及其他一切征物派款之营私舞弊已成最普遍之现象,甚至县长虽明弊端百出,亦故作痴聋,以致民怨沸腾,不惟影响救灾,即于政务推行亦影响甚大"③。类似对河南基层救灾的描述,似乎是诸种史书及回忆录的基本判断。倘若是普遍状况,河南各地民众恐怕生还的可能性极小。不少史料证明,部分基层保甲长极力救灾,对于各地恢复生产、重建家园是有贡献的。

由于1942年秋收之后天气逐渐好转,连续的雨水有利于二麦的播种。河南省政府抓住时机,从陕西、安徽调运200石麦种,督促各地留守的农民及时下种。1943年夏收,二麦获得丰收,加上国民政府、社会各界的大力捐助,最严重的灾荒终于过去了。在5月,河南省政府又督

---

① 《河南救灾工作检讨》,《社会——救济灾难》(4),档案号:[0160.52]/[3480.55—04],台北国史馆藏。
② 《四届一次参政会请查办河南三十二年办理平粜舞弊案》(1945年10月),馆藏号:003/3512,台北国民党党史馆藏。
③ 《张光嗣关于河南省旱灾情况及救灾情形的调查报告》(1943年9月27日),中国第二历史档案馆编:《中华民国史档案资料汇编》第5辑第2编财政经济(8),江苏古籍出版社,1998年,第561页。

导农民及时种上秋粮,从而保证了灾荒的彻底缓解。①

1943年下半年,河南省的灾荒善后工作仍不轻松。如何安置逃荒归来的灾民,如何使农民有条件归耕,如何切实办好农田水利,都是亟待解决的事宜。此外,农民归耕所需麦种、耕牛、农具,以及灾区大批死尸掩埋,防治传染病、瘟疫蔓延等难题,亦是刻不容缓。尽管还有其他诸多棘手的问题,但是一场全省范围的特大灾荒终于结束了。

五、死亡人数难以确定

1942—1943年的河南大旱灾,是继1876—1879年"丁戊奇荒"之后最为严重的旱灾,史料中使用的"饿殍无数"、"灾民无算"等字眼令人震惊。河南省政府呈文有"非赈不活者五百万"的说法,白修德"饿死300万"的估算,都是一个惊人的数字,接近于整个抗战时期中国军队的死亡总数,是南京大屠杀的10倍。它的真实性如何?1943年国民政府发布的《河南灾情实录》,记载饿死300万人。1943年9月,国民政府赈济委员会派出张光嗣一行四人赴河南调查救灾情况,重点考察河南省第1、5、6、7、10行政督察区。张光嗣报告显示,29个县死亡人数总计为148万余人(见表1)。

---

① 《大家一起来解决本年最严重的秋种问题》,南阳《前锋报》,1943年4月21日。

表1　1942－1943年河南旱灾最重各县死亡数量调查表(单位:人)

第一行政区		第五行政区		第六行政区		第七行政区		第十行政区	
孟县	95121	许昌	183472	叶县	103737	扶沟	44210	登封	23517
长葛	58802	临颍	79715	方城	38974	项城	32147	陕县	19100
荥阳	30347	鄢陵	108498			西华	51989	偃师	7916
新郑	34353	宝丰	11539			沈丘	12815		
广武	15875	鲁山	13822			商水	25899		
禹县	151028	襄县	36446						
潢川	37392	临汝	36446						
尉氏	29654	郏县	34458						
密县	30593	郾城	40835						
汜水	14306								
总计	1484983								

资料来源:《张光嗣关于河南省旱灾情况及救灾情形的调查报告》(1943年9月27日),中国第二历史档案馆编:《中华民国史档案资料汇编》第5辑第2编财政经济(8),江苏古籍出版社,1998年,第565－566页。

这份死亡数据既不权威也不全面,但毕竟是一份来自官方调查的数据,应比传说的300万人更为有据。调查所涉及的28个县,占河南省政府辖区的近一半,皆是灾情最严重的县份。此外,各县份的死亡数据不应过大。考虑到张光嗣一行调查时间在5－6月份,正值灾荒行将结束之际,可能将逃荒未归、无法联系的人员统计为死亡,河南旱灾死亡数字应在150－200万人之间。1944年7月,河南省政府编定的《河南省政府救灾总报告》,对82个县灾民死亡与逃荒人数进行统计。其中许昌最重，共计死亡182224人，襄城40444人，方城18188人，汝南22238人，济源41001人，沁阳18213人，其余各县死亡人数均未过万，合计全省死亡人数为288006人。除杞县、兰封等五县未提供逃荒人数外，合计全省逃荒人数为1526662人。① 这两份材料均为政府方面的统计，差距之大令人难辨真假。统计者或因政府官员出于免责之心而有隐瞒之情，记者或因追求轰动效应而有夸大之嫌，各方或因统计范围及认定方法不同而有较大差异，由此形成的三种数据，成为灾荒研究中最为棘手的难题。

结　语

1942年河南旱灾的真实面相仍待时日。就目前所见资料而言，既有河南省政府、第一战区的灾情呈文，又有河南籍参政员的救灾陈情，也有各类报刊的灾区报道，呈现出明显的、可以理解的愤怒、焦虑情绪，代表着那个时代的官方态度与媒体良心。事后的灾情调查，只能以冰冷的灾民、死亡统计数字，无声地谴责着大灾之下仍然推行征实征粮政策的冷酷，批判着救灾工作的不力。

从1942—1943年河南旱灾的整个过程而言，突出的一点是国民政府中高级官员、第一战区官兵面对灾情时的表现。纵观国民政府档案中留存的多卷河南省救济史料，凡是申请救灾的呈文，无论是行政院、第一战区、河南省政府，还是社会各界呼吁，蒋介石均立即转交行政院有关部、会，几乎没有拒绝或质疑的批示。这也与通常认定的蒋介石无情与冷漠的形象大相径庭。第一战区蒋鼎文部节食以赈灾民、主动移借军粮帮助灾民度过春荒，与通常形成的国军如狼似虎般欺侮乡民的印象差异极大。在看到大量乡镇干部克扣灾粮与灾款的现象同时，也看到了内乡县政府大量捐款的善举，在那样一个时代背景及体制下，基层乡镇的腐败固然在所难免，但真实的乡镇基层究竟是怎样的呢？通

---

① 《河南省政府救灾总报告》（1944年7月），馆藏号：防003/1158，台北国民党党史馆藏。

常认定河南省政府由于隐匿不报灾情,导致此后大面积灾荒发生,史料证明河南省政府在1942年春夏对麦收的期待因风灾、雹灾而化为乌有,此后态度大变转而积极上报灾情并通过各种途径呼吁舆论声援、寻求国民政府及军方的援助。最为关键的是,10月督导留守农民将由陕皖两省运来的二麦种子播种,为次年缓解灾情奠定了基础。

原载于《河南大学学报(社会科学版)》2014年第3期

马歇尔计划声援委员会对马歇尔计划的历史贡献

王新谦①

【导语】 非政府组织积极参与推进美国重大外交政策的实施是战后美国外交的一大特色。在冷战初期，由于美国国内政治的诸多不确定性，美国国务院最初推进马歇尔计划的努力收效并不大。当此时刻，"马歇尔计划声援委员会"便应运而生。该委员会是一个专门为马歇尔计划宣传造势而形成的院外活动集团，其成员来自美国社会各阶层名流和马歇尔的坚定支持者，他们结成了一个临时的利益同盟。该组织授意于政府，与美国国务院和各民意团体通力协作，利用游说、媒体宣传、请愿、在国会作证和其他商业运作策略来为马歇尔计划造势，最终影响了美国民意，确保了马歇尔计划在美国国会的顺利通过。

非政府组织积极参与推进美国重大外交政策的实施是战后美国外交的一大特色，比较典型的案例当属"马歇尔计划声援委员会"。该组织成立于1947年10月，总部设在纽约。它的全称是"马歇尔计划援助欧洲复兴委员会"（CMP，以下简称马歇尔计划声援委员会）。这一非政府组织是一个临时委员会，其成分复杂，主要包括企业法人、社会团体、工会团体、与杜鲁门政府内的国际主义"外交集团"关系密切的自由派精英人士、前政府官员以及国会前议员。尽管该组织被冠以"独立公民组织"，但它实际上受命于美国国务院，是一个专门为马歇尔计划宣传造势而形成的院外活动集团。由于该组织在美国国内推销马歇尔计划

---

① 河南大学国际问题研究所教授。

的卓越表现,后来被美国学者描绘成是"影响民意最有效的工具之一"①,是战后初期美国"政府与商界共同推进外交政策最典型的例子"②。然而,由于种种原因,国内外马歇尔计划史研究领域却或多或少地忽视了该组织对马歇尔计划所做贡献的历史考察。加强对该组织的细化研究,既是对马歇尔计划整体史研究的必要补充,也为学界深入研究马歇尔计划开启了一个新的视角。

一、"马歇尔计划声援委员会"的酝酿

和杜鲁门主义截然不同的是,马歇尔国务卿于 1947 年 6 月 5 日在哈佛大学的讲话并没有在美国国内引起多少反响。就在马歇尔在哈佛大学提纲挈领地提出美国将扩大对外提供援助倡议后不久,美国政府的一些官员已经开始认识到,国务院在发动民意推进美国外交政策上行动迟缓。1947 年 8 月 12 日,美国国务院负责公共事务的助理国务卿、艾奇逊的助手威廉·本顿曾给芝加哥一位律师、同时也是该市外交委员会重要成员的莱尔德·贝尔写信称,在推进马歇尔计划一事上,"不要对国务院在'公民教育'上抱太高希望"。他提醒贝尔,国务院"为影响国会而花公共经费是违法的",这一负担只能"落在每一个对外交事务感兴趣的人的头上"③。参与"民意与外交政策"研究小组的美国"外交关系委员会(CFR)"是美国一个独立的跨党派智囊机构。该协会成员也清楚国务院当时面临的约束。9 月 25 日,参与该研究小组第三次会议的美国国务院官员明确指出,"计划中的公关"工作不得不叫停,

---

① Richard E. Neustadt, Presidential Power: The Politics of Leadership, New York: The Macmillan Company, 1960, 49.

② Thomas G. Paterson, The Economic Cold War: American Business and Economic Foreign Policy, Ph. D. dissertation, Berkeley: University of California, 1968, 47.

③ Benton to Bell, 12 August 1947, Records of the Assistant Secretary of State for Public Affairs, Records of Group 59, box 12, National Archives, Washington DC.

美国国务院正处在如何推进马歇尔计划的困惑状态。①

与此同时,美国国会议员也开始怀疑国务院是否有能力发动一场马歇尔计划推进行动,借以影响美国民意。在国会说话很有分量的参议院外交委员会主席、共和党领袖阿瑟·范登堡参议员在回答"美国联合国协会(AAUN)"主席克拉克·艾克尔伯格咨询时也表达了自己的担心,他在1947年6月底回复艾克尔伯格:"我当然不会想当然地认为在向欧洲提供援助上美国公众已经做好了承担相关负担的准备。"范登堡认为,美国国务院的困难在于"除非它有能力证明给美国人民两件事:其一,这种援助不超出美国人民自身对资源的需求;其二,这种援助有利于实现美国人民开明的利己主义"②。

有证据表明,截止到1947年秋天,对美国国内普通民众进行马歇尔计划的"宣传教育"也的确存在着现实必要性。1947年10月下旬,就在"欧洲经济合作委员会(CEEC)"将自己的《总报告》提交美国政府一个月后,美国国务院的一个下属研究机构对美国普通公民进行了一次问卷调查。调查结果显示,只有46%的接受调查者听说过马歇尔哈佛讲话或者读到过有关报道。当被问到一旦因该援助计划而造成美国国内经济困难,比如出现物资紧缺或物价上涨时,表示支持该计划的人不到50%。更有甚者,知道该计划要求欧洲人承担起自助和互助的义务的人不到25%。甚至还有人表示,既然欧洲人自己不努力自救,美国就没有义务主动出手相助。③

事实上,早在马歇尔在哈佛大学发表演讲之前,美国国务院有关官

---

① "Study Group on Public Opinion and Foreign Policy," 3rd meeting, 25 September 1947, Records of Group 23 A, Council on Foreign Relations Archives, Harold Pratt House, New York City.

② Eichelberger to Vandenberg, 24 June 1947, Vandenberg to Eichelberger, 25 June 1947, Clark M. Eichelberger Papers, box 20, New York Public Library, New York City.

③ U. S. Department of State, Office of Public Affairs, "Popular Opinion on Aiding Europe: Main Findings of an October Public Opinion Survey," October 29, 1947, Office Files of the Assistant Secretary of State for Economic Affairs (Clayton—Thorp), Harry S. Truman Library.

员就已经认识到,对美国公众进行宣传工作已迫在眉睫。美国国务院负责公共事务的副国务卿迪安·艾奇逊在 1947 年 5 月 28 日召开的国务院各司高层会议上就明确指出,对欧援助计划的宣传工作是必要的,必须尽快打造一个机构来"集中对(美国)公众进行马歇尔计划教育"①。

在如何打造一个机构来宣传马歇尔计划一事上,美国国务院负责公共事务的助理国务卿威廉·本顿最积极,也最为上心。正如他在 8 月 12 日给贝尔的信中所述,他很清楚国务院无法对国会直接施加影响,因此,他的办公室已大致制定好了一个计划。按照该计划,这个宣传组织既独立于国务院,又要对国务院的建议和意见做出回应。在对该组织的建立及其任务进行初步讨论后,国务院公共事务司司长弗朗西斯·拉塞尔在备忘录中提出了几点具体建议,其中就包括建议成立一个公民委员会、委员会的成员构成以及该委员会的作用。② 这件事具体由接替艾奇逊的罗伯特·洛维特副国务卿负责。洛维特同意拉塞尔司长备忘录的总思路,但不赞成他关于组织人选的推荐。出于保密需要,洛维特要求国务院负责情报事务的萨金特转告本顿(此时已是洛维特助手),必须将拉塞尔备忘录草稿的所有版本都"收回并销毁,只保留原件"③。

时间推移到 1947 年 9 月,鉴于国务院迟迟没有对美国新的援助欧洲政策采取任何具体行动,院外对马歇尔哈佛倡议感兴趣的人士开始感到焦虑,他们认为政府的外交政策信息不够透明,办事效率也不高。9 月 19 日,本顿在致洛维特和马歇尔的备忘录中称"来自政治领袖、团体领导人以及媒体的尖锐批评——说政府没有提供必要的信息让民众

---

① U. S. Department of State, Foreign Relations of the United States, 1947, Vol. III, Washington DC: Government Printing Office, 1972, 235.

② James W. Swihart to Sargeant, 26 August 1947, Records of the Assistant Secretary of State for Public Affairs, RG59, box 3, National Archives, Washington DC.

③ Sargeant to Benton, 12 August 1947, Records of the Assistant Secretary of State for Public Affairs, RG59, box 3, marked: Secret, National Archives, Washington DC.

了解欧洲经济危机"的批评之声日益高涨和频繁。本顿认为,未公开的民意测验结果显示,"只有极少数美国民众隐约了解'马歇尔建议',更不要说听说过"。本顿在备忘录中再次建议成立一个公民委员会。①

与此同时,美国国内的一个民间组织"美国联合国协会"主席克拉克·艾克尔伯格也在积极敦促他所领导的协会董事会考虑成立一个类似本顿构想的马歇尔计划宣传委员会。② 9月26日,艾克尔伯格和几位董事碰面。他们中的一些人已经看到了前陆军部长亨利·史汀生在美国《外交事务》杂志秋季号上发表的一篇题为《美国人面临的挑战》的文章。③ 在该文章中,史汀生提到了战后世界存在的诸多关键问题,认为胜利与和平并不同步,"胜利后接踵而至的是一场新的世界危机"④。史汀生的观点与艾克尔伯格和他领导的"联合国协会"其他人的想法不谋而合,他们非常赞同史汀生的观点,认为煽动反共情绪不是解决国际形势的正确路径,增加对莫斯科已有的怀疑只能恶化业已存在的美苏紧张关系。因此,"联合国协会"应着重强调马歇尔计划的政治、人道和经济主题。考虑到史汀生曾担任过国务卿和陆军部长,在美国民众中享有崇高威望,他们认为"应邀请史汀生先生担任该拟议中的委员会主席"。⑤

9月26日碰面会后,艾克尔伯格迅疾拜会了阿尔杰·希斯并邀请他出山,为马歇尔计划做点事情。希斯是美国国务院前官员,后来一直担任"卡内基国际和平基金会(CEIP)"主席。希斯还一直是美国著名智

---

① Benton to Lovett and Marshall, 19 September 1947, Subject: "Information Program Concerning European Reconstruction Problem," Records of the Assistant Secretary of State for Public Affairs, RG59, box 3, National Archives, Washington DC.

② Eichelberger to former Undersecretary of State Summer Welles, 27 September 1947, box 20, New York Public Library, New York City.

③ 战后初期,亨利·史汀生根据自己对欧洲的理解,提出了自己的复兴欧洲方案,即"史汀生方案"。

④ Henry L. Stimson, "The Challenge to Americans," Foreign Affairs, 26 (1947).

⑤ Eichelberger to Welles, 27 September 1947, box 20, New York Public Library, New York City.

库"外交关系委员会"旗下的"民意与外交政策"研究小组成员,被公认为是对推进美国对外援助计划感兴趣的人。在与国务院前同僚接触并与负责经济事务的副国务卿威廉·克莱顿的班底交换意见后,希斯决定出山,并迅速参与了组建"马歇尔计划声援委员会"的工作。

1947年10月1日,希斯、艾克尔伯格与美国前陆军部长罗伯特·帕特森接触,就组织一个支持马歇尔计划声援委员会相互交换意见,并邀请他担任该委员会执委会主席。希斯和艾克尔伯格明确告诉帕特森,如果能得到他的支持,政府会非常感谢他。帕特森欣然接受邀请,表示愿意担任执委会主席。第二天,帕特森便给副国务卿洛维特打电话,询问他对组织一次"名人大会"来支持马歇尔计划的看法。洛维特当即表示赞成,称欢迎这样的行动。有了国务院的支持,帕特森便马不停蹄地接着又联系了当时的商业部长艾夫里尔·哈里曼(后来的哈里曼委员会主席),得到的答复同样是积极予以支持。①

为了贯彻"联合国协会"董事会1947年9月26日会议精神,10月3日,艾克尔伯格和希斯一起建议帕特森,希望由他亲自出面邀请史汀生在即将成立的委员会中出任全国委员会主席,理由是史汀生的参与"必将带来巨大的公众支持"②。盛情难却。史汀生回复帕特森,同意担任该委员会全国委员会主席,并称他也很想为推进马歇尔计划出一把力,但他又希望自己尽量少参加公开活动。③ 于是,决定由他的好友、"美国电话电报公司(AT&T)"前副总裁阿瑟·佩奇担任自己的发言人。因此,尽管人们通常称"马歇尔计划声援委员会"为"史汀生委员会",但他的唯一贡献实际上是他在《外交事务》杂志上发表的那篇文章。换句话说,史汀生只是"马歇尔计划声援委员会"名誉上的主席。

就在邀请史汀生担任"马歇尔计划声援委员会"全国委员会主席的前一天(10月2日),美国银行界另一重量级人物也收到了邀请,他就

---

① Eichelberger to Patterson, 3 October 1947, Patterson to Stimson, 16 October 1947, Robert P. Patterson Papers, box 41, Library of Congress, Washington DC.

② Eichelberger to Patterson, 3 October 1947, Robert P. Patterson Papers, box 41, Library of Congress, Washington DC.

③ Patterson to Stimson, 16 October 1947, Stimson to Patterson, 20 October 1947, Patterson Papers, box 41, Library of Congress, Washington DC.

是美国"大通银行"董事会主席温思罗普·奥尔德里奇。在向奥尔德里奇介绍成立该委员会的设想时,阿瑟·佩奇称,该组织"将是一个由杰出公民组成的宣传委员会,当然要邀请您参加了"①。在如此这般的一番周密安排下,"马歇尔计划声援委员会"就呼之欲出了。

二、"马歇尔计划声援委员会"的成立及其运作

1947年10月28日,美国前陆军部长罗伯特·帕特森代表执委会向十四位美国各界杰出公民、同时也是马歇尔计划的坚定支持者发出邀请,邀请他们参加两天后召开的"马歇尔计划声援委员会"成立预备会议。这些受邀人士包括迪安·艾奇逊、温思罗普·奥尔德里奇、约翰·杜勒斯、克拉克·艾克尔伯格、阿尔杰·希斯、阿瑟·佩奇,另外还包括八位美国著名的国际主义者。这些国际主义者包括:詹姆斯·凯里(CIO,"美国产业工会联合会"财务总监)、威廉·埃默森(美国联合国协会主席)、赫伯特·费斯(历史学家、国务院前顾问)、赫伯特·莱曼(纽约市前市长、"联合国善后救济总署"首任署长)、弗雷德里克·麦基(实业家、"保卫美国委员会"前财务总监)、休·穆尔(实业家、"美国和谐和平努力国际同盟"前主席)、菲利普·里德(通用电器公司主席、国际商会领袖)、赫伯特·斯沃普(国际法学家、政论家)。前述所有这些人都进入了"马歇尔计划声援委员会"执委会。此后不久,戴维·杜宾斯基("国际女装工人联盟"主席)和弗兰克·阿特休尔(投资银行家、全国计划协会副主席)也应邀加入了"马歇尔计划声援委员会"执委会。②除了艾奇逊、奥尔德里奇和杜勒斯外,其他人都参加了10月30日的预备会议。

1947年10月30日,"马歇尔计划声援委员会"预备会议如期在纽约召开。这次会议主要讨论了该委员会的组织架构、资金募集等问题。

---

① Page to Aldrich, 2 October 1947, Arthur W. Page Papers, box 69, State Historical Society of Wiscosin, Madison.

② Minutes of Organizing Meeting, 30 October 1947, Committee for the Marshall Plan Records, box 2, Harry S. Truman Library, Independence, Missouri.

根据自己在"保卫美国委员会"以及其他一些类似组织积累的经验,艾克尔伯格向会议提交了一份该委员会组织架构的草案。他建议,除执委会之外,应组建一个成员高达数百人的全国委员会,其代表分别"来自农业、工会、商业等广大职业阶层",而且这些代表要从全国各地均衡遴选产生。①

接着就是讨论募捐的问题。著名公共关系律师哈罗德·奥拉姆在会上建议就"马歇尔计划声援委员会"的成立召开一次记者招待会;之后,在《纽约时报》《纽约先驱者论坛报》《华盛顿邮报》等美国主流媒体上发布整版宣传广告;再之后,将带有史汀生主席签名的数千份电报发给潜在的捐助者,呼吁他们对马歇尔计划提供道义和财政支持。奥拉姆还建议,此后还应将史汀生在《外交事务》杂志上发表的那篇文章复印后附在10万封信中,然后投寄给不特定人群,呼吁他们对马歇尔计划提供宣传经费支持。②

奥拉姆的建议得到了执委会采纳。随后,各种广告和宣传材料迅速出现在美国东海岸最主要的报纸上,电报和信件也被分别发往潜在的捐助者。这些广告主要内容包括史汀生文章的节略部分、执委会成员名单以及一份近200名的全国委员会成员名单。宣传材料包括号召美国公民搞一份"百万人签字"请愿书,敦请政府和国会尽快就马歇尔哈佛建议采取行动。上述活动立竿见影,收效很明显,立即就有慷慨的捐款开始汇集,在此后四个月里几乎没有中断过。③

鉴于总部设在纽约,距离政治中心华盛顿特区较远。为了与国会保持近距离接触,"马歇尔计划声援委员会"还专门在华盛顿特区设立了一个办公室。一些有丰富管理经验的人士纷纷加入了该委员会管理的日常事务。这些人包括政治学家哈罗德·斯坦,"美国援外合作署

---

① Memorandum by Clark M. Eichelberger, 30 October 1947, Committee for the Marshall Plan Records, box 2, Harry S. Truman Library, Independence, Missouri.

② Memorandum on Fund-Raising by Harold Oram, n. d., Committee for the Marshall Plan Records, box 2, Harry S. Truman Library, Independence, Missouri.

③ Minutes of Meeting, 13 November 1947, Committee for the Marshall Plan Records, box 2, Harry S. Truman Library, Independence, Missouri.

(CARE)"前成员乔治·埃博斯坦和曾在国务院担任过艾奇逊和尤金·迈耶的助理、现任"国际重建与开发银行(IBRD)"主席约翰·佛格森。①

"马歇尔计划声援委员会"的伞状分支机构一开始主要是在美国东海岸展开,由一众杰出公民领导的"马歇尔计划声援委员会"各分会纷纷成立。波士顿著名律师亨利·帕克曼出任"新英格兰委员会"主席,威廉·巴特和前参议员乔治·拉德克里夫也分别在费城、巴尔的摩成立了类似的分委会。继而,更多的地方分支机构纷纷在美国东北部的佛蒙特、新罕布什尔、缅因、新泽西、罗德岛各州相继成立。②

作为马歇尔计划的声援机构,"马歇尔计划声援委员会"还希望通过推出一个出版计划来大做文章,借此引起美国公众和国会的注意。鉴于在1947年11月之前美国多数民众很少能看到有关欧洲经济危机或欧洲复兴计划的资料,史汀生的文章就帮了"马歇尔计划声援委员会"的大忙。该委员会迅速将该文章复印了20万份,然后分发至全国各地。与此同时,"马歇尔计划声援委员会"还充分利用其他类似宣传文章,包括《华盛顿邮报》与"美国外交政策协会"合作出版的一份增刊,还有"卡内基国际和平基金会"主席希斯在《纽约时报》上发表的一篇文章。为了进一步扩大宣传力度,随后,"马歇尔计划声援委员会"又印刷了名称不一的大量传单和宣传小册子,包括"欧洲复兴计划的四项必要条件""马歇尔计划取决于你""关于马歇尔计划目的之声明"等。此外,该委员会还先后散发了由"卡内基国际和平基金会"出版的一套政府报告集、一部名为《反对马歇尔计划的人是谁?》的卡通作品、一本《官方基础档案索引》以及美国国务院的出版物《缔造和平》。③

概括起来看,在整个"马歇尔计划声援委员会"存续的大约五个月

---

① Minutes of Meeting, 13 November 1947, Committee for the Marshall Plan Records, box 2, Harry S. Truman Library, Independence, Missouri.

② Minutes of Meeting, 26 November 1947, Committee for the Marshall Plan Records, box 2, Harry S. Truman Library, Independence, Missouri.

③ Page to Aldrich, 2 October 1947, Arthur W. Page Papers, box 69, State Historical Society of Wiscosin, Madison; Eichelberger to Patterson, 3 October 1947, Robert P. Patterson Papers, box 41, Library of Congress, Washington DC.

期间,该委员会总共向美国民众和团体散发了将近125万份宣传品。① 各种请愿活动也迅速展开。比较典型的请愿活动包括如下几次:第一次是一些出版物呼吁在1947年11月已经印好的第一批广告的请愿书上追加签名,然后将这些收集起来的签名送到代表各自议会选区的代表手里,目的是造成一种全美国人都支持马歇尔计划的印象。② 第二次请愿活动发生在1948年3月中旬美国国会通过马歇尔计划的关键节点,是由"马歇尔计划声援委员会"成员、赛明顿与古尔德公司总裁查尔斯·赛明顿发起的。请愿书的内容和版面设计是在《时代·生活周刊》的C. D. 杰克逊和"美国产联(CIO)"宣传部的协助下共同完成的。③ 第三次请愿活动也是发生在1948年3月中旬。为了彰显美国工人阶级和广大移民也支持马歇尔计划,"马歇尔计划声援委员会"专门挑选了三位移民代表(一个捷克人、一个意大利人和一个波兰人)向众议院外交委员会主席查尔斯·伊顿递交了一份带有这三个人签名的请愿书。④ 在1948年美国国会即将对马歇尔计划进行投票表决之际,如此强大而密集的宣传攻势和请愿活动的影响是可想而知的。

还需要说明的是,在整个"马歇尔计划声援委员会"存续期间,共有超过16.2万美元的捐款,分7500批次,从几百到几千美元不等,源源不断地从美国各地汇入"马歇尔计划声援委员会"总部并被花费掉。在这笔总开支中,其中有近6万美元用于"马歇尔计划声援委员会"出版物的印刷和邮寄,2.4万美元用于推介和宣传,1.1万美元用于电话和

---

① John H. Ferguson, Report on the Archives of the Committee for the Marshall Plan to Aid European Recovery, New York: Headquarters of CMP, n. d. p. 7.

② John H. Ferguson, Report on the Archives of the Committee for the Marshall Plan to Aid European Recovery, New York: Headquarters of CMP, n. d. 3,8.

③ Symington to Patterson, 15 March 1948, Robert P. Patters on Papers, box 41, Library of Congress, Washington DC.

④ Symington to Page, 16 March 1948, Arthur W. Page Papers, box 69, State Historical Society of Wiscosin, Madison.

电报费开支。① 所有这些捐款都来自"马歇尔计划声援委员会"成员和其他热心支持者。有意思的是,最慷慨的捐款人并不是"马歇尔计划声援委员会"成员,但这些捐款人都是马歇尔计划的积极支持者或忠实执行者。这些慷慨解囊的人士包括副国务卿、美国"棉花之王"廉·克莱顿,洛克菲勒公司总裁约翰·洛克菲勒三世和美国史蒂倍克公司总裁、后来担任"经济合作署(ECA)"署长的保罗·霍夫曼等人。

三、"马歇尔计划声援委员会"运作的效果及其意义

随着马歇尔计划于1948年3月中下旬分别在美国国会参、众两院的顺利通过,随着美国国会于4月2日正式通过《1948年对外援助法》,成立"马歇尔计划声援委员会"的初衷得以实现,该委员会也就没有继续存在的必要了,就在《1948年对外援助法》通过的同一天,"马歇尔计划声援委员会"执委会召开最后一次例会,执委会成员一致同意结束该委员会的运作。②

由于战后初期美国国内政治的诸多不确定性、孤立主义的重新抬头、扩大对外援助的法律障碍以及美国普通民众和国会议员对政府扩大对外援助的不知情、不理解,美国国务院最初推进马歇尔计划的努力收效并不大。当此时刻,"马歇尔计划声援委员会"便应运而生,担负起了向美国公众宣传马歇尔计划的任务。尽管该委员会最初的任务是对美国公众进行宣传教育,该委员会成员也十分重视民意测验结果,但他们对"民意"的定义却相当有选择性。美国国务院资深顾问本杰明·科恩曾简明扼要地谈及民意与美国外交政策之间的关系:"我们的外交政策不应由那些无知的民意调查来代表,而应由知情的民意可以接受的

---

① "Receipt and Disbursement Statement", Haskins & Sells to Committee of the Marshall Plan, 30 August 1948, Committee for the Marshall Plan Records, box 2, Harry S. Truman Library, Independence, Missouri.

② Minutes of meeting, 2 April 1948, Committee for the Marshall Plan Records, box 2, Harry S. Truman Library, Independence, Missouri.

最佳思想来代表"①。在这一理念指导下,"马歇尔计划声援委员会"推出的各种出版物首先被分发给一些外交政策团体,然后再送到那些对外交感兴趣的公民手里。这些掌握了该委员会提供的信息、论据和资料的人士反过来给国会参众两院议员写信,并频频在国会作证,协助"马歇尔计划声援委员会"来打造这样一种印象:所有美国人都支持马歇尔计划。

概括起来看,"马歇尔计划声援委员会"的宣传对象主要包括:(1)美国普通民众;(2)全国性或地方性民意团体;(3)来自美国各州的国会议员;(4)参众两院国会领袖,尤其是保守派国会议员。其宣传手段主要包括:(1)散发传单和宣传小册子、给议员写信;(2)组织各种请愿活动;(3)充分利用主流媒体,如报纸、杂志、广播等平台宣传马歇尔计划;(4)在不同利益集团之间展开斡旋,协调各方立场;(5)组织全国性的募捐活动;(6)对国会议员展开游说;(7)组织证人到国会作证。

这里需要强调说明的是,在宣传和推销马歇尔计划方面,"马歇尔计划声援委员会"对美国外交决策最直接的影响是向国会参、众两院"外交委员会"听证会提供证人。这些证人频频出现在国会听证会上,有的是以"马歇尔计划声援委员会"代表身份出庭作证的,如帕特森、艾奇逊、巴特,有的则是以商业团体或各种利益集团代表出席听证会的。"马歇尔计划声援委员会"之所以要提供这些证人,一则是因为该委员会认为很有必要,二则是因为国会内的马歇尔计划支持者要求该委员会这么做。例如,范登堡参议员就曾敦促洛维特于1947年12月10日列出"四或五名商界高层业务主管作为得力证人"出席国会听证会。作为回应,洛维特联系帕特森,问他"能否从商界列出四或五名有力的拥护者……以便于我们能很好地向他们简要布置任务"。在艾奇逊的帮助下,"马歇尔计划声援委员会"驻华盛顿办事处迅速准备好了这样一份名单,交给了国务院。总之,在1948年1月国会复会开始就马歇尔计划展开辩论和听证期间,先后有26位"马歇尔计划声援委员会"成员

---

① Benjamin V. Cohen, "Am I My Brother's Keeper?" address delivered at the Hotel Commodore, 12 November 1947, New York City, Americans for Democratic Action Papers, ser. 5, no. 122, State Historical Society of Wisconsin, Madison.

到参众两院委员会作了证,其中就包括凯里、杜勒斯、艾克尔伯格、格林、莱曼、里德和塔夫脱。①

对于"马歇尔计划声援委员会"的历史贡献,美国佛蒙特州共和党众议员查尔斯·普拉姆利在1948年3月曾这样说过:"在整个美国历史上,从来没有出现过像马歇尔计划这样的宣传。"这一宣传攻势"在美国人民和国会议员中间造成了一种压倒性的说服力,即我们必须立即通过马歇尔计划"②。正是由于类似"马歇尔计划声援委员会"这些非政府团体的不懈努力,至美国国会就政府提出的欧洲复兴议案开始采取实际行动之时,有关马歇尔计划的宣传努力已开始发挥作用。具体体现在以下几个方面:

其一,由于"马歇尔计划声援委员会"的宣传鼓动,美国国内形形色色的全国性和地方性组织纷纷站出来支持马歇尔计划。这些组织包括"外交关系协会""全国制造商协会""全国农人协进会""全国妇女选民联合会""海外战争老兵协会""教会联邦委员会"和美国"劳联""工联"等。

其二,由于"马歇尔计划声援委员会"的宣传鼓动,美国的民意也发生了明显变化,不了解或反对马歇尔计划的人数比例显著下降了。1947年3月,"美国民意研究所(AIPO)"曾就美国公民对马歇尔计划的态度进行了一次民意调查,结果发现,不到45%的人支持美国扩大援助欧洲。③ 时隔一年后,随着"马歇尔计划声援委员会"和其他热心团体的不懈努力,美国公众日益认识到,欧洲复兴攸关美国外交政策的未来和美国的国家利益。在此背景下,美国"对外关系协会"再次对其分布在全国21个城市的地方分支机构会员进行了一次民调,其结果表明,

---

① Michael Wala, "Selling the Marshall Plan at Home: The Committee for the Marshall Plan to Aid European Recovery," Diplomatic History, 10(1986).

② U. S. Congress, Congressional Record, 80th Cong., 2nd sess., Vol. 94, Washington DC., 3437.

③ American Institute for Public Opinion (AIPO), "Public Opinion Poll", Public Opinion Quarterly, 12(1948).

高达95％的接受调查者赞成马歇尔在哈佛大学发表的讲话。① 美国《财富》杂志在1948年初也对2.8万名美国商人进行了民意调查,其结果也大致如此。②

其三,随着马歇尔计划稳定西欧形势和反共目的的日益明朗化,更由于"马歇尔计划声援委员会"的宣传鼓动和游说,美国国会内以罗伯特·塔夫脱参议员为首的共和党保守派也开始转变立场,积极支持马歇尔计划。1948年3月1日,一向保守的共和党领袖范登堡亲自粉墨登场,在美国参议院发表讲话,呼吁参议院议员站出来支持马歇尔计划。③

当然,1948年春天国际形势的变化也为马歇尔计划在美国国会的立法通过提供了有利的外部环境。这些新情况包括1948年2月的"捷克二月事件"、即将到来(1948年4月)的意大利大选、苏联对芬兰的挤压以及捷克外长扬·马萨里克的猝死等。美国国内的反共主义再次发挥了威力,有力地推进了马歇尔计划的立法进程。

结　语

"马歇尔计划声援委员会"是一个院外活动集团,也是一个临时成立的非政府组织。在该委员会存续期间,它授意于政府,在铸造、影响民意方面很快成了政府推进外交政策的得力工具。该委员会的有效性主要应归因于它理解在悬而未决的立法问题上,什么是影响国会的最有效方法。它的策略就是在国会参众两院议员的故乡本土激发起基层

---

① Joseph Barber, ed., The Marshall Plan and American Foreign Policy: A Report on the Views of Community Leaders in Twenty-one Cities, New York: Headquarters of CMP, 1948, 7.

② Michael Wala, "Selling the Marshall Plan at Home: The Committee for the Marshall Plan to Aid European Recovery," Diplomatic History, 10(1986).

③ U. S. Congress, Congressional Record, 1 March 1948, Washington DC., 1920.

民众对马歇尔计划的支持情绪,借此对国会施加压力。① "马歇尔计划声援委员会"的成功在很大程度上也归因于它争取诸多不同利益集团和名人支持马歇尔计划的能力。它形成的是一种伞状的、全国性的组织,它煽动、激发、协调了各利益集团宣传马歇尔计划的热情。这些来自不同方面的法人团体、工会、自由派精英、国际主义者迅速结成了一个临时的利益联盟,他们与美国国会和国务院上下一心,通力协作,利用游说、广告、电台广播、在国会作证和其他商业推销策略,最终推进了马歇尔计划在美国国会的顺利通过。此举也成了战后初期美国国内非政府组织积极参与推进国家外交政策实施的经典案例。

原载于《河南大学学报(社会科学版)》2020 年第 3 期

---

① Harold L. Hitchens, "Influences on the Congressional Decision to Pass the Marshall Plan," Western Political Quarterly, 21(1968).

文韬武略　古今竞辉

曹操《孙子略解》的兵学成就

龚留柱　谭慧存[①]

【导语】 曹操不仅是一位杰出的军事家,在中国的兵学领域也影响深远。他的兵学著述大致分为三类:一是对其他兵书的集抄,二是基于个人军事思想的创作,三是对诸兵家经典的注解。除《孙子略解》外,其他各书皆已亡佚。曹操单独将"十三篇"注解流传,恢复了孙武"兵经"原貌,纠正了人们对《孙子》认知的混乱。曹操《孙子略解》的特点,一是主旨鲜明,行文简练而切要;二是立足人事,贯彻理性精神。可以说,在对一些关键篇章和字句涵义的把握上,曹操最能得《孙子》之真谛。

一、曹操兵学著作考

曹操是中国古代一流的军事家,一生参加过五十多场战役。时人评价:"其行军用师,大较依孙吴之法,而因事设奇,谲敌制胜,变化如神"[②]。曹操的军事才能,源自他卓越的军事理论素养。据王沈《魏书》称,曹操"自作兵书十万余言"。据姚振宗补辑《三国艺文志》,列举曹操编撰的兵书达九种之多。围绕曹操与《孙子略解》的研究,赵国华、任昭坤、谢祥皓、宫云维等先生虽有阐发,尚可进一步辨析:

[①] 龚留柱系河南大学历史文化学院教授;谭慧存时为河南大学历史文化学院博士生。

[②] 《三国志·武帝纪》注引王沈《魏书》,中华书局,1982年,第54页。

1.《魏武帝太公阴谋解》三卷。《隋书·经籍志》著录云：梁又有《太公阴谋》三卷，魏武帝解。该书又见《通志·艺文略》。按《汉书·艺文志》"诸子略"道家类著录有《太公》237篇（包含《谋》81篇、《言》71篇和《兵》85篇），是六国时人伪托西周姜尚所作，曹操所注书或许即此。今皆亡佚。

2.《魏武帝司马法注》，汪师韩《文选注》曾引。按《司马法》为战国齐人司马穰苴"追论古者司马兵法"所作，《汉书·艺文志》"六艺略"礼书类著录为《军礼司马法》155篇。《隋书·经籍志》改入兵书类，题为《司马兵法》3卷。北宋时，列入"武经七书"。至今仅残5篇，曹操注文不存。

3.《魏武帝兵书接要》十卷。《隋书·经籍志》著录"摘要"类兵书6种，多与曹操有关，明确说为魏武帝所撰三种：《兵书接要》十卷、《兵法接要》三卷和《兵书略要》九卷。此外，还有《兵书接要别本》五卷、《兵书要论》七卷和《兵要》二卷附后，应该也是曹操所撰。东晋人孙盛《异同杂语》："（曹操）博览群书，特好兵法，抄集诸家兵法，名曰《接要》"①。这类兵书对历代兵法摘录集萃，不仅是一种研究方式，也是兵学的普及应用。上述兵书唐存宋佚，现皆失传。

4.《魏武帝兵法》一卷，《隋书·经籍志》著录。从题名上看，似是曹操自创兵书，"两唐志"已不见著录，惜不传。或认为此即曹操所著《续孙子兵法》的异名，二书在"隋志"并列，且卷数不同（后者二卷），似非。又或说《魏武帝兵法》即《唐太宗与李靖问对》中多次提到的《曹公新书》，②但不知根据何在。

5.《魏武帝兵书》十三卷，见唐昭宗时藤原佐世撰《日本国见在书目》。另《太平御览》三百八十九引《益部耆旧传》说，刘璋派张松使曹，"曹公不甚礼，杨修深器之。修以公所撰《兵书》示松，饮宴之间，一省即便暗诵"。由此来看，此书似在曹操"自作兵书十万余言"之内，今亡佚，但不知其与前举《魏武帝兵法》一字之差，二者是何关系。但若拿13比1的卷数来看，两者虽非一书，但姚振宗推测后者对前者"亦当时钞节

---

① 《三国志·武帝纪》注引孙盛《异同杂语》，中华书局，1982年，第3页。
② 赵国华：《中国兵学史》，福建人民出版社，2004年，第276页。

之别本"的看法还是有道理的。①

6.《曹公新书》,此题名不见于唐宋任何一部正史的著录,卷数亦不详,却在《唐李问对》一书中四次出现,且皆有引文,使人不能无疑。一是今"武经七书"之一的《唐李问对》,也不见"两唐书"的著录,经宋以来多人考证,为北宋人阮逸伪托无疑(如苏轼说阮曾将草稿送苏洵看过)。那么三国时若真有《曹公新书》,其内容阮逸在八百年后如何知晓?二是即如姚振宗所认为《魏武帝兵书》即是《新书》、赵国华认为《魏武帝兵法》即是《新书》,但这两部书也同样不见于"两唐书"的著录,同样无法解决《新书》为何突然冒出的问题。三是"新书"一名,在正史中仅见于《三国志·武帝纪》注:"(曹操)自作兵书十余万言,诸将征伐,皆以新书从事;临事又手为节度,从令者克捷,违教者负败"②。这里或是说,每有将领出征,曹操都将新的作战原则手书交其执行,临阵又亲手调度指挥。结果遵教令者胜而违背者落败。"新书"二字不是兵书题名,而是曹操不断冒出的作战构想和指令。四是《唐李问对》中有4段《曹公新书》的引文,与曹操《孙子略解》内容重合,甚至文字表述都变动不大。③如《唐李问对》引《新书》文:"己二而敌一,则一术为正,一术为奇;己五而敌一,则三术为正,二术为奇"④。《孙子略解·谋攻》则曰:"五而敌一,则三术为正,二术为奇。""以二敌一,则一术为正,一术为奇"⑤。笔者怀疑所谓《曹公新书》是阮逸将《略解》注文改造成篇,再冠以新造书名欺世。

7.《魏武帝孙子略解》三卷。此书由来,不仅《三国志·武帝纪》裴注说曹操曾"注《孙武》十三篇,皆传于世"⑥,而且以后如《隋志》、"两唐志"、《宋史·艺文志》及《日本国见在书目》皆著录(但卷数不同),形式

---

① 姚振宗:《三国艺文志》,转引自曹操:《曹操集·附录》,中华书局,1959年,第216—217页。

② 《三国志·武帝纪》注引王沈《魏书》,中华书局,1982年,第54页。

③ 赵国华:《中国兵学史》,福建人民出版社,2004年,第277页。

④ 《中国军事史》编写组:《武经七书注译·唐李问对》,解放军出版社,1986年,第520页。

⑤ 曹操等著,郭化若译:《十一家注孙子·谋攻》,中华书局,1962年,第42页。

⑥ 《三国志·武帝纪》注引孙盛《异同杂语》,中华书局,1982年,第3页。

皆如《隋志》:"《孙子兵法》,孙武撰,魏武帝注。"因曹操在《孙子序》中自述"撰为《略解》焉",后来此书或以《孙子注》或以《孙子略解》之名冠之。宋代以后,《孙子》形成"武经七书"和"十一家注孙子"两个版本系统,前者"止用魏武帝注",后者也是在曹注基础上形成,是曹操所著兵书唯一完整流传至今者。

8.《魏武、王凌集解孙子兵法》一卷,《隋书·经籍志》著录应是曹操与丞相掾属王凌各作一部《孙子注》的合刊本,亦可视为《孙子略解》另一版本,唐后亡佚。

9.《魏武帝续孙子兵法》二卷,分见《隋志》、《新唐志》和《日本国见在书目》。《宋志》不见,可能其时亡佚。关于本书性质,赵国华认为是《魏武帝兵法》的异名,恐不确,倒是姚振宗《三国艺文志》"疑取《孙子》十三篇外之文以为是编"的说法有一定道理。曹操不可能续"孙子"兵法,应是"孙子注"后对十三篇外的《孙子》佚文的注解。"续"是"续注"之意,或是《孙子略解》姊妹篇。《唐李问对》引《曹公新书》:"战骑居前,陷骑居中,游骑居后"①。孙武时代的战场,不可能有如此规模的骑兵作战,应是曹操"续孙子兵法"的注文。《新唐志》作者欧阳修见过曹操《续孙子兵法》,北宋阮逸伪作《唐李问对》亦可看到,从而拿来冒充《曹公新书》。

上述涉及曹操的兵学著作,不可视为九部书。《兵书接要》内容标题交错复杂,实为一类书的共称;《孙子略解》和《魏武、王凌集解孙子兵法》,应是同一本书的不同版本;《魏武帝兵法》和《魏武帝兵书》是同一部书还是两部书,目前无法确证。概括言之,曹操兵学著作按性质分为三类:一是对其他兵书的集抄,名为"接要"、"略要"、"捷要";二是自己创作的兵法著作,名为"兵书"或"兵法";三是对其他兵书的注解,名为"解"或"注"。可惜的是,除《孙子略解》外,其他兵书注解都散佚不存。

---

① 《中国军事史》编写组:《武经七书注译·唐李问对》,解放军出版社,1986年,第566页。

二、曹操为《孙子》之"功臣"

曹操是《孙子》在历史上的首位注家，曹注对原作在后代的广泛传播与正确解读厥功至伟。

首先，在曹操之前似乎无人为《孙子》作注，这是否说明秦汉近古，《孙子》文字无需疏解？清人孙星衍解释："《孙子》十三篇最古，称为兵经，比于六艺。而或秘其书，不肯注以传世，魏武始为之注"①。此说略得之，但还可加以补说。秦汉以后，已经没有了战国"境内皆言兵，藏孙吴之书者家有之"的情况，②因为专制君主怕人造反，不但收缴有形的兵器，还禁锢兵书这种更为危险的"万人敌"，③使之遂成帝王禁脔，不准流行。汉成帝时，东平王刘宇"上疏求诸子及《太史公书》"，朝廷禁予，理由是"诸子书……明鬼神，信物怪；《太史公书》有战国纵横权谲之谋、汉兴之初谋臣奇策、天官灾异、地形厄塞，皆不宜在诸侯王"④。对史书诸子尚如此防范，何况专讲"上兵伐谋"、"兵者诡道"的兵书。于是内府"秘之"，无人作注也就自然。三国乱世之际，大一统的权力格局被打破，禁网不存，社会对兵战谋略有了广泛的需求，曹操《孙子略解》才应运而生。

其次，曹操为什么在大量兵书中专为《孙子》作注？其《孙子序》云：

操闻上古有弧矢之利，《论语》曰"足食足兵"，《尚书》八政曰"师"，《易》曰"师贞丈人吉"，《诗》曰"王赫斯怒，爰征其旅"。黄帝、汤、武咸用干戈以济世也。《司马法》曰"人故杀人，杀之可也"……圣人之用兵也，戢时而动，不得已而用之。

曹操承继了儒家"义战"的战争观，认为正义的战争是合理的必需的，兴建兵学是士大夫社会责任的体现。他又说："吾观兵书战策多矣，

---

① 孙星衍：《孙子十家注序》，转引自曹操：《曹操集·附录》，中华书局，1959年，第214页。
② 梁启雄：《韩子浅解·五蠹》，中华书局，1960年，第482页。
③ 《史记》卷7《项羽本纪》，中华书局，1982年，第295—296页。
④ 《汉书》卷80《宣元六王传》，中华书局，1962年，第3324—3325页。

孙武所著深矣……审计重举,明画深图,不可相诬。"种种兵书,《孙子》内容最深刻。它主张战前慎重谋划,不轻易举兵,谋略做深做细,不为各种假象欺骗,所以最值得推广。"而但世人未之深亮训说,况文烦富,行于世者失其旨要,故撰为《略解》焉"①。因为世人未能正确理解内容,各种传本又文辞繁杂,附益多半,掩盖了《孙子》要旨,于是曹操为之做注且自谦名之《略解》。

再次,曹操作《孙子注》选用其中最古之"十三篇",使其流传后世,从而奠定了两千年《孙子》学的文献基础。宋代以后,《孙子》流传的两大版本"《武经》系统、《十家注》系统都是在曹注本基础上形成的"②。其他芜杂附益之作,皆被排斥且逐渐湮没。

历来围绕《孙子》有两大问题争论不休,一是作者问题,一是篇幅问题。司马迁《史记》明言春秋末期人孙武往见吴王阖庐,阖庐曰:"子之十三篇,吾尽观之矣"③。主流意见因此认为传世的《孙子》13篇是春秋孙武所作。班固《汉志》"兵书略"则称,"《吴孙子兵法》八十二篇。本注:图九卷"。师古注:"孙武也,臣于阖庐"④。杜佑《通典·兵十二》记载"周末吴子"与孙武的对答文字,多不见于今本《孙子》,或是班固著录82篇中的内容。1972年,山东临沂银雀山汉墓出土《孙子兵法》、《孙膑兵法》等简本兵书,抄写年代早于司马迁《史记》。它们包含传世本13篇的内容——《见吴王》篇还有"若□十三扁(篇)所□□□"、"(十)三扁(篇)所明道言功也"这样明确标示"十三篇"的字样,同时又有5篇(即《吴问》、《四变》、《黄帝伐赤帝》、《地刑(形)》、《见吴王》)的篇名和内容不在今13篇之列。⑤ 1978年,青海大通县上孙家寨西汉墓出土简牍亦有"孙子曰夫十三篇"字样,同时也有一些不见于今本《孙子》13篇的

---

① 曹操:《曹操集·文集》卷3,中华书局,1959年,第65页。
② 于汝波主编:《孙子学文献提要》,军事科学出版社,1994年,第11页。
③ 《史记》卷65《孙子吴起列传》,中华书局,1982年,第2161页。
④ 《汉书》卷30《艺文志》,中华书局,1962年,第1757页。
⑤ 邵斌、宋开霞:《孙武孙膑兵法试说·附录》,齐鲁书社,1996年,第151—155页。

佚文。①

对于《孙子》一书前后篇数悬殊、内容紊乱的情况该作何解释？清人毕以珣《孙子叙录》说："按《孙子》十三篇之外，又有问答之辞，见于诸书征引者。盖武未见阖闾，作十三篇以干之；既见阖闾，相与问答，武又定著为若干篇，皆在《汉志》八十二篇之内"②。他认为82篇全是孙武亲手所为，以见吴王的前后分为两部分。但这却无法解释大量《孙子》佚文何以具有浓厚的战国色彩。近代学者余嘉锡认为："吴王与孙武问答，未必武所自记。古人之学，大抵口耳相传，至后世乃著竹帛。此盖战国时人所追叙耳，至其后乃合而编之"③。这将13篇与另外69篇进行切割，前者或为孙武自作（文字仍有后学加工整理的痕迹），后者明显是战国或更晚时期的托名作品。此说得到多数人赞同，于汝波的《孙子学文献提要》和赵国华著《中国兵学史》都认为《汉志》著录的《孙子》82篇，是孙武13篇与其后学衍绎之作的合编，并非《孙子》原稿有82篇。

唐人杜牧提出又一种观点："（孙）武所著书，凡数十万言，曹魏武帝削其繁剩，笔其精切，凡十三篇成为一编"④。他认为是曹操将"十三篇"从"八十二篇"中切割出来，捍卫了原典的纯洁性，使人们得以认识《孙子》真迹。陈振孙《直斋书录解题》和晁公武《郡斋读书志》都同意杜牧的判断。《四库全书提要》则称："然《史记》称十三篇，在《汉志》之前，不得以后来附益者为本书，牧之言固未可以为据也"⑤。即不待曹操区隔，西汉人已经很清楚《孙子》有单独"十三篇"和其他部分内容之不同。章学诚也认为："阮孝绪《七录》：'《孙子兵法》三卷，十三篇为上卷，又有中、下二卷。'然则杜牧谓魏武削其数十万言，为十三篇者，非也。盖十三篇为经语，故进之于阖闾，其余当是法度名数，有如形势、阴阳、技巧

---

① 大通上孙家寨汉简整理小组：《大通上孙家寨汉简释文》，《文物》，1981年第2期。

② 中国军事史编写组：《武经七书注译·孙子佚文》，解放军出版社，1986年，第64页。

③ 余嘉锡：《四库提要辨证》卷11《子部二》，中华书局，2008年。

④ 杜牧：《樊川文集·注孙子序》，中华书局，1962年。

⑤ 永瑢等：《四库全书总目》卷99《子部·兵家类》，中华书局，1965年，第836页。

之类……故编次于中、下而为后世亡逸者也……《汉志》仅记八十二篇之总数,此其益滋后人之惑矣"①。这种意见有其道理,根据是司马迁已明确"《孙子》十三篇"而不待后来曹操的区分。余嘉锡又指出,东汉人高诱注《吕氏春秋》,"已谓《孙子兵法》只五千言,可知今本非曹操所削"②。但即使这样也不能否定曹操对《孙子》版本和篇数上拨乱反正的贡献。

西汉对兵书的收集整理有三次:第一次是汉初"张良、韩信序次兵法,凡百八十二家,删取要用,定著三十五家";第二次是武帝时"军正杨仆捃摭遗逸,纪奏兵录"。但两次"犹未能备"③。大概此时人们都能清楚区分孙武的"兵经文"与其后学的"增益文",如司马迁《史记》所述和银雀山汉简所显示即是如此。第三次汉成帝时命谒者陈农"求遗书于天下",诏步兵校尉任宏"校兵书"。以今天的眼光看,这次兵书分类、书名确定、篇次的排列和著录都比较粗糙。如把兵书分为四种,其中"兵权谋"的特点竟然是"兼形势,包阴阳,用技巧者"④,把其他三种都包括了,它究竟是"共名"还是"别名"?对《孙子》的著录,任宏完全不提"十三篇"及其特殊地位,将所有能搜集到不重复的"孙子文"无时态限制地编定为82篇。这种处理方式又被刘向《别录》、刘歆《七略》和班固《汉志》所继承并固化,于是经传不分,良莠混杂,造成后人对《孙子》认知的混乱。

《史记》明确提出《孙子》13篇,《汉书》模糊成为82篇,曹操拨乱反正将"十三篇"单独抽绎注解,恢复孙武"兵经"的原貌,对中国古代兵学的传承功莫大焉。后来,南朝阮孝绪《七录》和《隋志》、"两唐志",不管将《孙子》著录或一卷或二卷或三卷或十三卷,皆以13篇为基础,且与《孙子兵法杂占》、《吴孙子三十二垒经》、《吴孙子牝牡八变阵图》一类"孙子杂篇"划清界限。李零认为,《孙子》的流传可分为两段:"曹注本

---

① 章学诚:《校雠通义·汉志兵书》,转引自赵国华:《中国兵学史》,福建人民出版社,2004年,第30页。
② 余嘉锡:《四库提要辨证》卷11《子部二》,中华书局,2008年。
③ 《汉书·艺文志·兵书略》,中华书局,1962年,第1762—1763页。
④ 《汉书·艺文志·兵书略》,中华书局,1962年,第1758页。

以前是一个时期,曹注本以后是一个时期";"曹操对东汉以来流传的古代兵书做过系统鉴选:(1)对当时流行的《吴孙子》重做删选,将十三篇抽出别行,单为之作注;(2)将其他杂篇编为《续孙子兵法》;(3)集诸家兵法,名为《兵书接要》"。这样做"对后世影响很大……曹注十三篇逐渐成为研究《孙子》的重心所在"①。西晋杜预《春秋左传集解》开启一代"春秋学"之风气,成为现存最早、最完整的《左传》注本,所以被称为《左传》之"功臣"。相比之下,曹操所作《孙子略解》足以当起《孙子》"功臣"之称。

三、《孙子略解》的特点

与其他注家相比,曹操注释《孙子》是在自己丰富军事经验的基础上,对原作理论体系的整体结构和特色进行准确把握,从而深入兵书阃奥,将其精华显豁于人。根据赵国华总结,曹操注解《孙子》的形式分为四类:一是字句注解。如《九地》:"人情之理,不可不察也。"曹注:"人情见利而进,见害而退";二是文献征引。如《军争》:"故三军可夺气。"曹注:"《左氏》言一鼓作气,再而衰,三而竭";三是版本校对。如《九变》:"治兵不知九变之术。"曹注:"九变,一云五变";四是实例佐证。如《谋攻》:"十则围之。"曹注:"以十敌一,则围之,是将智勇等,而兵利钝均也。若主弱客强,操所以倍兵围下邳,生擒吕布也。"②

曹操之后,《孙子》一书注家蜂起。曹注本在前,既成为后世的标杆,也易为众矢之的。杜牧云,"(孙)武书大略用仁义,使机权,曹公所注解,十不释一"③。但据《孙子学文献提要》统计,宋本《十一家注孙子》收入曹注321条,比张预注530条、梅尧臣注484条略少一些,比孟氏注68条、贾林注140条、陈皞注113条、杜佑注160条、何延锡注168条数量增倍。即使与王晳注349条、杜牧注376条、李筌注364条也相差不大,所以杜牧的指责是不公平的。况且,曹操"自云撰为略解,谦言

---

① 李零:《〈孙子〉十三篇综合研究》,中华书局,2006年,第404—405页。
② 赵国华:《中国兵学史》,福建人民出版社,2004年,第280—281页。
③ 杜牧:《樊川文集·注孙子序》,中华书局,1962年。

解其粗略也",并不刻意强调注条多寡。①

我们以《计篇》为例,来说明曹、杜不同的注释风格。首先是篇题,曹注19字概括准确,简明扼要:"计者,选将、量敌、度地、料卒、远近险易计于庙堂也。"杜注68字,内容并未超越曹注,遣词用句可谓冗繁:"计,算也。曰计算何事? 曰:下之五事,所谓道、天、地、将、法也。于庙堂之上,先以彼我之五事计算优劣,然后定胜负;胜负既定,然后兴师动众。用兵之道,莫先此五事,故著为篇首也耳"②。其次,原作"天者,阴阳、寒暑、时制也"一句,曹注27字,言语平实最得孙子意旨:"顺天行诛,因阴阳四时之制。故《司马法》曰:'冬夏不兴师,所以兼爱民也。'"杜注1400余字,引经据典,辅以史例,间以谶纬。③ 这样的千字注文,在杜注本中绝非个别。文人与武人谈兵有极大区别。曹操实战经验丰富,深知兵法只是一个原则,关键在临场运用。如汉武帝欲霍去病习孙吴兵法,霍对曰"顾方略何如耳,不至学古兵法"④,就是这种心态的典型反映。杜牧是把注书当做学问,唯恐不详赡周严,反复举证,却陷入"博而寡要、劳而少功"的泥潭。曹操注文多用八九字甚至四五字者,杜牧则动辄成百上千,二者高下立见。故曹注的第一个特点是主旨鲜明,行文简练切要。

又如"唐李筌注《孙子》,以魏武所解多误"⑤。究竟何人多误还需辨析。开篇李筌释"计":"计者,兵之上也。《太一遁甲》先以计,神加德宫,以断主客成败。"而曹注:"计者,选将、量敌、度地、料卒、远近险易计于庙堂也。"又如《谋攻》"知可以战与不可以战者胜"句,李筌注:"料人事逆顺,然后以《太一遁甲》,算三门遇奇五将,无关格迫胁主客之计者,必胜也"⑥。再如,《形》"善守者藏于九地之下,善攻者动于九天之上"

---

① 孙星衍:《孙子十家注序》,转引自曹操:《曹操集》,中华书局,1959年,第214页。
② 曹操等注,郭化若译:《十一家注孙子》,中华书局,1962年,第1页。
③ 曹操等注,郭化若译:《十一家注孙子》,中华书局,1962年,第4—5页。
④ 《汉书·霍去病传》,中华书局,1962年,第2488页。
⑤ 晁公武:《郡斋读书志》,转引自曹操:《曹操集》,中华书局,1959年,第213页。
⑥ 曹操等注,郭化若译:《十一家注孙子》,中华书局,1962年,第48—49页。

句,曹注将"九天"和"九地"仅理解为作战的"天时"和"地利",固然有其狭隘之处,但李筌以神秘主义立场来解,恐怕距离孙子原意更远。其曰:"《天一遁甲经》云:'九天之上,可以陈兵;九地之下,可以伏藏。'常以直符加时干,后一所临宫为九天,后二所临宫为九地。地者静而利藏,天者运而利动,故魏武不明二遁,以九地为山川、九天为天时也……《经》云知三避五魁,然独处能知三五,横行天下。以此法出,不拘诸咎,则其义也。"绕来绕去,使人越听越糊涂,反而不如张预言简意赅:"藏于九地之下,喻幽而不可知也;动于九天之上,喻来而不可备也。"①

再如《势》"治乱,数也"一句,曹注强调军队的组织有序:"以部曲分名数为之,故不乱也。"李筌却漫衍无边:"历数也。百六之灾,阴阳之数,不由人兴,时所会也"②。还如《虚实》"微乎微乎,至于无形;神乎神乎,至于无声。故能为敌司命"一句,本义是讲虚实运用达到极致,出身入化,可以掌握敌之命运。李筌仍进行神秘解释:"言二遁用兵之奇正……微妙神乎,敌之死生,悉悬于我"③。又如《军争》"悬权而动"句,曹注"量敌而动也",简明扼要;李筌注"权,量秤也……《太一遁甲》定计之算,明动易也"④。如《虚实》"我不欲战,画地而守之"一句,曹注"军不欲烦也";而李筌注曰:"拒境自守也。若入敌境,则用《天一遁甲》真人闭六戊之法,以刀画地为营也"⑤。真不知李筌兵阴阳式的注法,对真正作战何益!

《孙子·用间》云:"明君贤将,所以动而胜人、成功出于众者,先知也。先知者不可取于鬼神,不可象于事,不可验于度。必取于人,知敌之情者也。"《孙子兵法》所以历久不衰,就在于高举理性大旗,排斥神秘主义的干扰,能立论求实。但先秦之后,始终有一股兵阴阳的逆流肆虐于兵坛。李筌的多数注文是从人事出发,他说过"不可取于鬼神象类,唯间者能知敌之情"。但以遁甲占术解读兵法正是李筌《孙子注》的特

---

① 曹操等注,郭化若译:《十一家注孙子》,中华书局,1962年,第55—56页。
② 曹操等注,郭化若译:《十一家注孙子》,中华书局,1962年,第75页。
③ 曹操等注,郭化若译:《十一家注孙子》,中华书局,1962年,第89页。
④ 曹操等注,郭化若译:《十一家注孙子》,中华书局,1962年,第116页。
⑤ 曹操等注,郭化若译:《十一家注孙子》,中华书局,1962年,第92页。

点，这确实违背孙子精神，干扰人们对兵学的正确认知。他批评曹注，反而凸显曹注的优点。所以曹注的第二个特点是立足人事，既排斥鬼神祷祀，又不引五行方术，最能得《孙子》真谛。

人非圣贤，曹操注解《孙子》也难免讹误。如《谋攻》"其次伐交"句，曹注"交，将合也"，将外交之"交"理解为战场双方战锋的交合，明显不对。另李零也曾指出曹注之误：一是解释《作战》"驰车千驷、革车千乘"句，把本应是战车一种的"革车"，当作载运辎重的"重车"，并认为驾牛不驾马，实"于文献无徵"。① 二是《用间》"凡兴师十万……不得操事者七十万家"句，曹操注："古者八家为邻，一家从军，七家奉之，言千万之师举，不事耕稼者七十万家。"李零批评说："'八家为邻'系据《孟子·滕文公下》'八家共井'之说，不可信。七家奉一家是八家出一人，也与《司马法》相悖"②。这里涉及先秦名物制度，并不影响曹操对《孙子》理论体系的准确把握。

曹操在注文中提出了"全胜"战略，对后代影响很大。《孙子·谋攻》："凡用兵之法，全国为上，破国次之；全军为上，破军次之；全旅为上，破旅次之；全伍为上，破伍次之。"曹注曰："兴师深入长驱，距其城郭，绝其内外，敌举国来服为上；以兵击之，败而得之，其次也"③。有学者认为，曹注是对孙子原义的曲解。④ 单纯从"全"字来看，既有"保全"义又有"整体"义，但它与"破"字对举、作动词用时，当以"保全"义胜。曹操注曰"举国来服"，将"全国"解读为"整个国家"应不符合《孙子》原意。孙子说"全国"、"破国"、"全军"、"破军"的对象，究竟指我方还是敌方？中国古籍中，涉及保全之"全"的词组（如"全身而退"、"全生为上"等），皆指主方。如《后汉书·董卓传》"时众军败退，唯卓全师而还"；《南史·檀道济传》"道济虽不克定河南，全军而反，雄名大振"，都是指保全己方军队。《孙子·火攻》"明君慎之，良将警之，此安国全军之道也"，句中"安"和"全"所指对象，也是指我方。因此，曹操可能犯了训诂

---

① 李零：《〈孙子〉十三篇综合研究》，中华书局，2006年，第15页。
② 李零：《〈孙子〉十三篇综合研究》，中华书局，2006年，第89页。
③ 曹操等注，郭化若译：《十一家注孙子》，中华书局，1962年，第33页。
④ 郝进军：《论〈孙子〉"全国""全军"之本义》，未刊稿。

上"增字足义"的错误,孙子原意是指保全自己国家和军队,曹注变成"完整地使敌国、敌军降服"之意。

正如李零所说,要注意"战"与"攻"的不同。"战"指双方旗鼓相当的对战,"攻"指优势一方主动攻击另一方,特指"围城"①。因此,应从《谋攻》全篇主旨来理解"全国"、"全军"的意义。"谋攻"是指进入敌人国境,谋划围城胜敌,"全国"、"全军"的目标对象只能是敌人。孙子分析两种战法及其结局:一种是上兵伐谋、不战而屈人之兵,结局是敌人"全国"、"全军"投降;一种是不得已攻城、破军杀将,结局不仅"毁人之国",而且我军"杀士三分之一,而城不拔"。两相比较,孙子提出"必以全争于天下,故兵不顿而利可全,此谋攻之法也"。曹注:"不与敌战而完全得之,立胜于天下,不顿兵血刃也"②。这种战略思想,或名"全争",或名"全利",更多时被称为"全胜",语出《形》:"故能自保而全胜也",即在保全自己的同时,也不毁灭敌国、敌军,从而得到完全胜利。

曹注将孙子《谋攻》篇中"全"明确为"全胜",被历代注家吸收继承,影响久远。上世纪七八十年代,美国制定核时代的对苏新战略,主要内容有两点:一是从"上兵伐谋"的意义上,把执行多年的进攻性报复战略(以破坏人类文明为赌注的"确保摧毁"),改为防御性的"确保生存",以逐渐"降低核力量的使用水平"。因为它体现了孙子的"不战"思想,故又被称为"孙子的核战略";二是从"不战而胜"的意义上,对苏联推行"超越遏制"战略。即超越军事,把对抗和竞争深入到政治、经济、外交、文化甚至宗教等领域,最终导致1991年的"东欧剧变"。这种战略转变源起于两位杰出的军事思想家:一是英国人利德尔·哈特,他说:"最完美的战略,也就是不必经过严重战斗而能达到目的的战略。所谓不战而屈人之兵,善之善者也。"二是美国人约翰·科林斯,他在《大战略》一书序言中说:"孙子是古代第一个形成战略思想的伟大人物,今天没有一个人对战略的相对关系、应考虑的问题和所受到的限制,比他有更深刻的认识……(因为)忽视了孙子'上兵伐谋'的忠告,愚蠢地陷入越南战争。"

原载于《河南大学学报(社会科学版)》2012年第2期

---

① 李零:《〈孙子〉十三篇综合研究》,中华书局,2006年,第373页。
② 曹操等注,郭化若译:《十一家注孙子》,中华书局,1962年,第41页。

官渡之战与赤壁之战双方胜败原因试探

朱绍侯①

【导语】 官渡之战和赤壁之战,是东汉末年以少胜多、以弱胜强最典型的两大战役,前者为曹魏政权统一北方奠定了基础,后者为魏、蜀、吴三国鼎立局面的形成创造了条件。认真总结其经验教训,可以为后人提供四点警示:一是战争双方统帅的智能、度量和指挥才能对最终的胜负结局具有决定性影响;二是强势一方若轻敌冒进,弱势一方若避免力战而以智谋敌,则会使强弱形势发生逆转;三是对峙双方的阵营内部是否团结,也是战争胜败的重要原因;四是火攻战术的成功运用在冷兵器时代的战争史上占有重要地位。

东汉末年发生的官渡之战与赤壁之战,是中国战争史上最典型的以少胜多、以弱胜强的两个战例。官渡之战,曹操以少胜多;赤壁之战,曹操则以强败于弱。在两个战役中,大军事家曹操都是一方的军事总指挥,战争结果却大不相同。原因何在?其中的经验、教训,值得我们认真总结、探讨。

一、官渡之战曹胜袁败原因的探讨

在官渡之战之前,袁绍已经消灭割据辽东的公孙瓒,占据青、冀、幽、并四州之地,有精兵十万,骑万匹,粮草充足,可支十年。在此形势下,袁绍志得意满,不可一世,急于要消灭"挟天子以令诸侯"的曹操。

---

① 河南大学历史文化学院教授。

当时曹操在前线的军力是"兵不满万"。① 曹营诸将认为袁军势盛不可敌,故人心惶惶。曹操为稳定军心,对诸将说:"吾知绍之为人,志大而智小,色厉而胆薄,忌克而少威,兵多而分画不明,将骄而政令不一,土地虽广,粮食虽丰,适足以为吾奉也"②。曹操以上所讲的一段话,虽然主要是为曹军壮胆,但也说明他对袁绍确有了解。因为曹操与袁绍的父辈同时在朝为官,他们在幼年时经常在一起玩耍,当官后又同属西园八校尉,袁绍为中军校尉,曹操为典军校尉,以后反对董卓军兴,袁绍与曹操又同属关东军集团,袁绍为盟主,曹操行(代理)奋武将军。由于长期共事,曹操对袁绍的弱点自然有所了解。但对曹操的话仍有人不太相信。如孔融对荀彧说:"绍地广兵强,田丰、许攸智士也,为之谋,审配、逢纪忠臣也,任其事,颜良、文丑勇将也,统其兵,殆难克乎?"荀彧对孔融的疑虑逐一破解,说:"绍兵虽多而法不整,田丰刚而犯上,许攸贪而不治,审配专而无谋,逢纪果而自用,此数人者,势不相容,必生内变。颜良、文丑,一夫之勇耳,可一战而禽(擒)也"③。荀彧不愧为曹操的高级参谋,对袁绍的内部情况了如指掌,使孔融再无话说。

其实曹操对袁绍地广兵强也有所顾虑,因此就向谋士郭嘉请教如何对待。郭嘉说:

嘉窃料之,绍有十败,公有十胜,(绍)虽兵强无能为也。绍繁礼多仪,公体任自然,此道胜一也;绍以逆动,公奉顺以率天下,此义胜二也;汉末政失于宽,绍以宽济宽故不慑,公纠之以猛,而上下知制,此治胜三也;绍外宽内忌,用人而疑之,所任唯亲戚子弟,公外易简,而内机明,用人无疑,唯才所宜,不闻远近,此度胜四也;绍多谋少决,失在后事,公策得辄行,应变无穷,此谋胜五也;绍因累世之资,高议揖让,以收名誉,士之好言饰外者多归之,公以至心待人,推诚而行,不为虚美,以俭率下,与有功者无所吝,士之忠正远见而有实者,皆愿为用,此德胜六也;绍见人饥寒,恤念之形于颜色,其所不见,虑或不及也,所谓妇人之仁耳,公于目前小事,时有所忽,至于大事,与四海接,恩之所加,皆过其望,虽所

---

① 卢弼:《三国志集解》卷1《魏书·武帝纪》,中华书局,1982年,第24页。
② 卢弼:《三国志集解》卷1《魏书·武帝纪》,中华书局,1982年,第22页。
③ 司马光:《资治通鉴》卷63,中华书局,1956年,第2016页。

不见,虑之所周,无不济也,此仁胜七也;绍大臣争权,谗言惑乱,公御下以道,浸润不行,此明胜八也;绍是非不可知,公所是进之以礼,所不是正之以法,此文胜九也;绍好为虚势,不知兵要,公以少克众,用兵如神,军人恃之,敌人畏之,此武胜十也。①

曹操又问计于荀彧,荀彧答曰:

古之成败者,诚有其才,虽弱必强,苟非其人,虽强易弱,刘、项之存亡足以观矣。今与公争天下者,唯袁绍尔。绍貌外宽而内忌,任人而疑其心。公明达不拘,唯才所宜,此度胜也;绍迟重少决,失在后机,公能断大事,应变无方,此谋胜也;绍御军宽缓,法令不立,士卒虽众,其实难用,公法令既明,赏罚必行,士卒虽寡,皆争致死,此武胜也;绍凭世资,从容饰智,以收名誉,故士之寡能好问者多归之,公以至仁待人,推诚心不为虚美,行己谨俭而与有功者无所吝惜,故天下忠正效实之士,咸愿为用,此德胜也。夫以四胜辅天子,扶义征伐,谁敢不从,绍之强其何能为?②

曹操再问计于贾诩,贾诩答曰:"公明胜绍,勇胜绍,用人胜绍,决机胜绍,有此四胜,而半年不定者,但顾万全故也,必决其机,须臾可定也。"③

对以上三问,说明曹操对战争的老谋深算,尽量听取部下的意见,使自己立于不败之地。三人的回答,自然增加了曹操战胜袁绍的信心。《资治通鉴》对以上的三问,合为郭嘉、荀彧、贾诩三人的共答"十胜",文字虽然大量缩减,但对曹操的慎重精神有所减弱,故不采纳。

曹操听罢三人的言论,还表示谦虚地说:"如卿所言,孤何德以堪之"④。但是,荀彧又对曹操说:"不先取吕布,河北(袁绍)亦未易图也"⑤。这就是警告曹操,不先灭吕布,打败袁绍也很难。曹操说:"然吾所惑者,又恐袁绍侵扰关中,乱羌胡,南诱蜀汉,是我独以兖、豫抗天

---

① 卢弼:《三国志集解》卷14《魏书·郭嘉传》,中华书局,1982年,第395页。
② 卢弼:《三国志集解》卷18《魏书·荀彧传》,中华书局,1982年,第309页。
③ 卢弼:《三国志集解》卷10《魏书·贾诩传》,中华书局,1982年,第321页。
④ 司马光:《资治通鉴》卷62,中华书局,1956年,第1995页。
⑤ 卢弼:《三国志集解》卷10《魏书·荀彧传》,中华书局,1982年,第309页。

下六分之五也,为将奈何?"荀彧答曰:"关中将帅以十数,莫能相一,唯韩遂、马超最强,彼见山东方争,必各拥众自保,今若抚以恩德,遣使连和相持,虽不能久安,比公安定山东,足以不动。钟繇可属西事,则公无忧矣"①。可见曹操及其参谋集团,在官渡之战前,对主客观的形势考虑得多么细致周到。于是,曹操派钟繇去安抚关西,又南破张绣,东擒吕布,而定徐州,把周围敌对势力或安抚、或清除,在周边环境稳定后,才进军官渡,与袁绍决战。

袁绍由于是强势一方,急于想消灭曹操,但其内部则意见不一。建安四年(199)六月,袁绍选精兵十万、骑万匹,想要进攻曹军,其谋士沮授向袁绍建议说:

近讨公孙瓒,师出历年,百姓疲敝,仓库无积,未可动也。宜务农息民,先遣使献捷天子,若不得通,乃表曹操隔我王路,然后进屯黎阳(河南浚县东北),渐营河南,益作舟舡,缮修器械,分遣骑兵,抄其边鄙,令彼不得安,我取其逸,如此可坐定也。②

应该说,沮授的建议实属万全之策。在兵疲民困的情况下,先务农息民,然后借向天子献捷的机会,剥夺曹操"挟天子以令诸侯"的特权,再去经营河南,练兵修战备,并分兵骚扰敌人边境,以逸待劳,可坐操胜券。但是,如此稳妥的建议,却遭到袁绍的另两个谋士郭图、审配的反对。他们说:"以明公(袁绍)之神武,引河朔之强众,以伐曹操,易如覆手,何必乃尔!"沮授辩解说:"夫救乱诛暴,谓之义兵,恃众凭强,谓之骄兵。义者无敌,骄者先灭,曹操奉天子以令天下,今举师南向,于义则违,且庙胜之策,不在强弱,曹操法令既行,士卒精练,非公孙瓒坐而受攻者也,今弃万安之术,而兴无名之师,窃为公惧之。"沮授的辩解更引起郭图、审配的强烈不满,他俩反对说:"武王伐纣,不为不义,况兵加曹操,而云无名?且公以今日之强,将士思奋,不及时以定大业,所谓'天予不取,反受其咎',此越所以霸、吴之所以灭也。监军(沮授的官称)之

---

① 卢弼:《三国志集解》卷10《魏书·荀彧传》,中华书局,1982年,第309页。
② 司马光:《资治通鉴》卷63,中华书局,1956年,第2015页。

计在于持牢,而非见时知机之变也"①。袁绍不听沮授之良言,而接受了郭图、审配的冒进意见。郭、审二人更以沮授"御众于外,不宜知内"为理由,唆使袁绍罢免沮授的监军职务,郭图、审配更加得势。沮授虽然因劝阻袁绍出兵击曹而受到打击,但骑都尉崔琰亦向袁绍提出休兵的建议。他说:"天子在许,民望助顺,不如守境述职,以宁区宇。"②袁绍仍不接受。

袁绍在建安四年三月灭公孙瓒,六月就决定进攻曹操。五年二月进军黎阳,曹操在袁绍进攻之前,要先清除在下邳的刘备。诸将都说:"与公争天下者袁绍也,今绍方来而弃之东,绍乘人后,若何?"曹操说:"刘备人杰也,今不击,必为后患。"郭嘉赞成先击刘备,他说:"绍性迟而多疑,来必不速。备新起,众心未服,急击之,必败。"田丰对袁绍说:"曹操与刘备连兵(大战),未可卒解,公举兵而袭其后,可一往而定。"袁绍以其儿子生疾,而未成行。田丰举手杖击地说:"嗟乎!遭难遇之时机,而以婴病失会,惜哉,事去矣。"结果曹操大败刘备,"获其妻子,进拔下邳(今江苏邳州市),禽关羽"③。刘备兵败,投奔袁绍。曹操胜利后,还军官渡,准备迎击袁军。此时袁绍才开始想攻许的问题,但田丰已知时过境迁,又提出新的建议。他说:"曹操既破刘备,则许下非复空虚。且操善用兵,变化无方,众虽少,未可轻也。今不如以久持之,将军据山河之固,拥四州之众,外结英雄,内修农战,然后简其精锐,分为奇兵,乘虚迭出,以扰河南,救右则攻其左,救左则攻其右,使敌疲于奔命,民不得安业,我未劳而彼已困,不及三年,可坐克也。今释庙胜之策,而决胜败于一战,若不如志,悔无及也"④。袁绍对田丰的建议仍不听。由于田丰一再坚持,袁绍恼怒,认为田丰有"沮众"之罪,遂把田丰打入监狱。之后袁绍在官渡战败,而不知自省,反迁怒于田丰,而杀之,说明袁绍度

---

① 沮授、郭图、审配之言论,参见司马光:《资治通鉴》卷 63,中华书局,1956 年,第 2015 页。
② 卢弼:《三国志集解》卷 10《魏书·崔琰传》,中华书局,1982 年,第 349 页。
③ 有关曹操征刘备的议论,参见司马光:《资治通鉴》卷 63,中华书局,1956 年,第 2024 页。
④ 司马光:《资治通鉴》卷 63,中华书局,1956 年,第 2025 页。

量狭隘。官渡之战虽未开始,双方统帅之素质优劣已见。

袁绍在官渡之战前,让陈琳撰写檄文,散发至各州郡。其檄文曰:

司空曹操,其祖父中常侍腾,与左悺、徐璜并作妖孽,饕餮放横,伤化虐民。父嵩乞丐携养,因赃假位,舆金辇璧,输货权门,窃盗鼎司,倾覆重器。操赘阉遗丑,本无懿德,㺚狡锋协,好乱乐祸……①

陈琳所写的檄文,不仅揭露曹操本人的罪恶,而且对其父祖都有贬词。此檄文一发布,就等于对曹操正式宣战。袁绍在其大军进入黎阳后,就派其大将颜良攻击东郡太守刘延于白马(今河南滑县东)。沮授对袁绍派颜良攻白马表示反对,说:"良性促狭,虽骁勇,不可独任"②。袁绍不听。同年四月,曹操率军北救刘延。谋士荀攸对曹操说:"今兵少不敌,必分其势乃可。公到延津(今属河南),若将渡兵向其后者,绍必西应之,然后轻兵袭白马,掩其不备,颜良可禽(擒)也"③。曹操按计而行。袁绍听说曹军要渡河,就分兵向西接应,曹操乃率军直趋白马,在距白马不到十里时,颜良才惶恐应战。曹操遂派张辽、关羽为先锋出击。关羽望见颜良的麾盖,策马刺颜良于万众之中,斩其首而还。袁军溃败,遂解白马之围,曹军大胜而归。袁绍欲渡河追击。沮授对袁绍说,现在应让大军留驻延津,分一部分进驻官渡,如果战胜,再来迎接大军,如果失利,还可退回。袁绍不听。沮授在渡河时,叹曰:"上盈其志,下务其功,悠悠黄河,吾其不反乎!"④遂向袁绍请求辞职,袁绍不许,但暗中怀恨,并将沮授所属军队,划归郭图统领。袁绍不听沮授劝阻,仍执意追击曹军至延津南,曹操遂勒军驻于山南阪下,命人观望袁绍追兵,侦候报告有五六百骑兵,步兵不可胜数。曹操说不用再报告了,并命令骑兵解鞍放马,辎重也都放在路上。曹军皆不理解,唯有荀攸说此乃诱敌之计。袁军追兵到后,都争抢辎重,阵容大乱。曹操乃命骑兵上马,乘乱袭击,杀袁军大将文丑,再战俘获袁军甚多,"袁军夺气"⑤。

---

① 萧统:《昭明文选》卷44《为袁绍檄豫州》,中州古籍出版社,1990年,第614—615页。
② 司马光:《资治通鉴》卷63,中华书局,1956年,第2027页。
③ 司马光:《资治通鉴》卷63,中华书局,1956年,第2027页。
④ 卢弼:《三国志集解》卷10《魏书·袁绍传》,中华书局,1982年,第214页。
⑤ 司马光:《资治通鉴》卷63,中华书局,1956年,第2027页。

两次前哨战，袁军皆败，并损失两员大将，按说袁绍应有所收敛，但袁绍并无所悟，仍认为自己是强势一方，可以以压倒性的优势战胜敌方，而继续向曹军进攻。曹操在两次取得战争胜利后，将军队撤回官渡，采取守势。此时汝南黄巾刘辟背叛曹操而应袁绍。袁绍又遣使招抚阳安都尉李通，任命李通为征南将军。有人劝李通投降袁绍。李通按剑叱之曰："曹公明哲，必定天下，绍虽强盛，而任使无方，终为之虏耳，吾以死不二"①。遂斩袁绍使者，送其印绶与曹操，以表忠心，并急征租调以支援曹军，后因赵俨劝阻，才把租调送还于民，淮河、汝南地区才得到安宁。袁绍派刘备率军进攻汝南、颍川之地，曹操派曹仁反击，大败刘备。刘备退回袁营，想要脱离袁绍，而劝说袁绍要南连刘表，袁绍派刘备率军复至汝南，曹操派蔡阳率军阻击，被刘备斩杀。刘备遂投刘表，刘表不肯重用。

袁绍此时已进军阳武（河南原阳东南），准备与曹军决战，沮授又劝袁绍应以持久战应对曹军。他说："北兵（袁军）数众而劲果不及南，南军（曹军）谷虚少而财货不及北。南利在于急战，北利在缓搏，宜徐持久，旷以日月"②。袁绍不听。八月，袁军连营向前推进，依沙堆为屯，东西数十里，曹军亦分营与之对峙。曹操派兵作试探性的进攻，不能胜袁军而退回，坚壁防守。袁军作高橹（高梯），起土山，箭射曹营，曹军在营内皆蒙盾而行。曹军作霹雳车（抛石车）发石以击袁军。袁军又挖地道攻城。曹军在城内则掘长道以截击。曹军众少而粮食将尽，士卒疲蔽，百姓困于征赋，多叛归袁绍。曹操感到危急，欲撤军回许以引袁军深入，遂写信给荀彧，向他问计。荀彧回信说："今军食虽少，未若楚、汉在荥阳、成皋间也。是时刘、项莫肯先退，退者势屈也。公以十分居一之众，画地而守之，扼其喉而不得进，已半年矣。情见势竭，必将有变，此用奇之时，不可失也"③。荀彧给曹操的建议有两点值得注意：一是以楚汉战争为例，鼓励曹操坚持不退；二是在最困难时期，要观察形势而用计取胜。曹操接受了荀彧的建议，坚守不退，等待用计之良机。结

---

① 卢弼：《三国志集解》卷18《魏书·李通传》，中华书局，1982年，第463页。
② 卢弼：《三国志集解》卷6《魏书·袁绍传》，中华书局，1982年，第214页。
③ 卢弼：《三国志集解》卷6《魏书·荀彧传》，中华书局，1982年，第309页。

果良机果然来了,在建安五年九月,袁绍有数千辆运粮车将至官渡。袁绍大意轻敌,守备很差。谋士荀攸对曹操说:"绍运车旦暮至,其将韩猛锐而轻敌,击,可破也"①。于是曹操就派偏将军徐晃和史涣共同率卒截击韩猛,韩猛败走,其运粮车全部被烧毁。

袁绍受此沉重打击,仍不吸取教训。同年十月,袁绍又派车运粮,命其将淳于琼率兵万余人护送,屯驻于距袁绍大营四十里的乌巢(今河南原阳县东北)。沮授建议可派另一支部队在外围巡逻,以防曹军偷袭,袁绍不听。许攸又对袁绍献计,说:"曹操兵少而悉师拒我,许下余守,势必空弱,若分遣轻车,星行掩袭,许可拔也,许拔则奉天子以讨操,操成禽矣。如其未溃,可令首尾奔命,破之必也。"袁绍不从,说我要先捉曹操。正当此时,许攸家有人犯法,审配把许攸的家人全部抓起来。许攸一怒而投奔曹操。曹操听说许攸来投,高兴得连鞋也顾不上穿,光着脚跑出来迎接,说:"子卿(许攸字)远来,吾事济矣。"二人入座后,许攸问曹操:"袁氏军盛,何以待之?今有几粮乎?"曹操答:"尚可支一岁。"攸曰:"无是,更言之。"曹操又说:"可支半年。"攸曰:"足下不欲破袁氏邪?何言之不实也!"操曰:"向戏言耳,其实可(支)一月,为之奈何?"许攸说:"公孤军独守,外无救援而粮谷已尽,此危急之日也。袁氏辎重万余乘,在故市、乌巢,屯军无严备,若以轻兵袭之,不意而至,燔其积聚,不过三日,袁氏自败也。"②

曹操听后大喜,乃决定留曹洪、荀攸守营,自率步骑五千人,皆用袁军旗帜,衔枚缚马口,每人都抱一捆干柴,从近路小道直奔乌巢。既至,包围屯军,放火烧营,袁军大乱,及至天明,淳于琼等见曹军不多,出营反击,曹操率军急攻,袁军退守保营。在曹军猛攻袁军屯粮营时,袁绍却不急于救援,而提出要攻击曹军官渡老营,说:"就操破琼,吾拔其营,彼固无所归矣。"乃派大将高览、张郃率主力军进攻曹营,张郃提出反对意见,说:"曹公(率)精兵往,必破琼等,琼等破,则事去矣。请先往救之。"郭图等则固请攻曹营。张郃说:"曹公营固,攻之必不拔,若琼等见

---

① 司马光:《资治通鉴》卷63,中华书局,1956年,第2033页。
② 司马光:《资治通鉴》卷63,中华书局,1992年,第2033—2034页。

禽(擒),吾属尽为虏矣"①。袁绍不听,只派轻兵救援乌巢,而遣重兵攻曹营,不能下。当袁绍所遣轻兵至乌巢时,曹军有人建议:"贼骑稍近,请分兵拒之。"曹操怒曰:"贼在背后乃白。"曹军皆殊死奋战,大败袁军,斩淳于琼等,尽焚其粮谷,杀袁军士卒千余人以示众。袁军皆恐惧。郭图虽自知其失策,反而向袁绍诬蔑张郃对袁军失败感到高兴。张郃忿惧,遂与高览一同投奔曹营。袁军大溃败,袁绍遂与其子袁谭率八百骑兵渡河逃走,曹操追不及而归,尽收袁军辎重、图书、珍宝等物。官渡之战曹军先后共杀袁军七万余人,②以曹操胜利而告终。

二、赤壁之战曹败孙刘胜原因探讨

曹操在建安五年(200)十月取得官渡之战的重大胜利,接着就想乘胜南征刘表。荀彧劝阻说:"今绍败,其众离心,宜乘其困遂定之,而背兖豫远师江汉,若绍收其余烬,承虚以出人后,则公事去矣"③。曹操权衡轻重,接受了荀彧的意见,继续进攻袁绍。在仓亭(山东阳谷县)战役中又大败袁军。建安七年正月,袁绍因连吃败仗,惭愤,发病呕血而死。但袁绍三子袁谭、袁熙、袁尚犹存,袁军尚有实力,而曹操却认为袁氏大敌已除,就想先平荆州,遂于建安八年八月,出军西平击刘表。谋士荀攸谏阻说:"天下方有事,而刘表坐保江汉之间,其无四方志可知矣。袁氏据四州之地,带甲十万,绍以宽厚得众,借使二子和睦,以守其成业,则天下之难未息也。今兄弟构恶,其势不两全,若有所并则力专,力专则难困也,及其乱而取之,天下定矣,此时不可失也"④。荀攸让曹操乘袁绍二子袁谭、袁尚恶斗之时,而各个击破,则天下可以平定。曹操接受了荀攸的意见。但过了几天,曹操又反悔了,还是想先平定荆州。谋

---

① 司马光:《资治通鉴》卷63,中华书局,1956年,第2034页。
② 关于官渡之战曹军斩袁军的人数,此处引自司马光《资治通鉴》所说"七万余人"。但《后汉书·袁绍传》说:"所杀八万人。"按《献帝起居注》:曹公上言,凡斩首七万余级。
③ 卢弼:《三国志集解》卷6《魏书·荀彧传》,中华书局,1982年,第310页。
④ 卢弼:《三国志集解》卷6《魏书·荀彧传》,中华书局,1982年,第317页。

士辛毗又劝说曹操曰：

　　袁氏本兄弟相伐，非谓他人能间其间，乃谓天下可定于己也，今一旦求救于明公，此可知也。显甫（袁谭字）见显思困而不能取，此力竭也。兵革败于外，谋臣诛于内，兄弟谗阋，国分为二，连年战伐，介胄生虮虱，加以旱蝗、饥馑并臻，天灾应于上，人事困于下，民无愚智，皆知土崩瓦解，此乃天亡尚之时也。今往攻邺，尚不还救，即不能自守；还救，即（袁）谭踵其后。以明公之威，应困穷之敌，击疲敝之寇，无异迅风之振秋叶矣。天以（袁）尚与明公，明公不取而伐荆州。荆州丰乐，国未有衅……方今二袁不务远略而内相图，可谓乱矣；居者无食，行者无粮，可谓亡矣。朝不谋夕，民命靡继，而不绥之，欲待他年，他年或登，又自知亡而改修厥德，失所以用兵之要矣。今因其请救而抚之，利莫大焉。且四方之寇，莫大于河北，河北平，则六军盛而天下震矣。①

　　辛毗这段话是在二袁兄弟相斗，袁谭被袁尚战败而求救于曹操，曹操则想先攻荆州，不想接受袁谭的投靠时而对曹操说的。其核心思想是劝阻曹操不要先攻荆州，因荆州丰乐，社会稳定，无隙可击。而先接受袁谭的求救，乘袁尚内外交困、土崩瓦解之际，先攻击袁尚军事基地邺城（河北临漳），袁尚已无力回救，如回救，袁谭必攻其后，以你曹公的军威，有如秋风扫落叶一样战胜袁尚，这是上天把袁尚赐给明公。你如先攻荆州，就会失此良机。如果等到他年，年景丰收，袁尚又知亡而改过，你就失去用兵的要领了。你的大敌在河北，如河北平定，你的军威大盛，天下就会震服了。

　　曹操接受了辛毗的意见，决定先放弃进攻荆州，全力对付二袁兄弟。不久袁谭背叛曹操，在建安十年正月的南皮（今属河北）战役中，击杀袁谭。袁尚、袁熙军内部也发生内乱，为其部将焦触、张南所攻，二袁战败，投奔辽西乌桓。曹操遂远征乌桓，在征服乌桓后，二袁又率数千骑兵投奔辽东太守公孙康。曹操部下有人劝曹操进攻公孙康，曹操说："吾方使康斩送尚、熙首，不烦兵矣"②。不久，公孙康把二袁首级送来。有人问曹操：你怎么知道公孙康会斩二袁首级送来？曹操说：如果我急

---

①　司马光：《资治通鉴》卷64，中华书局，1956年，第2051页。
②　司马光：《资治通鉴》卷65，中华书局，1956年，第2073页。

攻公孙康,公孙康必与二袁合力对抗我;如果不攻,公孙康为请功,必杀二袁,这是大势所趋呀! 众人皆佩服曹操有先见之明。

曹操于建康十二年冬完全解决了袁氏的残余势力。十三年正月,即回师邺城,作玄武湖操练水军,准备南征荆州,七月即出军击刘表,其急切心情可想而知。曹操南征,也曾问计于荀彧。荀彧只是说:"今华夏已平,南土知困矣。可显出宛、叶,而间行轻进,以掩其不意"①。荀彧的意思是告诉曹操,要明着公开出兵宛城和叶县,暗中从小道进军荆州,出其不意,可以一举成功。曹操按计而行,结果刘琮投降,又打败驻军樊城的刘备,轻而易举地占领荆州,并收编了荆州水军。其实曹操南攻荆州的最终目的,是想消灭割据江东的孙权,为统一全国创造条件。实际当时曹操征服江东的条件并不成熟,其谋士贾诩看得很清楚,遂委婉地劝阻曹操说:"明公昔破袁氏,今收汉南,威名远著,军势既大,若乘旧楚之饶,以飨吏士,安抚百姓,使安土乐业,则可不劳众而江东稽服矣"②。贾诩的建言很含蓄,大意是说你先败袁绍,后又攻占荆州,军队已很疲乏。你应该利用荆州的富庶环境,休兵养民,使民安居乐业,可不劳众而江东自服。如果曹操接受贾诩意见,三国的历史可能要改写,刘备就没有机会占有荆、益,形成气候,孙权也不敢首先发动赤壁之战。南朝的裴松之不同意贾诩的意见,认为曹操赤壁之败是天意,与人事无关。清代学者何焯同意贾诩意见,他认为曹操赤壁之败,与人事有关,认为孙权是"命世之雄,非操所遽能吞并者,诩乃审之当时,未便直言,故为是宽缓之辞耳"③。笔者同意何焯的意见,认为赤壁之败是曹操在战略、战术上的一大失败。

赤壁之战双方的统帅,都是一流的军事人才,与官渡之战大不相同。官渡之战的袁绍,顶多能算二流军事家,他多谋少决,刚愎自用,不听良谋之谏,故以强而败于弱。赤壁之战的双方统帅,旗鼓相当。刘备人称"枭雄",曹操也承认,"今天下英雄,唯使君(指刘备)与操耳"④。

---

① 卢弼:《三国志集解》卷6《魏书·荀彧传》,中华书局,1982年,第311页。
② 卢弼:《三国志集解》卷6《魏书·贾诩传》,中华书局,1982年,第321页。
③ 卢弼:《三国志集解》卷6《魏书·贾诩传》,中华书局,1982年,第322页。
④ 卢弼:《三国志集解》卷32《蜀书·先主传》,中华书局,1982年,第724页。

诸葛亮人称"卧龙",其智计超过刘备,故刘备才肯"三顾茅庐"。孙权则"任才尚计,有句践之奇,英人之杰"①。周瑜则"英俊异才"②,"周之方叔,汉之(韩)信(英)布,诚无以尚也"③。至于曹操,诸葛亮都称颂曹操"智计殊绝于人,其用兵也,仿佛孙(子)、吴(起)"④,当然也是一代英豪。强者相遇,一方稍有失误,就会全盘皆输。在赤壁之战中,曹操只看到自己兵多将广、粮草充足的优势,而忽视自己的弱点,轻敌冒进,其败局已在周瑜、诸葛亮的预料之中。

建安十三年八月,曹操向荆州进军时,荆州牧刘表已病死。东吴的鲁肃对孙权说:荆州与江东为邻,江山险固,沃野万里,士民殷富,若能据有荆州,是帝王的资本。现在刘表新亡,他的两个儿子刘琦、刘琮不和,军中的将领也分成两派。刘备是天下枭雄,与曹操有仇,他现在寄居荆州,刘表厌恶他的才能而不敢重用。若刘备能与刘琦、刘琮合作,就该与他们结成盟友;如果他们不和,就取而代之,以济大事。现在可派我去吊问刘表二子,并慰劳军中将领,劝说刘备能抚恤刘表军队,同心协力对付曹操,刘备必然高兴。现在如不早去,恐被曹操抢先,那就难办了。于是孙权就决定派鲁肃出使荆州。

鲁肃赶到南郡时,刘琮已经降曹,而在当阳长坂(湖北荆州西南)见到刘备。双方纵谈天下时势,鲁肃问刘备意欲何往,刘备答:欲投奔苍梧太守吴巨。鲁肃说苍梧太远,吴巨是凡人靠不住,不如派一知心之人去江东,与据有江东六郡、兵精粮多的孙将军结合而共计大事。刘备听了很高兴,并听从鲁肃意见进驻樊口(今湖北鄂城)。此时曹操自江陵顺江东下,形势危急。诸葛亮对刘备说:"事急矣,请奉命求救于孙将军"⑤。于是就与鲁肃同回江东,在柴桑(今江西九江西南)见到孙权。诸葛亮对孙权说:"海内大乱,将军起兵据有江东,刘豫州亦收众汉南,与曹操共争天下。今曹操芟夷大难,略已平矣,遂破荆州,威震四海,英

---

① 卢弼:《三国志集解》卷47《吴书·吴主权传》,中华书局,1982年,第924页。
② 卢弼:《三国志集解》卷54《吴书·周瑜传》,中华书局,1982年,第1009页。
③ 卢弼:《三国志集解》卷54《吴书·周瑜传》,中华书局,1982年,第1013页。
④ 卢弼:《三国志集解》卷35《蜀书·诸葛亮传》,中华书局,1982年,第765页。
⑤ 卢弼:《三国志集解》卷35《蜀书·诸葛亮传》,中华书局,1982年,第758页。

雄无所用武,故豫州遁逃至此。将军量力而处之,若能以吴、越之众,与中国抗衡,不如早与之绝;若不能当,何不按兵束甲北面而事之。今将军外托服从之名,而内怀犹豫之计,事急而不断,祸至无日矣。"孙权说:"苟如君言,刘豫州何不遂事之乎?"诸葛亮说:"田横齐之壮士耳,犹守义不辱,况刘豫州王室之胄,英才盖世,众士慕仰若水之归海,若事之不济,此乃天也,安能复为之下乎?"诸葛亮用的是激将法,孙权果然被激而勃然曰:"吾不能举全吴之地,十万之众(兵),受制于人。吾计决矣,非刘豫州莫可以当曹操者。"孙权虽已下决心抗曹,但他对刘备能否抗击曹操仍有疑虑。诸葛亮答复说:"豫州兵败于长坂,今战士还者及关羽水军精甲万人,刘琦合江夏战士亦不下万人。曹操之众远来疲敝,闻追豫州轻骑一日一夜行三百余里,此所谓强弩之末势不能穿鲁缟者也,故兵法忌之,曰必蹶上将军。且北方之人不习水战,又荆州之民附操者,逼兵势耳,非心服也。今将军诚能命猛将统兵数万,与豫州协规同力,破曹军必矣。操军破必北还,如此则荆、吴之势强,鼎足之形成矣,成败之机在于今日"①。诸葛亮真不愧是一位杰出的政治家、军事家、外交家,他把敌我双方的情况分析得非常清楚,特别指出了曹军的弱点,说明只要孙、刘联合,必能打败曹操,形成三方鼎立之势。孙权被诸葛亮说服了,于是就把诸葛亮原来的"事急矣,请奉命求救于孙将军"变成孙、刘平等的联合,并为以后的三国鼎立埋下了伏笔。

占领荆州后的曹操,趾高气扬,不可一世,认为自己的实力雄厚,就想一鼓作气消灭东吴。于是他给孙权写了一封信说:"近者奉辞伐罪,旄麾南指,刘琮束手。今治水军八十万众,方与将军会猎于吴"②。这封信很显然是一种军事讹诈,威胁要以军事平定东吴。孙权把这封信交给群臣讨论。以张昭为首的文臣主张降曹。鲁肃在会上独不发言,乘孙权更衣(如厕)之机而追至廊下,对孙权说:"向察众人之议,专欲误将军,不足以图大事。今肃可迎操耳,如将军不可也。何以言之?今肃迎操,操当以肃还付乡党,品其名位,犹不失下曹从事……累官故不失

---

① 卢弼:《三国志集解》卷35《蜀书·诸葛亮传》,中华书局,1982年,第759页。
② 卢弼:《三国志集解》卷47《吴书·吴主孙权传》,中华书局,1982年,第897页。

州郡也。将军迎操,欲安归乎?愿早定大计,莫用众人之议也。"孙权叹息说:"诸人持议,甚失孤望,今卿廓开大议,正与孤同"①。说明鲁肃的意见与孙权完全一致。

当时周瑜正受命出使鄱阳(今江西鄱阳),鲁肃建议孙权召回周瑜共商大事。周瑜至,对孙权说:"操虽托名汉相,实汉贼也,将军以神武雄才,兼仗父兄之烈,割据江东,地方数千里,兵精足用,英雄乐业,尚当横行天下,为汉家除残去秽。况操自送死,而可迎之邪?请为将军筹之。今北土未平,马超、韩遂尚在关西,为操后患,而操舍鞍马,杖舟楫,与吴、越争衡。今又盛寒,马无藁草,驱中国士众远涉江湖之间,不习水土,必生疾病。此数者,用兵之患也,而操皆冒行之,将军(擒)操,宜在今日。瑜请得精兵数万人,进住夏口(湖北武汉),保为将军破之"②。周瑜说的话与诸葛亮基本相同,但比诸葛亮说得更全面、更深刻,更坚定了孙权的抗曹胜利信心。孙权"因拔刀斫前奏案曰:'诸将吏更敢复有言当迎操者,与此案同。'"当天晚上,周瑜怕孙权被曹操八十万大军之说所迷惑,又对孙权说:"诸人徒见操书言水步八十万而各恐慑,不复料其虚实,便开此议,甚无谓也。今以实校之,彼所将中国人不过十五六万,且军已久疲,所得表众亦极七八万耳,尚怀狐疑。夫以疲病之卒御狐疑之众,众数虽多,甚未足畏。得精兵五万,自足制之,愿将军勿虑。"孙权说:"五万兵难卒合,已选三万人,船、粮战具俱办,卿与子敬(鲁肃字)、程公(程普)便在前发,孤当续发大众,多载资粮,为卿后援。卿能办之者诚决,邂逅不如意,便还就孤,孤当与孟德决之"③。听孙权的话可知,他已成竹在胸,早已做好出兵的准备,故一切布置都符合军事需要,遂下令任命周瑜、程普为左、右督,率军与刘备并力合击曹操,又命鲁肃为赞军校尉,助画方略。

周瑜军在樊口与刘备军会合,进军至赤壁(今湖北蒲圻)与曹军相遇。时曹军已患疾疫,初一交战,曹军失利,遂退至江北乌林(今湖北洪湖县邬林矶),与赤壁相对。曹军不可水战,故把战船联结在一起,以图

---

① 司马光:《资治通鉴》卷 65,中华书局,1956 年,第 2090 页。
② 司马光:《资治通鉴》卷 65,中华书局,1956 年,第 2091 页。
③ 卢弼:《三国志集解》卷 54《吴书·周瑜传》,中华书局,1982 年,第 1011 页。

稳固。周瑜部将黄盖见有机可乘,对周瑜说:"今寇众我寡难与持久,然观操军方连船舰,首尾相接,可烧而走也"①。周瑜接受了黄盖的火攻意见,乃取蒙冲战舰十艘,内载干荻枯柴,灌以油脂,裹以帷幕,上建旌旗,预备走舸系于船尾。黄盖事先给曹操写信表示投降。当日东南风急,黄盖站在船头,在江中举帆,其他船只随之并进,以示降意。曹军吏士皆出营观看,欢呼黄盖投降来了。当黄盖船距曹船近二里时,同时发火。火烈风猛,船行似箭,尽烧曹舰,并延及岸上营落。顷刻之间,烈焰冲天,曹军人马烧溺而死者甚众。周瑜等将领率精兵继攻于后,曹军大败,遂从华容道(今湖北监利县北)逃走。周瑜、刘备率水、陆军并进,追至南郡(今湖北江陵)而归。此一战曹军战死及疾疫而死者过半。曹操乃以曹仁、徐晃守江陵,率军北还。建安十四年十二月,周瑜攻拔江陵,曹仁撤走,赤壁之战以曹军彻底失败而告终。但曹操还想掩盖失败的真相,事后他让阮瑀给孙权写信说:"昔赤壁之役,遭离(罹)疫气,烧舡(船)自还,以避恶地,非周瑜水军所能抑挫也。江陵之守,物尽谷殚,无所复据,徙民还师,又非瑜所能败也"②。又据《江表传》所引曹操给孙权的信中说:"赤壁之役,值有疾病,孤烧船自退,横使周瑜虚获此名"③。曹操给孙权写信的目的一是贬低周瑜,二是自我解嘲。其实赤壁之战曹军惨败,最大受益者,既不是孙权,更不是周瑜,而是刘备。刘备本来是一个并无固定地盘而先后投靠公孙瓒、吕布、袁绍、曹操、刘表的游荡军阀,由于赤壁之战的胜利,得以占领荆州南部零陵、桂阳、长沙、武陵四郡,后又借机进入四川收降刘璋,北占汉中,而建立蜀汉政权,形成三分鼎立局面。若没有赤壁之战的胜利,刘备想要建国创业,就是可望而不可及的幻想。

---

① 卢弼:《三国志集解》卷54《吴书·周瑜传》,中华书局,1982年,第1011页。
② 萧统:《昭明文选》卷42《阮元瑜为曹公作书与孙权》,中州古籍出版社,1990年,第587页。
③ 卢弼:《三国志集解》卷1《魏书·武帝纪》,中华书局,1982年,第38页。

三、对官渡与赤壁之战中双方
胜败原因的综合分析

官渡之战和赤壁之战,是东汉末年最典型的以少胜多、以弱胜强的两大战役,其影响非常重大。前者为曹魏统一北方奠定了基础,后者为三国鼎立创造了条件,特别是在这两个战役中,曹操都是其中一方的统帅,而其战果却完全相反。在官渡之战中他能以少胜多,在赤壁之战中他却以强败于弱,这其中有哪些经验、教训需要认真探讨?笔者对两大战役双方胜败的原因,试作以下四点分析,以就教于方家。

(一) 对双方统帅的智能、度量、指挥才能的对比分析

官渡之战袁军的统帅是袁绍,他出身于门阀世家,号称"四世五公",门生故吏遍天下。① 袁绍年少时好交游,士子多归附。及其年长,曾任侍御史,中军校尉。关东州郡起兵反董卓,凭世资,其被推为关东军领袖。董卓被王允、吕布杀死后,关东军阀各自为政,袁绍在冀州得到发展,任冀州刺史。在消灭幽州刺史公孙瓒之后,遂占有青、冀、幽、并四州之地,成为北方最强大的军阀,于是就想消灭占有兖、豫二州,挟天子以令诸侯的曹操,以统一北方。曹操出身于宦官之家,声名不及袁绍,基本是以自己的智能起家,在官渡战前他的实力不及袁绍,但长于谋略,善于用计,度量宽宏,不计前嫌,能使敌对人才为己所用,与袁绍的风格气度大不相同。袁绍的部下也有一些智能之士,如许攸、沮授、田丰等人,他们在官渡之战中,也提出过很好的建议。如田丰就提出过让袁绍靠优势的兵力、巩固的地盘,"外结英雄,内修农战",与曹操打持久战、游击战,使曹军疲于奔命,不得安宁,建议袁绍不急于在官渡与曹操决战。袁绍不仅不接受,反而认为田丰有"沮军"之罪,把田丰关押起来。在官渡失败之后,又迁怒于田丰,把田丰杀掉。曹操与袁绍不同。如曹操欲征辽东,曹操的部下有很多人反对,结果曹操征辽东取得胜

---

① 袁绍祖父袁安为汉之司徒,袁安子袁敞为司空,袁敞子袁汤为太尉,袁汤子袁逢为司空,少子袁隗为太傅,故称"四世五公"。

利,原来反对者人人惶惧。曹操不仅没有处罚,反而给予厚赏,并对反对者说:"孤前行,乘危以徼幸,虽得之,天所佐也,顾不可以为常。诸君之谏,万安之计,是以相赏,后勿难言之"①。曹操为什么这样宽容,是为广开言路,因为如果处罚反对者,以后就没有人敢提建议了。还有一个典型例子更能说明曹操有宽宏的度量。在官渡之战开始时,袁绍让陈琳写一篇檄文,揭露曹操的罪过,陈琳在文中辱骂了曹操的父祖。袁绍官渡战败后,陈琳被俘。曹操对陈琳说:"你替袁绍写檄文,但可罪状孤身而已,恶,恶止其身,何乃上及父祖邪!"陈琳谢罪说:"矢在弦上,不可不发"②。此言并不表明陈琳是在谢罪,但曹操不仅没杀陈琳,反而因爱惜陈琳之才华,而任命他主管记室。因为曹操能不计前嫌,所以能使敌对阵营的人才,愿为其用。如袁绍的部下许攸、张郃、高览等都自愿归附曹操。这是官渡之战中,袁败曹胜的原因之一。

在赤壁之战中,双方统帅皆为一流军事人才。曹操在南征时,到占领荆州为止,并没有犯很大错误,由于占领荆州过于顺利,才增加了曹操的骄气,想乘胜消灭刘备和孙权,于是就犯了与袁绍在官渡之战中凭强冒进之大错。

(二)袁曹依仗强势因冒进而失败

在战争中,往往有一个误区:强势一方认为自己兵多将广、粮草充足、器械精良,对弱势一方可以以摧枯拉朽之势,一击而溃之,不考虑或很少考虑失败的可能性,故易采取强攻、急攻等冒进的战术。弱势一方则知力战、急战必败,故采取以智取胜,创造条件,寻找机会,攻其不备,采取偷袭、设伏、诱敌深入、出奇制胜、陷敌于被动等战术。袁绍和曹操在官渡之战、赤壁之战中,都是强势一方,都采取了急欲求胜的强攻、冒进战术,而招致失败。其实在官渡之战和赤壁之战中,对强势一方都有过示警。如在官渡开战之前,袁绍在白马、延津两次前哨战中连连失败,并损失颜良、文丑两员大将,袁绍就应该有所收敛,休兵缓战,再议

---

① 司马光:《资治通鉴》卷65,中华书局,1956年,第2073页。
② 萧统:《昭明文选》卷44《为袁绍檄豫州》,中州古籍出版社,1990年,第614—615页。

良谋,以操胜算。可他不仅不吸取教训,而仍认为自己实力强大而急攻官渡,最后一败涂地。赤壁之战,曹操同样犯了自以为势强而急攻冒进的错误。在赤壁初次与孙刘联军接战时,曹军因不服南方水土,士卒多染疾疫,因而战败退至乌林,与孙刘联军对峙。如果此时曹操能吸取袁绍因急攻冒进而招致失败的教训,而休战求和,孙刘联军未必敢于发动进攻。曹操退至乌林后,仍摆出进攻的态势,才导致孙刘联军采取先发制人战术,用火攻大败曹军。

(三) 团结则胜内讧必败

战争时期,双方阵营内部是否团结,也是胜败的重要原因之一。在官渡之战时,曹军阵营政令、军令统一;曹操赏罚严明,保证了内部团结;曹操的参谋集团,如荀彧、荀攸、贾诩等人,都能提出很好的建议,曹操则言听计从,解决了很多难题。对于内部不同意见,曹操也能化解。对于反对自己的意见,为了广开言路,不仅不罚反而予以赏赐,故而人人愿为其用,实现了官渡之战以少胜多的胜利。赤壁之战,曹操占领荆州后,被胜利冲昏了头脑,急欲消灭孙权,不听贾诩缓攻江东的意见。同时,曹军与荆州军内部并不和协,关西又不稳定,故曹军一败就不可收拾。这也是不团结的一大教训。而孙刘集团,原来并没有什么密切关系,是在曹操兵临城下的威胁时,才团结一致共抗曹操而取得胜利。

在官渡之战时,袁绍集团内部不和是非常明显的。他本人多谋少决,就已构成内部不稳。他的参谋集团分成两大派,危害更大。以沮授、许攸、田丰为代表的智谋之士,曾为袁绍提出过很好的建议,但以审配、郭图为代表的阴谋集团,为取得袁绍信任以掌握实权,而处处作梗,甚至加以陷害。袁绍偏听偏信,使自己屡陷困境,直至招致大败,造成无法挽回的损失。

(四) 三次火攻决定最后的胜败

"火攻",在中国战争史上占有重要地位。《孙子兵法》就有《火攻篇》,后世的军事家则创有"火牛"①、"火兵"②、"火车"等战法③。在官渡之战中,曹操两次使用"火兵"战术,烧毁袁军的运粮车和存粮基地,使得袁军顷刻瓦解而取得最后胜利。想不到的是,善于运用火攻战术的曹操,也被火攻战术战败,而且败得更惨。究其原因:一是他要以强势兵力消灭孙、刘而麻痹大意;二是曹军不习水战,把战舰连锁成一片,犯了兵家大忌;三是曹操对火攻战术有误解,才招致失败。这从曹操注《孙子兵法·火攻篇》中就有所反映。现节录《孙子兵法·火攻篇》部分原文及曹操注文于下,并作分析:

烟火必素具。曹公曰:烟火,烧具也。

发火有时,起火有日。时者,天之燥也。曹公曰:燥者,旱也。

日者,宿在箕、壁、翼、轸也;凡此四宿者,风起之日也。凡火攻,必因五火之变而应之。火发于内,则早应之于外。曹公曰:以兵应之也。

火发而其静音,待而勿攻。极其火力,可从而从之,不可从而止。曹公曰:见可而进,知难而退。

火可发于外,无待于内。火发上风,无攻下风。曹公曰:不便也。④

以上所引关于《孙子兵法·火攻篇》部分原文及曹操注文,关于烧具、发火后观敌兵的态度,发火时必在上风,不要在下风的原则、措施、态度等,曹操的注文都是正确的,在对袁绍两次火攻时,也是照章进行的。只是关于"发火有时,起火有日,时者,天之燥也",原文就有漏洞,曹操的注文说:"燥者,旱也。"更肯定了这一漏洞。要在天旱时才能火攻,显然是指陆战。而水战是船在水中,并无天旱之虑,不可能用火攻。因此兵家也就没有"火船"的提法,曹操当然也没有想到。而他恰好败在没有想到的"火船"战法上,这个教训后世的军事家应该吸取。

最后,需要说明的是,笔者对官渡之战、赤壁之战双方胜败原因的分析,是就事论事,是根据那两次战争双方的具体情况而得出的胜败原

---

① 如,战国时齐将田单以"火牛阵击败燕军,一举收复七十多城"。
② 如,"火兵以骁骑夜衔枚傅马口,人负束薪束缊怀火,直抵敌营"。
③ 如,萧道成与薛索儿大战,"俄顷,贼马步奋至,又推火车数道攻城,相持移日,乃出轻兵攻贼西,使马军合击其后,贼众大败"。
④ 曹操:《曹操集》,中华书局,1959年,第123页。

因的结论,并不是"放之四海而皆准"的真理。战争是双方互动的,而且是瞬息万变的,有很多因素都能影响双方的胜败。所以,在战争中,无论是强方、弱方,都应有两手准备:战胜怎么打,战败怎么撤?如无事先策划,战胜是追还是停,就会犹豫不决,错失良机,而战败者就会乱成一团,不可收拾。本文对强者一方胜利连续作战,视为冒进,持否定态度。这是根据官渡之战、赤壁之战失败一方,在战前已是久战兵疲、民穷财困而得出的认识,并不具有普遍意义。有的战争,强者可以连续作战,穷追猛打,不给敌方一个喘息机会,使其失去战斗力,直到灭亡,是必要的。但必须了解敌我双方的实际情况,所谓"知己知彼"才能百战百胜。有的战争,强者虽胜,败者并未失去战斗力,就要慎重,不一定要穷追不舍,避免穷寇犹斗,避免敌死一千、我亡八百的严重损失。我们对一切战争胜败原因的探讨,必须遵循历史唯物主义原则,具体问题具体分析,把历史事件放在当时的时间、地点以及具体的社会环境下进行分析,才能得出正确结论。

原载于《河南大学学报(社会科学版)》2015年第5期,《历史与社会》2015年第4期转载

春秋时期楚国的政治统治方式
与疆域变化略论

赵炳清①

【导语】 附庸与置县,是春秋时期楚国政治统治方式的一体两面。作为依附楚国而生存的附庸,由于具有一定的独立性,给楚国的疆域带来了巨大的影响。附庸服楚,楚国的疆域就会扩展或稳定;附庸叛楚,楚国的疆域就会缩减。楚人为了维护疆域的稳定,对待叛楚的附庸一般是灭国置县,以加强控制。因此,附庸与楚县就成为春秋时期楚国政治地理格局的基本形态。当然,在不同政治区域,楚人采取的政治统治方式的侧重点不一,存在着明显的地理差异。江汉之间作为楚国的核心区,是楚国的根本所在,必须置于楚王的直接控制之下,附庸显然不能长期的存在,故多灭国置县;而方城之外,是楚人争霸中原的重要区域,为了争霸的需要,附庸是必需的棋子,故附庸多存在。由此造成江汉之间是楚国疆域最稳定的地区,方城之外是楚国疆域变化最为剧烈的地区。

  政治统治方式主要是指一个国家的政治实践或政治治理形式。选择怎样的政治统治方式,不仅关系到一个国家的内部政策、对外关系等问题,而且也影响到一个国家疆域的稳定与变化。在一个国家的不同地域,其政治统治方式应该具有一定的差异性,因为不同的地理环境会对政治统治方式的选择产生影响。本文主要研究春秋时期楚国不同的政治统治方式及其对楚国疆域带来的变化与影响,并通过楚国疆域变化的区域差异来揭示楚国政治统治方式在不同区域的地理差异。

---

① 河南大学历史文化学院教授。

春秋时期楚国的政治统治方式在《左传·宣公十二年》中有记载，其文曰："郑伯肉袒牵羊以逆，曰：'孤不天，不能事君，使君怀怒以及敝邑，孤之罪也，敢不唯命是听？其俘诸江南，以实海滨，亦唯命；其翦以赐诸侯，使臣妾之，亦唯命。若惠顾前好，徼福于厉、宣、桓、武，不泯其社稷，使改事君，夷于九县，君之惠也，孤之愿也，非所敢望也。敢布腹心，君实图之。'"①这段话揭示了楚国的政治统治主要有两种方式：一是灭国，或迁其民，有其土地；或分赐诸侯，变为臣仆。二是存国，保存社稷，纳为附庸。存国，其政治关系就是盟主与附庸的关系；而灭国，就构成了中央王权与地方县域的关系。

关于春秋时期楚国的疆域，顾栋高在《春秋大事表》中有具体的论述。其文曰："楚在春秋吞并诸国凡四十有二。其西北至武关，在今陕西商州东少习山下，文十年《传》子西为商公，即商州之洛南县也，与秦分界。其东南至昭关，在今江南和州含山县北二十里，昭十七年吴、楚战于长岸，即和州南七十里之东梁山，与太平府夹江相对是也，与吴分界。其北至河南之汝宁府、南阳府之汝州，与周分界。其南不越洞庭湖，全有今湖北十府八州六十县之地。惟随州为随国，仅存。又全有河南之汝宁、南阳二府，光州一州，又间入汝州之郏县、鲁山县，河南府之嵩县，开封府之尉氏县，许州府之郾城县及禹州，与郑接境。四川夔州府之奉节县，与巴接境。江西之南昌、南康、九江、饶州，与吴、越错壤。又全有江南之庐州、凤阳、颍州三府及寿州、和州之地。江宁府之六合、太平府之芜湖、徐州府之砀山，则与吴日交兵处也。后庐、寿之地多入于吴"②。观其所论，多合于史。楚国疆域的拓展变化，与楚国在不同区域实行的政治统治方式密切相关，因而也表现出不同的区域差异。

一、春秋时期楚国的附庸及对楚国疆域变化的影响

纵观春秋时期的地缘政治活动，不外乎两种形式，一种是战争，一

---

① 杨伯峻:《春秋左传注》,北京:中华书局,1981年,第719—720页。
② 顾栋高:《春秋大事表》,北京:中华书局,1993年,第524—525页。

种是盟会,但其目的却是一致的,都是要取得中原诸侯的臣服,以确立霸权,建立以自己为主宰的中原地缘政治体系和新的秩序,因此,战争和盟会是相辅相成的。战争是臣服诸侯的主要手段,而盟会则是巩固战争的成果,即使是晋、楚之间的战争也是如此,战争获胜的一方就取得了战败一方的臣服,然后再利用盟会来约束臣服于己的诸侯以建立霸权。

春秋时期的盟会,通常的形式是某一大国主持,一些中小诸侯来参加,从而形成一个相对稳固的地缘政治共同体。主持盟会的大国就被称为"盟主"或"伯",而参与盟会的中小诸侯有的是大国的附庸,可称为属国,①有的则是大国的友好国家,称为与国。比如在楚共王二年,楚人在鲁国蜀邑举行的盟会,参加的有齐、鲁、卫、秦、郑、陈、宋、蔡、曹、邾、鄫、薛等诸侯,在这些诸侯中,陈、蔡、郑、宋、鲁、卫等是楚的属国,虽然鲁、卫是迫于兵威而服楚,但并不是楚的附庸,而齐、秦等大国就更不可能是楚的附庸了,显然是楚的与国。因此,对于一些学者认为盟主国居于支配地位,在政治、经济、外交和军事等方面享有一定的特权,而参与盟会的国家则处于从属地位的看法,②显然是没有分清参与盟会中的与国和属国之间的不同。

俗话说"春秋无义战",但与战国时期的兼并战争相比,春秋时期的战争多是取服而已,并不灭人之国、兼并土地。从晋、楚对郑、宋的争夺就可以看出这一点。楚庄王十七年,楚围郑都,郑人肉袒请服,楚本可灭之,但仍让其作为诸侯存在。楚庄王十九年,楚围宋都,宋人易子而食,然后请服,楚也可灭之,然仍让其存在。可见,楚人的本心并不是要

---

① 从一般意义来讲,附庸在政治、军事甚至外交上受到楚国完全的支配。属国虽受到楚国的支配,然在政治、军事、外交上还是享有一定的权力。因此,对于附庸,我们将其作为楚国政治组织的一部分,其疆土为楚国的疆土,人口为楚国的居民,比如蔡、许、顿等,都在楚国疆域内;而属国则不完全属于楚国,比如鲁、宋、郑等,虽附属楚国,但其疆土则不是楚国的疆土,人口也不是楚国居民。附庸与属国之间的判断标准就是其是否具有独立出席盟会的资格。当然,随着楚国力量的变化,附庸、属国也会随之变化,并不恒定。所以,在本文中,属国是一个宽泛的概念,包含附庸与非附庸的属国。附庸是属国,属国不一定是附庸。

② 陈伟:《楚东国地理研究》,武汉大学出版社,1992年,第168页。

消灭郑、宋二国,其征伐的目的只是要二国臣服而已,只要请服,征伐自然就停止了。

据有的学者研究,春秋时期的附庸的特点主要体现为四个方面,即领地偏小,自有社稷君统,依附于某大国和无独立出席诸侯盟会。① 就一般情况而言,确实如此,但具体到楚国的附庸,则会随着楚国国家力量的变化而变化。比如郑国,从前引的《左传·宣公十二年》的记载来看,显然成为楚国的附庸,但后又具有独立出席盟会的资格。可见,楚国的附庸并不恒定。

在西周初期,楚人地位低下,无参与盟会的资格。据《国语·晋语八》记载,叔向说:"昔成王盟诸侯于岐阳,楚为荆蛮,置茅蕝,设望表,与鲜卑守燎,故不与盟"②。但到春秋早期,随着楚国国力的提升,楚人自己主持盟会,召集江汉间诸侯会盟。如楚武王三十七年的沈鹿之盟、三十八年的贰轸盟会,以及服随、唐等,使江汉间诸国成为楚的附庸,楚人一统江汉之间。春秋中期,随着楚国国力的强大,楚人北出方城,争霸中原,使得中原南部和淮域的一些中小诸侯和族群成为楚国的附庸,先后有蔡、许、柏、房、道、沈、胡、顿、陈、厉、江、黄、蓼、六、群舒等。对于这些楚人控制得比较严密的附庸,我们可以将其领土算在楚国疆域之内,但对于一时成为楚属国的郑、宋、鲁等,我们则不将其纳入楚国疆域。

关于楚国对附庸的特权或政策有学者作了深入的研究,主要有以下五点:一是外交上的控制,从属国必须对盟主专一不二,一般不得与敌国结盟,国君也不得赴敌国朝会,而在必要赴会时必须征得盟主的同意;二是对从属国之间或从属国内部的纠纷进行裁定;三是向从属国征收职贡;四是调发从属国军队参战;五是迁徙某些从属国,对有关版图做出有利于己的安排。这是盟主所享有的权利,而对于盟主所负有的义务,那就是保卫从属国的安全,当从属国遭到外敌入侵时,盟主有责任派兵或召集其他属国的军队一起救援。③ 确实,楚国的附庸政策有

---

① 陈伟:《春秋时期的附庸》,《武汉大学学报(哲社版)》,1996年第2期。
② 徐元诰撰,王树民、沈长云点校:《国语集解》,中华书局,2002年,第430页。
③ 陈伟:《楚东国地理研究》,武汉大学出版社,1992年,第175—178页;李严冬:《春秋时期楚国附庸政策浅论》,《沈阳农业大学学报(社科版)》,2002年第4期。

利于楚人对属国的控制和管理,但楚人并没有掌控属国内政的权力,尽管属国在政治上服从楚国的统治,但属国能自行处理自己的内政事务,还是具有一定的独立性。因此,当楚国在地缘政治中遭遇敌手或国家力量处于削弱时期,属国就纷纷反叛,致使楚国疆域发生极大的变化。

楚成王时期,齐在管仲的治理下称霸诸侯,成为楚人的地缘敌手。在淮水上游的楚附庸国弦、江、黄等乘机叛楚,形成一个小集团的亲齐反楚的地缘联盟。后来,汉东诸侯乘楚人深入伐徐之机,也纷纷叛楚。楚庄王初期,楚国贵族掌权,内乱不已,加之天灾,庸、麋等附庸国率群蛮、百濮叛楚,给楚疆域核心区域造成巨大的冲击。随着吴人的崛起,吴成为楚人新的地缘对手,楚附庸的六、群舒等族群在吴的挑唆下叛楚。特别严重的是,在楚昭王初期,蔡、唐在子常的贪婪威逼下叛楚,给吴师入郢打开了方便之门。吴师入郢后,楚东部疆域的附庸国纷纷叛楚,并蚕食其周边的楚邑,使得楚国疆域大为缩小,疆土丧失十分严重。当然,在晋、楚中原争霸的岁月中,中原的陈、郑、宋等国对楚是时叛时服,如风信鸡一般。

由此可见,春秋时期楚国疆域的变化与楚国附庸的叛服有极大的关系,当他们从属于楚的时候,楚国疆域就有较大的拓展;当他们反叛于楚的时候,楚国疆域就会缩小。这一切变化的根源就在于楚国的政治统治方式。

楚人的这种盟主与附庸的政治统治方式无疑是仿制于周人的诸侯分封制度。附庸在政治上臣属楚王,要向楚王定期朝觐、纳贡并率军队出征,这与诸侯对周王室的义务何其相似。同样,楚王也不干预附庸内部的行政事务。因此,楚王与附庸的关系是一种政治上的统属关系,而无行政上的治理支配关系,也就不存在中央与地方的行政关系。楚人的这种政治治理只不过是把周王室的诸侯变成了楚王的诸侯而已,是一种统而不治的政治结构。因此,随着地缘关系的变化,楚国的附庸也叛服不定,从而对楚国的疆域变化产生巨大的影响。

在楚国的附庸中,对楚人最为忠顺的是庸国和唐国,它们长时间为楚附庸,然其反叛带来的灾难也影响甚巨:一则动摇楚国根本,几乎迁都以避;一则开门引吴,几至楚国灭亡。随国尽管春秋早期叛服不定,但此后则一心向楚,到战国中期依然存在。而中原诸国由于地缘关系,则对楚国叛服无常,其中尤其以郑国为剧,次则陈国,再则宋国,反映了三国在中原所处的地缘位置和晋、楚争霸的焦点所在。

从时间节点来看,在反叛年代上有两个时间点最值得注意:一个是城濮之战后的楚成王四十年,中原诸侯全部叛楚亲晋;一个是吴师入郢前的楚昭王九年,以晋、吴为首的反楚地缘大联盟形成,楚的属国几乎全部叛楚。这两次的众叛亲离,带来的效果不同。第一次的城濮之战,楚虽战败,然元气未伤,五年之后即展开了反击,而第二次的吴师入郢,不仅大伤楚国的元气,而且是动摇了根本,以至于楚国东部疆域回到了最初的起点。而在从属年代上,江汉间的附庸国多在楚武王时期服楚,中原诸侯则多在楚成王和楚庄王时期服楚。楚成王虽无霸主之名,却有霸主之实;楚庄王是一代雄才,将楚人的霸业推向了顶峰。

对于长时间存在于楚国疆域之内或楚人势力范围下的附庸,楚人多是报之以德,给以极力照顾和支援,使之比列于诸侯,而附庸也是事之以忠,在楚国危难之际施以援手,形成了一种特殊的国与国之间的关系。比如随国,本为"汉阳诸姬",是周人在南土的倚重,楚武王时渐服于楚,楚成王时曾一度反叛,然楚人并不以为意,使其保存社稷,作为楚国的附庸而长期存在。随人感恩,在吴师入郢时庇护昭王,保存了楚国。其他的如蔡、唐、许、道、柏、房、顿、胡等附庸,楚人也是给以支援,一方面准许其迁入楚境,一方面帮助筑城进行安顿。楚人这样做的目的,一方面固然是出于加深盟主与附庸的良好关系,以维护疆域的稳定;另一方面也是以附庸为号召,以实现称霸中原的政治目标,然客观上却是加强楚文化的交流和传播,实现了文化和族群的融合。

至于中原的郑、陈、宋以及鲁、卫等华夏集团的主要成员国,由于具有一定的政治实力,加之文化上的心理优势和地缘关系的多变,他们对楚国是叛服不定,成为晋、楚争夺的焦点,因为谁控制了他们,谁就取得了中原政局的主宰权,所以战争也多是围绕着他们来进行。他们的向背,无疑影响到楚国疆域的稳定,给楚国疆域带来一定的变化。比如吴师入郢之后,郑国乘机灭许,据有楚汝北之地;而蔡也北上灭沈,取周边楚邑,侵占楚国的疆土。

历史进入春秋末期,随着新的生产关系的产生,土地成为国家的重要财富,兼并战争成为取得土地的主要方式,一种新的政治治理结构

(郡县)也应运而生。因此,附庸的存在就显得没有必要。楚人无疑顺应了历史发展的潮流,从江汉之间到淮泗之间的广大疆域内,除了随国还存在之外,附庸诸国已不见踪影,其土成为楚国的疆土,其民成为楚国的居民,文化的影响和民族的融合进一步加强,政治的认同和人心的凝聚进一步加深,这就为后来秦的统一和版图的扩展奠定了坚实的基础。

二、春秋时期楚国的灭国置县及对楚国疆域变化的影响

在春秋时期,尽管战争多以取服为主,但兼并战争也还是存在的,特别是楚国。据《韩非子·有度篇》说:"荆庄王并国二十六,开地三千里"①。《说苑·正谏》也称楚文王"兼国三十"。② 在《春秋》《左传》明确记载的被楚灭国的有息、邓、弦、黄等十七国,不见于经传记载的当更多了。

关于春秋时期楚灭国的研究,学界是硕果累累。清人顾栋高在《春秋大事表》中对楚人灭国作过系统的研究,在卷四的"楚疆域篇"中,他认为"楚在春秋吞并诸国凡四十有二",并列举出具体的国名;在卷五的"列国爵姓及存灭表"中,又加上了萧、舒、英氏、不羹及百濮,共四十七"国"③。近人梁启超在《国史研究·霸政前记》中说:"春秋为楚所灭之国,见于经传者,凡四十二,实则犹不止此数。"在《春秋载记》的"周代列国吞并表"中,梁氏开列了楚所灭国名,共四十九个。④ 郭沫若主编的《中国史稿》第一册中,认为"在春秋时代将近三百年内,楚国灭了四五十国",并在附表五"东周列国存灭表"中列出了为楚所灭者,计有四十一国。⑤ 何浩著有《楚灭国研究》一书,在其"春秋时期楚灭国示意图"

---

① 王先慎撰,钟哲点校:《韩非子集解》,中华书局,2003年,第31页。
② 刘向撰,向宗鲁校证:《说苑校证》,中华书局,1987年,第222页。
③ 顾栋高:《春秋大事表》,中华书局,1993年,第563—608页。
④ 梁启超:《国史研究六篇·春秋载记》,中华书局,1947年。
⑤ 郭沫若主编:《中国史稿》第1册附表5,人民出版社,1976年。

中标有灭国名称和序号,共四十八国。① 顾德融、朱顺龙著有《春秋史》一书,在其"春秋楚灭国表"中列出了灭国名称及时间,计有六十一个。② 为了显示其差异,下面用表(表1)将各家的楚灭国名称排列出来:

表1 春秋时期楚灭国各家差异表

	顾栋高	梁启超	郭沫若	何浩	顾德融、朱顺龙
楚灭国名称	权,邶,鄾,谷,鄀,罗,卢戎,都,郧,贰,轸,绞,州,蓼,息,邓,申,吕,弦,黄,夔,江,六,蓼,麇,宗,巢,庸,道,柏,沈,房,蒋,舒蓼,舒庸,舒鸠,赖,唐,顿,胡,英氏,不羹,百濮	群蛮,宛,随,邹,小邾,毛,邶,陈,百濮,鄾,权,谷,罗,卢戎,都,郧,贰,轸,绞,蓼,息,邓,申,吕,弦,黄,夔,江,六,蓼,麇,宗,庸,道,柏,房,蒋,舒蓼,舒庸,胡,蛮氏,萧,舒,英氏、不羹	夷虎,鄾,随,陈,牟,谷,卢戎,都,郧,贰,轸,州,蓼,绞,息,邓,申,吕,弦,黄,夔,江,六,蓼,麇,庸,道,柏,房,舒,舒庸,舒鸠,赖,唐,顿,胡,英氏,不羹	权,罗,卢戎,郧,申,息,缯,应,邓,厉,贰,蓼,州,谷,绞,西黄,弦,黄,英氏,蒋,皖,夔,道,柏,房,轸,江,六,蓼,都,舒,宗,吕,庸,麇,舒蓼,舒庸,舒鸠,养,不羹,赖,唐,胡,胡,蛮氏,	麇,夔,罗,彭,郧,鄀,胡,道,霍,应,蓼,蔡,随,唐,蒋,息,邓,那处,申,吕,东吕,厉,许,卢戎,缯,权,桐,潜,萧,江,黄,谷,弦,慎,淮夷,舒,舒庸,舒鸠,舒蓼,宗,巢,绞,贰,轸,皖,蓼,英氏,六,蛮氏,上鄀,陈,房,柏,庸,东不羹,西不羹

从表中可见,上述各家之说,获得大家一致认可的有罗、卢戎、谷、蓼(己姓)、申、吕、邓、夔、郧、贰、轸、厉(烈山氏)、绞、庸、麇、唐、息、鄀、弦、黄、江、六、英氏、蓼(姬姓)、道、柏、房、舒、舒蓼、舒庸、舒鸠、顿、胡、蛮氏、不羹、萧、蒋等37个国家或部族为楚所灭。

各家皆有"州",独梁氏不取,据《左传·哀公十七年》记载子谷之语曰:"观丁父,鄀俘也,武王以为军率,是以克州、蓼,服随、唐"③。可见,州应为楚所灭。各家皆有"沈",何浩认为沈为蔡灭,非为楚灭,故不

---

① 何浩:《楚灭国研究》,武汉出版社,1989年,第148页。
② 顾德融,朱顺龙:《春秋史》,上海人民出版社,2001年,第263—267页。
③ 杨伯峻:《春秋左传注》,中华书局,1981年,第1708页。

取。① 甚是。各家皆有"鄀",据《左传·文公五年》记载:"初,鄀叛楚即秦,又贰于楚。夏,秦人入鄀"②。可见,鄀为秦灭,非为楚灭,应不取。郭氏不取权、宗、巢为楚所灭。关于权国,据《左传·庄公十八年》载"初,楚武王克权,使斗缗尹之"③,应为春秋时期楚人灭国之始。宗国,据《左传·文公十二年》载:"群舒叛楚。夏,子孔执舒子平及宗子,遂围巢"④。可见,宗与舒一起为楚所灭。关于巢国,据《左传·文公十二年》的记载来看,楚人围巢;又从《左传·成公七年》记载吴人伐巢,子重奔命救援来看,巢应已成为楚邑,故巢为楚所灭。除此之外,何浩还提出了缯、应、厉、西黄、皖、州来、养为楚所灭。⑤ 我们认为除西黄、皖外,其余诸国为楚所灭都甚为有理。《左传·庄公十九年》载:"春,楚子御之,大败于津。还,鬻拳弗纳,遂伐黄"⑥。何浩依据黄、楚距离远近以及鄂君启节铭文推测,认为此"黄"应是汉水流域的"黄",即西黄,地在今宜城东南至天门县境之间,非潢川的"黄"⑦。确实,楚人败于津,津在今湖北枝江县之津乡,以战败之师而袭远,于情势而言甚不合理。殊不知楚国的军队,除了王所率领的王卒而外,尚有各县统领的县师。从《左传》中的记载来看,楚县师中最有名的是申、息二县的军队,他们经常随楚王征战。由于息近于黄,因此这次文王伐黄,不一定是率战败之师而来,很可能是从息调军参战。由于楚人有非得胜之君不得入宫的约束,所以文王取胜之后,即赶回郢都,于六月庚申病死于湫。楚灭西黄并不成立。关于"皖",在《左传》中找不到一点影子,虽杜佑《通典》有关于古本《史记》对"皖"的记载,然在《通典》之前的各类文献中,并无所谓古本《史记》中有"皖"的记载,至于其后的文献记载,当来自对《通典》的转述,故不可为据。

此外,被楚所灭的还有樊、番二国,虽不见于文献,但有出土的铜器

---

① 何浩:《楚灭国研究》,武汉出版社,1989年,第126页。
② 杨伯峻:《春秋左传注》,中华书局,1981年,第539页。
③ 杨伯峻:《春秋左传注》,中华书局,1981年,第208页。
④ 杨伯峻:《春秋左传注》,中华书局,1981年,第588页。
⑤ 何浩:《楚灭国研究》,武汉出版社,1989年,第128—142页。
⑥ 杨伯峻:《春秋左传注》,中华书局,1981年,第210页。
⑦ 何浩:《楚灭国研究》,武汉出版社,1989年,第220页。

铭文为证。① 胡有二国，归姓胡国为楚所灭，《左传》记载明白；而姬姓胡国何时为楚所灭，则文献失载。姬姓胡国在今河南漯河市东，正临古汝水北岸，控制着通往陈、许的要道，为战国时期楚北塞陉山所在。从楚人北进中原的历程来看，姬姓胡国可能灭于楚成王时期。陈国，被楚灭了三次。楚庄王以平定夏征舒之乱为由而灭陈，经申叔时的开导而复陈；楚灵王为加强对疆土的控制而灭陈，楚平王为结好诸侯而复陈；楚惠王时乘吴越构兵而最终灭陈。然何浩认为陈又复国，战国时期才为吴起所彻底消灭。②《史记·吴起列传》载："吴起相楚，于是南平百越；北并陈、蔡，却三晋；西伐秦，诸侯患楚之强"③。有学者以"并"通"屏"，认为是打退了三晋的进犯，守住了陈、蔡之地。④ 按：从清华简《系年》第二十三章"陈人焉反，而入王子定于陈"的记载来看，⑤陈人拥立王子定而背叛楚国。蔡也当是如此。因此，陈、蔡并未复国，只是在三晋支持下，另立王子定而已，分裂楚国。此"陈、蔡"当指楚疆土陈、蔡之地，非陈、蔡之国。因此，陈当是春秋楚惠王时期灭于楚。至于各家所持的"鄅、鄂"，本为地名，非为国名，何浩论述甚详，⑥此不赘述。通过上述考订，春秋时期楚灭国约有49个。

春秋时期楚人灭国的历程大致可以以楚庄王为界分为两个时间段，在楚庄王及其以前的历史时期，是楚人积极向外开疆拓土的重要时期，表现出一种蓬勃向上的积极进取精神，所灭之国也最多和最为普遍。除去不知灭亡时间的樊、番而外，在所灭的47国之中，这一时间段

---

① 河南博物馆等：《河南信阳市平桥春秋墓发掘简报》，《文物》，1981年第1期；徐少华：《樊国铜器及其历史地理探析》，《考古》，1995年第4期；徐少华：《周代南土历史地理与文化》，武汉大学出版社，1994年，第123—138页。

② 何浩：《楚灭国研究》，武汉出版社，1989年，第127页。

③ 《史记》卷65《孙子吴起列传》，中华书局，1963年，第2168页。

④ 陈伟：《楚东国地理研究》，武汉大学出版社，1992年，第110页。

⑤ 清华大学出土文献研究与保护中心编，李学勤主编：《清华大学藏战国竹简（贰）》（下），中西书局，2011年，第196页。王子定，太史公在《史记·六国年表》中将其植入"周"栏，以为是周王子定。从《系年》所记，应为楚王子，当在在楚国王位继承之争中败北，而逃于晋，寻求支持。

⑥ 何浩：《楚灭国研究》，武汉出版社，1989年，第127页。

占有37个国家,因而楚国的疆域急剧地扩大,从江汉之间延展到淮水流域,奠定了楚国疆域的基础。而在楚庄王之后的时间段,楚人所灭之国多为反叛的附庸,缺乏积极开拓的奋斗精神,抱残守缺而已,因而楚国的疆域也因附庸的反叛和被消灭处于不断的变化之中。

楚国疆域的急剧拓展,需要楚人创立一种新的政治统治方式。显然,他们吸取了周人分封诸侯的教训,要将土地和人口直接控制在王权之下,因而创立了县制。关于楚国的县制或春秋时期的县制,学术界成果丰硕。① 周振鹤仔细考察了县的起源,提出了县制发展的三个阶段,即县鄙之县、县邑之县、郡县之县,并就各个阶段的特点作了概括。② 李晓杰更是总学界之大成,对春秋战国时期的县制进行了详尽的研究。③ 他认为春秋初年,是县、邑通称时期,此时行政单位仍是以邑为通称,但已加上县的称呼,县、邑等同。直到春秋中期,县作为行政单位与邑还没有大的区别。但县作为国君直属地的性质却与采邑有所不同,这尤其表现在边境县上。在春秋后期,晋国的县的性质发生了变化。到战国时期,各国的县都由县邑发展到郡县,地方行政制度形成。

---

① 主要文章有:顾颉刚:《春秋时代的县》,《禹贡》第7卷,第六、七合期;童书业:《楚之县制》,《春秋左传研究》,上海人民出版社,1980年;冉光荣:《春秋战国时期郡县制度的发生与发展》,《四川大学学报》,1963年第1期;钱林书,祝培坤:《关于我国县的起源问题》,《复旦学报》(增刊)历史地理专辑,1980年;殷崇浩:《春秋楚县略论》,《江汉论坛》,1980年第4期;杨宽:《春秋时代楚国县制的性质问题》,《中国史研究》,1981年第4期;顾久幸:《春秋楚、晋、齐三国县制的比较》,《楚文化觅踪》,中州古籍出版社,1986年;虞云国:《春秋县制新探》,《晋阳学刊》,1986年第6期;李玉洁:《楚国的县制》,见其《楚史稿》,河南大学出版社,1988年;卫文选:《晋国县郡考释》,《山西师大学报》,1991年第2期;陈伟:《县》,见其《楚东国地理研究》,武汉大学出版社,1992年;吕文郁:《春秋时期晋国的县制》,《山西师范大学学报》,1992年第4期;徐少华:《春秋楚县的建置、特点以及性质和作用》,见其《周代南土历史地理与文化》,武汉大学出版社,1994年;李家浩:《先秦文字中的"县"》,《文史》,第28辑。此外,还有日本学者平势隆郎:《楚王与县君》,载《日本中青年学者论中国史·上古秦汉卷》,上海古籍出版社,1995年,第212—245页。参见李晓杰:《中国行政区划通史·先秦卷》,复旦大学出版社,2009年,第227—229页。

② 周振鹤:《县制起源三阶段说》,《中国历史地理论丛》,1997年第3辑。

③ 李晓杰:《中国行政区划通史·先秦卷》,复旦大学出版社,2009年,第240—251、292—294页。

具体到春秋时期楚国置县,李晓杰也进行了详细的考订,约 30 个县。①

春秋时期楚国所置之县多是在所灭之国的城邑而设,如庐县设在原庐戎的都邑,湖阳县设在原蓼国的都邑,期思县设在原蒋国的都邑。虽然这些楚县不像郡县之县那样设职治民、具有行政性质,但它们都比较大,人口较多,具有很强的实力,作为楚王直属的城邑,无疑是王权加强的一种表现。楚王与县公之间的政治关系是直接的统辖关系,县公由楚王任命,很少世袭,直接听命于楚王。楚王对县师可以直接征调,对县邑的所属土地和人口可以任意处理。如《左传·成公七年》记载,子重想以申、吕的土地作为自己的赏田,楚庄王答应了他,但申公巫臣说:"不可,此申、吕所以邑也,是以为赋,以御北方。若取之,是无申、吕也,晋、郑必至于汉"②。庄王认为说的有道理,就又收回了对子重的许诺。又据《左传·昭公九年》记载:"楚公子弃疾迁许于夷,实城父。取州来淮北之田以益之,伍举授许男田。然丹迁城父人于陈,以夷濮西田益之。迁方城外人于许"③。可见,楚王不仅可以把县的土地授人,也可以将县的居民进行迁移。

尽管春秋楚县是否具有下层行政组织已不可考,但其具有重大的军事职能则是可以肯定的,特别是一些大县,完全是一处军事重镇,如申、息、叶等都养有军队,而巢、州来、繁阳等都驻有重兵。

由楚县设置的时间来看,主要以楚穆王、楚庄王和楚灵王时期为主。楚穆、庄二王时期,正是楚国疆域积极向外拓展的重要时期,灭国置县主要以边境为主;而楚灵王时期,正值吴人与楚人激烈争夺淮域的关键时期,灭国置县主要以汝颍间和淮水上中游两岸为主,是为了打破血缘关系,直接控制疆土,强化对吴的防御力量。因此,杨宽认为"因为楚县具有边防重镇的作用,楚国随着疆域的扩大,设置的县逐渐增多,它的防御和进攻的力量不断的增强,这样就更有利于开疆拓土"④。诚

---

① 李晓杰:《中国行政区划通史·先秦卷》,复旦大学出版社,2009 年,第 257—274 页。
② 杨伯峻:《春秋左传注》,中华书局,1981 年,第 834 页。
③ 杨伯峻:《春秋左传注》,中华书局,1981 年,第 1307 页。
④ 杨宽:《春秋时代楚国县制的性质问题》,《中国史研究》,1981 年第 4 期。

哉斯言。楚人的灭国置县,不仅强化了中央的王权,加强了对地方的控制,而且也对春秋时期楚国疆域的形成与发展起到了积极的作用。

三、春秋时期楚国疆域变化的区域差异

通过前面的论述,可见附庸和县域的消长深刻地影响着楚国疆域的变化。由此我们可以确定,春秋时期楚国疆域的政治结构是由两部分构成,一部分是由楚王直接控制的县域,一部分是由楚国间接控制的附庸国,他们共同形成了楚国的政治地理格局的基本形态。

在《左传》《国语》的记载中,春秋时期楚人对于楚国的疆域有着明确的地理认识,将其分为东西两部。《左传·昭公十四年》记载:"夏,楚子使然丹简上国之兵于宗丘,且抚其民。分贫,振穷,长孤幼,养老疾……使屈罢简东国之兵于召陵,亦如之。"上国,杜注曰:"在国都之西。西方居上流,故谓之上国。"故杨伯峻认为上国是指楚国西部。① 那么,东国显然是指楚国东部。又据《国语·吴语》记载申胥谈到"楚灵王不君"时,说灵王"罢弊楚国,以间陈、蔡,不修方城之内,踰诸夏而图东国,三岁于沮、汾以服吴、越"②。申胥即伍员,从其所论来看,方城之内明显是指楚江汉之间,即楚国西部,东国与"方城之内"相对应,即楚方城

---

① 杨伯峻:《春秋左传注》,中华书局,1981年,第1365页。
② 徐元诰撰,王树民,沈长云点校:《国语集解》,中华书局,2002年,第541页。

之外的疆域。可见,方城一线是楚人划分楚国东西部疆域的分界线。①其以东即楚东国地域,为楚国东部疆域;其以西即方城之内,为楚国西部疆域,形成了东、西两部的地理格局。

楚国西部疆域主要是指楚国方城之内的江汉之间,无疑是楚国的核心区,是楚人立国的根本和发展的基础。楚人形成于江汉间的荆山地区,楚国也受封于此,并以此向外发展。在西周中晚期,楚文化逐渐形成,分布于江汉间的蛮河流域至沮漳河流域。在春秋早期,楚若敖、蚡冒筚路蓝缕,以启山林。这一时期的江汉之间,分布着为数众多的封国、方国及族群。其中既有周初分封的同姓和异姓诸侯国,如随、邓、巴等,也有西周中期以后分封的诸侯国,如申、吕、唐等,还有商代以来就建立于此的一些方国和部族,如鄀、厉、濮人、荆蛮等。这些政治势力构成了一张地缘关系的网络,是楚人必须面临的首要问题。楚人置身其中,可谓是有利有弊。小国、部族的星罗棋布,势力分散,有利于楚人的各个击破,实现楚人的地缘战略目标,建立以楚人为中心的地缘政治体系。但各据一地的杂处群居方式,使得政治离心力始终存在,不利于楚人的政治整合和民族融合,时常给江汉间带来政治危机,冲击楚人所构建的政治地理格局。

楚武王熊通是楚国历史上的关键人物。春秋早期,汉东诸国,以随

---

① 关于"方城"的含义,学界多有探讨。一种意见认为"方城"是城名,是楚人修建的防御长城。如杨宽就认为楚"方城"从今河南鲁山县西南鲁阳关起,向东经犨县,到达瀙水,再折向东南到达沘阳,整个城防呈矩形(见《战国史》,上海人民出版社,1998年,第320页)。另一种意见认为方城是山名,并且非止一山。清人姚鼐《左传补注》云:"楚所指方城,据地甚远,居淮之南,江、汉之北,西逾桐柏,东越光黄,止是一山。……《淮南子》曰:'绵之以方城',凡申、息、陈、蔡,东及城父,《左传》皆谓之方城之外。"杨伯峻深以其说为然,在《春秋左传注》中云:"说方城者甚多,唯姚说最为有据。"(见《春秋左传注》,第292—293页)如今,随着考古工作的开展(参见李一丕、杨树刚等:《豫南地区楚长城资源调查、发掘与研究》,载《楚文化研究论集》第10集,湖北美术出版社,2011年,第334—348页),楚"方城"的面貌越来越清晰地展现在大家面前,它确实是一条楚人以山为屏障修建的长城,用于保护楚江汉核心区的安全。当然楚国的这条防线并不是单一的,而是连接桐柏山、大别山一线的防御体系。因此,广义的楚"方城"应是指方城、桐柏山、大别山一线的楚国防御防线。

为大;汉阳诸姬,以随为首。随的疆域拥有漳河上游、滚河中上游、涢水中上游三个不同区域,方圆约百公里,其中心区域在滚河中上游一带。① 因此,要想得志汉东,冲破周人南土的地缘政治体系,控制南方的战略物质资源金锡,就必须先征服随国。为了服随,楚人采取了近交远攻的政治策略,先后三次伐随。随人的失败,确立了楚国在汉东的霸主地位,以楚国为中心的地缘政治体系建立了起来,其后虽有一些反复,但大局已定。楚人在江汉间的政治作为,引起了周边诸国的戒备、警惕,并随时有可能结成反楚的联合阵线,而此时楚国的力量并不强大,还不能逐一消灭其他国家。因此,楚国只好改变了原来的近交远攻的策略,实行远交近攻,求远盟以自解。他们结好巴人,先后灭掉周边的罗、卢戎、州、蓼等。楚文王时期,楚人与巴人联兵伐申,灭掉申、吕、邓诸国,一统江汉之间,奠定了楚人疆域的基础,形成争霸中原的政治基地。

楚国的勃兴,一方面与其正确的政治策略有关,而另一方面也与其怀柔的民族政策有关。春秋时期,夷夏观念十分流行。如《左传·闵公

---

① 从文献记载来看,汉东地区为随国,而从出土文物考察,则为曾国。因此,学者多认为随国即曾国。见李学勤:《曾国之谜》,《光明日报》,1978年10月4日,又收入《新出青铜器研究》,文物出版社,1990年;石泉:《古代曾国·随国地望初探》,《武汉大学学报(社科版)》,1979年第1期,又收入《古代荆楚地理新探》,武汉大学出版社,1988年。曾国铜器见于著录的已不少,《两周金文辞大系考释》列有曾国器物十件七类。随着考古工作的进行,曾国铜器陆续被发现。1972年至2002年之间,曾国铜器屡次出土于滚河中上游流域,特别是2002年枣阳郭家庙曾国墓地的发现(可参见湖北省博物馆:《湖北枣阳县发现曾国墓葬》,《考古》,1975年第4期;田海峰:《湖北枣阳又发现曾国铜器》,《江汉考古》,1983年第3期;襄樊市考古队等:《枣阳郭家庙曾国墓地》,科学出版社,2005年)。同时,在涢水中上游地区也有曾国铜器出土,特别是曾侯乙墓的发现(可参见鄂兵:《湖北随县发现曾国铜器》,《文物》,1973年第5期;随州市博物馆:《湖北随县安居出土青铜器》,《文物》,1982年第12期;随州市考古队:《湖北随州义地岗又出土青铜器》,《江汉考古》,1994年第2期;湖北省文物考古研究所等:《湖北随州义地岗墓地曾国墓1994年发掘简报》,《文物》,2008年第2期)。根据这些铜器的年代和集中出土区域,可以据以研究曾国的疆域变化。张昌平:《曾国的疆域及中心区域:先秦时期历史地理的考古学研究个案》,《荆楚历史地理与长江中游开发:2008年中国历史地理国际学术研讨会论文集》,湖北教育出版社,2009年。

元年》记载管仲言:"戎狄豺狼,不可厌也,诸夏亲昵,不可弃也"①。《论语·宪问》记载孔子言:"管仲相桓公,霸诸侯,一匡天下,民到于今受其赐。微管仲,吾其被发左衽矣"②。《左传·成公四年》载:"非我族类,其心必异"③。这些记载都表现出对待周边少数族的歧视心理。所以,齐桓公称霸,打出了"尊王攘夷"的旗帜。而楚人虽出自华夏,但却处于蛮夷之中,因此,能正确看待夷夏关系,一视同仁地对待夷夏族群。"抚有蛮夷,以属诸夏"④,表现了楚人民族偏见的淡薄,民族政策的开明。因此,江汉之间的诸侯、方国及部族纷纷归附楚国,有的成为楚国的附庸,如随、唐、贰、轸、庸等;有的则成为楚国的居民,如濮人、荆蛮等。这样,楚国疆域得以从夷水之滨拓展到江汉之间,拥有了今南阳盆地、江汉平原等广大地区。在楚成王、楚庄王时期,楚人一方面稳固自己对江汉间的控制,先后消灭反叛的附庸,如贰、轸、鄀、庸等,此时楚国西部疆域内,附庸基本被消灭,只有随、唐二国存在,这样有利于楚国核心区的稳定,使江汉之间成为楚人争霸中原的战略核心基地;另一方面楚人则北出方城,以实现争霸中原的政治理想。在邲之战后,楚人终于实现了自己的地缘战略目标,确立了以楚人为主导的中原地缘政治秩序,楚国的疆域也从江汉之间拓展到汝淮之间,形成了楚国的东部疆域。

楚国东部疆域主要是指方城之外的淮河南北的汝颍地区和巢湖以西的淮南地区。地处长江与黄河之间的淮水流域,自新石器时代起就是我国南北文明的交汇地带,生活着众多的族群与部落。商、西周时期,淮水流域成为南北族群冲突与对峙的重要场所,周人于此封建了众多的诸侯国家,建立了以周人为主导的南土地缘政治体系,以屏蔽王室,维护其在中原的统治地位。然而,随着平王东迁,周人政治力量的衰落,其南土的地缘政治体系也处于瓦解之中。楚人乘势而崛起,一统于江汉之间,奠定了坚实的后方基础,遂开始北出方城,争霸中原。

此时的淮水流域分布着众多的诸侯、方国和族群。在汝颍地区,主

---

① 杨伯峻:《春秋左传注》,中华书局,1981年,第256页。
② 刘宝楠:《论语正义》,中华书局,1990年,第577—578页。
③ 杨伯峻:《春秋左传注》,中华书局,1981年,第818页。
④ 杨伯峻:《春秋左传注》,中华书局,1981年,第1002页。

要有应、房、道、柏、沈、胡、养、蔡、顿、项、陈、许、厉等,在淮水中上游两岸地区则有江、息、弦、黄、蒋、蓼、樊、番、钟离、徐等,在淮南地区,有英、六、宗、巢、舒及群舒等。他们占据着不同的地理区域和节点,一起构成了复杂的地缘关系,成为楚人经营东国的地缘政治环境。除此之外,域内边沿还有郑、宋、鲁、卫等,域外还有齐、晋、吴、越等国。他们与楚人一样,都想成为这片土地的主宰,建立起以自己为主导的地缘政治秩序。关于春秋时期中原地区的地缘格局,梁启超有着很好的概括,其曰:"春秋之局,晋、楚对峙,宋、郑为之楔。宋稍畸于晋而郑稍偏于楚,亦若齐、秦之异趋也。鲁、卫则常宗晋,陈、蔡则常役楚。此八国者,左萦右拂,相对相当,以纬成春秋事迹。吴、越其兴也勃,其亡也忽,沧头特起,而全局几为之一变,其犹躔象之有彗星也。"①

如此复杂的地缘形势,对雄心万丈的楚人来说是有利也有弊的。有利的是楚人以江汉之间为基地,以方城要塞为门户,是进可攻、退可守,得地利之优势;楚人北出方城,东出冥厄,来往汉淮之间十分便利,不需劳师袭远。而晋、吴两国,虽有山河之利,但争霸中原,一要过黄河,一要渡长江,不得交通之便;齐国更有鲁、曹、宋等国相隔,假道伐远也甚为不便。不利的是大国相争,域内诸侯摇摆不定、叛服无常,导致楚人建立的中原地缘政治体制时常处于飘摇之中,疆域得不到及时的巩固和发展,域内的政治整合与民族融合得不到加强。

面对如此复杂的地缘政治格局,楚人在前期采取了取服为主、兼并为辅的战略方针。特别是楚庄王提出"止戈为武""武有七德"之说,通过"复陈""存郑""和宋"等政治决策,以德服人,取威定霸于中原诸侯,中原诸侯纷纷成为楚国的附庸或属国。在楚共王、楚康王时期,晋、楚处于拉锯局面,平分了中原的霸权,楚人失去了对颍水以北的控制。这一时期,楚国的附庸主要存在于楚国东部疆域之内,他们受到晋、吴的利诱或征伐,表现为叛服不定。

在中期,楚人对待附庸的政策出现了反复,给楚国东部疆域造成极大的影响。楚灵王时期,由于晋人支持吴人,楚、吴相争于淮河中游地区,互有胜负。但吴人多次深入楚境,也暴露出楚国在淮河中游地域防

---

① 梁启超:《国史研究六篇·春秋载记》,中华书局,1947年,第11页。

守的薄弱,为了稳定楚淮北疆域,加强楚人的直接控制,灵王实行了灭国移民政策。尽管这一政策可能导致附庸的叛逆,但从维护楚国疆域和加速民族融合来看,其积极性是值得充分肯定的。因此,这一时期楚东国疆域大有拓展。陈、赖(厉)灭亡,楚国东部疆域跨越了颍水,达到了中原南部地区。后为了争取中原诸侯的支持,楚平王继位后,一改灵王的政策,使陈、蔡复国,让一些已灭国的移民迁回淮域故地,虽目的是想平息属国与楚之间的矛盾,然结果却是削弱了楚人对疆土的直接控制,以至于疆域的防御门户洞开。在楚昭王初期,由于令尹囊瓦的贪婪,导致楚的附庸蔡、唐叛楚附晋亲吴。经过蔡国的上下奔走,形成了晋、吴、齐、宋、卫、郑、曹、陈、胡、许、蔡、唐等国的反楚联盟。一时之间,楚国是众叛亲离,四面受敌。楚昭王十年,即公元前506年,晋、吴等诸侯联军伐楚,攻破方城。晋举行召陵之盟,取得独霸的特权,致使晋楚平分中原霸权的局面被打破,楚人的中原地缘政治秩序完全瓦解。同年冬,吴、蔡、唐联兵伐楚,进入楚方城之内,连战连捷,直入郢都。吴师入郢之战,几致楚国灭亡。一些原属楚的附庸乘机吞并周围的楚邑和属楚小国,扩充地盘:胡国"尽俘楚邑之近胡者";顿国也背楚附晋;郑国南下灭许,尽取楚汝北地区;蔡也北上灭沈,尽取周围楚邑。楚东部疆域大大地缩小,汝水之北被中原小国攻占,丧失殆尽;江淮之间尽皆失去,被吴人占据。

在后期,由于附庸的纷纷叛楚,楚人实行兼并政策,进行报复。楚昭王后期,楚国经过八九年的政治革新和休养生息,国力有了一定程度的恢复。同时,楚人利用吴越相争之际,在楚昭王二十年,灭掉反叛的顿国;第二年春,又灭掉反叛的胡国。第三年,楚人派兵伐蔡,以报柏举之役。楚国疆域逐渐有所恢复。楚惠王时期,楚人先后灭陈、蔡。楚惠王十六年,越灭吴,楚人乘势沿淮东进。据《史记·越王勾践世家》载:"勾践已平吴,乃以兵北渡淮,与齐、晋诸侯会于徐州,致贡于周。周元王使人赐勾践胙,命为伯。勾践已去,渡淮南,以淮上地与楚,归吴所侵宋地于宋,与鲁泗诸侯东方百里"①。《史记·楚世家》也载:"是时,越已灭吴而不能正江、淮北,楚东侵,广地至泗上。"《正义》注曰:"江、淮北

---

① 《史记》卷41《越王勾践世家》,中华书局,1963年,第1746页。

谓广陵县,徐、泗等州是也"①。可见,楚东部疆域不仅恢复了原有地域,而且还扩展到扬州以西及淮泗之间。

行文至此,我们可见春秋时期楚国疆域变迁的区域差异与楚国政治统治方式的地理差异密切相关。在江汉之间,由于是楚国的核心区,楚人较多实行兼并,一旦反叛,即被灭国。楚庄王时,江汉之间的附庸仅随、唐二国。后唐反叛,为楚昭王所灭。而随侍楚以忠,到战国早期就还存在。在方城之外的汝颍地区,由于是楚国经略中原的前哨阵地,楚人对反叛不定的附庸多能容忍,以德服人。如蔡、陈等多次叛楚,但楚人并没有灭之。故而,楚国的附庸大多集中在这一区域,成为楚人取威定霸的棋子。只是到了春秋晚期,楚人才灭之置县。而在淮南地区,由于是楚国争霸中原的战略支撑,楚人对一些方国多灭之为县,对一些部族则纳为附庸,实行民族融合。所以,春秋时期楚国疆域变化最为剧烈的区域无疑是方城之外的汝颍地区,次之则为淮南地区,而楚国核心区的江汉之间是最为稳定的。附庸的减少,楚县的增多,不仅有利于强化中央对地方的控制,以使疆土稳固,而且也有利于文化的发展、民族的融合。

先秦时期的中国,由散到聚,从夏初禹会涂山的万国到战国时期兼并的十余国,反映了中国早期文明时代的华夏化历程。春秋时期楚国在疆域拓展的过程中,于不同区域实行不同的政治统治方式,打破原来的地缘政治结构,加强了各族群(国)之间的文化交流和民族融合,使之都融合为华夏,成为中华文明进程中的一部分,其疆土成为中华疆域最为重要的组成部分。

原载于《河南大学学报(社会科学版)》2021年第4期,《先秦、秦汉史》2021年第5期转载

---

① 《史记》卷40《楚世家》,中华书局,1963年,第1719页。

建国初期《人民日报》的制度构建与内部纷争

叶青青[1]

【导语】 1950年,在范长江同志领导下,《人民日报》经历了组织制度与思想观念等方面的重大调整,开展了从"农村办报"向"城市办报"的"大转变"。通过一系列的制度构建,范长江试图纠正《人民日报》进城后出现的"脱离实际、脱离群众、关门办报"的孤立局面。范长江早年在私营报纸《大公报》的从业经验所培养起来的新闻观念,使他力求通过对党报组织结构、个体行动方式,以及思想认知的改革与创新,为中共的城市办报设定新的办报目标和办报策略。但是,不同的新闻传统使行动者以不同的世界观来展开行动,范长江试图以城市办报方法来改造党报新闻干部习以为常的农村办报观念,并采取独断、压制甚至强迫的硬性手段来推动制度的实施,最终导致直接受制度规制的行动者展开排斥性反抗。这场新中国成立以来的第一次新闻改革,最终因"新闻本位"和"宣传本位"两种新闻观念冲突所引发的内部纷争而不得不中断。

1949年新中国成立后,国家政权和阶级结构发生剧烈变化。在一个崭新的社会制度下,中国社会各领域迎来了一个崭新的建设起点,新闻事业亦不例外。其中最显著的特征,是建立了以"党报"为核心,以国有化的产权、意识形态化的宣传、计划经济、政治动员和群众路线为特色的社会主义公营报刊体系。在这个体系中,"党报"始终发挥着领导与模范作用,不仅为党和国家的政治宣传提供了重要的传播渠道,也以

---

[1] 上海对外经贸大学外语学院副教授。

其特有的"党报模式"深刻影响着中国新闻事业的发展。回顾关于建国初期新中国新闻事业的研究，发现有两种不同的研究取向：

其一，将中国共产党领导下的新闻事业作为主要的叙述对象，党的新闻事业的发展代表了整个中国新闻事业的发展。因此，对1949年以来中国新闻事业的发展历程有着清晰的考察和描述，在对新闻事业历史时段的划分和叙述上，强调1949年开始的政治体制转型和政权类型变化作为影响中国新闻事业变迁的解释因素。尤其是在介绍1949年至1956年间的中国新闻业时，其着眼点主要是新中国成立后的新闻媒介的政治性表现，往往采用革命化叙事的视角，为读者呈现了建国初期新闻媒介向着建设社会主义新中国迈进时的种种具体表现，如宣传"土地改革""抗美援朝""镇压反革命"等社会运动，以及在意识形态领域开展对资产阶级思想的各种批判运动。这种视角的叙述是以外在于新闻业的事件或者结构的变化来代替新闻业本身的变化，新闻业是基本不变的，即便有变化也是跟着整个国家进程的发展而变化。因此，有学者呼吁共和国的新闻史研究亟待打破"编年史"的思维定势。①

其二，关注建国初期私营新闻业在社会主义改造中消亡的研究者，微观分析了以《大公报》、《文汇报》为代表的私营新闻业与新中国的调和与妥协，揭示了在政权交替时期政治和意识形态剧烈变动中，政党对新闻媒体的认识态度、政策演变，以及对从传媒到文化到思想的严格掌控，使之服从于政治宣传目标。② 新的执政者与旧的报界精英的共处与妥协，与报界群众的对垒与互动，共同建构了报业国家化趋向中民主诉求与制度规范、体制变革与人的改造的"社会－政治"镜像。③

---

① 黄旦、瞿轶羿：《从"编年史"的思维定势中走出来——对共和国新闻史的一点想法》，《国际新闻界》，2010年第3期。
② 杨奎松：《新中国新闻报刊统制机制的形成经过——以建国前后〈大公报〉的"投降"与改造为例》，香港城市大学传播研究中心、香港城市大学媒体与传播系编：《中国近现代报刊的自由的理念与实践——第二届学术研讨会论文集》，未刊稿，2009年，第226－249页。
③ 张济顺：《1949年前后的执政党与上海报界》，香港城市大学传播研究中心、香港城市大学媒体与传播系编：《中国近现代报刊的自由的理念与实践——第二届学术研讨会论文集》，未刊稿，2009年，第193－211页。

上述两种研究取向,基本勾勒了一幅并不一致的中国新闻事业变迁的图景。但是,彼此所依据的事实、所作出的判断并非截然对立,只是研究者以不同的影响因素来衡量中国新闻业的演变。无论如何,当我们以新中国的成立作为背景来考察建国初期党报新闻事业的发展时,必须注意到中国共产党从革命党成为执政党、中国社会从战争割据状态进入和平建设时期,以及中共党报从农村办报走向城市办报这三大制度环境的明显变化,党报的办报环境、报道内容和读者对象无疑也会随之发生相应的转变。那么,在政权更替和社会制度变迁的大环境变动之下,我们的党报是如何进行转变的?转变所依据的标准是什么?转变的成效如何?作为新中国最高级别的"党报",《人民日报》是中国新闻事业发展的一面镜子。因此,本文将以1950年《人民日报》社开展的"大转变"为考察对象,对上述问题进行思考与研究。

一、中央党报开展"大转变"的由来

1950年3月,中央人民政府新闻总署署长胡乔木在全国新闻工作会议上指出,新中国的报纸有了很大的发展和成就,其表现就是"以1949年为界,真正的人民报纸在数量上已占绝对优势,而且在性质上与国民党时期大资产阶级反动派的报纸以及帝国主义国家的报纸完全不同"。根据当时新闻总署的调查统计显示,全国报纸总数为336家,其中公营报纸257家,约占76%。① 从数量上看,中共直接领导下的公营报纸体现出了绝对优势。

对于那些习惯于农村办报的新闻干部来说,城市的报道领域和读

---

① 这个数据有许多版本。有的研究称新闻总署1950年3月份的统计数据为全国共有报纸336家,其中公营257家,私营58家,还有21家填在公营、私营之外的"其他"栏内。参见孙旭培:《解放初期对旧新闻事业的接收和改造》,《新闻研究资料》第43辑,中国社会科学出版社,1988年,第48—61页。有的认为1950年的全国报纸总数为382中,私营为58家。参见丁淦林:《中国新闻事业史新编》,四川人民出版社,1998年,第393页。有的提出,1950年的调查发现全国有报纸253种(日报175种),其中私营报纸50家。参见陈昌凤:《中国新闻传播史——传媒社会学的视角》,清华大学出版社,2009年,第274页。

者对象完全是陌生的,城市党报的宣传方法需要不断探索与改进。时任新华社总编辑的陈克寒针对中共的城市党报工作提出一个发人深省的问题:"新区如何办报纸?"①在研究中原地区新出版的城市党报后,他发现"各地大体还是以老区办报的经验、办法,在办新区报纸","无论从宣传对象、编辑方针、内容、编排形式看",新区报纸缺乏特色,且与老区报纸很少差别。在报道内容上,新华社稿件往往占据二分之一乃至四分之三的版面,所载地方新闻也与人民生活缺少关系。在版式设计上,固守"一版要闻、二版地方新闻、三版解放区新闻、四版国际和蒋区新闻"的死板模式。陈克寒的文章刊登在华北《人民日报》上,因其特殊的身份和领导地位,他提出的问题对中共领导下的城市办报工作应是具有指导意义的。

为了解答这个困惑,陈克寒从城市党报的宣传对象、宣传方针、报道内容和编辑方法等方面入手,分析城市办报与农村办报的差异,并提出新区报纸除了以干部为主要读者对象外,还必须同时注意一般的群众读者,并采取适当的方法,把两者的需要统一起来,而"绝不要以为我们(中共干部)懂得或老区群众习以为常的事物,新区群众也可以同样接受和理解"。陈克寒所提出的这些改进城市党报工作的具体方法,在中共党报的实际办报工作中具体的落实情况如何,我们不得而知。但是到了1950年,胡乔木代表中共中央在全国新闻工作会议上所作的报告,却正式以"联系实际、联系群众、开展批评与自我批评"为具体改进措施,开启了新中国全面改进报纸工作的大幕。在此背景下,作为新中国报业所马首是瞻的中共中央党报《人民日报》率先开始改进自身的工作。尤其是《大公报》出身的范长江成为中央党报的新任社长后,既有的党报制度框架下出现了一个新的行动者。范长江早年在旧中国发行量最大的私营报纸《大公报》的从业经验所培养起来的新闻观念,使他在《人民日报》发动的"大转变"中,制订了大量在原有制度框架下不可能产生的新政策和新制度安排,并试图利用城市报纸的新闻观念去改造来自农村的党报新闻干部的办报观念和行为方式。

---

① 陈克寒:《新区如何办报》,中国社会科学院新闻研究所编:《中国共产党新闻工作文件汇编》上卷,新华出版社,1980年,第292—297页。

"大转变"口号源自前苏联电影《大转变》,该片描写了苏联卫国战争期间斯大林格勒大会战的情况,主题是转守为攻"打出去"。1950年2月,这部影片在北京放映,年初刚到《人民日报》担任社长职务的范长江,立即组织全体报社成员集体观看,提出《人民日报》也要进行一次战略性的"大转变"。此时距《人民日报》由农村(河北平山里庄)转入城市(首都北京)将近一年时间,由一个解放区的机关党报转为全国性的中央党报也刚过半年时间。在这段时间里,中共解放区新闻事业的中心陆续向城市转移,以各级党报为核心的全国新闻事业网逐步形成。刚成立不久的国家新闻行政管理机构新闻总署主持了全国各类报纸的社会分工,《人民日报》作为3家全国性报纸之一,其主要读者对象确定为各级领导干部和机关工作人员,主要内容是报道、评论国内国际主要时事、思想、政策情况,介绍交流中心工作经验,开展各种思想与工作的批判,发表代表性文艺作品集、文艺工作经验,刊登读者问答等。《人民日报》的日发行数量也从创刊初期的4.4万多份上升到1950年3月的9.28万多份,居全国各级党报之首,也高于同时期的私营报刊。① 那么,为什么在这个时候,范长江提出《人民日报》要开展"大转变"呢?

李庄回忆说:"从1949年3月进城到1950年底,即新中国建立前后一年多时间,人民日报的工作相当困难。各部门领导干部基本是根据地来的,虽然补充了一批新鲜血液,但同时又调出一部分人,经常感到人手不敷分配。从华北中央局机关报升格为中央党报,宣传任务重了,接触面多了,许多新鲜事物不熟不懂。从分散的游击战争环境到集中的和平大城市,这个转变太快太急,从领导到职工,欢欣鼓舞之余,多少有些不清醒、不适应"②。这种不清醒、不适应表现在中央党报的日常新闻实践中,就是《人民日报》不断出现的各种错误。自1949年8月1日报纸正式成为中共中央机关报至同年12月底,《人民日报》先后刊登的更正启事多达81条。例如,1949年9月22日,一版社论《旧中国灭亡了,新中国诞生了!》,误将苏联国旗当作新中国国旗刊在题头。9

---

① 人民日报报史编辑组编:《人民日报回忆录》,人民日报出版社,1988年,第36页。
② 李庄:《人民日报风雨四十年》,人民日报出版社,1993年,第124页。

月29日,一版刊登国歌《义勇军进行曲》歌词时,误将"最后的吼声"刊为"最大的吼声";刊登新公布的国旗时,在国旗的一角错误地出现了黄边;刊登伟大领袖照片时,仍然遵照过去的惯例——将斯大林照片放在毛泽东照片前面,完全没有考虑到毛泽东已经是中华人民共和国的主席,理应放在前面;刊登各民主党派的活动与贺电时,也在版面安排上表现出轻视民主党派地位的问题。追根溯源,何燕凌回忆称:这是由于战争年代在农村环境中难免有游击习气,散漫、迟缓、不细致、不严密的作风被带进了城,行政部门、印刷厂和编辑部不像在乡下的时候那样亲密无间了,科学的经营管理还说不上,报纸出版时间太晚的问题久久未能解决。① 此外,在开国大典期间,《人民日报》再次出现差错,将"中央人民政府主席"说成"中央人民政府委员会主席",初次发表的国旗图样说明、国歌的歌词和曲谱均有差错,重要的《中央人民政府公告》有时被安排在版面的次要位置。这些差错惊动了毛泽东,他召集《人民日报》社、新华社、中央人民广播电台的负责人,给以严厉批评,要求查出对这些错误应负责的人并给以处分,还说以后必须确立和严格执行有关的制度,若再发生重大政治错误要开除党籍,对违反国法的要提交法庭审判。②

《人民日报》还面临新闻稿源十分匮乏、群众联系不够通畅等问题。进城以后,《人民日报》与过去在解放区发展的7000余名通讯员中的绝大多数失去了联系。在北平城新发展的通讯员,数量不多,又多为学校学生或机关干部。因此,报社开展全国性的报道只能依赖新华社提供新闻,常常陷入"来什么登什么,或到了晚间,还不清楚当天有哪些重要稿件需要刊登"的被动局面,甚至闹起了稿荒,只好常常拿机关文告或机关学校工作总结来填充版面。③ 此外,作为党报联系群众的重要环

---

① 燕凌:《"大转变"的两年》,人民日报报史编辑组编:《人民日报回忆录》,人民日报出版社,1988年,第86页。

② 燕凌:《"大转变"的两年》,人民日报报史编辑组编:《人民日报回忆录》,人民日报出版社,1988年,第86页。

③ 孔晓宁:《范长江与新中国建立初期的人民日报》,《新闻战线》,2009年第10期。

节,处理读者来信,接待读者来访,深入基层建立读报组,以及就读者来信来访进行实地调查,也没有认真建设。"群众来信往往被随便扔掉,为读者服务的专栏在版面上消失了,读报组大多徒有虚名,报纸宣传的实际效果,编辑部很难知道"①;"不熟悉工人、市民、工商业者、知识分子,直至街道胡同、门牌号数。长期'只此一家'惯了,从无多家报纸竞争的习惯和观念"②。这些做法和观念,严重地妨碍了党报与城市读者建立密切联系。来自农村根据地的新闻工作者也很难适应城市办报的要求。"报社成员想有作为,苦少办法。遇国内外重要问题,写评论很吃力;安排版面,制作标题,常常忘记向全国人民说话,忽视从政治考虑问题,多次出纰漏,作检讨"。

上述情况使得全面负责《人民日报》日常工作的总编辑邓拓感到力不从心。1949年12月1日,他在呈交陆定一、胡乔木并报毛泽东、刘少奇的报告中,指出《人民日报》工作存在的问题:严重脱离实际现象,游击习气积重难返,编辑部的领导实际上是多头的而不是逐级的个人负责制;干部量多质低,并且使用不当,不能发挥积极性;行政管理工作对编辑工作配合不好。③ 针对这些问题,邓拓建议增调一批懂业务的领导骨干,并改组编辑部。后来,这份报告得到毛泽东批示:"应早日解决,不应拖得太久。邓拓意见似乎是好的。"1950年1月,中央正式调派范长江担任社长,邓拓任副社长兼总编辑。选择范长江作为中央党报的社长一职,原因有二:一是因为毛泽东对范长江的特殊信任。在中央前委撤出延安转战陕北期间,就是范长江带领新华社部分成员组成第四大队跟随左右,积极向外界传播党中央的声音;二是因为范长江作为《大公报》培养出来的精英,30年代已经成为中国新闻界的知名记者,符合邓拓提出由"懂业务"的领导骨干来加强《人民日报》工作的要求。毛泽东对《人民日报》建国初期的工作非常不满,明确指出要《人民

---

① 人民日报报史编辑组编:《人民日报回忆录》,人民日报出版社,1988年,第85页。
② 李庄:《我在人民日报四十年》,人民日报出版社,1990年版,第102页。
③ 中央文献社:《建国以来毛泽东文稿》第1册,中央文献出版社,1987年,第177—178页。

日报》多学学《大公报》,"你们有点像《大公报》我就满意了"①。因此,委任范长江担任的社长就是理所当然的事情了。

在范长江的内心世界里,也渴望让新的中央党报继续延续延安《解放日报》的光荣传统和良好声誉。《人民日报》副总编辑安岗晚年回忆当时的情景:"长江同志当时常同我谈怎样办好《人民日报》的问题。他的思想集中在怎样办一张最好的党中央报纸"②。因此,为了改进《人民日报》的宣传工作,范长江就任伊始,立即向中央打报告,围绕着如何更深入更迅速地反映全国的实际工作,他提出三项措施:组织言论委员会,建立"党的生活"专栏,派出记者前往各地进行实际工作报道。③ 范长江是从新闻媒介主动反映、监督和指导客观实践的层面来推动党报的新闻报道。主张创建言论委员会,显然受到《大公报》重视言论工作传统的影响;要求报纸开展批评报道、选派记者分赴各地采访,打破党报新闻过于依赖党委指示而被动地进行政策宣传解释的惯例,突出了对党报新闻干部在职业化的新闻实践中发挥积极性、主动性的要求。正是从党报工作必须从被动转为主动的认识出发,范长江在苏联电影《大转变》的启发下,要求《人民日报》开始一场战略性的"大转变"。

二、范长江领导下的党报新闻制度改革

新中国成立后的第一次新闻改革应该从何处着手,如何推进呢?范长江深切认识到,仅凭个人的力量不足以推动中央党报的"大转变",支持他的中央领导是必须倚重的制度性资源。在集体观看《大转变》后,他首先在编辑部主持了一次座谈会,时任新闻总署署长的胡乔木(前《人民日报》社长)应邀参加并作了重要发言。何燕凌回忆这场座谈时,对胡乔木"人皆可以为尧舜,报皆可以为《真理》"的开场白印象深刻。在中共执政初期坚持"一边倒"的外交政策下,新中国的政治、经济

---

① 钱江:《范长江为什么离开〈人民日报〉》,《百年潮》,2009年第6期。
② 安岗:《办一张最好的党中央机关报》,《新闻战线》,2008年第6期。
③ 孔晓宁:《范长江与新中国建立初期的人民日报》,《新闻战线》,2009年第10期。

和文化建设都非常注重借鉴苏联的经验和模式,苏联《真理报》的办报模式常被奉为圭臬。胡乔木在座谈会上表态说:"你们(《人民日报》的记者、编辑)说《人民日报》不像《真理报》那样,没有一个中央委员在报社任领导工作,或者说缺少中央领导同志的直接帮助,所以办不好。这都不对。要自己提高自己。自己能打仗,才会得到援助。"以电影为例,胡乔木要求党报新闻干部要像指挥作战的将军们一样,按照中央确定的总的方针独立地艰苦思考、当机立断,不要事事依赖上级指点。胡乔木的发言显示了中共中央当时对党报工作的认知态度,要求党报独立地开展工作、独立地对人民负责,也就是要求党报要积极主动地承担起宣传、解释党的方针政策路线的任务,而不是消极被动地依赖上级领导的指示。范长江也在会上明确提出《人民日报》通过"大转变"来改进党报工作的基本策略,即"胜利靠每个人都发挥主动性,奋勇作战",但这并不是各自为战,而是有一个共同的作战计划和进击目标。①

这一作战计划和进击目标,在1950年3月上旬范长江、邓拓联名向中共中央写的报告中有所体现:"去年三月入城以后,《人民日报》取得了若干进步,但由于多数干部对城市办报,以及如何办全国性报纸的路线、方针、办法,长期混乱不清,以致形成严重的脱离实际、脱离群众与独立分散的倾向。"二人在报告最后表示:决心在中央领导下,把《人民日报》办成名副其实的中央党报。② 也就是说,经过近一年时间的城市办报实践,中央党报在新的办报环境和新的报纸身份面前,仍然没有明确的全国性中央党报特有的城市办报目标和办报策略。对此,《人民日报》编委会已经多次开会作出检讨,认为"报纸进城后开始从地方性转向全国性,但是大多数同志表现了狭隘的地方观点与经验主义,不懂得党报是向全国人民说话,表现出了缺乏国家观念、缺乏代表国家宣传的思想。没有意识到我们党是领导全国掌握政权的党,因而党报的地

---

① 人民日报报史编辑组编:《人民日报回忆录》,人民日报出版社,1988年,第87页。

② 孙旭培:《新闻学新论》,当代中国出版社,1994年,第265页。

位就与过去大不相同了"①。

实现中央党报从"农村办报"向"城市办报"的转移,对于大多数在农村根据地成长起来的党报新闻干部来说,仅仅完成办报地理位置的迁移,还没有在思想认识上真正跟进中共决策者制定的各项政治策略。而既有的延安党报模式在运作过程中,制度设计者在时间、精力和信息方面所受到的限制,也使他难以具备充分的远见,意料到中共党报在城市办报中会出现的各种问题,并提前通过制度安排来予以防范和制约。由此,在城市办报和办全国性报纸这两大压力下,富有城市新闻报道实践经验的范长江,无疑成为中共在改进城市办报工作过程中获得的一名体制外的新行动者,利用其不同于农村办报的新闻观念来实现对既有制度的叠加和修补。于是,由范长江领导的这场中央党报的"大转变",实际上成为中共党报继延安《解放日报》改版以来开展的新一轮的党报新闻制度改革。

从更大范围的报业环境来看,全国党报工作都需要通过一次"大转变"来纠正进城办报以来出现的"脱离实际、脱离群众、关门办报"的孤立局面。毕竟,这并不是《人民日报》独有的问题。1949年10月23日,新成立不久的新闻总署已经发现在当时的新闻工作中,各地对城乡实际工作的报道是十分不够的,"现在新华社总社收到的新闻,绝大多数都是日常消息,这种消息原本只要几句话可以说完的,但我们却常常花费过多的笔墨;至于有关实际工作动态的新闻,则十分稀少,而在这已经稀少的新闻中,真正概括的介绍实际工作生动情况和具体经验的新闻,则更见缺乏",致使新闻报道远远落后于实际工作的发展。为此,新闻总署要求各地新闻机构除了报道一般政治动态以外,还必须"经常地有系统地反映和指导劳动人民的生活和斗争",因为这种下层的社会政治经济改革才是巩固人民民主专政保障革命胜利成果的决定因素,

---

① 孔晓宁:《范长江与新中国建立初期的人民日报》,《新闻战线》,2009年第10期。

也是报纸等新闻机构发挥联系和提高群众作用的主要途径。① 到1950年3月,胡乔木在全国新闻工作会议上提出的改进新中国报纸工作的建议,依然是从"联系实际、联系群众、批评和自我批评"三个方面去要求的。在胡乔木看来,新中国的报纸不能够很好地联系实际工作的具体表现就是地方报纸过多地刊登全国性或世界性的内容,因此,不能更好地反映和指导地方工作;全国所有的报纸则都登载了很多关于会议的消息,报道许多机关的活动,而这些东西大多数不是群众所能够了解和感兴趣的,因而宣传越多价值越少,报纸变成了布告牌。② 与此同时,群众生活里产生出来的种种人物、种种智慧、种种经验、种种问题却不能占据报纸的主要篇幅,这就使得报纸失去了作为党的喉舌向群众讲话的功能,表现出脱离群众的倾向,而倾听群众的要求和呼声的问题又与报纸是否能发挥批评与自我批评的战斗性有关。③ 为此,胡乔木呼吁全国报纸从领导思想、工作方法上改变起,一直改变到全部的版面。

在创办"名副其实的中央党报"的目标指引下,以中共中央改进全国报纸工作的策略部署为制度背景,《人民日报》发动的战略性"大转变"正式拉开了帷幕。从具体的制度构建内容来看,范长江领导中央党报开展的"大转变",可以将其划分为组织层面、行动者层面和认知观念层面上的制度安排。这三个层面组成了中共党报在日常新闻报道实践中由外至内相互作用的制度变量序列。

---

① 《新闻总署要求报道城乡实际工作反映和指导劳动人民生活和斗争》,中国社会科学院新闻研究所编:《中国共产党新闻工作文件汇编》上卷,新华出版社,1980年,第361—362页。

② 范长江接手《人民日报》工作时,报纸上会议新闻所占的篇幅有时候要占40%以上的新闻版面。参见孔晓宁:《范长江与新中国建立初期的人民日报》,《新闻战线》,2009年第10期。

③ 《中央人民政府新闻总署署长胡乔木在全国新闻工作会议上的报告》,中国社会科学院新闻研究所编:《中国共产党新闻工作文件汇编》中卷,新华出版社,1980年版,第42—58页。

(一) 组织层面

新闻业的组织架构和工作常规约束着新闻从业者的职业行为。然而,任何组织都是在既有约束条件所决定的机会集合下有目的地创立的,什么样的组织会出现,以及如何发生演化将受到具体制度安排的影响。① 为了对中共党报组织开展制度化管理,范长江设计出台了各项规章制度。

首先,着手建立、完善编委会会议制度。每星期六下午二时举行编委正式会议,通报全国新近重大情况,讨论研究报社重要工作及重要报道选题,分派与落实各项工作任务。编委会成员的工作也进行明确分工。在编委会之外,范长江还借鉴苏联《真理报》多年来坚持举行的"飞行集会"(意译为"简短集会"),作为不定期召开的编辑部工作会议。

其次,报社编辑部的组织架构出现较大的变动。结合胡乔木在改进报纸工作会议上提出的学习苏联《真理报》编辑部分工的要求,范长江出台编、采、通合一的管理办法,对编辑部开展专业化的分工建设。范长江要求编辑部分设五个组:第一组负责政治、法律、军事要闻,并负责全部版面的拼版,在夜间工作,其他组都在白天工作;第二组负责工矿、交通、农业生产等报道;第三组负责财政、金融、贸易等报道;第四组负责文化、教育及党的生活、青年团工作等报道;第五组负责文艺副刊、人民园地及美术等。各组组长由编委担任,便于提高工作效率及统一调度人员,但各组均归总编辑直接领导。各组暂定至少每隔一天交出可登一个半版的稿件,其中包括新闻、通讯和评论,篇幅长短搭配,交总编辑最后审定与取舍。②

再次,编辑部的工作分工不断细化,专业化要求也更高,编辑工作从采写新闻、传送处理稿件,到编辑排版、签字付印,也都明确规定了具体的时间节点和工作流程。同时针对《人民日报》专职记者与特派记者

---

① [美]道格拉斯·C.诺思著,杭行译:《制度、制度变迁与经济绩效》,上海人民出版社,2008年,第5页。
② 孔晓宁:《范长江与新中国建立初期的人民日报》,《新闻战线》,2009年第10期。

都分散在各个部门的情况,范长江又规定由总编室副主任根据总编辑意图,与各组负责人协商对记者实行领导,并要求记者每人每月要写新闻5篇,通讯1篇。此后,《人民日报》编委会又把驻地记者的工作任务与工作方法,以文字形式确定下来。

范长江为《人民日报》制定的这套管理制度和组织架构,作为报社组建制时期的主要行动框架,在规范中共党报工作的正常秩序中发挥了重要作用。

1955年3月报社进入部建制时期,编辑部开展的新一轮机构改革仍然以这一时期的部门分工为基本组织框架的,其中不少制度内容,至今还在沿用。

(二) 行动者层面

党报新闻干部是直接受党报新闻制度规制的个体行动者,也是各项制度安排的执行者。作为一张从地方报纸转变而来的全国性中央党报,《人民日报》编辑部的成员主要来自晋冀鲁豫《人民日报》和《晋察冀日报》这两张长期在华北农村根据地出版的机关报。在战争和农村的环境下成长起来的新闻记者,对于政治、经济、文化情况远较农村复杂的城市是相当陌生的。而且,当中央党报所面临的城市办报环境与过去农村根据地办报相比发生较大变化时,报社成员也一时难以熟悉新的工作环境和办报方法。体现在《人民日报》的具体办报工作中,就是报纸的报道重心根据中共城市党报方针的指示,应该向经济生产领域倾斜。但在实际报道中,政治新闻大量增加,而反映群众生活、要求和呼声,反映党的恢复国民经济的方针政策执行情况的来稿减少,又常常登不出去,登不出去又导致来稿进一步减少,以至于有读者批评《人民日报》的报道只是城市、机关、会议。①

为了提高报纸与实际工作和读者群众的密切联系,范长江提出"耳目灵通"、"目光四射"、"决胜于社门之外"。所谓"耳目灵通",就是要重视报纸的通联工作,"目光四射"就是要记者编辑主动扩大对外联系,"决胜社门之外"就是让党报新闻干部走出编辑部,实地开展新闻采访。

---

① 李庄:《人民日报风雨四十年》,人民日报出版社,1993年,第124页。

首先,针对中央党报对中央意图和各地工作情况了解太少的困境,范长江分派编委委员、组长主动联系中央各部门,列席各部委党组会议,并商请各民主党派、人民团体,列席他们的相应会议,及时组织报道。范长江本人率先示范,联系了中央财政经济委员会,并在中财委设办公室,同陈云主任、薄一波副主任等领导人随时接触。同时,除了留最少数同志坚持编辑工作外,抽调三十多名业务骨干分赴全国各地采访,组织重要报道。为了扩大反映基层实际的稿件的来源,又主动联系各地方党报,希望各地报纸负责人于每晚看大样时,将各报大样上最重要的新闻加注简单说明,于次晨快寄给人民日报编辑部,以便《人民日报》及时给予转载。在此基础上,范长江在全国各地建立《人民日报》特约记者制度,并计划在全国建设记者网、发行网,广泛地组织读者会、读报组,以保持党报新闻工作者同通讯员和读者的密切联系。①

其次,《人民日报》重新建立通讯员制度,大力发展地方通讯员,并将培养通讯员、组织通讯员写稿,列为评价、考核记者、编辑工作成绩的内容之一,要求地方记者站记者每月至少组织通讯员写一篇文章,完不成任务的扣掉工资10%。② 报社还编印出版内部刊物《人民日报通讯》,分发给各地通讯员作为指导材料。③ 到1950年10月16日止,登记在册的通讯员达7829人,1950年底又增加到了近万名。④

再次,在处理读者来信来稿方面,成立通讯联络组(后来改称读者来信组)统一接收,按内容分发给各专业组,各组人员轮流先由一人大略浏览一下,按照组内相对固定的分工,把稿件信件分给编辑人员。编辑部成员也要根据中央的要求和自己从群众中了解的实际情况,每周每月检查报上发表的稿件,看什么情况和问题应该在报上反映而没有反映。然后从来稿来信中寻找线索,约请通讯员或记者采写,或组内派

---

① 中国社会科学院新闻研究所编:《中国共产党新闻工作文件汇编》中卷,新华出版社,1980年,第186—187页。
② 李俊:《中国共产党党报通讯员制度的历史演变》,《新闻与传播研究》,1990年第1期。
③ 丁淦林等:《中国新闻事业史新编》,四川人民出版社,1998年,第403页。
④ 李俊:《中国共产党党报通讯员制度的历史演变》,《新闻与传播研究》,1990年第1期。

人到群众中去访问、写稿。对于读者来信中带有普遍性的问题,《人民日报》也采用述评或综述的形式集中给予发表,既提高了来信来稿的见报率,也使见报的问题更有针对性。①

最后,在范长江严格要求下,党报工作中的游击习气和散漫、迟缓、不严密、不细致的作风得到遏制,一部分不太适应新的工作环境的老同志及从原《华北日报》接收的一些人员也陆续调出《人民日报》。到1950年上半年,《人民日报》工作人员总数为366人,其中编辑部人员虽然只有112人,但政治素质与业务素质总体上均有提高。② 范长江在编辑部特别是年轻同志中还大力提倡争做"名记者",并多次强调说,一个报纸办得好不好,能不能吸引读者,关键在于要有好的评论,好的新闻和好的通讯,要培养出一批国内外读者都很熟悉的名记者,使读者看了他的名字就想看他的文章。③ 对于《人民日报》的大多数消息只有电头没有记者署名的情况,范长江提出见报的消息和通讯都要署上记者的名字,说"我们就要培养无产阶级的名记者"④。这一重视培养知名记者的做法明显受到《大公报》用人之道的影响,范长江认为《大公报》善于选择有条件的记者,使之在采写实践中发挥所长、很快成名,一家报纸的名记者一个接着一个出现,也就提高了报纸在群众中的威望。⑤ 为此,《人民日报》报社编委会甚至还提出,以后本报工作人员工资待遇应考虑按工作成绩发放,实行物质奖励,以此鼓励大家充分发挥创造性。⑥

---

① 人民日报报史编辑组编:《人民日报回忆录》,人民日报出版社,1988年,第353页。
② 《中央人民政府新闻总署关于人民日报目前情况的材料》,上海市档案馆[B92-2-6-82]。
③ 王敬、陈泓:《伟大历史转折时期的新型报纸》,人民日报报史编辑组编:《人民日报回忆录》,人民日报出版社,1988年,第80页。
④ 朱悦华:《范长江新闻生涯的最后两年》,《中国记者》,2010年第2期。
⑤ 安岗:《办一张最好的党中央机关报》,《新闻战线》,2008年第6期。
⑥ 孔晓宁:《范长江与新中国建立初期的人民日报》,《新闻战线》,2009年第10期。

(三) 认知观念层面

在日常生活的互动中,人们总是运用他们的这种常识性知识来理解现状。① 党报的工作常规与党报从业者的认知紧密相关,要对党报新闻制度加以改革,就必须与对党报工作者的思想改造结合起来。

在推动农村党报新闻干部实现认知层面上的大转变时,范长江首先要扭转的就是他们关于"什么是新闻"的认知观念。《人民日报》曾有一位很有成就的记者,终生没有写过一篇新闻,他的工作就是写通讯,还有一位记者一篇通讯写两年,还要压一年才发表。对此,李庄解释说:"记者不写或少写新闻,是山区农村交通、通讯不便,人们的时间观念普遍淡薄,除了战争、生产、教育三件大事以外的事情一般不报道等习惯造成的。我们长期没有树立时间是新闻的首要或极为重要条件的观念"②。中共党报实现进城办报后,中宣部和新华社也曾经就党报新闻在农村工作中存在的缺乏时间观念和不善于争取时间的现象,专门发文予以纠正。但随后又特别指示党报记者在争取新闻的时间性中必须防止单纯追求"迅速"的偏向,否则就是"满足于表面的肤浅的报道,而降低党报新闻的指导意义"③。因此,党报新闻工作常常因为要对阶级敌人讲究保密性和新闻发布的时宜性而不得不牺牲时效性。

范长江对报纸刊载的消息严重迟滞的问题感到难以容忍,认为新闻报道放"马后炮"是从农村带来的毛病。"展览会要结束了才报道,谁还看?挖'三海'(北京北海中南海清淤)的新闻稿,说是要等到挖完了以后才发表;挖完了,说要等写好评论一起见报,又压下来。这是做新闻工作吗?这是很要不得的做法"④。为了改变这种新闻报道不注重

---

① 高柏:《中国经济发展模式转型与经济社会学制度学派(代总序)》,[美]沃尔特·W. 鲍威尔,保罗·J. 迪马吉奥主编,姚伟译:《组织分析的新制度主义》,上海人民出版社,2008年,第2页。

② 李庄:《新闻工作忆往——从范长江同志对我的言传身教说起》(下),《新闻与写作》,2005年第5期。

③ 中国社会科学院新闻研究所编:《中国共产党新闻工作文件汇编》上卷,新华出版社,1980年,第393页。

④ 燕凌:《范长江当人民日报社长的日子》,《炎黄春秋》,2004年第9期。

时效性的作风,范长江提出,"什么地方发生了有重要意义的事情,可以乘飞机去。要及时抓住全国多数人最关心的最当紧的新情况、新问题,及时地报道、评论"。此后,从写评论、写新闻到联系通讯员、处理群众来信,范长江一直督促甚至是逼迫党报新闻干部们树立积极、主动的工作态度,注重报纸新闻的时效性。

《大公报》出身的范长江,对何谓新闻、如何采访新闻的理解与那些来自农村根据地的党报新闻干部存在巨大的差异。在《人民日报》的新闻干部看来,这是"凡事要积极争取"和"一切听候组织安排"两种工作作风的区别。经过"大转变"一系列的制度改革与人员调整,《人民日报》的党报新闻干部们对范长江发动的中央党报"大转变"留下的深刻印象就是,"经此一逼一压,对于扭转某些不适应当代新闻工作的观念和做法,起了'创新'的作用"①。

三、观念冲突下的集体反抗

经过各方面的"大转变",《人民日报》的办报工作开始得到中央领导的肯定。刘少奇向范长江表达了他对报纸的看法,"《人民日报》有点看头了,有生气了,发表了一些能解决问题的文章。反映实际工作中的真实情况,指出问题如何解决,报纸才是有生命的。"范长江也要求各组和各地记者经常写情况汇报和工作日报,每月作报道计划和工作总结,作为报社总编室制定报道计划的依据。他多次就改进《人民日报》工作的问题给中央写综合报告、专题报告和请示信,就改进工作的每一项办法同胡乔木交换意见,与编委成员反复商议,同编辑、记者交谈。② 作为上级行政主管领导的胡乔木也十分支持范长江领导的"大转变",仅1950年和1951年期间,胡乔木写给范、邓、安三人的信件就有16件,主要内容是就《人民日报》的新闻报道、评论写作和版面安排提出各种

---

① 李庄:《新闻工作忆往——从范长江同志对我的言传身教说起》(下),《新闻与写作》,2005年第5期。

② 人民日报报史编辑组编:《人民日报回忆录》,人民日报出版社,1988年,第89页。

但是,这并不能使《人民日报》免于犯各种错误。1951年上半年,《人民日报》刊登的各类更正高达125条。8月,《人民日报》内部统计显示,当月小样检查出的错误共263处,包括政策性错误、引语错误、题文不符、发稿重复、用词不当、暴露机密、滥用简词、与事实不符和文法不通。正式出报后检查出的错误也有15处。① 9月,《人民日报》的新闻干部集中学习第一次全国宣传工作会议的文件,由范长江向中央提交一份题为《怎样加强人民日报的思想性与群众性》的工作总结报告。在报告中,他提到"有读者反映说,《人民日报》老是作更正或检讨,当然,检讨与更正都表示认真负责,但老是更正检讨,就变成'老油条'了……报社工作人员的水平与报纸的地位是不相称的,特别是我,不敷所托"②。

由此看来,范长江在"大转变"期间制定的各项改革措施,在转变党报新闻干部的思想认识、工作作风,进而实现中央党报的办报目标上并不完全是一帆风顺的。如范长江提出的将通讯员工作提升至"社会活动家"式的培养方式,在实际执行中《人民日报》编辑部只有部分专业组大致上按照此项要求联系了几百人,但也没有真正起到作用。甚至有人觉得,记者稿、特约稿还有许多用不出去,通讯员稿处理起来又特别费劲,采用率很低,何必多此一事呢?③ 范长江提出通讯员应当成为斯大林谈及工农通讯员的时候所说的那种"社会活动家"的想法,报社编委会和各组编辑、记者也并不完全同意。类似这般的领导者与执行者在处事风格和思想认识上的观念冲突,实际上反映的正是城市办报与农村办报间不同的新闻制度环境对个体行动者产生的形构。每个个体的具体行为选择是深深地嵌入于制度世界之中的,由各种规则、教义、惯例和信仰所构成的制度,为行动者对行动情景和行动策略起到了过

---

① 中国社会科学院新闻研究所编:《中国共产党新闻工作文件汇编》下卷,新华出版社,1980年,第315页。

② 孔晓宁:《范长江与新中国建立初期的人民日报》,《新闻战线》,2009年第10期。

③ 人民日报报史编辑组编:《人民日报回忆录》,人民日报出版社,1988年,第93—94页。

滤和建构的作用,也影响着行动者的身份认同、自我印象和偏好。①

身为中国新闻史上知名记者的范长江,虽然并非大学的新闻专业科班出身,但在自身的新闻报道实践中,深受城市私营报业新闻制度的影响。《大公报》作为范长江新闻职业生涯的起步阶段,赋予其最基本的新闻学观念。范长江坦言:"我在《大公报》四年,与胡政之接触较多,对他标榜的'民间报纸'、'独立言论'、'客观报道'、'诚以待人'这一套办报主张,一直以为有几分真实"②。范长江在一系列西北采访中关于西北边疆和民族生活的报道,以及陕北红区真实情况的报道,也体现了他所提倡的新闻记者积极主动地发现新闻,并通过实地采访获取一手素材的个性化新闻报道风格。正是范长江这种目击式的新闻报道,慷慨激昂的写作风格和生动的口语表达方式,为他赢得了无数读者的尊敬。尽管通过新闻报道积极参与政治的行为最终促使范长江的记者生涯"政治化",但是在革命者的政治立场之外,对于新闻报道在实践操作层面的基本观念,对于新闻的时效性、新闻记者的积极能动性的认知观念,并没有因为政治信仰的改变而发生变化。于是,范长江通过自己的从业经验培养起来的新闻观念,使他在《人民日报》发动的"大转变"中,制订了大量新政策和新制度安排,并试图利用自己的新闻观念去改造来自农村的党报新闻干部的办报思想。

而经历了从农村办报向城市办报转移的《人民日报》,曾经长期在华北农村根据地出版,编辑部成员主要来自晋冀鲁豫《人民日报》和《晋察冀日报》这两张根据地机关报。《人民日报》进城后,随报社进城的业务骨干基本上以解放区原有的干部、记者为主,没有在城市办党报的经验。但这些来自解放区新闻干部,大都经过根据地的整风,树立了一切事情听党的话,愿意当革命的"螺丝钉",群众的"勤务员"的革命理想,甚至是作党的"驯服工具"的思想观念。③ 因此,即使在进入城市办报

---

① [美]彼得·豪尔、罗斯玛丽·泰勒:《政治科学与三个新制度主义流派》,何俊志、任军锋、朱德米编译:《新制度主义政治学译文精选》,天津人民出版社,2007年,第50—51页。
② 范长江:《范长江新闻文集》(下),新华出版社,2001年,第1124页。
③ 李庄:《人民日报忆往》,《报刊管理》,1999年第10期。

以后,这些党报新闻干部在新闻报道实际操作方面,仍然习惯于延安党报模式下形成的"一切听候组织安排"、被动地等待上级指示的新闻生产方式。

这些不同制度环境下形成的个体观念,在《人民日报》的这场大转变中产生了交集,也让我们看到观念在塑造新制度的同时如何以等势的反作用阻碍新制度的推行。尤其是在中共党报作为一个依附于政党的组织机构的前提下,党报新闻工作者凡事讲究组织纪律、革命资历与阶级出身,而范长江却是从这一体制外中途转变人生信仰,追随中共领袖参加民主革命的新制度设计参与者,资历尚浅是一个问题,更重要的是以一己之力试图去改变一个以农村新闻干部为主体的行动集体,去改造那些如此"习惯"以至于已经自然而然地作为集体行动构成要素的认知观念和制度安排,个中困难可想而知。最终"新闻本位"与"宣传本位"的观念冲突,转化为报社内部的一场权力斗争。

1951 年冬季,"三反"、"五反"运动在全国范围内轰轰烈烈地展开。《人民日报》编辑部也开展了一场"三反"运动,以"反贪污"的名义揪出负责报社经营部门的秘书长王友唐作为"大老虎"来打,以"反官僚主义"的口号指向社长范长江。① 1952 年 1 月 17 日,《人民日报》社地方记者组秘书、党小组长的陈勇进撰文《我对范长江同志的意见》,上交报社第一支部委员会转总支委员会并报中央。这篇意见书中提出的问题,主要来自报社编辑部各部门负责干部,特别是一批抗日战争期间就参加革命的老同志对范长江的各种看法,认为范长江开始到《人民日报》时显示了具有一定的组织能力,但时间不久就暴露了他在修养上和真正的才能上,距一个真正中央报纸社长所应有的修养和能力是相差很远的。②

1952 年 6 月间,《人民日报》社为范长江等领导同志举行了批评帮

---

① 李庄:《人民日报风雨四十年》,人民日报出版社,1993 年,第 143 页。
② 孔晓宁:《范长江与共和国建立初期的人民日报》,http://media.people.com.cn/BIG5/192301/192377/192627/index.html,2010 年 7 月 10 日。文中有关《人民日报》制度建设的情况均来自报社档案资料,但由于没有对外公开,因此没有在文中详细注明资料来源。

助会议,前后历时8天,其中大部分时间由报社编辑部人员对领导干部的工作提出意见。所提的各项意见之中,又以总编辑邓拓的发言力度最大——其他同志的意见主要针对范长江的工作方法,邓拓将范长江的错误上升到思想作风高度,归纳为"有资产阶级的庸俗思想作风,有十分突出的个人英雄主义,在党内和群众中的实际锻炼很少,因此,他在工作中逐渐发展了主观武断的家长制作风,严重地脱离了群众"。同时,邓拓进行了自我批评。他检讨说:他在《人民日报》初期的工作中,资产阶级的影响也曾经是很严重的,当时他本人没有系统地去研究和总结我们在解放区办报的经验,曾不加批判地提出了"学《大公报》"的口号,还批准了在土地改革时期从地方调来的一批同志离开报社,想换一批干部,而没有首先努力巩固与提高已有干部,然后再去争取增加一批干部。总之,在办报方针和干部政策上都犯了原则错误。

从批评范长江的"家长制"作风,延伸到对过去一段时间里办报方针和用人政策进行检讨,范长江提出的一些比较符合新闻事业发展规律的思想与观念,不但没能得到应有的肯定与坚持,反而被当作"资产阶级新闻学"的观点加以批判。而范长江显然也在突如其来的政治风暴面前束手无策,思想茫然。范长江也举出很多事例为自己解释,但是他越是解释,报社一些同志就越认为他不愿认真听取与考虑大家的意见。最终,范长江与报社成员之间的矛盾一时难以调和,迫使中央将其调走,甚至是远离他所熟悉的新闻界。这场失去了指挥官的"大转变"也悄然偃旗息鼓,不了了之。以至于到了1954年,在中共中央看来,党报的新闻报道在反映人民群众的多方面活动方面仍然存在严重缺点,联系实际和联系群众,依然是党报工作需要改进的重点和努力的方向。这些问题一直积聚到1956年《人民日报》的正式改版,当中央党报再次提出要"扩大报道范围、开展自由讨论、改进文风"的改革举措时,与范长江发动"大转变"期间进行的制度改革竟是如此地相似。

范长江在中共党报工作中制度改革的失败,既有因新闻观念差异而激化日常矛盾的原因,也与中共党报作为依附于党组织的一个组成部分,其组织成员可以凭借革命资历与阶级出身来开展政治斗争有关系。组织社会学者认为,组织的内在结构有两个层面:正式的和非正式的权威。正式权威是指在等级制结构中的某个位置;非正式权威指的是潜在地允许行动者确定组织资源去向的权力或者专家意见。有权力的人会行动起来，通过正式与非正式权威实施其主张而保护其位置。只有在一系列新活动者获得了权力时，或改变组织目标是符合当权者的利益时，组织目标才有可能出现调整和变革。①

委任《大公报》出身的范长江出任中共最高级别的机关报《人民日报》的社长，体现了中共中央在新中国成立以后继续探索和改革党报工作的决心。刘少奇在对华北记者团的讲话中提到：党报记者要不断学习，不但自己可以学习自己，也可以批判地学习国民党的报纸和外国通讯社的报道，并称"人家许多东西不比你们写得差，甚至还好些"②。在建国初期的城市办报实践中，由私营报纸培养起来的新闻人才担任中央党报的社长一职，体现了中共决策者这种兼容并包的精神。有了中央领导的支持，范长江在领导《人民日报》开展"大转变"期间，自然是毫不含糊地制定一系列规章制度，落实党中央提出的改进报纸工作的各项方法。对于一些积习难返、作风疲沓的党报新闻工作者，范长江也常常毫不留情地当众给予严厉批评。但是习惯于"一切听候组织安排"的党报新闻工作者在涉及个人利益问题时，这些行动者所拥有的革命资历与阶级出身等非正式权威，又使他们非常关注个体在组织中的权力地位与等级差异，经常会为了获得组织内部的一些有利的资源分配而发生冲突。

来自清华大学外文系的王金凤在回忆录里提到《人民日报》的新闻干部为争"中灶"、争一套呢制服而争吵的情况。1949年3月，《人民日报》转入北平以后，报社设立"中灶"，规定县团级干部、抗日战争时期参加革命的干部可以吃"中灶"。而在进城之前，《人民日报》内部除了社长张磐石由中央局特别要求给予"小灶"待遇外，其余人员从安岗以下全部是"大灶"。按照当时的伙食标准，"大灶"为全部粗粮和素菜，一个

---

① ［美］尼尔弗雷格斯坦：《美国产业结构转型：1919—1979年大公司多部门化的制度解释》，［美］沃尔特·W.鲍威尔、保罗·J.迪马吉奥主编，姚伟译：《组织分析的新制度主义》，上海人民出版社，2008年，第336页。

② 刘少奇：《对华北记者团的谈话》（1948年10月2日），中国社会科学院新闻研究所编：《中国共产党新闻工作文件汇编》下卷，新华出版社，1980年，第253页。

月改善一次伙食,吃一顿肉或饺子。"中灶"的菜和"大灶"是一样的,只是在主食方面,细粮即白面多一些而已。报社中有的人被定为"大灶标准",不够吃"中灶",于是找到行政领导吵闹,认为把自己的待遇定低了。当时又有规定,县团级干部由公家配制一套呢制服,结果也有人去争吵。① 在生活待遇方面尚且如此,在日常工作实践中自然也有不服气的时候。《人民日报》的编辑记者根据入党和参加革命工作的时间先后,有"三八"式和"四八"式之分:在第一线采访的大都是新参加党报工作的"四八"式年轻记者,"三八"式的老记者是指挥一线记者的组长或编委成员。② 而像张磐石这样在土地革命时期就投身共产党的老战士,在担任《人民日报》社长期间,在工作上虽然也以严格著称,脾气不太好的他批评起人来会毫不客气地当面训斥,严厉得使一些干部有些怕他。鉴于他的革命资历和领导地位,下属干部也就接受了。新中国成立前后,胡乔木以党的中央委员担任《人民日报》社长,以他的资历和党内地位,《人民日报》的新闻干部也是不得不服从的。

范长江担任《人民日报》的社长,论资历上比不上报社"三八"式的老干部,甚至在党龄上还不如他们。但是由于身处报社一把手的地位,而且受到胡乔木等中央领导的支持,在《人民日报》开展工作时并不注意一些党内工作的方式方法,甚至是"有些粗暴和锋芒毕露"③。有的记者因为采访不够深入、全面,稿子出现部分失实,便要专门开会给予批评,写检查反省,甚至登报检讨。④ 在飞行集会上,范长江也经常不留情面甚至冷嘲热讽地批评一些农村新闻干部的工作作风问题。根据现在保留的当时召开飞行会议的记录,范长江的言辞的确比较过激。在1950年9月19日飞行会议上,他尖锐地批评:"有些同志写文章又臭又长,流毒全党。有些同志不用脑子,脑子专用于吃饭,姓饭名桶字

---

① 金凤:《命运——金凤自述》,人民日报出版社,2000年,第120页。
② 王敬、陈泓:《伟大历史转折时期的新型报纸》,人民日报报史编辑组编:《人民日报回忆录》,人民日报出版社,1988年,第79页。
③ 燕凌:《"大转变"的两年》,人民日报报史编辑组编:《人民日报回忆录》,人民日报出版社,1988年,第95页。
④ 何燕凌在文中列举许多记者写检查的例子,参见燕凌:《范长江当人民日报社长的日子》,《炎黄春秋》,2004年第9期。

无用号浪费。现在相当一部分同志是盲目的,要猛省!现在《人民日报》怕运动,每逢运动必败,为什么?不会配合,不是这个事情掉了,就是那个掉了。"针对做事疲沓、不讲效率的农村作坊式做法,范长江经常当众批评为"老棉袄、老油条",甚至将部分干部进城后常摆老革命架子的行为比喻为"猪肉架子"、"狗肉架子"。这些激烈言辞必然引起一些早年参加革命工作的老同志的反感情绪,对此,范长江在一次飞行会议上劝导说:"要把批评看作擦灰尘,洗脸,不要看作是'听训'。新闻工作者最宝贵的品质,是对社会事业有感觉。要培养社会事业家的感觉,不要培养个人事业的感觉。自己斤斤于个人的打算,那不会有什么成就,必须以无限的忠诚来为社会为人民服务"①。但是,对那些因伙食标准、呢制服问题都要到上级领导面前争吵、申辩的新闻干部而言,并不愿意顺从范长江某些主观的、武断的、"一手包办"的家长式作风。许多《人民日报》的老记者、老编辑后来回忆范长江时,除了对他个人能力和魄力表示赞赏外,往往对他的粗暴性格与办事作风颇有微词。何燕凌认为范长江对他人的批评,有些话"失之鲁莽或过于尖刻",伤害过一些好同志;林晰认为范长江性格比较粗暴,相较而言,邓拓就平易近人多了;刘振祥也认为范长江性情急躁,对农村干部的批评说的话比较重。② 因此,在"三反"、"五反"的运动中,那些拥有提意见、发动批评权利的党员干部,显然正在运用非正式权威,将自己身上的问题隐藏起来,反过来声讨曾经指出自己身上问题所在的批评者。而且在建国初期阶级斗争仍非常敏感的情况下,用"资产阶级新闻观点"、"资产阶级思想作风"来发动政治斗争,触动中央领导层最敏感的神经,很容易地就实现了权力逆转。在如此这般的你来我往中,真正有效的制度也只能流于形式而无法执行到位了。

---

① 孔晓宁:《范长江与新中国建立初期的人民日报》,《新闻战线》,2009年第10期。

② 根据本文作者2010年7月对何燕凌、林晰、刘振祥等同志的采访记录。

结　语

　　1950年以来,从"群众办报"路线生发出来的"联系实际、联系群众、批评与自我批评"的办报作风,成为主导新中国报纸改进工作方法的日常话语,而它实质上要解决的仍是党如何更好地决策、更好地领导群众的问题。"联系实际"是为更好地反映实际,以满足人民群众的需要,与"联系群众"一脉相承;"批评与自我批评"则是联系实际、联系群众必不可少的手段。将三者综合起来看,"一定程度上,正显露出党报为适应新的形势,在办报实践上所做的一种新探索。这种探索并不是党报基本理论或指导思想的变革,恰好相反,联系实际、联系群众、批评与自我批评,都是延安时期确立的重要内容"①。这项任务在中国共产党从革命党转为执政党后之所以变得更为迫切,是因为新生的人民政权亟须通过报纸的广泛宣传来实现群众动员和社会整合。

　　然而,组织乃是深深地嵌植于社会与政治环境之中的,组织的结构与实践通常是反映了或因应于那些在比组织更大的社会中存在的规则、信念和惯例。② 作为全国性的中央党报,《人民日报》在中共执政初期所表现出来的各种不适应和政治、技术上屡屡出现的错误,实际上是长期的农村办报所形成的集体行为,在制度环境发生变化的情况下不可能马上获得现成的清晰目标。因此,范长江领导的中央党报的"大转变",力求通过对党报组织结构、个体行动方式,直至思想认知观念的改革与创新,来为中共的城市办报设定新的办报目标和办报策略。但是不同的新闻认知传统使行动者以不同的世界观来展开行动,范长江试图以自己熟悉的城市办报方法来改造农村党报新闻干部习以为常的农村办报观念,而且采取独断、压制甚至强迫的硬性手段来推动制度的实施,最终导致直接受制度规制的行动者展开排斥性反抗。在党报新闻

---

　　① 黄旦:《"耳目"与"喉舌"的历史性转换——中国百年新闻思想主潮论》,复旦大学博士学位论文,1998年,第130页。
　　② [美]沃尔特·W.鲍威尔、保罗·J.迪马吉奥主编,姚伟译:《组织分析的新制度主义》,上海人民出版社,2008年,中文版序言,第1页。

制度的构建、执行过程中,缺少一套公开、公平、公正的权力监督机制,而使各项制度安排缺乏执行效度,行动者要么凭借在组织结构内居于正式的权威地位,使规则得以创造、有意义的活动得以发生;要么通过各种非正式的权威地位,如革命资历、阶级立场来争夺组织资源,阻碍不符合自己利益的制度的实施和贯彻。由此去看中共全国执政以来在改进报纸工作的大背景下开展的党报新闻制度改革,那些试图改变党报新闻工作者的传统观念和日常习惯的制度创新,如果没有一套相应的更大范围的制度体系和环境的"大转变",范长江式的悲剧就是不可避免的。

原载于《河南大学学报(社会科学版)》2013年第5期,《中国现代史》2013年第12期转载

建国初期中部地区承接工厂内迁问题的解决机制

孙建国①

【导语】 建国初期沿海工厂内迁过程中,迁入地与迁出地都存在着这样或那样的问题。为了保证内迁工厂能够顺利开展生产经营,迁出地与迁入地都积极行动尽力解决内迁工厂遇到的问题。在地皮、厂房、资金、原料等方面,中部地区地方政府给予充分的供给;在市场建设方面,内迁工厂获得了国营商业公司的订货采购支持;在协作关系方面,地方政府尽力为协作企业提供相关方便,帮助企业解决劳资纠纷;甚至当内迁工厂遇到比较复杂的财产处理问题,包括债权债务的处理、新厂房的租建、遗留资产的核算等方面,也在各方努力下最终得到妥善处理。探究工厂内迁过程中各种问题的应对机制,是为了说明该问题的解决是多元化主体共同努力的结果。目前中部地区出现的大招商及承接沿海产业转移应该吸取历史经验,真正推进全社会各方面联动,为内迁企业生产经营创造良好的服务环境。

目前的经济史研究成果中较少有专门研究建国初期工厂内迁问题,有针对性地研究中部地区承接沿海工厂内迁过程中各种问题的解决机制尚是一个空白领域。② 建国初期沿海工厂内迁过程中曾经遇到

---

① 河南大学经济学院教授。
② 建国初期的时间范围,主要是指 1949 年至 1957 年之前的一段时间。对建国初期工厂内迁问题的研究成果,目前仅有笔者对其特点问题的研究,具体内容参见孙建国:《论新中国成立初期内迁工厂特点及对河南经济的影响》,《中共党史研究》,2009 年第 12 期。

各种各样的问题,主要表现在资金短缺、动力供应紧张、劳资关系处理困难、协作关系不畅等诸多方面。这些问题的根本解决,关键在于依靠各级政府优惠政策的扶持。为此,中央政府和中部地区地方政府大力支持工厂内迁,在政策待遇方面帮助其解决内迁过程中遇到的问题。①中部地区承接地对承接沿海工厂内迁积极应对表现在:在土地、厂房、资金、原料等方面给予优先支持;在市场拓展方面,迁入地依靠国有商业渠道给予内迁工厂加工订货、采购定货、经销代销等方面的支持;由于建国初期企业经营困难使得长期形成的劳资双方矛盾更加激化,但在各方协调下得以最后解决;内迁工厂资产核算、债务纠纷问题的处理,也是在沿海与中部地区彼此协调下得以完成。沿海工厂的顺利内迁,有利地推动了建国初期中部地区的经济恢复与发展。

一、原材料的问题

沿海工厂内迁中部地区过程中,虽然有效解决了所需农林产品——诸如棉花、烟叶、木材、小麦等原材料供应问题,但又因为远离港口海岸而遭遇工业半成品原材料供应的困扰。② 内迁工厂迁离口岸城市造成新的原材料供应问题,主要表现在:首先,由于对内迁的准备工作事先计划不周,因而存在原材料供应方面困难。有些工厂因基本建设,如动机、皮革、农药等厂因房屋基建、机器和水、电安装等准备工作未能如期完成,也有部分工厂因原材料供应发生困难,不能生产。如三电、日用化工、五金等厂原在上海时亦因原料不足,成为停工或半停工的瘫痪状态,迁来合肥以后,原料供应仍是一个比较严重的问题。如三

---

① 中部地区的概念,主要是指湖北、湖南、河南、安徽、江西、山西六省,正好是当代中部崛起战略涵盖的地区。鉴于史料的关系,本文仅以河南、安徽两地为主进行分析。

② 建国初期内迁工厂依据"就原料就电力能源"的原则,内迁工厂基本上解决了原材料、能源动力供应问题。与此相比,60年代内迁工厂更加注重国防与政治意义,原材料问题是没有充分考虑的问题,这是二者之间显著区别之一。关于工厂内迁接近农产品原材料问题,拙作《论新中国成立初期内迁工厂特点及对河南经济的影响》已有所论,这里不再赘述。

电厂1957年生产需用主要原料锌皮、冷铁管皮、铜皮、克板和立板等皆供应不足;文具厂的盘元只能供应半个月;牙膏厂的甜性橘子油一点不能供应。由于原料供应困难,不能生产,非但造成资方和职工思想混乱,而且在人力和物力上也造成很大浪费。① 其次,内迁工厂原材料供应困难还表现在"迁来合肥生产,材料供应上是有困难的。据初步统计约140种原材料不能解决,其中五金一项就有56种。虽然合肥有专人在上海解决这个问题,但仍有部分不能解决,有的还是属于进口货,国内不能生产"②。再次,工厂迁离沿海地区也会造成工具材料和原料问题的出现。内迁工厂之一的中国火柴厂提出:"我们迫切需要拌地轴200尺,1寸与6分自来水管80根,此处五金公司说,厂已迁安徽,应由当地考虑。可是安徽没卖的,希望照顾协助解决,否则机器安装有问题,工房无自来水";内迁工厂之一的东方墨水厂也存在类似问题:"迁厂后,原料全部须由上海(运)去,不能就地取材,上海有协作厂二、三十家,顾虑搬去后,不能投入生产。迁合肥后,印铁皮没有,马口铁也有问题,从上海运去,成本就要增加,现在上海每月可以盈余二千多元,迁厂需要投资三、四十万,但利润还不及此数。"③

内迁工厂生产需要的农林产品的原材料供应问题,采取的措施主要是依托当地资源优势就近解决。开封豫明火柴厂所需原材料为氯酸钾和杨木,在工厂努力和地方支持下,每日所需氯酸钾90公斤均向国

---

① 安徽省工业厅:《关于上海内迁厂的情况》(1957年2月),安徽省档案馆安徽省工业厅总档2目12卷。转引自中国人民政治协商会议合肥市委员会文史资料委员会编:《合肥文史资料(上海内迁企业合辑)》第8辑,《合肥文史资料》编辑部编辑出版,1993年,第256页。

② 《关于今年(1956)上海内迁厂中几个问题的汇报》,中国人民政治协商会议合肥市委员会文史资料委员会编:《合肥文史资料(上海内迁企业专辑)》第8辑,《合肥文史资料》编辑部编辑出版,1993年,第243页。

③ 《上海市工商联召开迁厂(安徽)人员座谈会纪要》,中国人民政治协商会议合肥市委员会文史资料委员会编:《合肥文史资料(上海内迁企业专楫)》第8辑,《合肥文史资料》编辑部编辑出版,1993年,第232—233页。

内各地及苏、美各国采购,杨木主要来源于开封本地;①卷烟制造厂所需原料,主要是河南许昌地区所产烟叶;平原省是重要的棉花产区,也有效地满足纱厂的原料需求。② 1949 年棉花 450 万亩,1950 年增加棉田 400 万亩,所产棉花除供给省内两个纱厂之外,大部分运往上海、天津等地。③ 为了解决市场上棉花收购管理问题,平原省新乡市由私营纱厂和国营花纱布公司联合组成棉花联合采购处,统一收购棉花。由于平原省新乡市棉花市场自由买卖,该组织的成立使得收购价格、质量方面得到统一。针对内迁工厂需要的工业半成品原料问题,由于内地多不生产仍然需要赴沿海及国外采购。正如当时开封市工商局局长刘明远所说,"反正有些原料在上海时要向外采购,工厂内迁之后照样可以利用现有的国有商业渠道及私营商业向外订购。"通过国有商业利用其渠道优势替沿海工厂解决内迁之后遇到的经营困难,这是建国初期一项具有鲜明特色的措施,这也是值得肯定的经验。

二、资金短缺问题

由于在工厂内迁过程中迁出地没有给予相应的优惠政策支持,导致内迁工厂普遍面临资金短缺的难题。根据《中国人民银行华东区 1950 年上半年工作总结》显示,对私营企业银行贷款采取的是一种消极维持的策略:"我们在贷款中表现的公私关系主要是偏向,是对私营工商业的困难,仅是消极维持。由于私营工商业的困难,特别是其本身弱点,如机器臃肿、成本高昂、劳资关系不协调,未采取有效的克服办

---

① 开封市人民政府工商局:《开封市工业设备情况调查统计表》,开封市人民政府工商局编:《开封市工商业调查统计表》(1950 年 1 月 1 日),开封市档案馆藏档案,档案号 23—2—27。

② 1949 年 8 月 20 日平原省正式成立,驻新乡市。中华人民共和国成立后,平原省由中央直接领导。辖新乡、安阳、湖西、菏泽、聊城、濮阳等 6 专区。共辖 56 县、1 矿区、5 城关镇。1952 年 10 月平原省建制撤销后,其所辖豫北 3 个专区和 2 个城市归属河南。

③ 《平原省新乡市人民政府工商局致上海市棉纺织工业同业公会筹备会函》(1950 年 4 月 2 日),上海市档案馆藏档案,档案号 S30—4—93。

法,因之贷款也就愈陷愈深"①。可见,当时中国人民银行对私营工商业的贷款存有明显的顾虑。1954年《上海工业改造与迁厂的初步方案(二稿)》也涉及资金问题。按照所提迁厂方案,初步估算第一方案需要资金7亿元,第二方案需要资金5亿多元,第三方案需要资金2.4－2.9亿元。根据人民银行摸底,合营私营工商业及社会游资可争取动用的资金仅为5500万元(另一方案为9800万)。② 这些资金如用于迁厂,工业改造的流动资金将更加不足。而国家主要集中资力搞重点建设,也完全不可能来补充迁厂资金的巨大缺额。因此,该方案提出了加强资金集中管理的建议:资金是迁厂方案的物质基础,目前应当进一步寻找资金来源,把可以争取的资金集中起来并加强管理。公私合营的利润和公债及国营企业的厂长基金都应当加以严格控制,以免分散。从中可以看出,金融机构与沿海地区政府部门对内迁工厂资金支持并未纳入优惠政策范畴。

  针对内迁工厂资金短缺的问题,主要是由迁入地当地政府兑现优惠政策的措施,给予贷款资金的支持。1949年底,龙华烟厂由上海内迁卷烟机4台,切烟机4台,烘丝机、轧梗机、磨刀机、立式锅炉各一台。当时有沪籍职工27人加新招106人共133人,于1950年1月开工生产。但因资金不足,始之依靠政府贷款,继之依靠银行押汇周转。③ 银行对龙华烟厂贷款之后,勒令其限期开工,否则提前收回贷款;豫明火柴厂则与银行协商改善营业,在不使银行贷款吃亏的原则下继续维持生产;④天同纱厂、锦新纱厂迁汴后仍属私营性质,由于资金短缺等原因经营十分困难。在政府的支持和帮助下发放贷款,并为省、市花纱布

---

  ① 《中国人民银行华东区1950年上半年工作总结》(1950年8月15日),《财政与经济》第1卷第3期。
  ② 《上海工业改造与迁厂的初步方案(二稿)》(1954年),上海市档案馆档案,档案号A38－2－260。
  ③ 开封卷烟厂:《开封卷烟厂志(1950—1982)》,开封胶印厂印刷,1987年,第26－27页。
  ④ 《河南省人民政府关于维持公私企业生产克服目前困难的方案(1950年5月8日)》,张玉鹏、李健主编:《中国资本主义工商业的社会主义改造(河南卷)》,中共党史出版社,1992年,第69页。

公司加工棉花，方始度过难关。后来两个厂都扩大生产，招收了新工人。① 据档案记载，当时开封市工商局局长刘明远介绍贷款方面的情况为："因今年度中央把建设重点放在钢铁、电力及交通三大事业上，迁厂资金尽可能以自筹为原则。但当地各级政府仍拟在可能范围内，尤其是流动资金予以低利贷款之帮助。例如，新毅纱厂迁厂时在无锡贷得13000万元，期限45天，到开封后第一次贷得8亿元，订期5年；第二次1亿元，作为建筑贷款，订期2年，利息一分二厘；第三次又拟主动贷给该厂16亿元作为发展生产之用。"②

由于迁入地政府对内迁工厂贷款扶持的力度较大，以致于部分工厂中出现了对贷款过度依赖的倾向。从1950年1月《河南省开封市工业财务状况统计表》看，天同纱厂负债为265350万元，其中"银行透资"部分为30664万元，天同纱厂资产净值为122939万元。由此可以看出，天同纱厂资产负债率（资产负债率=〔负债总额/资产总额〕×10％）高达68.33％，即工厂负债占资产总值的近7成。此外，天同纱厂此时尚需流动资金6—12万元；豫明火柴厂负债41906万元，其中"银行透资"36499万元，资产净值30417万元，豫明火柴厂资产负债率（资产负债率=〔负债总额/资产总额〕×10％）为57.94％，即工厂负债占资产总值的近6成。此外，尚需流动资金2—4万元。③ 天同纱厂、豫明火柴厂在资金需求方面对贷款支持依赖程度较高，这也从另一个方面说明中部地区地方政府积极支持内迁工厂获得所需资金，对于解决内迁工厂资金问题大有帮助。

---

① 开封市政协学习与文史资料委员会编：《开封文史资料》总第18期，2001年，第59页。

② 上海市棉纺织工业同业公会筹备处：《关于工厂内迁座谈会·河南省开封市工商局局长刘明远谈开封市工商业情形》（1950年2月28日），上海市档案馆藏档案，档案号S30－4－93。

③ 开封市人民政府工商局：《开封市工业设备情况调查统计表》，开封市人民政府工商局编：《开封市工商业调查统计表》（1950年1月1日），开封市档案馆藏档案，档案号23－2－27。

三、市场问题

建国初期内迁工厂刚刚进入中部地区,由于对新的经济环境还不熟悉,市场拓展能力不足,以致面临着严重的产品滞销问题。从1950年4月内迁开封的龙华烟厂、豫明火柴厂情况看,"私营企业如龙华烟厂每日产烟110箱,只能售出5箱,滞销占95%。豫明火柴厂自3月到现在共产火柴160箱,只售出9箱"①。为了改变这种经营上的困难,通过政府部门协调下国营商业渠道以加工订货、采购定货、经销代销关系等形式支持内迁工厂拓展市场。

为了帮助有利于国计民生的工商业的正当发展,逐步克服目前遇到的成品滞销、资金周转不灵的暂时困难,政府根据"公私兼顾"的原则,大力扶持私营工商业。私营企业在政府领导下劳资团结维持生产,共同克服目前困难,以达到城市工商业良好地过渡到正常发展轨道之目的。政府对公营企业的扶持,通过加工订货、统一收购、原料兑换成品及贷款等方式实现监督。1950年,"蛋品公司继续收购鸡蛋2425万枚,对汴新民蛋厂实行加工,约占总成交量的15%"②。私营工商业者明确认识维持生产渡过困难,主要是依靠本身的改进与工人团结协商,共求管理与经营的改善,再加以政府的扶持协助。中南贸易部花纱布公司1950年5、6月份以棉花40万斤,扶持并委托郑州新毅纺纱厂、开封天同纺纱厂进行加工;政府先后以订购方式购买中原、致远、河南日报材料厂等皂厂肥皂65000条,豫明、中州火柴厂火柴500箱。并与私营工厂建立代销、经销关系,销售豫明火柴厂的一字火柴。在加工订货方面,依照维持公私企业生产方案的原则,采取根据销路予以加工订货

---

① 《河南省人民政府关于维持公私企业生产克服目前困难的方案(1950年5月8日)》,张玉鹏、李健主编:《中国资本主义工商业的社会主义改造(河南卷)》,中共党史出版社,1992年,第62页。

② 《河南省人民政府关于贯彻执行中南军政委员会中共中央中南局调整公私工商业关系与救济失业工人两个指标的指示(1950年6月26日)》,张玉鹏、李健主编:《中国资本主义工商业的社会主义改造(河南卷)》,中共党史出版社,1992年,第68页。

的方针。对已开工之新毅、天同纱厂,本着"自愿、两利、信守合同"的原则,此批加工完毕后,仍可继续订立加工合同;织布加工可依据销路订立合同;蛋品、油脂、百货均按"以销定产"加工;对豫明火柴厂维持执行5个月经销合同规定,合同经销额占生产总额83%。①

由于自产自销的局面持续维持有一定难度,1951年内迁工厂开始联系给国营商业机构开封市百货公司加工,产品有红竞赛、松竹梅等牌子。② 1952年又为开封烟厂加工新力烟1517箱,售出17根带卷烟机一台。根据加工合同看,1955年度仍然在加工生产,下半年为中国专卖事业公司加工量2884箱。中国专卖事业公司开封市公司与龙华烟厂签订1955年7月至12月份加工合同记载:"查本公司与开封龙华烟厂原签订之卷烟加工合同于5年6月30日止已届期满,原订之合同已失效用。现又奉上级指示从5年7月1日至12月31日期间内继续加工,经双方研究同意另行签订合同,现合同已签订完竣,特此备文。"③

内迁工厂产品市场的打开,也与当地经济发展水平有着密切的关系。从河南开封农村市场购买力情况看,"开封及附近地区处黄河以南,土改年底可以完成。目下一般农民生活虽极贫苦,不久将来购买力可保证普遍提高"④。随着市场购买力的日益增加和销售市场的逐步拓展,内迁工厂生产情形逐步改观。"新毅纱厂目下每一纱锭24小时内可产纱1.2磅,市场方面为求过于供,当地各厂开售棉纱只能3天到7天开售一次"。豫明火柴厂推销地区亦如内迁前计划一样,其市场主

---

① 《河南省人民政府关于贯彻执行中南军政委员会中共中央中南局调整公私工商业关系与救济失业工人两个指标的指示(1950年6月26日)》,张玉鹏、李健主编:《中国资本主义工商业的社会主义改造(河南卷)》,中共党史出版社,1992年,第69—78页。

② 建国初期开封市国营商业主要有百货公司、新华书店、花纱布支公司、蛋品分公司、油脂公司、盐业支公司、煤建支公司、粮食公司、土产公司等。

③ 开封卷烟厂:《开封卷烟厂志(1950—1982)》,开封胶印厂印刷,1987年,第26—27页。

④ 上海市棉纺织工业同业公会筹备处:《关于工厂内迁座谈会·河南省开封市工商局局长刘明远谈开封市工商业情形》(1950年2月28日),上海市档案馆藏档案,档案号S30-4-93。

要在陇海、平汉线及其它各地展开。

四、劳资纠纷问题

建国初期私营企业劳资矛盾突出,也成为内迁工厂开展经营活动所面临的主要问题之一。内迁工厂职工和资方人员的工资,一般是按照上海时的工资未动。由于改造时间的不同,可分为两类:即改造高潮前内迁的工资基本未动,分值则按内地发给,因此相较原工资略有降低;改造高潮后内迁后的工资皆按原来工资未动。内迁工厂由于未经工资改革,同时又是几个厂合并生产,因此职工工资显得很不合理,同一工厂几个技术相等的工人工资却不同。此外,内迁工厂工人若与内地工厂相比,工资一般要高出40%,也是一个问题。生活方面,职工和资方人员由初来时的不习惯,也逐步的能够安定下来,安心工作。部分工厂由于资方对工人生活照顾不够及职工宿舍缺少,有的工人甚至要求回上海工作。① 开封也有些内迁工厂的资方把赚的钱压住工资不发,买成机器,向工人说要发工资就得卖机器。② 这种劳资不协调的现象,政府根据"发展生产、繁荣经济、公私兼顾、劳资两利"的原则,主动地、积极地与资方进行协商找出办法,克服困难渡过难关。

在劳资争议案件增多的情况下,1950年4月中央劳动部公布了《关于在私营企业中设立劳资协商会议的指示》,其基本精神是根据"劳资两利"和"民主原则",用协商的方法解决有关劳资双方利益的一切问题;上海积极推动私营企业成立劳资协商会议,劳资协商的内容从克服厂商生产和经营困难、解决劳资纠纷开始,逐步转到以生产业务为中心。通过劳资协商会议,有的订立生产合同、保本生产契约或其他契约;有的改善经营管理,提高效率,增加产量;有的精简臃肿机构,创造

---

① 《关于今年(1956)上海内迁厂中几个问题的汇报》,中国人民政治协商会议合肥市委员会文史资料委员会编:《合肥文史资料(上海内迁企业专辑)》,《合肥文史资料》编辑部编辑出版,1993年,第259—260页。

② 《河南省人民政府关于维持公私企业生产克服目前困难的方案(1950年5月8日)》,张玉鹏、李健主编:《中国资本主义工商业的社会主义改造(河南卷)》,中共党史出版社,1992年,第67页。

合理的经营条件;还有的实行转产、转业等。

在各方面协商过程中,一方面工人们为克服困难,以国家主人翁的态度主动对工资、福利作了很多的让步;另一方面政府对有些资本家无理解雇工人、抽去资金、制造停工和歇业、加剧困难等消极经营的态度,积极说服教育,让资本家搞好生产经营。河南省人民政府在1950年2月发布《关于在春节前可能发生的劳资纠纷及处理办法的指示》,考虑到因季节原因而发生的劳资纠纷及工人失业问题可能会集中爆发,规定"工厂商店不经工商局批准,不得自行无故停闭解雇职工",倡议劳资双方采用协商的方式解决劳资纠纷问题。① 1950年4月上海召开一届三次各界人民代表会议上,制定调整工商业的具体措施,调整劳资关系——在私营企业中确认工人的民主权利,建立劳资协商会议,签订集体合同,救济失业工人。② 上海市全市各级法院,依据1949年8月19日上海市军事管制委员会公布的《关于私营企业劳资争议调处程序暂行办法》、《关于复业复工纠纷处理暂行办法》,以及1951年2月26日中央人民政府政务院公布的《中华人民共和国劳动保险条例》等法规,依靠工会和同业公会,采用集体调解与个别处理方法,审结各类劳资纠纷8905件(1954年涉外劳资纠纷31件)。③

从内迁开封的几家工厂来看,面对内迁工厂存在的解雇工人、积欠工人工资年奖、转移资金等劳资双方关注的焦点问题,有关方面采取了积极的措施。首先,开封市给予内迁工厂多方筹措贷款资金,加工订货、采购定货进行扶持等方法,但不允许资方无故停止生产,不允许工厂轻易破产清算,以保障工人生活;其次,开封市积极帮助解决劳资双方激烈冲突的焦点问题,以利于内迁工厂顺利开展生产经营。上海龙华烟厂内迁开封后,企业逐渐恢复生机,产品供不应求。鉴于经营情况好转对于工人生活改善的直接影响,原来龙华烟厂上海失业工人纷纷

---

① 河南省人民政府:《关于在春节前可能发生的劳资纠纷及处理办法的指示》(1950年2月4日),《河南政报》,1950年第6期。
② 《陈毅和建国初期上海工商业的调整》,中共中央党史研究室、中央档案馆编:《中国党史资料》第84辑,中共党史出版社,2002年。
③ 《上海审判志》编纂委员会编:《上海审判志》,上海社会科学院出版社,2003年。

要求复工。① 经过劳资双方协商,龙华烟厂认同"本厂在生产上必须要添加工人时,同意上海失业工人在汴复工";"上海失业工人在汴复工之工人在工资及福利未解决以前每月每人暂借100工薪分,等解决后以多退少补";"上海失业工人来汴复工须持沪市劳动局与救委会之介绍信,来本市劳动局备案介绍,方可进厂复工"②。为此,开封市劳动局请示市政府:"上海失业工人应优先录用","与开封工人同工同酬按月支付工资"。在目前情况下,对失业工人"每人每月暂借100将来调整工资再统一解决"③。可见在开封市劳动局参与下,劳资双方协商解决失业工人就业的问题,有利于稳定内迁工厂生产经营状况。经过多方努力协调,劳资关系紧张的局面逐步得到改善,内迁后的龙华烟厂"劳资关系可称正常,当地失业人数极多,一般工资待遇与沪地随厂迁往工人之比较约低50%,仅工作效率方面尚不及上海工人熟练而已"。因而,"龙华烟厂初次招工定额百名,报名者竟达千余人之多。"④

五、协作关系问题

内迁工厂在内迁过程中遇到的协作关系问题,主要表现为两种情况:一种是协作企业的内迁问题,亦即相关配套工厂的随厂内迁,与内迁工厂形成紧密的协作关系;另一种协作关系则是企业所处产业链中原材料、半成品、机械修理服务等协作方面。

关于配套工厂的随厂内迁,实际上关系着内迁工厂产业配套衔接

---

① 龙华烟厂内迁开封时解雇一部分工人,并已经发放解雇费。参见《龙华烟厂上海失业工人劳动协议书》(1952年10月),开封市档案馆藏档案,档案号23-4-91。

② 《龙华烟厂上海失业工人劳动协议书》(1952年10月),开封市档案馆藏档案,档案号23-4-91。

③ 《开封市人民政府劳动局函》(1952年10月10日),开封市档案馆藏档案,档案号23-4-91。

④ 上海市棉纺织工业同业公会筹备处:《关于工厂内迁座谈会·河南省开封市工商局局长刘明远谈开封市工商业情形》(1950年2月28日),上海市档案馆藏档案,档案号S30-4-93。

问题。例如,轻纺工业配套的包装、印刷工业,拖拉机厂等农业机械制造业配套的搪瓷业(配套生产车牌),搪瓷业配套的五金、白铁业,制药厂配套的玻璃业等,大多是需要相互衔接的链条。内迁工厂涉及配套企业一般规模比较小,有的甚至是私人小作坊,从事经营业务主要涉及包装、印刷、五金等生产性服务业工厂。从上海市人民委员会轻工业办公室 1956 年统计资料看,该年上海市申请内迁协作小厂数量数目为 23 个,涉及职工人数 569 人,主要是食品、纸盒、印刷、橡胶、五金等行业。① 具体情况如下:

表一 上海市申请外迁协作小厂情况表

行业	户数	职工人数
食品	8	236
纸盒	2	14
印刷	1	4
橡胶	10	301
日用五金	1	6
白铁	1	8
合计	23	569

资料来源:上海市档案馆藏档案,档案号 B5-2-99

1957 年铸丰搪瓷厂内迁开封,与之传统配套的私营作坊孔万兴铁铺也随之迁来开封。孔万兴铁铺原位于上海市长宁路 427 弄,有 4 名工人,以锻打各种铁器用具为业,手艺精湛,专门为上海各搪瓷厂锻打烧架,是搪瓷行业必不可少的配件。经过各方牵线搭桥,孔万兴铁铺同意随铸丰搪瓷厂内迁,合并于公私合营性质的开封铸丰搪瓷厂。②

在原材料、半成品及机械修理服务等协作方面,部分内迁工厂原在上海时都不是全能厂,必须依靠其它工厂的协作才能完成生产成品任务。迁来安徽以后,虽然经过合并与扩建解决了一些协作问题,但仍有很多厂需要依靠外厂的协助,如金笔厂仅能制造笔杆、笔尖、笔套,而笔挂、笔舌、笔管和笔圈等零件仍在上海加工;动力厂原在上海时制造一

---

① 上海市人委轻工业办公室:《上海市第一轻工业局迁厂动态》(1956 年),上海市档案馆藏档案,档案号 B5-2-99。

② 开封市政协学习与文史资料委员会编:《开封文史资料》总第 18 期,2001 年,第 53 页。

个马达就有20多种协作关系,迁来安徽后自然不能独立生产;三电、皮革、五金等厂"在安装机械时缺少零件,公司又买不到,就都自己做模型,画样子送到铁厂去做"。另外,半成品需要外委加工的协作关系工厂方面,"被迁来合肥的厂其中有部分不能独立生产,需要依靠其他厂代加工。如墨水厂和牙膏厂就有20余种协作关系,而部分到合肥是不能解决的,如翻锡、炼铁、拉丝等"①。此外,在内迁工厂中还有为内地国营大企业提供配套服务,这从郑州市、洛阳市等地内迁计划中申请内迁工厂情况可以印证。郑州市纺织业国棉工厂、开封市棉纺织业工厂有废棉废花,需要的就是内迁能够处理废棉废花的工厂;洛阳市有国有大型轴承厂、拖拉机厂,轴承厂滚珠产品的包装需要大量的硬纸盒,拖拉机厂需要玻璃厂生产的玻璃制作拖拉机前、后、侧窗,因此需要内迁玻璃厂;洛阳市煤矿建设需要建设配套发电厂。由此说明,内迁工厂支援内地经济建设方面,有的直接表现为促进内地大企业的配套服务建设。

六、清产估价问题

内迁工厂无论迁出还是迁入都会遇到这样或那样资产处理的问题,包括债权债务的处理、新厂房的租建、遗留资产的核算等方面。针对一系列工厂内迁的财务处理问题,上海市有关机构提出了解决工厂内迁财务问题的总体方针。195年,上海市拟订的《关于私营工厂内迁问题的初步意见(二次稿)》中关于"资产负债的处理问题"明确地指出:(1)机器设备的迁移和折价。主要和附属的机器设备可以迁移的均应迁去。机器设备的折价基本上根据公私合营企业暂行条例中所规定公平、合理、实事求是的精神,并参照上海市对合营企业机器设备估价办法处理。内迁不能带走的机器设备折价时应按其损失大小适当予以照顾;(2)厂房问题方面。合乎生产需要的企业厂房,资本家所有权作为

---

① 《关于今年(1956)上海内迁厂中几个问题的汇报》,中国人民政治协商会议合肥市委员会文史资料委员会编:《合肥文史资料(上海内迁企业专辑)》,《合肥文史资料》编辑部出版,193年,第256—257页。

投资处理。不合乎生产需要则进行合理折价,作为内地企业私股股权的一部分,由房地产管理局负责管理与出租;(3)债权债务方面。原则上需协助其就地清理完毕收回债款,对银行欠款、税局欠款则与迁入城市行局对接洽谈处理。①

从行业管理职能部门上海市第二轻工业局的档案资料看,该局1956年曾就"迁厂财务处理"问题进行批示:在迁厂所发生的财务处理问题较为复杂,牵涉面很广,这些问题是工业部门的内部问题,可以通过双方协商迅速妥善处理,以利企业的外迁;迁厂前的盈亏均由专业公司负责,由双方协商确定财务划账时间,结出盈亏。利润在扣除所得税、定额股息和企业奖励基金后全部上交专业公司。上交资金有困难由银行贷款解决,企业亏损全部由公司拨款弥补,定额股息亦由公司下拨;债权债务由迁出厂自行负责处理;固定资产的调进和调出,均根据国务院批准财政部《关于公私合营企业财务管理的若干规定》,调拨的固定资产按无偿调拨处理。不拟迁出的定额资产,如原材料、产成品、低值及易耗品等由专业公司优先购买,价格按照清产核资后的账面价,如专业公司不需要该项资产,可按下列办法处理:(1)由迁出厂自行处理;(2)委托专业公司全权处理,处理后将款项汇交迁出厂;(3)委托专业公司代为保管。迁厂费用(包括设备修理费)由迁出厂负责基建和立项费用拨款已列入计算者由公司负责。双方签订迁厂协议书以移交清册作为资产转交凭证。②

内迁工厂资产盈亏的财务处理较为突出的问题,集中在财产处理、债权债务等方面。从内迁安徽的工厂情况看,各厂在清产核资方面,仅在上海做了清产估价工作,对于其中一些具体问题均没有处理,而工作组对业务也不熟悉,所以也无法进行。这些问题包括:不能迁走各厂的财产处理问题;各种债权债务的处理;资不抵债的处理;部分厂股息没有发放的需要发放;确定迁来合肥各厂的股权数目;各厂的盈余处理问

---

① 《关于私营工厂内迁问题的初步意见(二次稿)》(195年9月),上海市档案馆藏档案,档案号 B4-2-8。
② 上海市第二轻工业局:《迁厂财务处理》(1956年),上海市档案馆藏档案,档案号 B5-2-15。

题。按照安徽省上海工作组处理意见,其中房地产问题,扣除欠款和负债后剩下房地产核实估价后或作为投资、或出租出售;迁厂过程中损失财产则损失由公私双方按比例负担;负债处理一方面可将负债转化为投资,另一方面则可以清理,或以物抵债,或归还现钞。①

工厂内迁之后遇到的财产处理问题,基本上在地方政府部门的积极协调下都能合理解决。无锡锦新纱厂迁移开封,租用两河中学地皮、破楼及房舍,租用校方礼堂楼上下计64间及其它房舍共计134间,租赁期限为三年。② 1956年9月,公私合营开封纱厂致函开封市财政局房屋处,要求处理原锦新纱厂遗留资产问题。函称:开封市第四中学校原锦新纱厂部分固定资产,其中包括自建房屋及电气等设备,有传达室一间、厕所两间、大门一对、饭厅三间、变压室一间、打水室一间、棚厨房、电线设备等合计共950元,"应请尽速清理"③。不仅在解决经营场地、资产清算等方面给予有效帮助,地方政府在经营管理过程中遇有厂房检修等方面也给予积极支持。据《关于锦新纱厂工作房检查情况及解决意见的报告》(1954年2月1日)显示,锦新纱厂于1954年2月1日报告"我厂西楼房裂缝,请予检查处理"。次日,开封市劳动科即会同建设科、工业局、房屋管理处、市工会等有关部门及驻厂工作组组成检查组进行检查并召开会议研究,积极维修屋面、墙壁、天花板等受损部分。④

---

① 安徽省工业厅上海工作组致中共上海市委工业生产委员会:《因迁厂而牵连到清产定股的几个问题如何处理》(1954年10月27日),中国人民政治协商会议合肥市委员会文史资料委员会:《合肥文史资料(上海内迁企业专辑)》第8辑,《合肥文史资料》编辑部出版,193年,第29—230页。

② 无锡锦新纱厂与两河中学《租赁草约》(1950年3月13日),开封市房产管理局档案。

③ 开封纱厂:《公私合营开封纱厂关于原锦新纱厂移留物资请迅予处理的公函》(1956年9月17日),开封市财政局房屋处档案资料,秘总字第898号。

④ 锦新纱厂房屋检查组:《关于锦新纱厂工作房检查情况及解决意见的报告》(1954年2月1日),开封市房产管理局档案。

结　语

为了保证内迁工厂能够顺利开展生产经营,迁出地与迁入地都积极行动尽力解决内迁过程中遇到的问题。建国初期,中央政府对工厂内迁的政策支持是解决各种问题的基础性条件,而中部地区地方政府在解决地皮、厂房、资金、原料、市场、协作、劳资关系等方面提供了便利条件。这也充分证明了下列重要观点:首先,来自中央政府与地方政府的政策支持,是内迁工厂得以顺利开展各项工作的重要保障;其次,内迁过程中民间组织的广泛参与——上海市工商业联合会、上海市同业公会等积极协调,这是沿海工厂内迁工作顺利进行的外在力量;第三,充分发挥内迁工厂的主观能动性,推动劳资双方共同参与内迁工作中来,这是内迁工厂的内在动力;第四,完善各种配套社会服务措施,优化中部地区生产经营环境,这是内迁工厂得以顺利解决各种问题的关键因素。探究工厂内迁过程中各种问题的解决机制,是为了说明问题的解决是多元化主体共同努力的结果。目前全国各地出现的大招商及承接沿海产业转移应该吸取历史经验,真正使得全社会各方面联动,为内迁企业生产经营创造好的服务环境。

原载于《河南大学学报(社会科学版)》2011年第1期